AF400540

H. Huber H. Löffler V. Faber (Hrsg.)

Methoden der diagnostischen Hämatologie

Mit 52 Abbildungen

Springer-Verlag
Berlin Heidelberg New York London Paris
Tokyo Hong Kong Barcelona Budapest

Professor Dr. Heinz Huber
Universität Wien
Universitätsklinik für Innere Medizin I
Währinger Gürtel 18–20
A-1090 Wien, Österreich

Professor Dr. med. Helmut Löffler
Universität Kiel
II. Medizinische Klinik & Poliklinik der Universität Kiel
Chemnitzstraße 33
D-24116 Kiel, BRD

Med.-techn. Analyt. Viktoria Faber
Universität Wien
Geblergasse 55/10
A-1170 Wien, Österreich

ISBN-13:978-3-642-78672-3   e-ISBN-13:978-3-642-78671-6
DOI: 10.1007/978-3-642-78671-6

Die Deutsche Bibliothek – CIP-Einheitsaufnahme
Methoden der diagnostischen Hämatologie / H. Huber ...
(Hrsg.). – Berlin; Heidelberg; New York; London; Paris; Tokyo; Hong Kong; Barcelona; Budapest: Springer, 1994
(Springer-Labor)
ISBN-13:978-3-642-78672-3
NE: Huber, Heinz [Hrsg.]

Satz: K+V Fotosatz GmbH, Beerfelden
39/3130-5 4 3 2 1 0 – Gedruckt auf säurefreiem Papier

Vorwort

Dieser Band ist eine Ergänzung der „Diagnostischen Hämatologie" (Huber, Löffler und Pastner 1992) und stellt den Methodenteil dar. Es werden Standarduntersuchungen zur Diagnose der verschiedenen Formen hämolytischer Anämien, von malignen Lymphomen und monoklonalen Gammopathien, leukämischen Erkrankungen und Immundefekten dargestellt. Zusätzlich werden Neuentwicklungen, wie die Durchflußzytometrie an Blut- und Knochenmarkzellen und neuere molekularbiologische Methoden besprochen. Die Darstellung erfolgt in praxisnaher Weise und soll Hilfestellung für die Abklärung hämatologischer und onkologischer Erkrankungen sein, wie sie sich in Referenzlaboratorien bewährt haben.

Unser besonderer Dank gilt dem Herausgeberteam des Springer-Verlages, der uns bei der Fertigstellung des Buches und der raschen Drucklegung besondere Hilfe und Unterstützung gegeben hat.

Wien, Juli 1994   H. Huber

Inhaltsverzeichnis

I Allgemeine Methoden bei hämolytischen Anämien
D. PASTNER and V. FABER 1

1   Osmotische Resistenz der Erythrozyten 1
1.1   Osmotische Resistenz aus frisch entnommenem Blut 1
1.1.1 Normalbereich 2
1.1.2 Bewertung und Besprechung 2
1.1.3 Hinweise und Fehlerquellen 2
1.2   Osmotische Resistenz nach 24 Stunden Inkubation 3
1.2.1 Normalbereich 3
1.2.2 Bewertung und Besprechung 4
2   Plasmahämoglobin 4
2.1   Bestimmung des Plasmahämoglobins mittels Spektralfotometer 4
2.1.1 Normalwerte: unter 1,0 mg/100 ml 5
2.1.2 Besprechung 5
2.1.3 Hinweise und Fehlerquellen 5
2.2   Weitere Methoden 5
2.2.1 Benzidinmethode 5
2.2.2 Bestimmung von freiem Hämoglobin in Heparinplasma und Serum . 5
3   Heinz-Körper-Test 6
3.1   Normalwerte 7
3.2   Besprechung 7
4   Screening-Tests bei paroxysmaler nächtlicher Hämoglobinurie 7
4.1   Sucrose-Hämolyse-Test 7
4.1.1 Besprechung 8
4.2   Säure-Serum-Test (Ham-Test) 9
4.2.1 Besprechung 10
Literatur 11

II Erythrozytenenzymdefekte als Ursache angeborener hämolytischer Anämien
A. PEKRUN und W. SCHRÖTER 13

1   Einleitung 13
2   Blutprobengewinnung, Erythrozytenreinigung 15
3   Hämolysatherstellung 15
Literatur 24

**III Defekte der Erythrozytenmembran als Ursache
angeborener hämolytischer Anämien**
A. PEKRUN und W. SCHRÖTER

1   Einleitung 27
2   Blutprobengewinnung, Erythrozytenreinigung 29
3   Natriumdodecylsulfat-Polyacrylamid-Gelelektrophorese 30
4   Spektrin- und Ankyrin-Quantifizierung mittels ELISA 32
5   Strukturuntersuchung des Ankyrins 33
6   Strukturuntersuchung des Spektrins 33
7   Intraerythrozytäre Kalium- und Natrium-Konzentration 34
Literatur 34

**IV Anämien aufgrund von Störungen der Hämoglobinsynthese
und -Struktur**
A. PERKRUN und W. SCHRÖTER

1   Einleitung 37
2   Hämoglobinelektrophorese 37
2.1   Zellulose-Azetat-Elektrophorese 38
2.2   Stärkegelelektrophorese 40
2.3   Zitrat-Agar-Gelelektrophorese 41
3   Hämoglobinstabilitäts-Tests 41
3.1   Methyl-Violett-Test 42
3.2   Brillant-Kresylblau-Test 42
3.3   Isopropanol-Test 43
3.4   Hitzestabilitäts-Test 43
4   Säulenchromatographie zur Hämoglobinanalyse 44
5   Hämoglobin F 44
5.1   Alkalidenaturierung 45
5.2   Säure-Elution 45
6   Hämoglobin A_2 46
6.1   Hämoglobin A_2-Messung 46
7   Hämoglobin S 47
7.1   Hämoglobin S-Löslichkeitstest 47
7.2   Sichelzelltest 48
Literatur 49

**V Serologische Methoden für die Diagnose medikamenteninduzierter
und autoimmunhämolytischer Anämien**
LAWRENCE D. PETZ (Übersetzer R. GREIL)

1   Einleitung 51
2   Direkter Antiglobulin-(Coombs)-Test (DAT) 51
3   Methoden zur Charakterisierung von Antikörpern
       in Serum und Eluaten 55
3.1   Enzymbehandelte Erythrozyten 56
3.2   Lösungen mit niedriger NaCl-Ionen-Konzentration (LISS) 58

3.3   Herstellung von Eluaten aus Patientenerythrozyten   59
3.4   Screening-Untersuchungen für Serumantikörper   61
3.5   Spezifische Diagnosetests bei autoimmunhämolytischer Anämie   63
3.6   Medikamentös induzierte immunhämolytische Anämien   73
Literatur   83

**VI Untersuchungen bei monoklonalen Gammopathien
und immunologischen Defektzuständen**
MANFRED HEROLD   85

1   Biologische Bedeutung von monoklonalen Immunglobulinen   85
2   Nachweis von M-Gradienten in Serum und Harn   89
2.1   Probenvorbereitung   89
2.2   Proteinelektrophorese   90
2.3   Immunelektrophorese   91
2.4   Immunfixation   95
2.5   Berechnung eines monoklonalen Anteils
aus quantitativen Immunglobulinbestimmungen   96
2.6   Nachweis und Differenzierung von Kryoglobulinen   98
3   Monoklonale Gammopathie unbekannter Signifikanz (MGUS)   99
Literatur   100

VII Zytogenetische Diagnostik
CH. FONATSCH   103

1   Einleitung   103
2   Möglichkeiten und Perspektiven der Tumorzytogenetik   103
3   Probenmaterial   104
4   Zellkultivierung und Herstellung der Chromosomenpräparate   105
4.1   Direktpräparation der Chromosomen   105
4.2   Kurzzeitkultivierung verschiedener Gewebe und zytogenetische
Präparation   106
4.3   Langzeitkultivierung   107
4.4   Chromosomenfärbungen   108
4.4.1 Giemsa-Bandenfärbung mit 2X SSC-Vorbehandlung (GAG)   108
4.4.2 Fluoreszenz-Bandenfärbung mit Quinacrin-Mustard (QFQ)   108
4.4.3 C-Bandenfärbung mit Barium-Hydroxyd-Vorbehandlungen (CBG) . . .   109
4.4.4 Silberfärbung der aktiven Nukleolus-Organisation-Regionen
an akrozentrischen Chromosomen (= Ag-NOR-Färbung)   109
5   Auswertung   110
6   Zytogenetische Terminologie   110
7   Chromosomenanomalien und ihre Bezeichnung   112
7.1   Numerische Chromosomenanomalien   112
7.2   Strukturelle Chromosomenanomalien   113
Literatur   118

VIII Interphasenzytogenetik mittels Fluoreszenz-In-situ-Hybridisierung
(FISH)
J. DRACH 119

1   Einleitung 119
2   Methodik 120
3   Anwendungen von FISH und Ausblick 122
Literatur 123

IX Zytochemische Methoden
H. LÖFFLER 125

1   Einleitung 125
2   Substanznachweismethoden 126
2.1   Eisen (Berliner Blau-Reaktion) 126
2.2   PAS (Periodic Acid-Schiff)-Reaktion 127
2.3   Metachromasie-Nachweis mit Toluidinblau 129
2.4   Sudan-Schwarz-B-Färbung 129
3   Enzymnachweismethoden 130
3.1   Peroxidase-Reaktion (POX) 130
3.2   Hydrolasen 130
3.2.1 Alkalische Phosphatase 131
3.2.2 Saure Phosphatase-Reaktion (SPh) 131
3.2.3 Esterasenachweis mit Naphtylacetat oder Naphtylbutyrat
       („neutrale Esterase") 132
3.2.4 Saure Esterase-Reaktion (SEst) 133
3.2.5 Chloracetat-Esterase 133
3.2.6 Dipeptidylaminopeptidase IV (DAP IV)-Methode 134
3.3   TDT (Terminale Deoxynucleotidyltransferase)
       Immunfluoreszenztechnik 135
4   Anhang 135
4.1   Fixierung (geeignet für: Esterase, saure Phosphatase, DAP IV) 135
4.2   Natriumnitritlösung, 4% 136
4.3   Pararosanilinlösung, 4% 136

X Immunzytologie und Knochenmarkimmunhistologie
W. EISTERER, W. HILBE, H. HUBER und J. THALER 137

1   Einleitung 137
2   Präparationsmethoden 138
2.1   Untersuchungsmaterial 138
2.1.1 Knochenmark 138
2.1.2 Zytopräparate 139
2.2   Färbungen 139
3   Diagnostik immunhistologischer Knochenmarkbiopsien 142
3.1   Zellularität 142
3.2   Verteilung der hämatopoetischen Zellen im normalen Knochenmark . 143
3.3   Infiltrationsmuster 143

3.4   Fibrose und Sklerose 143
3.5   Reaktionsmuster mit applizierten Antikörpern 144
4   Anwendungsgebiete 145
4.1   Lymphome 145
4.2   Therapiemonitoring am Beispiel der Haarzelleukämie 147
4.3   Akute Leukämie 149
4.4   Seltene Indikationen 149
5   Ausblick 149
Literatur 150

XI Durchflußzytometrie

W. Hilbe, W. Eisterer, H. Huber, and J. Thaler 153

1   Einleitung 153
2   Aufbau des Durchflußzytometers 153
2.1   Probenzuführung 153
2.2   Messung der Lichtstreuung 153
2.3   Messung der Fluoreszenz 154
2.4   Signalverarbeitung und Messung 155
3   Präparationsmethoden 157
3.1   Peripheres Blut/Knochenmarkaspirat (PB/KMA) 157
3.2   Untersuchung von Bronchiallavagen, Punktaten und Lymphknoten .. 158
3.3   Oberflächentest 159
3.3.1 Oberflächenfärbung mit direkt markierten Antikörpern 159
3.3.2 Arbeit mit indirekten Antikörpern 160
3.4   Fixierung und Einfrieren von Proben 160
3.5   Nukleäre Antigene 161
3.5.1 Ki67 161
3.5.2 Terminale Deoxynucleotidyl Transferase (TdT) 161
3.6   Intrazelluläre Antigene am Beispiel der Myeloperoxidase (MPO) .. 162
3.7   Messung des DNA Gehalts 162
3.7.1 Durchflußzytometrische Beurteilung der DNA 162
3.7.2 Präparation von Zellen zur DNA Bestimmung 164
3.7.3 DNA-Messung 165
3.8   Messung des Rhodamin Effluxes (MDR) 165
3.9   Respiratory Burst/Phagozytenaktivität 167
3.10 Andere Präparationsmethoden 168
4   Analyse 168
4.1   Charakterisierung des normalen Knochemarks 168
4.1.1 Erythroide Reihe 169
4.1.2 Lymphoide Zellen 169
4.1.3 Myelomonozytäre Linie 173
4.2   Durchflußzytometrische Charakterisierung des peripheren Blutes 173
4.3   Pathologische Veränderungen 173
4.3.1 Leukämien 173
4.3.2 Lymphome 175
4.3.3 Myeloproliferative Erkrankungen 175

4.3.4 AIDS-Monitoring 175
Literatur 177

XII In situ-Hybridisierung
R. GREIL 183

1   Einleitung 183
2   Arbeitsgrundlagen 188
3   Wahl der Probe 189
3.1   DNA- und RNA-Sonden 189
3.2   Radioaktive Nachweismöglichkeiten für DNA und RNA 190
3.3   Nicht-radioaktive Proben 190
3.4   Labeling der Proben 190
3.5   Determination der Probengröße und der Reinigung der Proben .. 195
3.6   Einfluß der Probenlänge auf die Hybridisierungseffizienz ... 195
4   Detektionssysteme für nicht radioaktive Methoden 196
5   Präparation der Objektträger 196
5.1   Anmerkungen 201
6   Zellgewinnung von Zytopräparaten und Schnitten 201
6.1   Zell- und Gewebsaufbereitung von Blut bzw. Knochenmark 201
6.2   Präparatherstellung 202
6.2.1 Zytopsin von Zellsuspensionen 202
7   Permeabilisierung der Zellen 202
8   Prähybridisierung (RNA-Nachweis) 203
9   Denaturierung der Target DNA bei DNA/DNA in situ
       Hybridisierungen 203
10   Hybridisierung 204
10.1   Anmerkungen 205
11   Posthybridisierung 206
11.1   Waschen der Präparate 206
11.2   RNAse-Nachverdau 206
11.3   Dehydrieren 206
11.4   Befilmen 206
11.5   Exposition 207
11.6   Entwicklung 207
11.7   Gegenfärbung 207
11.8   Eindecken 207
12   Spezifitätskontrollen 207
13   Quantitative Analytik (semiquantitativ versus automatisiert) .. 209
Literatur 210

XIII Molekularbiologie in der medizinischen Diagnostik
CHRISTINE MANNHALTER 215

1   Einleitung 215
2   Allgemeine Grundlagen der Molekularbiologie 215
2.1   Chemischer Aufbau der Nukleinsäuren 215
2.2   Basenpaarung und Komplementarität 217

2.3   Spaltbarkeit der Nukleinsäuren 218
2.4   Aufbau der Gene 219
3   Untersuchung von Nukleinsäuren 220
3.1   Isolierung der Nukleinsäuren 221
3.1.1 DNA Isolierung 221
3.1.2 RNA Isolierung 223
3.2   Ausbeutebestimmung und analytische Überprüfung
       der Nukleinsäuren 225
3.2.1 Messung der optischen Dichte 225
3.2.2 Gelelektrophoresen 225
3.3   Blotverfahren 232
3.3.1 Dot oder Slot Blot 232
3.3.2 Southern Blot 233
3.3.3 Northern Blot 238
3.4   Hybridisierungsverfahren 238
3.4.1 Markierung von Gensonden 239
3.4.2 Durchführung von Hybridisierungen 241
3.5   Polymerasekettenreaktion (PCR) 242
3.5.1 Prinzip der PCR 243
3.5.2 Durchführung einer PCR 244
3.5.3 PCR Amplifikation von RNA nach reverser Transkription (RT-PCR) . 247
4   Diagnostische Anwendungsmöglichkeiten 250
4.1   Anwendung des Southern Blots 250
4.1.1 Erkennung von Punktmutationen 250
4.1.2 Nachweis von DNA Polymorphismen 250
4.1.3 Untersuchung von Translokationen und Rearrangements 252
4.2   Anwendungsbeispiele der PCR 256
4.2.1 Identifikation von Mutationen 256
4.2.2 Detektion von Translokationen 258
4.2.3 Amplifikation hochvariabler Regionen in humanen Genen 259
4.2.4 Amplifikationen von DNA in intakten Zellen 260
Literatur 261

XIV Methoden zum Nachweis und Monitoring einer HIV-Infektion

G. Gastl 263

1   Einleitung 263
2   Primäre Untersuchungen zur Feststellung der Seropositivität 263
2.1   Herstellung der Antigene 263
2.2   HIV ELISA 264
2.3   Bestätigungstestverfahren 266
2.3.1 HIV-Westernblot 266
2.3.2 Immunfluoreszenz 268
2.3.3 Radioimmunpräzipitationsassay (RIPA) 269
3   Immunologisches Monitoring bei HIV-Infektion 269
3.1   p24 Antigentest 269
3.2   Neopterin 270

4   Methoden zum direkten Virusnachweis 271
4.1   Viruskultur 271
4.2   Polymerase chain reaction (PCR) 272
Literatur 274

Sachverzeichnis 277

Autorenverzeichnis

Dr. J. DRACH
Allgemeines Krankenhaus Wien
Universitätsklinik für Innere Medizin I
Abt. für Onkologie
Währinger Gürtel 18–20
A-1090 Wien

W. EISTERER
Universitätsklinik für Innere Medizin
Immunbiologie
Anichstraße 35
A-6020 Innsbruck

VIKTORIA FABER
Geblergasse 55/10
A-1170 Wien

Professor Dr. CHRISTA FONATSCH
Med. Universität zu Lübeck
Arbeitsgruppe Tumorcytogenetik
Inst. für Humangenetik
Ratzeburger Allee 160
D-23538 Lübeck

Prof. Dr. G. GASTL
Klinik für Tumorbiologie an der
Albert-Ludwigs-Universität Freiburg
Postfach 1120
D-79011 Freiburg i. Br.

Doz. Dr. R. GREIL
Abt. für Onkologie und Hämatologie
Universitätsklinik für Innere Medizin
Anichstraße 35
A-6020 Innsbruck

Doz. Dr. M. HEROLD
Universitätsklinik für Innere Medizin
Hauptlabor
Anichstraße 35
A-6020 Innsbruck

Dr. W. HILBE
Universitätsklinik für Innere Medizin
Immunbiologie
Anichstraße 35
A-6020 Innsbruck

Professor Dr. H. HUBER
Universitätsklinik für Innere Medizin
Währinger Gürtel 18–20
A-1090 Wien

Professor Dr. med. H. LÖFFLER
Universität Kiel
II. Medizinische Klinik & Poliklinik
Chemnitzstraße 33
D-24116 Kiel

Professor Dr. CHRISTINE MANNHALTER
Klinisches Institut für Medizinische und
Chemische Labordiagnostik
Währinger Gürtel 18–20
A-1090 Wien

D. PASTNER
Kaiser Josef Straße 15
A-6020 Innsbruck

Dr. A. PEKRUN
Abt. Kinderheilkunde
Universitäts-Kinderklinik
Robert-Koch-Straße 40
D-37075 Göttingen

Dr. LAWRENCE D. PETZ
Director of Transfusion Medicine
UCLA Medical Center
Laboratory Medicine
10833 LeConte Avenue
Los Angeles, CA 90024-1713
USA

Professor Dr. med. W. Schröter
Direktor der Universitäts-
Kinderklinik
Robert-Koch-Straße 40
D-37075 Göttingen

Doz. Dr. J. Thaler
Universitätsklinik für Innere Medizin
Immunbiologie
Anichstraße 35
A-6020 Innsbruck

D. PASTNER und VIKTORIA FABER

1 Osmotische Resistenz der Erythrozyten

1.1 Osmotische Resistenz aus frisch entnommenem Blut

Bringt man Erythrozyten in hypotone Kochsalzlösung, so tritt abhängig von der Osmolarität Hämolyse auf.

Abweichungen der osmotischen Resistenz finden sich v. a. bei Erkrankungen, die mit einer Sphärozytose (verminderte Resistenz) oder Schießscheibenerythrozyten (erhöhte Resistenz) einhergehen.

Prinzip

Wenn die osmotische Resistenz sofort nach der Blutabnahme angesetzt wird, sind sämtliche Antikoagulanzien verwendbar. Ansonsten hat sich NH_4-Heparinat als Zusatz am stabilsten gezeigt (Durchführung sogar bis zu 28 Stunden nach Blutabnahme möglich).

Untersuchungsmaterial

- Gepufferte Kochsalzlösung (pH 7,4) entsprechend der Osmolarität einer NaCl-Lösung von 10 g/dl (Stocklösung):

NaCl	90,00 g
Na_2HPO_4	13,65 g
$NaH_2PO_4 \cdot 2H_2O$	2,43 g

  in Aqua dest. lösen und auf 1000 ml auffüllen.
- Aus dieser Stocklösung wird durch 1 : 10-Verdünnung mit Aqua dest. eine Lösung von 1 g/dl als Ausgangslösung für die Verdünnungen hergestellt.
- Von dieser Ausgangslösung werden folgende Verdünnungen hergestellt: 0,90; 0,80; 0,75; 0,65; 0,60; 0,55; 0,50; 0,45; 0,40; 0,35; 0,30; 0,20; 0,10 g/dl NaCl. Die Lösungen sind bei 4 °C einige Wochen verwendbar, sofern keine Flockung oder Trübung (z. B. durch Bakterien- oder Algenkontamination) auftritt.

Reagenzien

- In 13 Röhrchen werden je 5 ml der gepufferten Kochsalzlösungen mit den Verdünnungen von 0,90 – 0,10 g/dl NaCl pipettiert.
- Zu jedem Röhrchen setzt man 0,05 ml heparinisiertes Blut zu und mischt sofort durch Kippen des Röhrchens.
- Die Ansätze bleiben 30 Minuten bei Raumtemperatur (ca. 20 °C) stehen, dann mischt man nochmals und zentrifugiert 10 Minuten bei 1500 g.

Durchführung

Die Extinktionen des Überstandes werden bei 546 nm photometrisch gemessen. Als Leerwert dient der Ansatz mit physiologischer (0,90 g/dl) Kochsalzlösung. Zeigt sich in diesem Röhrchen jedoch bereits eine Hämolyse, muß als Leerwert reine physiologische Kochsalzlösung verwendet werden.

Ablesen und Berechnen

Die Extinktion der Hämolyse in der NaCl-Lösung von 0,10 g/dl wird als 100%-Wert zur Berechnung eingesetzt und der Hämolysegrad prozentual für jeden weiteren Ansatz errechnet. Die gefundenen Werte trägt man in einem Koordinatensystem gegen die jeweiligen Kochsalzkonzentrationen der Pufferlösungen auf.

1.1.1 Normalbereich (Tabelle 1, Abb. 1)

Tabelle 1. Osmotische Resistenz: Normalbereiche [4]

NaCl (g/dl)	Hämolyse (in %)
0,20	100
0,30	97 – 100
0,35	90 – 99
0,40	50 – 95
0,45	5 – 45
0,50	0 – 6
0,55	0
0,60	0
0,65	0
0,75	0

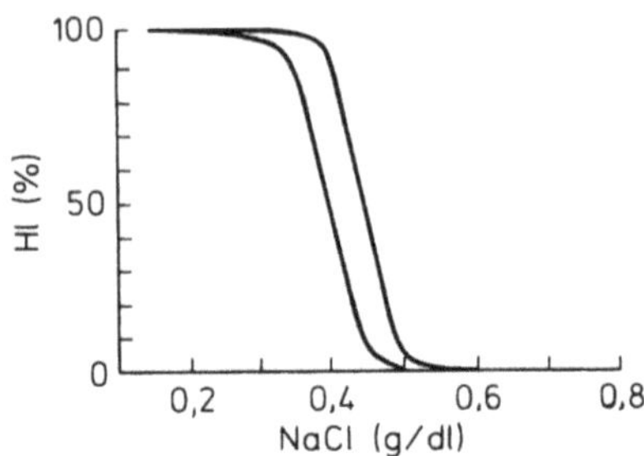

Abb. 1. Osmotische Resistenz. Normalbereich [4]

1.1.2 Bewertung und Besprechung

Eine Verlagerung der Kurve oder von Kurvenanteilen nach rechts bedeutet verminderte osmotische Resistenz (zumindest eines Teiles der Erythrozyten). Analog dazu bedeutet eine Linksverschiebung der Kurve erhöhte osmotische Resistenz.

Bei kongenitaler Sphärozytose ist die osmotische Resistenz sehr häufig vermindert, ihre Abweichung vom Normalbereich ist ein objektives Maß dieses Membrandefektes. Da Kugelzellen jedoch bei verschiedenen hämolytischen Anämien auftreten, ist eine verminderte Resistenz allein für die kongenitale Sphärozytose keinesfalls beweisend.

Eine erhöhte osmotische Resistenz findet sich v. a. bei Erkrankungen mit Schießscheibenerythrozyten im Differentialblutbild. Sie ist nicht auf die Thalassämie beschränkt, sondern kann auch bei schweren Eisenmangelanämien und chronischen Lebererkrankungen nachweisbar sein.

Die osmotische Resistenz der Erythrozyten wird von mehreren Faktoren beeinflußt. Bei Retikulozytosen verschiedenster Ursachen ist häufig eine Erythrozytenpopulation mit erhöhter Resistenz nachweisbar. In diesem Fall verläuft die Kurve im linken Teil unterhalb des 100%-Wertes. Die osmotische Resistenz des einzelnen Erythrozyten nimmt physiologischerweise mit der Lebensdauer ab.

1.1.3 Hinweise und Fehlerquellen

Das Ergebnis wird von Änderungen der Osmolarität, des pH-Wertes, der Temperatur und der Versuchsdauer beeinflußt. Die Verwendung von Salzen (Oxalat, Citrat, EDTA) als Antikoagulanzien erhöht die Osmolarität. Die Trübung durch die zugege-

bene Plasmamenge kann bei der verwendeten Blutverdünnung von 1 : 101 unberück-
sichtigt bleiben außer bei lipämischem oder durch Kryoglobuline getrübtem Plasma
und bei schweren Anämien. In solchen Fällen hebt man das Plasma nach schonender
Zentrifugation der ursprünglichen Probe ab, mischt das Erythrozytensediment sorgfältig und verwendet davon 0,025 ml für jedes Röhrchen. Mit Abfallen des pH-Wertes
und/oder der Temperatur steigt die Empfindlichkeit der Erythrozyten. Die Bestimmung soll möglichst bald nach der Blutabnahme (je nach Antikoagulans), zumindest
aber innerhalb von 2 Stunden angesetzt und die Inkubationsdauer von 30 Minuten
genau eingehalten werden.

1.2 Osmotische Resistenz nach 24 Stunden Inkubation

Steriles Blut wird vor dem Ansetzen der Resistenzbestimmung bei 37 °C inkubiert. **Prinzip**
Eine leichte Resistenzverminderung der Erythrozyten wird so deutlicher dargestellt.

Die Blutabnahme muß steril erfolgen. Bezüglich Antikoagulanzien gelten dieselben **Untersuchungs-**
Bedingungen wie bei der osmotischen Resistenz ohne Inkubation. **material**
   Zwei Blutproben (Doppelansatz) von je 1 ml werden 24 Stunden gut verschlossen
bei 37 °C inkubiert.
   Der Ansatz in 15 Röhrchen erfolgt wie bei der osmotischen Resistenzbestimmung
aus frischem Blut (siehe Kapitel 1.1)

- Wie unter osmotischer Resistenz (Kapitel 1.1) beschrieben. **Reagenzien**
- Zusätzliche Pufferverdünnungen: 0,70 und 1,20 g/dl NaCl.

Die Ablesung erfolgt in gleicher Weise wie bei der osmotischen Resistenzbestimmung **Ablesen und**
aus frischem Blut. Als Leerwert dient der Überstand in der Kochsalzlösung von **Berechnen**
1,20 g/dl, falls im Röhrchen mit der Kochsalzkonzentration von 0,90 g/dl noch eine
Hämolyse nachweisbar ist.
   Die Berechnung erfolgt wie bei der Bestimmung der osmotischen Resistenz ohne
Inkubation.

1.2.1 Normalbereich (Tabelle 2, Abb. 2)

Tabelle 2. Osmotische Resistenz: Normalbereich [4]

NaCl (g/dl)	Hämolyse (in %)
0,20	95 – 100
0,30	85 – 100
0,35	75 – 100
0,40	65 – 100
0,45	55 – 95
0,50	40 – 85
0,55	15 – 70
0,60	0 – 40
0,65	0 – 10
0,70	0 – 5
0,75	0
0,80	0
0,90	0

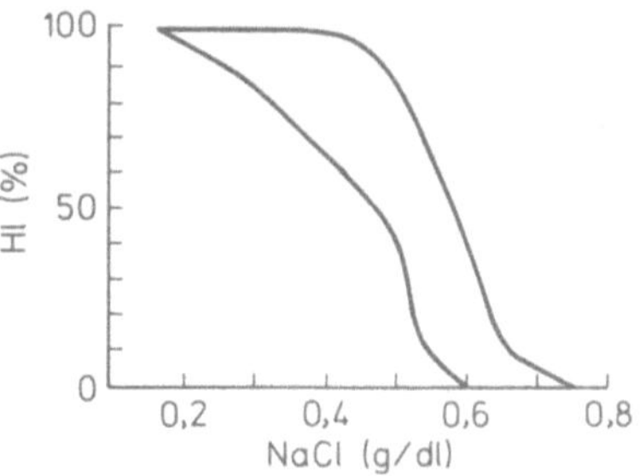

Abb. 2. Osmotische Resistenz nach Inkubation. Normalbereich [4]

1.2.2 Bewertung und Besprechung

In nicht wenigen Fällen kongenitaler Sphärozytose ist eine gegenüber Normalpersonen deutlich verminderte osmotische Resistenz erst nach Inkubation nachweisbar [4, 5]. Auch bei manchen nichtsphärozytären hämolytischen Anämien (z. B. bei Pyruvatkinasemangel) kann unter diesen Bedingungen eine gesteigerte Hämolyse beobachtet werden.

2 Plasmahämoglobin

2.1 Bestimmung des Plasmahämoglobins mittels Spektralphotometer [8]

Prinzip Zur Bestimmung wird der Extinktionsgipfel von Oxihämoglobin nahe dem UV-Bereich (Soretbande) verwendet. Die Absorption durch Serumfarbe und Trübung wird durch Extinktionsmessungen außerhalb dieses Gipfels und Anwendung der Formel von Rimington und Svensson korrigiert [10].

Blutentnahme, Plasmagewinnung Bei der Blutentnahme ist große Vorsicht geboten, um eine Hämolyse zu vermeiden. Blut wird aus der ungestauten Vene mittels Einmalkanüle entnommen. Die ersten 5 ml eignen sich nicht für die Untersuchung. Man läßt ca. 8 – 10 ml Blut ohne Verwendung einer Spritze in ein mit einem Tropfen Heparin versehenes Plastikröhrchen abtropfen und zentrifugiert 10 Minuten bei 4 °C und 200 g. Zur Hämoglobinbestimmung wird nur die obere Hälfte des Plasmas abgehoben und bei 4 °C und 800 g nochmals 10 Minuten zentrifugiert.

Reagenzien ● Natriumcarbonatlösung:
10 mg wasserfreies Na_2CO_3 auf 100 ml Aqua dest. lösen.

Durchführung 1 ml Plasma wird zu 5 ml Natriumcarbonatlösung pipettiert. Eine evtl. auftretende geringe Trübung kann durch scharfes Zentrifugieren entfernt werden. Bei Plasma-Hb-Konzentrationen über 5 mg/dl muß eine entsprechend höhere Verdünnung gewählt werden (1 : 10 bis 1 : 20).

Ablesen und Berechnen Die Ablesung erfolgt bei 415 nm, 380 nm und 450 nm.

$$\frac{2 \cdot E_{415} - (E_{380} + E_{450})}{1,655} \times \frac{EV}{AV} \times \frac{1000}{79,46}$$

EV = Endvolumen (= 6 ml)
AV = Analysenvolumen (= 1 ml)

Somit ergibt sich folgende Formel: $[2 \cdot E_{415} - (E_{380} + E_{450})] \cdot 45{,}6$ = mg Oxihämoglobin/100 ml Plasma.

2.1.1 Normalwerte: unter 1,0 mg/100 ml

2.1.2 Besprechung

Die Methode ist einfach und gibt gut reproduzierbare Werte, besser als bei der Benzidinmethode. Benzidin sollte als potentielles Karzinogen im Labor möglichst nicht verwendet werden.

Eine Erhöhung des Plasmahämoglobins findet sich vor allem bei hämolytischen Anämien, die mit vorwiegend intravasaler Hämolyse (z. B. Kältehämoglobinkrankheit, paroxysmale nächtliche Hämoglobinurie) einhergehen. Besonders bei der PNH gibt die Bestimmung einen sehr brauchbaren Hinweis für die Schwere der Hämolyse. Geringere Erhöhungen des Plasmahämoglobins können auch bei verschiedenen anderen hämolytischen Anämien vorkommen, für die kongenitale Sphärozytose sind sie allerdings ungewöhnlich.

2.1.3 Hinweise und Fehlerquellen

Die wichtigste Fehlerquelle bei der Bestimmung liegt in der Präanalytik, nämlich ungenügender Sorgfalt bei der Blutabnahme. Wenn man sich von der Einhaltung dieser für die Methode absolut notwendigen Bedingungen nicht überzeugen kann, sollen pathologische Werte mit Vorsicht interpretiert werden. Lipämie und ausgeprägte Hyperbilirubinämie stören bei dieser Methode. Bei starker Gelbfärbung des Plasmas sind entsprechende Weiterverdünnungen nicht zielführend, da Bilirubin das gleiche Absorptionsmaximum hat. Bei Lipämie ist eine Entfettung des Plasmas nötig.

2.2 Weitere Methoden

2.2.1 Benzidinmethode [6]

Diese Methode sowie die Methode nach Harboe lassen keine Standardisierung zu.

2.2.2 Bestimmung von freiem Hämoglobin in Heparinplasma und Serum

Der mechanisierten Bestimmung von freiem Hämoglobin in Heparinplasma und Serum liegt als Prinzip die Umkehrung des klassischen Indikatorsystems nach Trinder zu Grunde [1, 15]. Die kinetische und kolorimetrische Messung hat eine hohe Präzision, beinhaltet keine karzinogenen Reagenzien und hat kommerziell verfügbare Standards. Außerdem kann sie auch manuell durchgeführt werden und ist damit an kein Analysengerät gebunden (z. B. Test-Kit von Boehringer Mannheim).

3 Heinz-Körper-Test

Prinzip   Inkubiert man Erythrozyten mit Acetylphenylhydrazin, so entstehen als Folge der oxidativen Denaturierung von Hämoglobin sog. Heinz-Innenkörper. Ihre Zahl ist bei Störungen der Aufrechterhaltung von reduziertem Glutathion (z. B. bei G-6-PDH-, Glutathionreduktasemangel), Erkrankungen mit „instabilem" Hämoglobin, „idiophatischer"Heinz-Körper-positiver Anämie, unter Einfluß von oxidierenden Medikamenten und chem. Substanzen (z. B. Anilin) und in seltenen anderen Fällen erhöht [2]. Heinz-Innenkörper ohne Phenylhydrazininkubation findet man meist nur bei splenektomierten Patienten gemeinsam mit Howell-Jolly-Körperchen.

Untersuchungsmaterial   EDTA – oder Heparinblut

Reagenzien
- Phosphatpuffer nach Soerensen, 66,7 mmol/l, pH 7,6:
  KH_2PO_4, 90,8 g/l H_2O 13 Teile
  $Na_2HPO_4 \cdot 2H_2O$, 118,7 g/l H_2O 87 Teile
- Glukose-Phosphatpuffer: 200 mg Glukose in 100 ml Phosphatpuffer (Lösung 1) lösen. Die Lösung ist bei 4 °C oder eingefroren haltbar. Bei Auftreten einer Trübung muß die Lösung frisch angesetzt werden.
- Acetylphenylhydrazinlösung: 20 mg Acetylphenylhydrazin in 20 ml Glukose-Phosphatpuffer (Lösung 2) bei Zimmertemperatur lösen. Die Lösung wird jedesmal frisch hergestellt und soll innerhalb einer Stunde verwendet werden.
- Färbelösungen:
  - Brillantkresylblaulösung (1 g Brillantkresylblau in 100 ml Alkohol absolut lösen, filtrieren) oder
  - Methylviolett (0,5 g in 100 ml physiologischer Kochsalzlösung lösen, filtrieren).

Durchführung
- EDTA (oder Heparinblut) wird 5 Minuten leicht zentrifugiert, 0,05 ml Erythrozyten werden in 2 ml Lösung 3 pipettiert. Ein gleicher Ansatz mit normalen Erythrozyten dient als Kontrolle.
- Die Suspension wird belüftet, indem man sie mit einer Pipette mehrmals aufzieht und beim Ausblasen vorsichtig Luft durchbläst.
- Die Proben werden 2 Stunden bei 37 °C inkubiert, anschließend erneut belüftet und weitere 2 Stunden inkubiert.

Färbung
- Mit Brillantkresylblau: auf gut entfettetem Objektträger wird mit einem kleinen Tropfen der Farblösung ein Ausstrich angefertigt und der dünne Farbstoffilm rasch luftgetrocknet. Ein Deckglas mit einem kleinen Tropfen der inkubierten Erythrozytensuspension wird auf die Farbschicht aufgelegt und das Präparat nach ca. 10 Minuten unter dem Mikroskop ausgewertet.
- Mit Methylviolett: ein kleiner Tropfen der Probe wird mit 2 – 3 Tropfen der Farblösung auf einem Objektträger vermischt und mit einem Deckglas abgedeckt. Das Präparat bleibt 5 – 10 Minuten liegen, um die Anfärbung der Heinz-Körper und das Sedimentieren der Erythrozyten abzuwarten; anschließend wird unter dem Mikroskop ausgewertet [13].

Die Heinz-Körper (Heinz 1890) erscheinen in den grüngelb gefärbten Erythrozyten **Auswertung**
als deutlich basophile, kugelige Gebilde von $1-2$ µm Durchmesser, die randständig
liegen und sich von der ebenfalls angefärbten Substantia granulofilamentosa der Retikulozyten durch ihre Größe und Dichte unterscheiden.

Es wird der Anteil derjenigen Erythrozyten ermittelt, die mehr als 4 Heinz-Körper
enthalten.

3.1 Normalwerte: $0-25\%$ Erythrozyten mit über 4 Heinz-Körpern

Unserer Erfahrung nach fanden sich bei der Auswertung von Normalpersonen nie
mehr als 25% Heinz-Körper.

Bei Patienten mit G-6-PDH-Mangel betrug der Anteil jedoch $45-92\%$.

3.2 Besprechung

Die Auswertung des Tests erfordert etwas Erfahrung. Voraussetzung brauchbarer Ergebnisse ist sorgfältig standardisiertes Arbeiten. Das Ergebnis ist von jeder einzelnen
Komponente in der Durchführung abhängig. Der Test sollte daher stets unter gleichen Bedingungen und nicht ohne Mitführen eines Normalblutes durchgeführt werden. Pathologische Ergebnisse sollen kontrolliert werden.

4 Screening-Tests bei paroxysmaler nächtlicher Hämoglobinurie

4.1 Sucrose-Hämolyse-Test [9]

Erythrozyten vermögen in einem Milieu von niederer Ionenstärke Komplement zu **Prinzip**
absorbieren, und zwar auch dann, wenn keine antierythrozytären Antikörper vorhanden sind. Die Erythrozyten von Patienten mit PNH sind gegen Komplement besonders empfindlich und werden unter diesen Bedingungen hämolysiert, während
normale Erythrozyten keine Hämolyse zeigen [11].

EDTA-Blut **Untersuchungsmaterial**

- Sucroselösung: Saccharose (Sucrose) 9,24 g auf 100 ml Aqua dest. (pH um 6,3) **Reagenzien**
  lösen. Die Lösung muß immer frisch hergestellt werden (Lösung 1).
- Physiologische Kochsalzlösung (Lösung 2).
- Drabkin-Lösung (Lösung 3) (nur für quantitative Auswertung)
- Positive Kontrollerythrozyten (AET-Erythrozyten): Die Behandlung mit Sulfhy-
  drylverbindungen verändert Erythrozyten so, daß sie sich in Lysetesten wie PNH-
  Erythrozyten verhalten [14]. 2-Aminoäthylisothiouroniumbromid (AET) eignet
  sich zur Herstellung PNH-ähnlicher Zellen besonders gut: 40 g AET werden auf

1 l in physiologischer Kochsalzlösung gelöst und der pH-Wert mit starker NaOH auf 9,0 eingestellt. Normale Erythrozyten aus ACD-Blut (ACD = Acidum citricum + Dextrose) werden 2mal in Lösung 2 gewaschen.

1 Volumenteil gepackter Erythrozyten und 4 Volumenteile AET-Lösung werden in einem verschlossenen Glasröhrchen vorsichtig gemischt und bei 37 °C 10 − 20 Minuten inkubiert. Anschließend wäscht man die Zellen in großen Volumina Lösung 2 (ca. 1 Teil gepackte Erythrozyten und ca. 10 Teile Lösung 2), bis der Überstand hämolysefrei ist.

Durchführung

- Aus EDTA-Patientenblut werden Plasma und Erythrozyten gewonnen.
- Die Erythrozyten werden 3mal in Lösung 2 gewaschen, eine etwa 50%ige Suspension hergestellt und folgender Testansatz in ein Probenröhrchen pipettiert:
  - 850 µl Sucroselösung (Lösung 1)
  - 50 µl frisches, autologes (oder AB0-kompatibles) Plasma
  - 100 µl 50%ige Erythrozytensuspension
- Zusätzlich sollten folgende 3 Negativkontrollen angesetzt werden:
  - statt Sucroselösung wird physiolog. Kochsalzlösung verwendet (dieser Ansatz zeigt manchmal fälschlicherweise geringe Hämolyse)
  - statt Plasma wird Sucroselösung (900 µl anstatt 850 µl) pipettiert
  - statt frischem Plasma 50 µl bei 56 °C 30 Minuten inkubiertes Plasma (dieses enthält kein Komplement mehr, da es durch Erhitzen zerstört wird)
- Als Positivkontrolle dient der gleiche Ansatz wie beim Test, jedoch statt Patientenerythrozyten werden AET-Erythrozyten eingesetzt.

  Für die quantitative Erfassung einer eventuellen Hämolyse werden einfacherweise beim Ansatz bereits ein Standard und ein Leerwert mitgeführt.
  - Leerwert: 950 µl Sucroselösung; 50 µl Plasma
  - Standard: 850 µl Aqua dest.; 50 µl Plasma; 100 µl Erythrozytensuspension
- Die Ansätze werden bei 37 °C im Wasserbad inkubiert, nach 15 und 30 Minuten vorsichtig gemischt, zentrifugiert und der Überstand auf sichtbare Hämolyse geprüft.

Auswertung

Besteht im Testansatz sichtbare Hämolyse, ist das Testergebnis pathologisch und kann quantitativ ausgewertet werden.

Dazu werden je 0,3 ml des Überstandes in 5 ml Drabkin-Lösung (Lösung 3) einpipettiert und bei 540 nm (bzw. Filter Hg 546) gegen den Leerwert photometrisch abgelesen. Die Berechnung erfolgt nach der Formel:

$$\frac{\text{Ext.}_{\text{Probe}}}{\text{Ext.}_{\text{Standard}}} \cdot 100 = \% \text{ Hämolyse}$$

4.1.1 Besprechung

Der Sucrose-Hämolyse-Test ist ein einfacher Suchtest auf PNH und ihr verwandte Zustandsbilder, der sich für Reihenuntersuchungen besser eignet als der Säure-Serum-Test. Er gibt zur Bindung von Komplementkomponenten an Erythrozyten ohne Mitwirkung von Antikörpern günstige Bedingungen. Bei einem positiven Ergebnis ist es notwendig, die Diagnose durch den Säure-Serum-Test zu bestätigen, der als das wichtigste diagnostische Kriterium dieser Erkrankung gilt [4, 12].

In einzelnen Fällen, in denen mit autologen, jedoch nicht mit homologen Seren positive Ergebnisse erhalten werden, ist eine PNH unwahrscheinlich und die Suche nach Antikörpern im Patientenserum angezeigt.

4.2 Säure-Serum-Test (Ham-Test) [7]

Erythrozyten werden bei 37 °C und dem für die Aktivierung des hämolytischen Systems optimalen pH in Gegenwart von Komplement (frischem Serum) inkubiert und das Auftreten einer Hämolyse beobachtet. Nur Erythrozyten mit pathologischer Empfindlichkeit gegen Komplement, wie dies für PNH und ähnliche Zustandsbilder charakteristisch ist, zeigen unter diesen Bedingungen eine nachweisbare Hämolyse.   **Prinzip**

EDTA-Blut, Nativblut (für Serum) von Patient und gesunder Person   **Untersuchungsmaterial**

- Mit dem Patientenblut AB0-kompatible Normalerythrozyten   **Reagenzien**
- Frisches, mit dem Patientenserum AB0-kompatibles Serum als Komplementquelle
- HCl, 0,2 mol/l
- AET-Erythrozyten (s. Abschn. 4.1) als positive Kontrolle

- Aus Patienten-EDTA-Blut, sowie aus AB0-kompatiblem Normalblut werden Serum und Erythrozyten gewonnen.   **Durchführung**
- Die Erythrozyten werden 2mal in physiologischer Kochsalzlösung gewaschen und eine etwa 50%ige Suspension hergestellt. In 9 Röhrchen (3 für den Test, 3 für die Negativkontrollen, 3 für die Positivkontrollen) werden 0,5 ml des frischen Normalserums pipettiert.
- Je eines dieser Röhrchen wird im Wasserbad bei 56 °C 30 Minuten lang inaktiviert. Weiter verfährt man nach folgendem Pipettierschema (Tabelle 3).
- Die Ansätze werden 1 Stunde in ein Wasserbad von 37 °C gestellt, vorsichtig gemischt und anschließend zentrifugiert.

Tabelle 3. Ansatz eines Säure-Serum-Tests

	Test Röhrchen-Nr.			Negativkontrolle Röhrchen Nr.			Positivkontrolle Röhrchen Nr.		
	1	2	3	4	5	6	7	8	9
Frisches Normalserum (µl)	500	500	–	500	500	–	500	500	–
Inaktiviertes Normalserum (µl)	–	–	500	–	–	500	–	–	500
HCl, 0,2 mol/l (µl)	–	50	50	–	50	50	–	50	50
Patientenerythrozyten-suspension (µl)	50	50	50	–	–	–	–	–	–
Normalerythrozyten-suspension (µl)	–	–	–	50	50	50	–	–	–
AET-Erythrozyten-suspension (µl)	–	–	–	–	–	–	50	50	50

Auswerten Die Ablesung erfolgt im Überstand: PNH-Erythrozyten sowie die positiven Kontrollen zeigen eine deutliche bis starke Hämolyse im angesäuerten Milieu mit Komplement (Röhrchen 2 bzw. 8). Die Röhrchen 3 bzw. 9 mit inaktiviertem Serum („ohne" Komplement) sowie die Röhrchen 4–6 mit normalen Kontrollerythrozyten sind negativ. Patienten- und AET-Erythrozyten mit Komplement bei neutralem pH (Röhrchen 1 bzw. 7) zeigen ebenfalls keine oder unter 2% Hämolyse.

Die Hämolyse kann auch quantitativ erfaßt werden: Im Überstand der Röhrchen wird nach dem Prinzip der Hämoglobinbestimmung unter Bezug auf einen 100%-Wert der Grad der Hämolyse bestimmt. Als 100%-Wert dient die 50%ige Suspension der Testerythrozyten in physiologischer Kochsalzlösung (50 µl zu 550 µl), als Leerwert nur Normalserum. Zu je 5 ml Drabkin-Lösung werden 0,3 ml Überstand vom Röhrchen 2 des Testansatzes, 0,3 ml der Erythrozytensuspension (100%-Wert) und 0,3 ml Normalserum (Leerwert) pipettiert. Der Testansatz wird bei 540 nm (bzw. Filter Hg 546) gegen den Leerwert, der 100%-Wert gegen Aqua dest. photometrisch abgelesen. Die Berechnung erfolgt nach folgender Formel:

$$\frac{Ext._{Test}}{Ext._{100\%\text{-Wert}}} \cdot 100 = \% \text{ Hämolyse}$$

Bei pH 6,5–7,0 zeigen PNH-Erythrozyten in Gegenwart von Serum als Komplementquelle (Röhrchen 2) gewöhnlich 10–30% Hämolyse.

4.2.1 Besprechung

Der Säure-Serum-Test ist, lege artis ausgeführt, für PNH diagnostisch beweisend und in typischen Fällen auch immer positiv. Er darf nur dann als positiv bewertet werden, wenn die Kontrollen, insbesondere die Ansätze mit inaktiviertem Serum, negativ sind. Sphärozyten und überalterte Erythrozyten können gelegentlich in angesäuertem Milieu ohne Komplement lysieren. Die seltenen Fälle kongenitaler dyserythropoetischer Anämie (vom Typ II) zeigen ebenfalls einen positiven Säure-Serum-Test, jedoch nie mit autologem Serum. Hier ist die Hämolyse gewöhnlich ausgeprägter, wenn der Ansatz zunächst auf 4 °C gebracht und erst dann bei 37 °C inkubiert wird.

Das Serum soll innerhalb einer Stunde nach Blutabnahme gewonnen und am selben Tag verarbeitet werden. Längere Lagerung muß unter Bedingungen erfolgen, die zur Aufbewahrung von Komplement gelten (um −70 °C).

Anstelle von Normalserum kann auch Patientenserum verwendet werden, doch kann hier die lytische Aktivität durch Abfall des Serum-Komplement-Spiegels erniedrigt sein.

Die Patientenerythrozyten können in ACD bei 4 °C 2–3 Wochen aufbewahrt werden.

Neue Methoden zur Diagnostik der PNH, siehe Beitrag Immunzytologische Diagnostik.

Literatur

1. Bauer K (1981) Die Bestimmung von freiem Hämoglobin im Serum durch ein neues Analysensystem. J Clin Chem Clin Biochem 19:971–976
2. Beutler E (1991) G-6-PDH-deficiency. New England Journal of Medicine 324:169–174
3. Dacie JV, Lewis SM (1972) PNH: clinical manifestations, haematology and nature of the disease. Series Haematologica 5:3
4. Dacie JV, Lewis SM (1975) Practical haematology, 5th Ed. Churchill Livingstone, Edinburgh London New York
5. Dacie JV (1985) The haemolytic anaemias, vol 1. The hereditary haemolytic anaemias, part 1. Churchill Livingstone, Edinburgh, p 146
6. Dacie JV, Lewis SM (1991) Practical haematology, 7 Ed. Churchill Livingstone, Edinburgh London Melbourne New York
7. Ham TH, Dingle JH (1939) Studies and destruction of red cells. II. Chronic hemolytic anaemia with PNH: certain immunological aspects of the hemolytic mechanism with special reference to serum complement. J of Clin Invest 18:657
8. Harboe M (1959) A method for determination of hemoglobin in plasma by near-ultra-violet spectrophotometry. Scand J Clin Lab Invest 11:66
9. Hartmann RC, Jenkins DE Inr, Arnold AB (1970) Diagnostic specifity of sucrose haemolysis-test for PNH. Blood 35:46
10. Rimington C, Svensson SL (1950) The spectrophotometric determination of uroporphyrin. Scand I Clin Lab Invest 2:209
11. Rosse WF (1972) The complement sensitivity of PNH cells. Series Haematologica 5:101
12. Rosse WF, Parker CJ (1985) PNH. Clinics in Haematology 14:105
13. Schwab MLL, Lewis AE (1969) An improved stain for Heinz bodies. Am J Clin Path 51:673
14. Sirchia G, Ferrone S, Mercuriali F (1965) The action of sulf hydril compounds on normal human red cells. Relationship to red cells of PNH. Blood 25:502
15. Trinder PA (1969) Ann clin Biochem 6:24–27

A. PEKRUN und W. SCHRÖTER

1 Einleitung

Defekte der Erythrozytenenzyme sind in Mitteleuropa nach den Membrandefekten die häufigste Ursache angeborener hämolytischer Anämien [32]. Der Erythrozyt besitzt im Gegensatz zu den kernhaltigen Zellen keinen funktionsfähigen Proteinsynthese-Apparat. Der Mangel bzw. Defekt einzelner Enzyme des Erythrozytenstoffwechsels kann dementsprechend nicht durch eine gesteigerte Synthese des Proteins ausgeglichen werden. Enzymdefekte der für den Erythrozyten relevanten Stoffwechselwege können daher zu einer verkürzten Lebensdauer der Erythrozyten mit Entwicklung einer hämolytischen Anämie führen. Demgegenüber sind die übrigen Körperzellen durch diese Enzymdefekte, von wenigen Ausnahmen abgesehen, nicht betroffen.

Die wichtigsten Erythrozyten-Enzymdefekte betreffen die Glykolyse, den Pentosephosphatweg und den Nukleotidstoffwechsel. Die resultierenden Krankheitsbilder werden überwiegend autosomal-rezessiv vererbt. Bei heterozygoten Überträgern zeigt sich eine Verminderung der jeweiligen Enzymaktivität auf etwa 50% der Norm. Demgegenüber haben homozygote Patienten eine ausgeprägtere Aktivitätsminderung auf weniger als 30% der Norm. Die hemizygoten Patienten mit dem x-chromosomal vererbten Glucose-6-Phosphat-Dehydrogenase-Mangel weisen ebenfalls eine stark verminderte Aktivität des Enzyms auf.

Zur Messung der einzelnen Enzymaktivitäten wird Hämolysat einem Enzym-Substrat-Gemisch zugesetzt, so daß eine kaskadenartige Reaktionskette ablaufen kann. Die Hilfsenzyme und die Substrate müssen dabei im Überschuß eingesetzt werden, so daß das zu untersuchende Enzym des Hämolysats den geschwindigkeitslimitierenden Faktor darstellt. Die Geschwindigkeit der Gesamtreaktion als Maß für das zu untersuchende Enzym wird im allgemeinen über die Konzentrationsänderung einer photometrisch meßbaren Substanz bestimmt. Besonders bewährt haben sich die Pyridinnukleotide NADH und NADPH, deren Reduktion bzw. Oxidation bei den Wellenlängen 340 nm oder 366 nm gemessen werden können [6].

Für einige der wichtigsten Erythrozytenenzyme hat das *International Committee for Standardization in Haematology* Empfehlungen zur Aktivitäts-Bestimmung veröffentlicht, die beim Aufbau der Methoden im Labor beachtet werden sollten [16].

Da die Aktivität der meisten Enzyme in Retikulozyten wesentlich höher liegt als in Erythrozyten, ist bei der Beurteilung der gemessenen Enzymaktivitäten die Höhe des Retikulozytenanteils zu berücksichtigen [2, 24]. Dies gilt insbesondere für die Enzyme Pyruvatkinase, Glucosephosphatisomerase, Hexokinase, Glucose-6-phosphat-Dehydrogenase und Triosephosphatisomerase. Bei hämolytischen Anämien ist die Retikulozytenzahl regelmäßig erhöht. Um nicht einen Enzymdefekt als Ursache der Anämie zu übersehen, müssen die Enzymaktivitäten entsprechend bewertet werden.

Tabelle 1. Normalwerte der Erythrozytenenzymaktivitäten [μmol Substratumsatz/g Hämoglobin/min], Temperatur 37 °C, angegeben ist jeweils der Mittelwert ± 2 Standardabweichungen

Glucose-6-phosphat-Dehydrogenase	$11,0 \pm 1,6$
6-Phosphogluconat-Dehydrogenase	$9,5 \pm 1,5$
Pyruvatkinase	$20,2 \pm 2,2$
Glucosephosphatisomerase	$44,7 \pm 4,8$
Triosephosphatisomerase	$2180 \ \pm 254$
Hexokinase	$1,0 \pm 0,1$
Glutathionreductase	$4,6 \pm 0,8$
Phosphofructokinase	$21,0 \pm 4,1$
Diphosphoglyzeratmutase	$4,6 \pm 0,8$
Phosphoglyzeratkinase	$138 \ \pm 23$
Aldolase	$7,9 \pm 1,4$
Ribosephosphatpyrophosphokinase	$86 \ \pm 12$
Methämoglobin-Reduktase	
Erwachsene	$24,9 \pm 2,8$
Neugeborene	$15,0 \pm 0,6$
Pyrimidin-5′-Nukleotidase	$12,3 \pm 2,4$

Sofern die Aktivität eines Enzyms nicht entsprechend dem Retikulozytenanteil erhöht ist, deutet dies auf einen Enzymmangel hin.

Neben der Retikulozytenzahl sind auch die Erythrozytenindices und die Erythrozytenmorphologie zu beachten. Der MCV-Wert ist bei hämolytischen Anämien aufgrund von Enzymdefekten infolge der jugendlichen Zellpopulation erhöht. Eine Verminderung des MCV-Wertes spricht dagegen für eine andere Störung, wie z. B. Hämoglobin- oder Erythrozytenmembran-Defekte. Zu achten ist außerdem auf eine basophile Tüpfelung der Erythrozyten, die bei entsprechender Ausprägung ein typisches Zeichen des Pyrimidin-5′-Nukleotidase-Mangels ist.

In seltenen Ausnahmefällen ist die alleinige Bestimmung der Enzymaktivität nicht ausreichend zur Diagnose eines Enzymmangels. Insbesondere beim Pyruvatkinase-Mangel ist es gelegentlich notwendig, zusätzlich die kinetischen Eigenschaften des Enzyms zu untersuchen. Außerdem ist manchmal die Bestimmung der sich vor dem jeweiligen Enzym anstauenden Substrate sehr hilfreich bei der Diagnostik [23]. So findet sich beim Pyruvatkinase-Mangel typischerweise eine erhöhte 2,3-Diphosphoglyzerat-Konzentration und beim Triosephosphatisomerase-Mangel eine erhöhte Dihydroxyazetonphosphat-Konzentration [11, 23]. Diese Detailuntersuchungen des Erythrozytenstoffwechsels sind allerdings sehr aufwendig und bleiben daher zumeist spezialisierten Laboratorien vorbehalten.

Im folgenden werden die Bestimmungsmethoden für die klinisch wichtigsten Erythrozytenenzyme zusammenfassend dargestellt. Die meisten Enzyme können methodisch einfach mit einem optischen Test gemessen werden. Die Messung der Pyrimidin-5′-Nukleotidase-Aktivität wird wegen des abweichenden Verfahrens gesondert dargestellt. Normalwerte der Erythrozytenenzymaktivitäten sind in Tabelle 1 angegeben. Als Bezugsgröße für die Enzymaktivitäten kann neben der Hämoglobin-Konzentration auch die Erythrozytenzahl verwandt werden.

2 Blutprobengewinnung, Erythrozytenreinigung

Es wird am besten mit Natriumzitrat ungerinnbar gemachtes venöses Blut verwandt. Die Enzymaktivitäten sollten möglichst innerhalb eines Tages nach der Blutentnahme bestimmt werden. Im allgemeinen führt aber auch eine 2- bis 3tägige Lagerung des Blutes bei 4 °C zu keinen wesentlichen Aktivitätseinbußen, so daß die Blutproben in diesem Zeitraum problemlos an die entsprechenden Laboratorien versandt werden können. Nach Herstellung des Hämolysats sollten die Messungen allerdings bald erfolgen, da es sonst durch Proteaseneinwirkung zu Enzymveränderungen kommen kann.

Da Leukozyten höhere Enzymaktivitäten als Erythrozyten haben, müssen zunächst die Leukozyten abgetrennt werden. Hierzu ist es nicht ausreichend, lediglich den „buffy coat" der Blutprobe zu entfernen. Eine effektive Reinigung der Erythrozyten läßt sich durch Filterung des Zitrat-Bluts durch eine Baumwollsäule erreichen, da Leukozyten und Thrombozyten sehr gut durch Adhäsion an die Baumwolle eliminiert werden [3, 7].

Leukozytenabtrennung

- 2 m Baumwollgarn werden 30 min in Wasser gekocht und anschließend in eine 5 cm hohe und 1 cm dicke Säule gefüllt.
- Nach Spülen der Säule mit physiologischer Kochsalzlösung werden bis zu 10 ml Zitrat-Blut durch die Säule gefiltert.
- Die filtrierten Erythrozyten werden dreimal mit physiologischer Kochsalzlösung gewaschen. In dieser Erythrozytenpräparation liegt die Zahl der Leukozyten im allgemeinen unter 100/µl.

Durchführung

3 Hämolysatherstellung

- Digitonin-Lösung: 1 g Digitonin wird unter Erwärmung auf 60 °C in 100 ml H_2O gelöst. Nach Abkühlung werden die unlöslichen Bestandteile durch Zentrifugation (5 min, 3000 g) abgetrennt. Der klare Überstand enthält etwa 0,2 g/dl Digitonin.
- Lysierungspuffer: Triäthanolaminhydrochlorid
  (50 mM pH 7,5 + EDTA 5 mM)   35 ml
  Digitonin-Lösung   15 ml
  H_2O 50 ml

Reagenzien

- 0,2 ml gepackte Erythrozyten werden mit 1,0 ml 0,9 g/dl NaCl-Lösung suspendiert.
- Zur Zellysierung wird 1 ml dieser Erythrozytensuspension mit 2 ml Lysierungspuffer bei 4 °C für 15 min inkubiert.
- Nach Zentrifugation zur Entfernung von Stroma-Bestandteilen (15 min, 5000 g) wird der Überstand als Hämolysat zur Erythrozytenenzymbestimmung eingesetzt.

Durchführung

Tabelle 2. Enzymaktivitätsbestimmung mit optischen Tests: Meßansätze

Enzym	Reagens	Konzentration in der zugefügten Lösung [mmol/l]	Volumen der zugefügten Lösung [ml]	Endkonzentration im Test-Ansatz [mmol/l] bzw. [U/ml]
1. Glucose-6-Phosphat-Dehydrogenase	TraP pH 7,5	50	1,400	46,7
	+EDTA	5		4,7
	NADP	30	0,025	0,50
	Hämolysat		0,050	
	Start: G-6-P	40	0,025	0,67
2. 6-Phosphogluconat-Dehydrogenase	TraP pH 7,5	50	1,325	44
	+EDTA	5		4,4
	MgCl$_2$	1000	0,050	33
	NADP	30	0,025	0,5
	Hämolysat		0,050	
	Start: 6-PG	50	0,050	1,7
3. Pyruvatkinase	TraP, pH 7,5	50	1,030	34,2
	+EDTA	5		3,4
	MgSO$_4$	100	0,125	8,4
	KCl	1000	0,110	73,5
	ADP	30	0,050	1,0
	NADH	30	0,010	0,2
	LDH	180 U/ml	0,050	6,0
	Hämolysat		0,025	
	Start: PEP	30	0,100	2,0
4. Glukosephosphatisomerase	TraP, pH 7,5	50	1,315	43,6
	+EDTA	5	4,400	
	NADP	30	0,010	0,2
	G-6-PD	14 U/ml	0,025	0,23
	Hämolysat	20fach verdünnt	0,100	
	Start: F-6-P	50	0,050	1,7
5. Triosephosphatisomerase	TraP, pH 7,5	50	1,365	45,6
	+EDTA	5		4,5
	NADH	30	0,010	0,2
	GAP	25	0,100	1,7
	Hämolysat	40fach verdünnt	0,013	
	Start: GDH	400 U/ml	0,012	1,7

6. Hexokinase	TraP, pH 7,5	50	1,245	4,13
	MgCl$_2$	100	0,070	5,0
	Glucose	50	0,050	1,7
	NADP	30	0,010	0,2
	G-6-PD	14 U/ml	0,025	0,23
	Hämolysat		0,050	
	Start: ATP	50	0,050	1,7
7. Glutathionreduktase	Na-Phosphatpuffer pH 6,5	67	1,360	60,7
	GSSG	100	0,075	5,0
	Hämolysat		0,050	
	Start: NADPH	30	0,015	0,3
8. Phosphofructokinase	TraP, pH 7,5	50	1,150	38,3
	MgCl$_2$	100	0,015	1,0
	ATP	50	0,050	1,7
	NADH	30	0,010	0,2
	Ald	9 U/ml	0,100	0,6
	TPI	2400 U/ml	0,050	80,0
	GDH	40 U/ml	0,050	1,3
	Hämolysat		0,025	
	Start: F-6-P	50	0,050	1,7
9. Diphosphoglyzeratmutase	TraP, pH 7,5	50	1,060	35,5
	KH$_2$PO$_4$	1000	0,010	6,7
	NAD	30	0,050	1,0
	Ald	9 U/ml	0,050	0,3
	TPI	2400 U/ml	0,050	80,0
	GAPD	70 U/ml	0,050	2,3
	3-PG	100	0,030	2,0
	Hämolysat		0,100	
	Start: FDP	100	0,100	6,7
10. Phosphoglyzeratkinase	TraP, pH 7,5	50	1,190	39,66
	+EDTA	5		3,96
	MgSO$_4$	100	0,050	3,3
	ATP	50	0,030	1,0
	NADH	30	0,010	0,2
	GSH	100	0,020	1,3
	GAPD	70 U/ml	0,050	2,3
	Hämolysat	20fach verdünnt	0,050	
	Start: 3-PG	100	0,100	0,67

Tabelle 2 (Fortsetzung)

Enzym	Reagens	Konzentration in der zugefügten Lösung [mmol/l]	Volumen der zugefügten Lösung [ml]	Endkonzentration im Test-Ansatz [mmol/l] bzw. [U/ml]
11. Aldolase	TraP, pH 7,5	50	1,315	44
	+ EDTA	5		4,4
	NADH	30	0,010	0,2
	GDH	400 U/ml	0,025	6,7
	TPI	2400 U/ml	0,025	40
	Hämolysat		0,050	
	Start: 1,6-FDP	100	0,075	5
12. Ribosephosphatpyrophosphokinase	Na-Phosphat-Puffer, pH 8,0	65	0,465	20
	$MgCl_2$	100	0,045	3
	PEP	30	0,100	2
	NADH	30	0,012	0,24
	ATP	50	0,040	1,33
	KF	100	0,050	3,33
	AK	50 U/ml	0,050	1,7
	PK	50 U/ml	0,050	1,7
	LDH	50 U/ml	0,050	1,7
	Hämolysat		100	
	H_2O		520	
	Start: R-5-P	50	0,020	0,7
13. Methämoglobin-Reduktase	Tris-Puffer, pH 8,0	1000	150	100
	+ EDTA	5		0,5
	$K_3Fe(CN)_6$	2	150	0,2
	NADH	2	150	0,2
	H_2O		1020	
	Start: Hämolysat	40fach verdünnt	30	

Tabelle 3. Enzymaktivitätsbestimmung mit optischen Tests: Reaktionsprinzipien; in Klammern sind die zugehörigen Abkürzungen des Enzyms und Literaturzitate angegeben

1. *Glucose-6-Phosphat-Dehydrogenase* (G-6-PD) [10, 28, 39, 40]

$$\text{G-6-P} + \text{NADP} \xrightarrow{\text{G-6-PD}} \text{6-P-Gluconsäure} + \text{NADPH}$$

2. *6-Phosphogluconat-Dehydrogenase* (6-PGD) [27]

$$\text{6-PG} + \text{NADP} \xrightarrow{\text{6-PGD}} \text{Ribose-5-Phosphat} + \text{NADPH}$$

3. *Pyruvatkinase* (PK) [2, 14, 17]

$$\text{PEP} + \text{ADP} \xrightarrow{\text{PK}} \text{Pyruvat} + \text{ATP}$$

$$\text{Pyruvat} + \text{NADH} \xrightarrow{\text{LDH}} \text{Lactat} + \text{NAD}$$

4. *Glucosephosphatisomerase* (GPI) [1, 9]

$$\text{F-6-P} \xrightarrow{\text{GPI}} \text{G-6-P}$$

$$\text{G-6-P} + \text{NADP} \xrightarrow{\text{G-6-PD}} \text{6-P-Gluconsäure} + \text{NADPH}$$

5. *Triosephosphatisomerase* (TPI) [8, 11, 31, 33]

$$\text{GAP} \xrightarrow{\text{TPI}} \text{DAP}$$

$$\text{DAP} + \text{NADH} \xrightarrow{\text{GDH}} \text{Glyzerin-1-P} + \text{NAD}$$

6. *Hexokinase* (HK) [29]

$$\text{Glucose} + \text{ATP} \xrightarrow{\text{HK}} \text{G-6-P} + \text{ADP}$$

$$\text{G-6-P} + \text{NADP} \xrightarrow{\text{G-6-PD}} \text{6-PG} + \text{NADPH}$$

7. *Glutathionreduktase* (GR) [21, 25]

$$\text{GSSG} + 2\,\text{NADPH} \xrightarrow{\text{GR}} 2\,\text{GSH} + 2\,\text{NADP}$$

8. *Phosphofructokinase* (PFK) [12, 35, 38]

$$\text{F-6-P} \xrightarrow{\text{PFK}} \text{FDP}$$

$$\text{FDP} \xrightarrow{\text{Ald}} \text{DAP} + \text{GAP}$$

$$\text{GAP} \xrightarrow{\text{TPI}} \text{DAP}$$

$$\text{DAP} + \text{NADH} \xrightarrow{\text{GDH}} \text{Glycerin-1-P} + \text{NAD}$$

9. *Diphosphoglyzeratmutase* (DPGM) [15, 30]

$$\text{FDP} \xrightarrow{\text{Ald}} \text{GAP} + \text{DAP}$$

$$\text{DAP} \xrightarrow{\text{TPI}} \text{GAP}$$

$$\text{GAP} + \text{P} + \text{NAD} \xrightarrow{\text{GAPDH}} \text{1,3-DPG} + \text{NADH}$$

$$\text{1,3-DPG} \xrightarrow{\text{DPGM}} \text{2,3-DPG}$$

10. *Phosphoglyzeratkinase* (PGK) [14, 22, 34]

$$\text{3-PG} + \text{ATP} \xrightarrow{\text{PGK}} \text{1,3-DPG} + \text{ADP}$$

$$\text{1,3-DPG} + \text{NADH} \xrightarrow{\text{GAPDH}} \text{GAP} + \text{NAD}$$

Tabelle 3 (Fortsetzung)

11. *Aldolase* (Ald) [20, 26]

$$FDP \xrightarrow{\text{Ald}} GAP + DAP$$

$$GAP \xrightarrow{\text{TPI}} DAP$$

$$DAP + NADH \xrightarrow{\text{GDH}} \text{Glycerin-1-P} + NAD$$

12. *Ribosephosphatpyrophosphokinase* (RPK) [37]

$$\text{R-5-P} + ATP \xrightarrow{\text{RPK}} PRPP + AMP$$

$$AMP + ATP \xrightarrow{\text{AK}} 2\,ADP$$

$$PEP + ADP \xrightarrow{\text{PK}} \text{Pyruvat} + ATP$$

$$\text{Pyruvat} + NADH \xrightarrow{\text{LDH}} \text{Lactat} + NAD$$

13. *Methämoglobin-Reduktase*, NADH-abhängig (MR) [5]

$$NADH + K_3Fe(CN)_6 \xrightarrow{\text{MR}} NAD + K_3Fe(CN)_4$$

a) Enzyme mit Aktivitätsbestimmung im optischen Test: Die Ansätze für die verschiedenen Bestimmungen sind in Tabelle 2 zusammengefaßt; Tabelle 3 gibt die Reaktionsprinzipien an. Die Reaktion wird nach kurzzeitiger Äquilibration der Temperatur auf 37 °C durch Zugabe der mit „Start" gekennzeichneten Lösungen in Gang gesetzt. Die Meßgröße ist die Konzentrationsänderung der Pyridinnukleotide NADH bzw. NADPH. Sie kann photometrisch bei den Wellenlängen 340 nm oder 366 nm erfaßt werden, da der reduzierte Pyridinring in diesem Spektralbereich eine ausgeprägte Lichtabsorption bewirkt. Aus den Meßwerten wird bei Berücksichtigung der Extinktionskoeffizienten ε die Enzym-Aktivität berechnet ($\varepsilon_{340\,\text{nm}} = 6{,}2 \times 10^3$ l/mol/cm, $\varepsilon_{366\,\text{nm}} = 3{,}3 \times 10^3$ l/mol/cm).

b) Pyrimidin-5′-Nuklotidase: Die direkte Messung der Pyrimidin-5′-Nukleotidase-Aktivität ist relativ aufwendig und daher Speziallaboratorien vorbehalten. Der Enzymmangel führt aber über den Konzentrations-Anstieg der intrazellulären Pyrimidin-Nukleotide zu einigen typischen Veränderungen der Erythrozyten, die indirekt einen Hinweis auf den Defekt geben. Bei ihrem Nachweis sollte die Enzym-Aktivität direkt gemessen werden.

- Es findet sich eine sehr ausgeprägte basophile Tüpfelung der Erythrozyten als Ausdruck intrazellulärer Nukleotidpräzipitation [37].
- Das UV-Absorptionsspektrum des mit Trichloressigsäure enteiweißten Hämolysats ist infolge der geänderten Nukleotid-Zusammensetzung und Konzentration in charakteristischer Weise verändert. Es zeigen sich sowohl eine Erhöhung als auch eine Verschiebung des Absorptionsmaximums von 257 nm auf 268 nm [19].
- Die Aktivitäten anderer Erythrozytenenzyme werden sekundär vermindert. Am deutlichsten ist dieser Effekt bei der Ribosephosphatpyrophosphokinase zu beobachten, deren Aktivität um bis zu 70% vermindert sein kann [37].

Die direkte Messung der Pyrimidin-5′-Nukleotidase-Aktivität beruht auf der Phosphatgruppenabspaltung von Pyrimidin-Nukleotiden. Es können zwei verschiedene Methoden angewandt werden:

Prinzip

Molybdän-Farbstoff-Methode [37]

Prinzip

$$\text{Uridinmonophosphat} \xrightarrow{\text{Pyrimidin-5′-Nukleotidase}} \text{Uridin} + \text{Phosphat}$$

Reagenzien

- Lysatpuffer:

Äthylendiamintetraessigsäure	2,7 mM
Mercaptoäthanol	0,7 mM
	pH 7,6

- Dialysepuffer:

Tris-(hydroxymethyl)-aminomethan	10 mM
Magnesiumchlorid	10 mM
Äthylendiamintetraessigsäure	1 mM
Mercaptoäthanol	1 mM
	pH 7,6

Die Hämolysatherstellung weicht von derjenigen für die übrigen beschriebenen Enzyme ab, da zur Stabilisierung der Pyrimidin-5′-Nukleotidase die Anwesenheit von EDTA und Dimercaptoethanol erforderlich ist.

Durchführung

- 300 µl gepackter Erythrozyten werden bei 4 °C mit 600 µl Lysatpuffer versetzt.
- Um eventuell vorhandenes anorganisches Phosphat zu entfernen, wird das Lysat 12 Stunden bei 4 °C gegen den Dialysepuffer dialysiert.
- Die Enzymaktivitätsmessung erfolgt bei 37 °C mit folgendem *Ansatz* (Endkonzentration):

Tris-(hydroxymethyl)-aminomethan	50 mM pH 7,5
Magnesiumchlorid	10 mM
Hämolysat	150 µl pro 500 µl Ansatz
„Start": Uridinmonophosphat	2,4 mM

Als Leerwert wird die gleiche Lösung ohne Uridinmonophosphat inkubiert.
- Nach 2stündiger Inkubation wird die Reaktion durch Zugabe von 1/2 Volumen Trichloressigsäure (20 g/dl) gestoppt.
- Dem Leerwert-Ansatz wird Uridinmonophosphat mit einer Endkonzentration von 2,4 mM zugesetzt.
- Die durch die Trichloressigsäure ausgefällten Proteine werden mittels Papierfilter abgetrennt.
- Im klaren Überstand wird die Phosphatkonzentration gemessen; gut geeignet ist die Molybdän-Farbstoff-Methode von Fiske und Subbarow [13], für die entsprechende Kits käuflich zu erwerben sind. Aus der freigesetzten Phosphatmenge wird die Pyrimidin-5′-Nukleotidase-Aktivität berechnet.

Radiometrische Methode [18, 36]

Als Alternative zur Aktivitäts-Messung mit der Molybdän-Farbstoff-Methode kommt die Messung mittels ^{14}C-markiertem Cytidinmonophosphat in Frage.

Prinzip

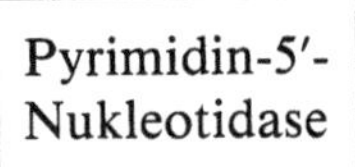

^{14}C-Cytidinmonophosphat $\longrightarrow$ ^{14}C-Cytidin + Phosphat

Grundlage der Methode ist, daß Cytidin nur in der Monophosphat-Form mit Bariumsulfat präzipitiert werden kann. Sofern das Molekül durch Pyrimidin-5'-Nukleotidase dephosphoryliert wurde, bleibt es bei der Barium-Sulfat-Fällung als Cytidin in Lösung.

Durchführung

- Hämolysat wird wie für die Molybdän-Farbstoff-Methode hergestellt.
- Ansatz:

Magnesiumchlorid (100 mM)	5 µl
^{14}C-Cytidinmonophosphat (40 mM, 1 Ci/mol)	10 µl
H$_2$O	25 µl
„Start": Hämolysat	60 µl

- Nach Inkubation (30 min, 37 °C) wird die Reaktion durch Zugabe von 200 µl Ba(OH)$_2$ 0,15 mol/l, 200 µl ZnSO$_4$ 0,15 mol/l und 500 µl H$_2$O gestoppt.
- Die Präzipitate werden durch Zentrifugation abgetrennt (3000 g, 15 min).
- Die Radioaktivität im Überstand wird mittels Szintillationszählung bestimmt.
- Zur Leerwertbestimmung wird bei gleichen Verfahren lediglich auf die 30minütige Inkubation verzichtet; nach der Hämolysatzugabe wird sofort die Barium-Sulfat-Fällung durchgeführt.
- Bei Berücksichtigung der spezifischen Aktivität des ^{14}C-Cytidinmonophosphat läßt sich die Pyrimidin-5'-Nukleotidase-Aktivität im Hämolysat berechnen.

! Anzumerken ist, daß eine Verminderung der Pyrimidin-5'-Nukleotidase-Aktivität sowohl genetisch bedingt als auch aufgrund einer Blei-Intoxikation erworben auftreten kann. Bei einer verminderten Pyrimidin-5'-Nukleotidase-Aktivität sollte deshalb auch die Blei-Konzentration im Blut bzw. in den Erythrozyten gemessen werden.

Abkürzungen

1. Enzyme

AK	Adenylatkinase
Ald	Aldolase
DPGM	Diphosphoglyzeratmutase
G-6-PD	Glucose-6-Phosphat-Dehydrogenase
GAPDH	Glyzerinaldehydphosphatdehydrogenase
GDH	Glyzeratdehydrogenase
GPI	Glucosephosphatisomerase
GR	Glutathionreductase
HK	Hexokinase
LDH	Lactatdehydrogenase
MR	Methämoglobin-Reduktase
P5N	Pyrimidin-5'-Nukleotidase
6-PGD	6-Phosphogluconat-Dehydrogenase
PFK	Phosphofructokinase
PGK	Phosphoglyzeratkinase
PK	Pyruvatkinase
RPK	Ribosephosphatpyrophosphokinase
TPI	Triosephosphatisomerase

2. Chemikalien, Substrate

ADP	Adenosindiphosphat
AMP	Adenosinmonophosphat
ATP	Adenosintriphosphat
CMP	Cytidinmonophosphat
DAP	Dihydroxyazetonphosphat
DPG	Diphosphoglyzerat
EDTA	Äthylendiamintetraessigsäure
F-6-P	Fructose-6-Phosphat
FDP	1,6-Fructosediphosphat
G-6-P	Glucose-6-Phosphat
GAP	Glyzerinaldehydphosphat
GSH, GSSG	Glutathion, reduzierte bzw. oxidierte Form
NADH, NAD	Nicotinamidadenindinukleotid, reduzierte bzw. oxidierte Form
NADPH, NADP	Nicotinamidadenindinukleotidphosphat, reduzierte bzw. oxidierte Form
P	Phosphat
PEP	Phosphoenolpyruvat
PG	Phosphoglyzerat
PRPP	Phosphoribosepyrophosphat
R-5-P	Ribose-5-Phosphat
TraP	Triäthanolaminhydrochlorid-Puffer (50 mM, pH 7,5)
TraP + EDTA	Triäthanolaminhydrochlorid-Puffer (50 mM, pH 7,5 + EDTA 5 mM)
Tris	Tris-(hydroxymethyl)-aminomethan
UMP	Uridinmonophosphat

Literatur

1. Arnold H, Blume KG, Busch D, Lenkeit U, Löhr GW, Luebs E (1970) Klinische und biochemische Untersuchungen zur Glucosephosphatisomerase normaler menschlicher Erythrozyten und bei Glucosephosphatisomerase-Mangel. Klin Wschr 48:1299–1308
2. Beutler E, Forman L, Rios-Larrain E (1987) Elevated pyruvate kinase activity in patients with hemolytic anemia due to red cell pyruvate kinase deficiency. Am J Med 83:899–904
3. Beutler E, West C, Blume KG (1976) The removal of leukocytes and platelets from whole blood. J Lab Clin Med 88:328–333
4. Blume KG, Arnold H, Löhr GW, Beutler E (1973) Additional diagnostic procedures for the detection of abnormal red cell pyruvate kinase. Clin Chim Acta 43:443–446
5. Board PG (1981) NADH-ferricyanide reductase, a convenient approach to the evaluation of NADH-methaemoglobin reductase in human erythrocytes. Clin Chim Acta 109:233–237
6. Bücher T, Luh W, Pette D (1964) Einfache und zusammengesetzte optische Tests mit Pyridin-Nukleotiden. In: Hoppe-Seyler F, Tierfelder H (Hrsg) Handbuch der physiologisch-chemischen und pathologisch-chemischen Analyse. Springer, Berlin-Heidelberg-New York, 291–339
7. Busch D, Pelz K (1966) Erythrozytenisolierung aus Blut mit Baumwolle. Klin Wschr 44:983–984
8. Eber SW, Dunnwald M, Heinemann G, Hofstätter T, Weinmann HM, Belohradsky BH (1984) Prevalence of partial deficiency of red cell triosephosphate isomerase in Germany – a study of 3000 people. Hum Genet 67:336–339
9. Eber SW, Gahr M, Lakomek M, Prindull G, Schröter W (1986) Clinical symptoms and biochemical properties of three new glucose phosphate isomerase variants. Blut 53:21–28
10. Eber SW, Gahr M, Schröter W (1985) Glucose-6-phosphate dehydrogenase (G-6-PD) Iserlohn and G-6-PD Regensburg: two new severe enzyme defects in German families. Blut 51:109–115
11. Eber SW, Pekrun A, Bardosi A, Gahr M, Krietsch WKG, Krüger J, Matthei R, Schröter W (1991) Triosephosphate isomerase deficiency: haemolytic anemia, myopathy with altered mitochondria and mental retardation due to a new variant with accelerated enzyme catabolism and diminished specific activity. Eur J Pediatr 150:761–766
12. Etiemble J, Kahn A, Boivin P, Bernard JF, Goudemand M (1976) Hereditary hemolytic anemia with erythrocyte phosphofructokinase deficiency. Studies of some properties of erythrocyte and muscle enzyme. Hum Genet 31:83–86
13. Fiske CH, Subbarow Y (1925) The colorimetric determination of phosphorus. J Biol Chem 66:375–400
14. Fujii H, Krietsch WKG, Yoshida A (1980) A single amino acid substitution (Asp Asn) in a phosphoglycerokinase variant (PGK München) associated with enzyme deficiency. J Biol Chem 255:6421–6423
15. Galacteros F, Rosa R, Prehn MO (1984) Déficit en diphosphoglycérate mutase: Nouveaus cas associés à une polyglobulie. Nouv Rev Fr Hematol 26:69–74
16. International Committee for Standardization in Haematology (1977) Recommended methods for red cell enzyme analysis. Br J Haematol 35:331–340
17. International Committee for Standardization in Haematology (1979) Recommended methods for the characterization of red cell pyruvate kinase variants. Br J Haematol 43:275–286
18. International Committee for Standardization in Haematology (1989) Recommended methods for an additional red cell enzyme (pyrimidine 5′-nucleotidase) and the determination of red cell adenosine 5′-triphosphate, 2.3-diphosphoglycerate and reduced glutathione. Clin Lab Haemat 11:131–138
19. International Committee for Standardization in Haematology (1989) Recommended screening test for pyrimidine-5′-nucleotidase deficiency. Clin Lab Haemat 11:55–56
20. Kishi K, Mukai T, Hirono A, Fujii H, Miwa S, Hori K (1987) Human aldolase deficiency associated with hemolytic anemia: thermolabile aldolase due to a single base mutation. Proc Natl Acad Sci 84:8623–8627
21. Koutras G, Hattori M, Schneider AS, Ebaugh FG, Valentine WN (1964) Studies on chromated erythrocytes: effect of sodium chromate on erythrocyte glutathione reductase. J Clin Invest 43:323–331
22. Kraus AP, Langston MF, Lynch BL (1968) Red cell glycerokinase deficiency. A new case of nonspherocytic anemia. Biochem Biophys Res Commun 30:173–176

23. Lakomek M, Neubauer BA, Lühe A, Hoch G, Winkler H, Schröter W (1992) Erythrocyte pyruvate kinase deficiency: relations of residual enzyme activity, altered regulation of defective enzymes and concentrations of high energy phosphates with the severity of clinical manifestation. Eur J Hematol 49:82−92
24. Lakomek M, Schröter W, de Maeyer G, Winkler H (1989) On the diagnosis of erythrocyte enzyme defects in the presence of high reticulocyte counts. Br J Haematol 72:445−451
25. Loos H, Roos D, Weening R, Houwerzijl J (1976) Familial deficiency of glutathione reductase in human red blood cells. Blood 48:53−62
26. Miwa S, Fujii H, Tano K, Takahashi K, Takegawa S, Fujinami N, Sakurai M, Kubo M, Tanimoto Y, Kato T, Matsumoto N (1981) Two cases of red cell aldolase deficiency associated with hereditary hemolytic anemia in a Japanese family. Am J Hematol 11:425−437
27. Parr CW, Fitch LJ (1967) Inherited quantitative variations of human phosphogluconate dehydrogenase. Ann Hum Genet 30:339−344
28. Pekrun A, Eber SW, Schröter W (1989) G-6-PD Avenches and G-6-PD Moosburg: biochemical and erythrocyte membrane characterization. Blut 58:11−14
29. Rijksen G, Akkerman JVN, van den Wall Bake AWL (1983) Generalized hexokinase deficiency in the blood cells of a patient with nonspherocytic hemolytic anemia. Blood 61:12−18
30. Rosa R, Prehn MO, Beuzard Y, Rosa J (1978) The first case of a complete deficiency of diphosphoglycerate mutase in human erythrocytes. J Clin Invest 62:907−910
31. Schneider AS, Valentine WN, Hattori M, Heins HL (1965) Hereditary hemolytic anemia with triosephosphate isomerase deficiency. N Engl J Med 272:229−235
32. Schröter W (1981) Enzymdefekte der Erythrozyten und ihre Bedeutung für die Klinik. Monatsschr Kinderheilkd 129:432−443
33. Skala H, Dreyfus JC, Vives-Corrons JH, Matsumoto F, Beutler E (1977) Triosephosphate isomerase deficiency. Biochem Med 18:226−234
34. Svirklys LG, Lee CS, O'Sullivan WJ (1986) Phosphoglycerate kinase: studies on normal and a mutant enzyme. J Inherited Metab Dis 9:374−377
35. Tarui S, Kono N, Nasu T, Nishikawa M (1969) Enzymatic basis for the coexistence of myopathy and hemolytic disease in inherited muscle phosphofructokinase deficiency. Biochem Biophys Res Commun 34:77−82
36. Torrance J, West C, Beutler E (1977) A simple rapid radiometric assay for pyrimidine-5′-nucleotidase. J Lab Clin Med 90:563−568
37. Valentine WN, Fink K, Paglia DE, Harris SR, Adams WS (1974) Hereditary hemolytic anemia with human erythrocyte pyrimidine-5′-nucleotidase. J Clin Invest 54:866−879
38. Vora S, Corash L, Engel WK, Durham S, Seaman C, Piomelli S (1980) The molecular mechanism of the inherited phosphofructokinase deficiency associated with hemolysis and myopathy. Blood 55:629−635
39. World Health Organization (1967) Standardization of procedures for the study of glucose-6-phosphate dehydrogenase. WHO Tech Rep Ser No 366
40. Yoshida A (1973) Hemolytic anemia and G-6-PD deficiency. Science 179:532−534

III Defekte der Erythrozytenmembran als Ursache angeborener hämolytischer Anämien

A. PEKRUN und W. SCHRÖTER

1 Einleitung

Defekte der Erythrozytenmembran sind in Mitteleuropa die häufigste Ursache angeborener hämolytischer Anämien [5, 18, 24]. Ihre Inzidenz beträgt etwa 1:2500. Die wichtigsten Erkrankungen sind die hereditäre Sphärozytose und die hereditäre Elliptozytose. Wesentlich seltener sind die hereditäre Pyropoikilozytose, hereditäre Ovalozytose und hereditäre Stomatozytose. In den vergangenen Jahren wurde mit neu entwickelten Methoden entdeckt, daß diesen Erkrankungen in den meisten Fällen Anomalien einzelner Membranproteine ursächlich zugrundeliegen.

Die Erythrozytenmembran ist aus zwei Komponenten aufgebaut (Abb. 1) [13]. An der Außenseite der Zelle liegt die Lipiddoppelschicht mit eingelagerten und sie durchdringenden integralen Membranproteinen. Zur Innenseite der Zelle gerichtet befindet sich unter der Lipidschicht ein elastisches Proteinnetzwerk, das Membranskelett.

Die wichtigsten integralen Proteine der *Lipidschicht* sind Bande 3[1], Glykophorine sowie Bande 7 und weitere Proteine des Glukose- und Ionentransportes (Tab. 1). Die zur Zellinnenseite gerichteten Anteile dieser Proteine stehen in Verbindung mit den Proteinen des Membranskeletts. Das *Membranskelett* besteht vor allem aus Spektrin, Aktin und Bande 4.1. Die langgestreckten Spektrin-Moleküle bilden ein hexagonales Proteinnetzwerk als Hauptbestandteil des Membranskeletts [15]. An den Knotenpunkten dieses Netzwerkes werden die Spektrin-Moleküle durch Aktin-Filamente und Bande 4.1-Protein miteinander verbunden. Zusätzlich werden die Proteinbindungen der Knotenpunkte durch Bande 4.9, Troponin, Tropomyosin und Adducin stabilisiert. Die Verbindung zwischen dem Membranskelett und der Lipidschicht wird vor allem über Ankyrin bewirkt, das als eine „Brücke" zwischen Spektrin und Bande 3 fungiert [16].

Die mechanischen Eigenschaften der Membran und damit des Erythrozyten werden durch das Membranskelett und die Wechselwirkungen zwischen Membranskelett und Lipidschicht bestimmt [16, 22]. Anomalien der Membranproteine oder der zwischen ihnen bestehenden Verbindungen können zu einer verminderten Stabilität des Erythrozyten mit Entwicklung einer hämolytischen Anämie führen.

Hinweise auf einen Membrandefekt als Ursache einer hämolytischen Anämie werden durch die Erythrozytenmorphologie sowie die Bestimmung der osmotischen Resistenz [19] und der Autohämolyse [27] gewonnen. Hilfreich ist auch die Untersuchung der Hitzestabilität der Membran; bei 47 °C inkubierte Erythrozyten zeigen bei

---

[1] Die Erythrozytenmembranproteine werden teilweise nach ihrer Wanderungsgeschwindigkeit in der Elektrophorese benannt [25].

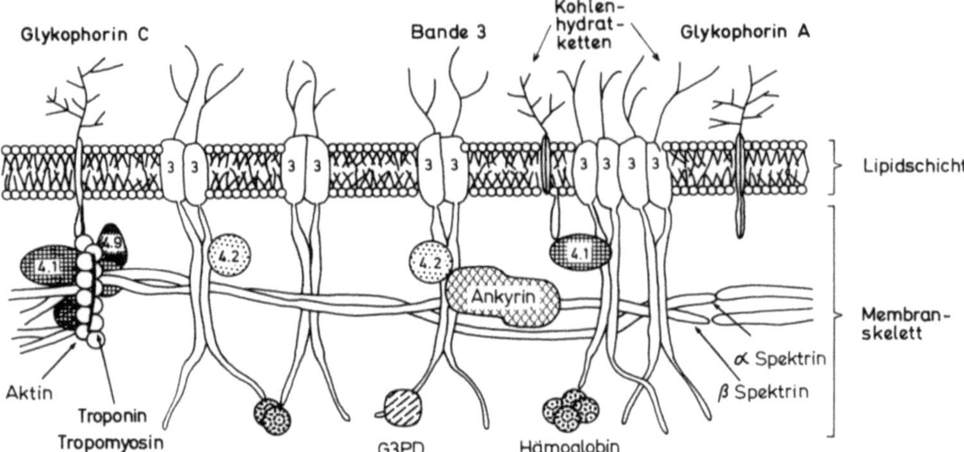

Abb. 1. Modell der Erythrozytenmembran (nach Davies und Lux [6]). Die Proteine sind teilweise mit Zahlen entsprechend der Wanderungsgeschwindigkeit in der Elektrophorese bezeichnet. G3PD = Glyzerinaldehydphosphat-Dehydrogenase

Tabelle 1. Membranproteine des Erythrozyten[a]

Elektro-phorese-bande	Protein	Molekular-gewicht	Anzahl von Molekülen/Zelle
1 und 2	α- und	260 KD	~ 240 000
	β-Spektrinkette	220 KD	
2.1	Ankyrin	206 KD	~ 100 000
3	„Anionentransporter"	95 – 105 KD	~ 800 000
4.1		78 KD	~ 200 000
4.2		72 KD	~ 240 000
4.9		50 KD	~ 100 000
5	Aktin	40 KD	~ 500 000
6	Glyzerinaldehydphosphat-Dehydrogenase	36 KD	~ 500 000
7.1	Ionentransportprotein	30 KD	} ~ 400 000
7.2		28 KD	
7.3	Tropomyosin u. a.	26 KD	

[a] Mit Ausnahme des Glykophorins.

Vorliegen eines Membrandefektes häufig eine vermehrte Abschnürung von Membranvesikeln, die nach Glutaraldehyd-Fixation gut im Phasenkontrastmikroskop erkennbar sind. Der Coombs-Test sollte zum Ausschluß einer erworbenen, durch Antikörper verursachten hämolytischen Anämie durchgeführt werden. Die genaue Analyse des Membrandefektes ermöglicht anschließend eine eindeutige Klassifizierung der Erkrankung. Sie erlaubt außerdem prognostische Aussagen über den weiteren klinischen Verlauf.

Tabelle 2. Diagnostik bei Erkrankungen der Erythrozytenmembran

Veränderte Funktion	Untersuchung
gesteigerte Hämolyse	Vollständiges Blutbild (Hämoglobin, Erythrozyten, Hämatokrit), Retikulozyten, Bilirubin, Haptoglobin, Coombs-Test)
abnorme Erythrozytenmorphologie	Blutausstrich native Erythrozytenmorphologie nach Fixation mit Glutaraldehyd 1% im Phasenkontrastmikroskop
abnorme Stabilität	Autohämolyse Hitzestabilität bei 47 °C
abnorme osmotische Fragilität	osmotische Fragilität im frischen und im 24stündig inkubierten Blut
abnorme Membranpermeabilität	intrazelluläre Natrium- und Kaliumkonzentration
abnorme Membranproteinzusammensetzung	Natriumdodecylsulfat-Polyacrylamid-Gel-Elektrophorese der Membranproteine, quantitative Ankyrin- und Spektrin-Bestimmung mit ELISA, Nativgelelektrophorese zur Bestimmung des Spektrin-Dimers, tryptische Ankyrin-Verdauung mit zweidimensionaler Elektrophorese der Peptide

Im folgenden werden die wichtigsten Methoden zur Untersuchung der Erythrozytenmembran dargestellt (Tab. 2). Der erste Schritt zur Analyse eines Membrandefektes sollte die Auftrennung der Membranproteine mit der Natriumdodecylsulfat-Polyacrylamid-Gelelektrophorese sein. Sie ermöglicht eine qualitative und semiquantitative Beurteilung der Proteine. In Abhängigkeit von dem Elektrophorese-Ergebnis sind anschließend die übrigen, speziellen Untersuchungen anzuwenden.

2 Blutprobengewinnung, Erythrozytenreinigung

Es wird am besten mit Heparin ungerinnbar gemachtes venöses Blut verwandt. Natriumzitrat und EDTA sind als Antikoagulanzien nicht geeignet, da sie durch die Verminderung der freien Calciumkonzentration die Bindungen zwischen den Proteinen und damit die Eigenschaften der Membran verändern können. Die Membranuntersuchungen sollten möglichst innerhalb eines Tages nach der Blutentnahme erfolgen. Wegen der Gefahr artefizieller Veränderungen ist insbesondere nach dem Zellaufschluß auf eine schnelle Probenbearbeitung zu achten.

    Da die Membranproteine sehr proteolyseempfindlich sind, müssen die Erythrozyten möglichst vollständig von den proteasenreichen Leukozyten und Thrombozyten getrennt werden. Eine effektive Reinigung der Erythrozyten läßt sich durch Filterung des Heparinblutes durch Baumwolle [3] oder durch mikrokristalline Zellulose [2] erreichen, da Leukozyten und Thrombozyten sehr gut durch Adhäsion eliminiert werden können.

Probenmaterial

3 Natriumdodecylsulfat-Polyacrylamid-Gelelektrophorese

Membran-reinigung

Vor der Elektrophorese müssen die Membranen von den zytosolischen Bestandteilen getrennt werden.

- Die Erythrozyten werden mit dem 40fachen Volumen eines hypotonen Puffers (5 mM Natriumphosphat, 0,5 mM Ethylendiamintetraessigsäure, pH 7,5) bei 4 °C nach der Methode von Dodge et al. [7] lysiert.
- Zur Proteasenhemmung wird Phenylmethylsulphonfluorid 0,5 mg/ml zugesetzt.
- Die zytosolischen Bestandteile werden durch mehrfaches Waschen im gleichen Puffer entfernt, bis die Membranen weitgehend hämoglobinfrei sind.

Elektrophorese

Als Trägermedium der Elektrophorese eignet sich Polyacrylamidgel mit einer vom Auftragsort zum Gelende hin ansteigenden Polyacrylamidkonzentration. Die Membranproteine werden mittels des ionischen Detergens Natriumdodecylsulfat denaturiert und in Lösung gebracht. Natriumdodecylsulfat lagert sich mit den einzelnen Proteinmolekülen so zusammen, daß die elektrophoretische Wanderungsgeschwindigkeit der Proteine als ein Maß für ihr Molekulargewicht verwandt werden kann. Über die Molekulargewichts-Bestimmung können Hinweise auf Strukturanomalien der Proteine gewonnen werden.

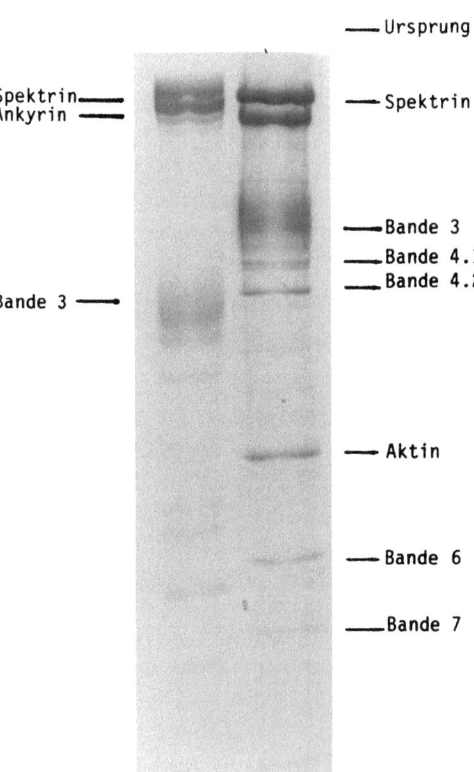

Abb. 2. Natriumdodecylsulfat-Elektrophorese der Erythrozytenmembranproteine mit kontinuierlichem (a) und diskontinuierlichem (b) Puffersystem

Tabelle 3. Puffersysteme für die Membranprotein-Elektrophorese

a) Kontinuierliches Puffersystem

Tris(hydroxymethyl)aminomethan	0,040 M
Natrium-Azetat	0,020 M
Ethylendiamintetraessigsäure	0,002 M
Natriumdodecylsulfat	0,2 g/dl
	pH 7,8

b) Diskontinuierliches Puffersystem

Trenngel

Tris(hydroxymethyl)aminomethan	0,375 M
Natriumdodecylsulfat	0,1 g/dl
	pH 8,8

Sammelgel

Tris(hydroxymethyl)aminomethan	0,125 M
Natriumdodecylsulfat	0,1 g/dl
	pH 6,8

Elektrodenkammer

Tris(hydroxymethyl)aminomethan	0,020 M
Glyzin	0,192 M
Natriumdodecylsulfat	0,1 g/dl
	pH 8,3

Die Elektrophorese sollte sowohl mit *diskontinuierlichen* als auch *kontinuierlichen Puffersystemen* in Gegenwart von Natriumdodecylsulfat erfolgen. Das von Laemmli [14] beschriebene diskontinuierliche System mit unterschiedlichen Puffern im Sammel- und im Trenngel ergibt sehr scharf abgegrenzte Banden und ermöglicht daher eine gute qualitative und semiquantitative Proteinanalyse (Abb. 2). Nachteil ist aber die nur schlechte Trennung von Ankyrin und Spektrin. Deshalb sollte zur Spektrin-Ankyrin-Differenzierung zusätzlich das kontinuierliche Puffersystem von Fairbanks et al. [12] angewandt werden, das allerdings wegen der unscharfen Proteinbanden nicht zur Differenzierung der niedermolekularen Proteine geeignet ist. Die Zusammensetzung der unterschiedlichen Pufferlösungen ist in Tabelle 3 angegeben.

Zur Färbung der elektrophoretisch getrennten Proteine wird Coomassie G 250 verwandt. Damit lassen sich alle nichtzuckerhaltigen Proteine und das Bande 3-Protein nachweisen. Mit der Perjodsäure-Schiff-Färbung sind zusätzlich die Glykophorine darstellbar [28]. **Färbung**

Zur Quantifizierung der einzelnen Proteine nach elektrophoretischer Auftrennung werden die gefärbten Gele densitometrisch ausgewertet.

Als *Beurteilungskriterien* der Membranprotein-Elektrophorese gelten sowohl die Position der Proteinbanden als auch die Bandenstärken.

4 Spektrin- und Ankyrin-Quantifizierung mittels ELISA

Die Bestimmung der Ankyrin- und Spektrinkonzentration in der Membran ist von besonderer Bedeutung für die Diagnostik der hereditären Sphärozytose [1, 4, 8, 17, 20]. Eine verminderte Konzentration dieser beiden Proteine auf 40 – 70% der Norm ist nahezu spezifisch für die hereditäre Sphärozytose und erlaubt die eindeutige Abgrenzung sowohl gegen eine erworbene, durch Antikörper verursachte Sphärozytose, als auch gegenüber anderen hämolytischen Anämien.

Die semiquantitative Konzentrationsbestimmung mittels densitometrischer Auswertung von Elektrophorese-Gelen der Membranproteine ist zu diesem Zweck allerdings zu ungenau. Eine hinreichend genaue Ankyrin- und Spektrinbestimmung ist demgegenüber mit immunologischen Methoden möglich.

Durchführung
- Ankyrin und Spektrin werden nach den Methoden von Pinder et al. [23] und Ungewickell und Gratzer [26] aus der Erythrozytenmembran extrahiert.
- Zur Reinigung der Proteine sind anschließend selektive Ammoniumsulfatfällung und Molekularsiebchromatographie notwendig.
- Antikörper gegen Ankyrin und Spektrin lassen sich durch Immunisierung von Neuseeländer-Kaninchen gewinnen. In 4wöchigen Abständen werden jeweils 50 – 100 µg Protein nach Zusatz von inkomplettem Freund'schen Adjuvans subkutan injiziert. Nach der 4.–6. Injektion sind im Serum der Kaninchen spezifische Antikörper nachweisbar, die ohne weitere Reinigungsschritte zum ELISA verwandt werden können.
- Zur Messung der Ankyrin- und Spektrinkonzentration werden die Erythrozyten des Patienten mit nichtionischen Detergentien lysiert. Gut geeignet sind Octylglucopyranosid oder Triton X 100 in einem Puffer physiologischer Ionenstärke (150 mM Natriumchlorid, 7,5 mM Natriumphosphat, 0,5 mM Äthylendiamintetraessigsäure, pH 7,5).
- Die Lysate werden mit der gleichen Lösung ohne Detergens bis zu 10^6fach verdünnt.
- Die gereinigten Proteine Ankyrin und Spektrin werden in gleicher Weise behandelt und dienen als Standard.
- Als ELISA-System hat sich am besten ein kompetitives Verfahren mit Verwendung von Mikrotiterplatten bewährt. Es können Standardverfahren verwandt werden mit Meerrettich-Peroxidase-gekoppeltem zweiten Antikörper und Azinoethyl-benzthiazolin-Sulfonsäure als Substrat der Enzymreaktion.

Berechnung
Der Gehalt der Erythrozyten an Ankyrin und Spektrin wird durch Bezug auf parallel untersuchte Lösungen mit bekannter Konzentration der gereinigten Proteine berechnet.

Normwerte. Ankyrin: 105000 – 130000 Moleküle pro Erythrozyt
Spektrin: 210000 – 260000 Moleküle pro Erythrozyt

5 Strukturuntersuchung des Ankyrins

Strukturanomalien des Ankyrins sind vermutlich der häufigste ursächlich zugrundeliegende Defekt bei den Patienten mit hereditärer Sphärozytose. Bisher sind allerdings keine Standardverfahren zur Untersuchung der Ankyrinstruktur beschrieben
worden. Am besten geeignet zur routinemäßigen Untersuchung von Sphärozytose-
Patienten erscheint uns derzeit die begrenzte tryptische Verdauung des Ankyrin-Mo-
leküls (Trypsin-Konzentration 1 µg/ml, Inkubationszeit 1 min – 10 min, 4 °C).

Die dabei entstehenden Peptide werden mit zweidimensionaler Elektrophorese analy- **Durchführung**
siert. Dabei kommen isoelektrische Fokussierung und Natriumdodecylsulfat-Polyacrylamid-Gelelektrophorese in der ersten bzw. zweiten Dimension zur Anwendung.
Ein anomales Muster der Ankyrin-Peptide in der zweidimensionalen Elektrophorese
weist auf eine Strukturanomalie des Proteins als Ursache der hereditären Sphärozytose hin.

    In Zukunft werden vermutlich zunehmend molekularbiologische Methoden zur
Analyse der Proteinstruktur eingesetzt werden.

6 Strukturuntersuchung des Spektrins

Strukturanomalien des Spektrins sind die häufigsten primären Defekte bei Patienten
mit hereditärer Elliptozytose und Pyropoikilozytose. Die Spektrinanomalie fällt in
der Membranprotein-Elektrophorese aber oft nicht auf, da das Molekulargewicht
des abnormen Spektrins nur geringfügig vom Normwert abweicht und damit die
elektrophoretische Wanderungsgeschwindigkeit des Proteins normal sein kann. Die
Spektrinanomalie führt aber in den meisten Fällen zu einer gestörten Selbstassozia-
tion der normalerweise als Tetramer angeordneten Spektrinmoleküle, so daß anstelle
des Tetramers vermehrt Spektrin-Dimer vorliegt [10, 11]. Eine Spektrinanomalie als
Ursache einer hereditären Elliptozytose läßt sich daher am einfachsten über die Bestimmung des Spektrin-Dimers nachweisen.

- Spektrin wird aus der Erythrozytenmembran in einem Puffer sehr niedriger **Durchführung**
  Ionenstärke (0,5 mM Natriumphosphat, 0,5 mM EDTA, pH 7,5) [26] bei 4 °C
  extrahiert. Die Einhaltung der niedrigen Temperatur ist wichtig, da die Spektrin-
  moleküle andernfalls dissoziieren und mit der Elektrophorese ein falsch-patholo-
  gischer Befund erhoben wird.
- Der Spektrinextrakt wird auf einer Agarose-Gel-Elektrophorese aufgetragen und
  in einem Bicin-Tris(hydroxymethyl)aminomethan-Puffer-System bei pH 8,0 elektrophoretisch aufgetrennt. Aufgrund des unterschiedlichen Molekulargewichts
  läßt sich Spektrin-Dimer vom Spektrin-Tetramer trennen und densitometrisch
  quantifizieren. Der Dimer-Anteil am Gesamt-Spektrin beträgt im Normalfall weniger als 10%.

    Sofern sich eine Erhöhung des Dimers zeigt, kann die Untersuchung der Ami-
nosäure-Sequenz des Spektrins auf proteinchemischer oder auf DNA-Ebene zur
endgültigen Diagnose führen.

7 Intraerythrozytäre Kalium- und Natrium-Konzentration

Eine gesteigerte Permeabilität der Erythrozytenmembran für Kalium und Natrium aufgrund eines fehlenden Transportproteins (Bande 7) ist der zugrundeliegende Defekt der hereditären Stomatozytose [9]. Diagnostisch wegweisend ist neben der Morphologie und der Membranproteinelektrophorese die Konzentration von Kalium und Natrium in den Erythrozyten.

Durchführung   Nach Waschen der Erythrozyten in einer isotonen Cholinchlorid-Lösung können Kalium und Natrium flammenphotometrisch bestimmt werden. Typisch für die hereditäre Stomatozytose ist eine erhöhte Natrium- und verminderte Kalium-Konzentration.

Literatur

1. Agre P, Casella JF, Zinkham WM, McMillan C, Bennett V (1985) Partial deficiency of erythrocyte spectrin in hereditary spherocytosis. Nature 314:380−383
2. Beutler E, West C, Blum KG (1976) The removal of leukocytes and platelets from whole blood. J Lab Clin Med 88:328−383
3. Busch D, Pelz K (1966) Erythrozytenisolierung aus Blut mit Baumwolle. Klin Wschr 44:983−984
4. Costa FF, Agre P, Watkins PC, Winkelmann JC, Tang TK, John KM, Lux SE, Forget BG (1990) Linkage of dominant hereditary spherocytosis to the gene for the erythrocyte membrane-skeleton protein ankyrin. New Engl J Med 15:1046−1050
5. Dacie J (Hrsg.) (1985) The haemolytic anemias. Churchill Livingstone, Edinburgh, Vol 1
6. Davies KA, Lux SE (1989) Hereditary disorders of the red cell membrane skeleton. Trends in Genetics 5:222−227
7. Dodge JT, Mitchell C, Hanahan DJ (1963) The preparation and chemical characteristics of hemoglobin free ghosts of human erythrocytes. Arch Biochem Biophys 100:119−130
8. Eber SW, Armbrust R, Schröter W (1990) Variable clinical severity of hereditary spherocytosis: Relation to erythrocytic spectrin concentration, osmotic fragility and autohemolysis. J Pediatr 117 (3):409−416
9. Eber SW, Lande WM, Iarocci TA, Mentzer WC, Höhn P, Wiley JS, Schröter W (1989) Hereditary stomatocytosis: consistent association with an integral membrane protein defect. Br J Haematol 72:452−455
10. Eber SW, Morris SA, Schröter W, Gratzer WB (1988) Interactions of spectrin in hereditary elliptocytes containing truncated spectrin β-chains. J Clin Invest 81:523−530
11. Evans JPM, Baines AJ, Hann JM, Al-Hakin J, Knowles SM, Hoffbrand AV (1983) Defective spectrin dimer-dimer association in a family with transfusion dependent homozygous hereditary elliptocytosis. Br J Haematol 54:163−172
12. Fairbanks G, Steck ThL, Wallach DFH (1971) Electrophoretic analysis of the major polypeptides of the human erythrocyte membrane. Biochemistry 10:2606−2617
13. Gratzer WB (1983) The cytoskeleton of the red blood cell. Muscle and Nonmuscle Motility 2:37−124
14. Laemmli UK (1970) Cleavage of structural proteins during the assembly of head of bacteriophage T4. Nature 227:680−685
15. Liu SC, Derrick LH, Palek J (1987) Visualization of the hexagonal lattice in the erythrocyte membrane skeleton. J Cell Biol 104:527−536
16. Low PS, Willardson BM, Mohandas N, Rossi M, Shohet S (1991) Contribution of the band 3-ankyrin interaction to erythrocyte membrane mechanical stability. Blood 77:1581−1586

17. Lux SE, Tse WT, Menninger JC, John KM, Harris P, Shalev O, Chilcote RR, Marchesi SL, Watkins PC, Bennett V, McIntosh S, Collins FS, Francke U, Ward DC, Forget BG (1990) Hereditary spherocytosis associated with deletion of human erythrocyte ankyrin gene on chromosome 8. Nature 345:736–739.
18. Palek J, Sahr KE (1992) Mutations of the red blood cell membrane proteins: from clinical evaluation to detection of the underlying genetic defect. Blood 80:308–330
19. Parpart AK, Lorenz PB, Parpart EG, Gregg JR, Chase AM (1947) The osmotic resistance (fragility) of human red cells. J Clin Invest 26:636–640
20. Pekrun A, Eber SW, Kuhlmey A, Schröter W (1993) Combined ankyrin and spectrin deficiency in hereditary spherocytosis. Ann Hematol 67:89–93
21. Pekrun A, Gratzer WB (1990) Disorders of the red cell membrane. Current Opinion in Pediatrics 2:116–120
22. Pinder JC (1991) Red cell membrane cytoskeleton and the control of membrane properties. Biochem Soc Trans 19:1039–1041
23. Pinder JC, Smith KS, Pekrun A, Gratzer WB (1989) Preparation and properties of human red-cell ankyrin. J Biochem 264:423–428
24. Schröter W, Eber SW (1989) Molekulare Pathologie der Erythrozytenmembran. Monatsschr Kinderheilkd 137:368–379
25. Steck TL (1974) The organization of proteins in the human red cell membrane. J Cell Biol 62:1–19
26. Ungewickell E, Gratzer WB (1978) Self association of spectrin. A thermodynamic and kinetic study. Eur J Biochem 88:379–385
27. Young LE, Izzo MJ, Swisher SN (1956) Studies on spontaneous in vitro autohemolysis in hemolytic disorders. Blood 11:977–978
28. Zacharius RM, Zell TE, Morrison JH, Woodlock JJ (1969) Glycoprotein staining following electrophoresis on acrylamide gels. Anal Biochem 30:148–152

IV Anämien aufgrund von Störungen der Hämoglobinsynthese und -struktur

A. PEKRUN and W. SCHRÖTER

1 Einleitung

Anämien aufgrund einer anomalen Hämoglobinzusammensetzung gehören zu den häufigsten genetisch bedingten Erkrankungen. Es wird zwischen zwei prinzipiell unterschiedlichen Störungen unterschieden:

- Synthese eines strukturell anomalen Hämoglobins, das aufgrund abnormaler physikalisch-chemischer Eigenschaften zur gesteigerten Hämolyse führt: Die häufigsten Krankheitsbilder sind die Sichelzellanämie und die hämolytischen Anämien als Folge von instabilen Hämoglobinen.
- Verminderte Synthese bestimmter Aminosäureketten des normalen Hämoglobins: Die Imbalance der Aminosäureketten führt sowohl zu einer Hämoglobinverminderung als auch zu einer Veränderung der Hämoglobinzusammensetzung. Die wichtigsten Erkrankungen dieses Formenkreises sind die α- und β-Thalassämien mit einer verminderten Synthese der α- bzw. der β-Ketten des Hämoglobins.

In dem folgenden Kapitel werden die wichtigsten Methoden zur Analyse der Hämoglobinzusammensetzung beschrieben.

Bei der Planung des diagnostischen Vorgehens sind zunächst die klinisch-anamnestischen und die hämatologischen Daten zu berücksichtigen. Sofern sich Hinweise auf eine geänderte Hämoglobin-Zusammensetzung ergeben, sind als erste Untersuchungen die Hämoglobin-Elektrophorese mit Zellulose-Azetat-Folie und die Anwendung eines der Hämoglobin-Stabilitäts-Teste sinnvoll. Gegebenenfalls sind anschließend die weiteren Untersuchungsmethoden zur detaillierten Analyse der Defekte anzuwenden. Zu beachten ist, daß bei allen beschriebenen Methoden normales und wenn möglich auch pathologisch zusammengesetztes Hämoglobin als negative und positive Kontrolle mituntersucht werden.

Auf die in jüngster Zeit entwickelten molekularbiologischen Verfahren wird in diesem Kapitel nicht eingegangen, da ihre Anwendung zur Diagnostik im allgemeinen nicht erforderlich ist. Ihre Hauptbedeutung wird in Zukunft bei der pränatalen Diagnostik vor allem der Thalassämie-Syndrome liegen.

2 Hämoglobinelektrophorese

Prinzip

Da die verschiedenen normalen und viele der anomalen Hämoglobine eine unterschiedliche elektrische Ladung und teilweise auch eine unterschiedliche Quartärstruktur aufweisen, sind sie gut mittels elektrophoretischer Methoden voneinander zu trennen [16, 29]. Im alkalischen Milieu sind die meisten Hämoglobine negativ geladen und wandern daher anodenwärts, während sie im sauren Milieu kathodenwärts wandern. Mit Ausnahme der Elektrophorese im harnstoffhaltigen Puffersystem bewahren die Hämoglobin-Moleküle während des Elektrophoreselaufs ihre Quartärstruktur als intakte Hämoglobin-Tetramere. Lediglich die sogenannten instabilen Hämoglobine dissoziieren teilweise; die gefärbten Proteinbanden zeigen dann oft eine in Richtung der Proteinwanderung weisende flaue Ausziehung.

Trägermedien Als Trägermedien der Elektrophorese können Zelluloseazetatfolien, Stärkegel und Agargel verwandt werden. Bei der zur Zeit gebräuchlichsten Methode werden Zelluloseazetat und ein alkalisches, diskontinuierliches Puffersystem verwandt. Das Verfahren ist gut zur Routine-Diagnostik bei Verdacht auf eine anomale Hämoglobin-Zusammensetzung geeignet. Eine wesentlich bessere Auflösung der Hämoglobin-Banden läßt sich mit dem, allerdings aufwendig herzustellenden, Stärkegel als Trägermedium erreichen. Die Zitratagar-Elektrophorese im sauren Milieu bleibt speziellen Fragestellungen vorbehalten, sie hilft insbesondere bei der Differenzierung verschiedener anomaler Hämoglobine weiter. In Ausnahmefällen sind auch die sequentielle Anwendung unterschiedlicher Puffersysteme und die isoelektrische Fokussierung der Hämoglobine sinnvoll [20]. Hervorzuheben ist außerdem die mögliche Verwendung von Harnstoff und Dimercaptoäthanol zur Dissoziierung der einzelnen Globinketten, so daß sie in der Elektrophorese als getrennte Banden wandern [33].

Mit den im folgenden beschriebenen Elektrophorese-Systemen ist im allgemeinen eine für klinische Fragestellungen hinreichend genaue Analyse der Hämoglobin-Zusammensetzung möglich.

! Es ist zu betonen, daß bei der Etablierung eines Elektrophoresesystems auf präzise Kontrolle der pH- und Temperaturbedingungen geachtet werden sollte. Bereits geringfügige Abweichungen können leicht zu unreproduzierbaren Ergebnissen führen [16, 29].

2.1 Zellulose-Azetat-Elektrophorese [24, 30, 37]

Untersuchungs-material **Hämolysat.** Am besten geeignet ist mit Zitrat ungerinnbar gemachtes Blut. Zur Entfernung des Plasmas werden die Erythrozyten 3mal mit physiologischer Kochsalzlösung gewaschen (Zentrifugation jeweils 5 min bei 3000 g). Zur Zellysierung werden die gepackten Erythrozyten mit dem 5fachen Volumen einer hypoosmolaren Pufferlösung versetzt (Na-Phosphat 5 mM, EDTA 0,5 mM, pH 7,5). Zur Entfernung der Membranreste wird die Lösung dann 20 min bei 20 000 g zentrifugiert. Der Überstand wird als Hämolysat in die Elektrophorese eingesetzt.

Reagenzien
- Membranpuffer: Tris-(hydroxymethyl)-aminomethan (Tris)   3,02 g/l
  Ethylendiamintetraessigsäure als Natriumsalz   0,39 g/l
  (EDTA)   pH 8,6

Der pH-Wert wird mit Borsäure eingestellt.
- Elektrodenpuffer: Borsäure   18,55 g/l
  NaOH   5,00 g/l
  pH 8,6

Der pH-Wert wird mit 2 N NaOH eingestellt.

- Färbelösung: Amidoschwarz   0,4 g
                       Essigsäure   10 ml
                       Methanol   90 ml
- Entfärbelösung: Essigsäure   10 ml
                       Methanol   90 ml
- Transparenzlösung: Es wird eine Methanol-Essigsäure-Lösung verwandt. Die genaue Zusammensetzung hängt von der Herstellungsweise der Zellulose-Azetat-Membran ab und sollte daher entsprechend den Herstellerempfehlungen gewählt werden.

Elektrophorese-Apparaturen werden inzwischen von mehreren kommerziellen Herstellern vertrieben. Mit Zellulose-Azetat-Membranen unter Verwendung der oben angegebenen Pufferlösungen ermöglichen sie eine recht gute erste Analyse der Hämoglobin-Zusammensetzung.

Durchführung

Die Zellulose-Azetat-Membran mit einer Länge von 6 cm wird 10 min in dem Membranpuffer getränkt und in die Elektrophoresekammer eingespannt. Dabei taucht die Membran in die mit dem Elektrodenpuffer gefüllten Kathoden- bzw. Anodenkammern ein. 10 µl des Hämolysats werden auf der Kathodenseite der Membran mit entsprechenden Stempeln aufgetragen. Die Laufzeit der Elektrophorese sollte bei Raumtemperatur und einer Spannung von 15 V/cm 45 min betragen. Die Membran wird nach dem Elektrophoreselauf 5 min in der Färbelösung und anschließend 20 min in der Entfärbelösung inkubiert. Nach Aufspannen auf eine Glasplatte wird sie 1 – 2 min mit der Transparenzlösung behandelt und bei 90 °C getrocknet. Die zuvor opaque-weiß-farbene Membran wird dabei glasklar und transparent.

Um die Hämoglobinzusammensetzung quantitativ angeben zu können, werden die Zellulose-Azetat-Membranen densitometrisch bei der Wellenlänge $\lambda = 578$ nm analysiert. Hämoglobine mit einem Anteil am Gesamthämoglobin von über 1,5% sind mit diesem Verfahren eindeutig erfaßbar. Es ist damit im Gegensatz zur häufig empfohlenen Färbung mit Ponceau S möglich, auch die normalerweise in nur geringer Konzentration vorhandenen Hämoglobine A_2 und F zu messen.

Interpretation

Das Wanderungsmuster der einzelnen normalen und anomalen Hämoglobine ist in Abb. 1 (S. 40) angegeben.

Die meisten Hämoglobine können mit der Methode sehr gut voneinander getrennt werden. Allerdings sind einige anomale Hämoglobine nicht eindeutig identifizierbar. Insbesondere weisen Hämoglobin S und Hämoglobin D dieselbe Wanderungsgeschwindigkeit auf. Die Anwesenheit von Hämoglobin S ist sehr einfach mit Hilfe des Hämoglobin-S-Löslichkeitstestes nachweisbar (s. 7.1). Eine elektrophoretische Trennung ist gegebenenfalls mit der Zitrat-Agar-Elektrophorese (s. 2.3) zu erreichen.

In der Zellulose-Azetat-Elektrophorese mit alkalischem Puffersystem wandern außerdem Hämoglobin C und Hämoglobin E an die gleiche Position wie Hämoglobin A_2. Da der Hämoglobin A_2-Anteil am Gesamthämoglobin aber, auch bei der heterozygoten β-Thalassämie, immer unter 10% liegt, ergibt sich aus der Stärke der entsprechenden Bande ein Hinweis auf die gleichzeitige Anwesenheit von Hämoglobin C bzw. E. Bei einem Anteil der Hämoglobin-Bande von über 10% des Gesamt-

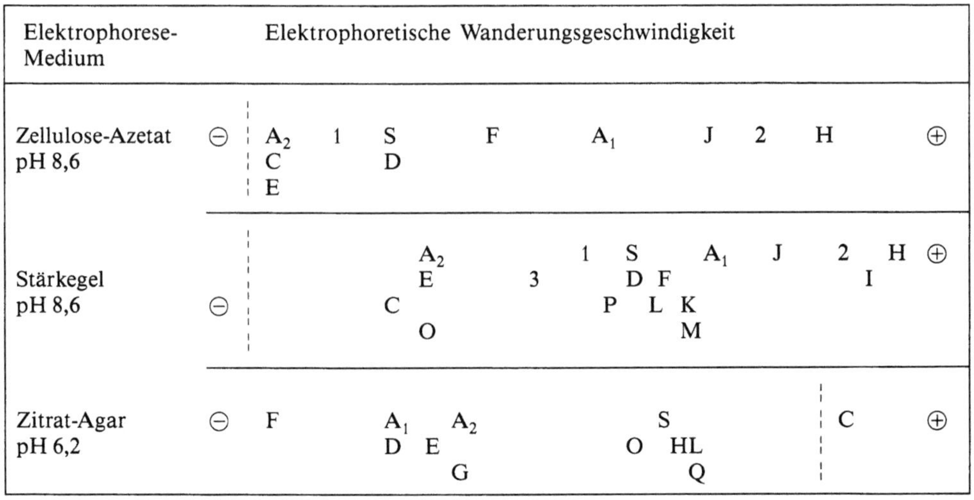

Elektrophorese-Medium	Elektrophoretische Wanderungsgeschwindigkeit
Zellulose-Azetat pH 8,6	$\ominus$ | A_2 1 S F A_1 J 2 H $\oplus$ C D E
Stärkegel pH 8,6	 A_2 1 S A_1 J 2 H $\oplus$ E 3 D F I $\ominus$ | C P L K O M
Zitrat-Agar pH 6,2	$\ominus$ F A_1 A_2 S | C $\oplus$ D E O HL | G Q |

Abb. 1. Relative Wanderungsgeschwindigkeit verschiedener Hämoglobine in den unterschiedlichen Elektrophorese-Systemen. Die punktierte Linie gibt den Auftragsort der Hämoglobin-Lösung an. Die Buchstaben kennzeichnen die Position des jeweiligen Hämoglobins; mit den Ziffern 1 – 3 sind Hämoglobin Köln (1), Hämoglobin Barts (2) und Hämoglobin Lepore (3) gekennzeichnet

hämoglobins sollte die weitere Analyse im Hinblick auf Hämoglobin C bzw. E mit der Zitrat-Agar-Elektrophorese erfolgen.

2.2 Stärkegelelektrophorese [6, 21, 35]

Die Stärkegel-Elektrophorese im alkalischen Milieu mit diskontinuierlichem Puffersystem ermöglicht eine wesentlich schärfere Trennung der einzelnen Hämoglobine als sie mit der Zellulose-Azetat-Elektrophorese möglich ist. Dieser Unterschied beruht vor allem auf der geringeren Adsorption der Proteine an das Stärkegel.

Reagenzien, Materialien

- Es werden die gleichen Pufferlösungen wie für die Zellulose-Azetat-Elektrophorese (s. 2.1) verwandt.
- Herstellung des Stärkegels: 50 g Stärke werden mit 500 ml Membranpuffer für 20 min auf 80 – 90 °C erhitzt, so daß eine klare dickflüssige Lösung entsteht. Um eine möglichst hohe Trennschärfe der Elektrophorese zu erreichen, sollte die Lösung zusätzlich vor dem Gießen des Gels entgast werden.
- Es werden kommerziell von mehreren Herstellern Elektrophoresekammern angeboten, die die eigene Herstellung der Gele ermöglichen. Geeignet sind sowohl Horizontal- als auch Vertikalelektrophorese-Systeme. Die Gellänge und -dicke sollten 5 – 10 cm bzw. 0,5 cm betragen.

Durchführung

Die Hämoglobinkonzentration der zu analysierenden Probe wird mit Na-Phosphat-Puffer (5 mM, pH 7,4) auf 1,2 g/dl eingestellt. Pro Probentasche mit einer Breite von 0,5 cm werden 20 – 40 µl Hämolysat aufgetragen. Die Elektrophorese erfolgt mit 15 V/cm bei 4 °C über 3 – 4 Stunden. Zur Färbung ist die Amido-Schwarz-Färbung (siehe 2.1) am besten geeignet.

Das im Vergleich zur Zellulose-Azetat-Elektrophorese höhere Auflösungsvermögen **Interpretation**
vereinfacht die Differenzierung zwischen Hämoglobinen mit ähnlicher Wanderungsgeschwindigkeit. Die Positionen der wichtigsten normalen und anomalen Hämoglobine in der Stärkegelelektrophorese sind in Abb. 1 dargestellt.

2.3 Zitrat-Agar-Gelelektrophorese [25]

Die Agar-Gelelektrophorese im sauren Puffersystem ermöglicht eine weitere Differenzierung der mit der Elektrophorese im alkalischen Puffersystem nicht eindeutig
identifizierbaren Hämoglobine (s. 2.1 und 2.2).

● Zitrat-Puffer: Natrium-Zitrat   0,05 M   **Reagenzien**
                  pH 6,2

Zur Durchführung der Elektrophorese können käuflich zu erwerbende Agar-   **Durchführung**
Gel-Platten verwandt werden, die bereits mit Zitrat-Puffer äquilibriert sind. Bei der
Selbstherstellung der Gele wird Agar 1 g/dl im Zitrat-Puffer suspendiert und auf
60 °C erhitzt, so daß eine klare und dickflüssige Lösung entsteht. Die Gele sollten,
wie für die oben beschriebene Stärkegel-Elektrophorese, 5 – 10 cm lang und bis zu
0,5 cm dick sein.

Pro Probentasche mit einer Breite von 0,5 cm werden 20 – 40 µl Hämolysat aufgetragen.

Die Elektrophorese erfolgt mit 10 V/cm bei 4 °C über 60 min. Das Gel wird mit
Bromophenol-Blau-Lösung (Bromophenol-Blau 0,1 g/l, Essigsäure 10 ml/l) angefärbt und mit 7,5% Essigsäure entfärbt.

Die Wanderungsgeschwindigkeiten der mit der Zitrat-Agar-Gelelektrophorese von-   **Interpretation**
einander zu trennenden Hämoglobine sind in Abb. 1 dargestellt. Hervorzuheben ist
die gute Differenzierbarkeit zwischen den Hämoglobinen A_1, F, S, D, A_2, E und C.

3 Hämoglobinstabilitäts-Tests

Instabile Hämoglobine sind durch eine verminderte Stabilität der Quartärstruktur   **Prinzip**
des Proteins gekennzeichnet. Zugrunde liegt häufig der Austausch einer nonpolaren
durch eine polare Aminosäure, der zu einer geschwächten Verbindung zwischen den
vier Aminosäureketten des Hämoglobins führt. Das anomale Hämoglobin ist daher
durch eine erhöhte Neigung zur Denaturierung, Aggregation und Bildung von Präzi-
pitaten in Form von Heinz-Körpern gekennzeichnet. Die Präzipitate führen vermutlich zu einer Membraninstabilität des Erythrozyten und damit zur gesteigerten Hämolyse. In Abhängigkeit von der zugrunde liegenden Mutation kommt es bereits
spontan oder erst nach Zufuhr entsprechender toxischer Substanzen zur Hämoglobinpräzipitation mit der Folge einer chronischen oder schubweise verlaufenden hämolytischen Anämie.

Typische hämatologische Zeichen der instabilen Hämoglobine als Ursache von
hämolytischen Anämien sind die Bildung von Innenkörpern sowie eine leichte Ver-

minderung des mittleren korpuskulären Hämoglobingehalts als Ausdruck der intrazellulären Hämoglobinpräzipitation.

In der Elektrophorese wandern viele der instabilen Hämoglobine wie Hämoglobin A_1, so daß sie leicht übersehen werden können [29]. Es sind deshalb mehrere Methoden zur direkten Aufdeckung der Proteininstabilität entwickelt worden. Dabei werden entweder die bereits in vivo entstandenen Hämoglobinpräzipitate nachgewiesen, oder das anomale Hämoglobin wird durch entsprechende äußere Bedingungen zur Präzipitation gebracht.

! Zu beachten ist, daß der Nachweis von Hämoglobinpräzipitaten in den Erythrozyten nicht in jedem Fall auf die Synthese eines strukturell anomalen Hämoglobins schließen läßt. Insbesondere beim Glucose-6-Phosphat-Dehydrogenase-Mangel kommt es trotz normaler Hämoglobinzusammensetzung bei entsprechenden toxischen Einflüssen bereits in vivo zur Bildung von Hämoglobinpräzipitaten [7]. Es ist dann aber keine zusätzliche Präzipitation durch die Stabilitäts-Tests induzierbar.

Pathologische Ergebnisse der Stabilitäts-Tests werden im allgemeinen auch bei der Hb H-Krankheit bzw. α-Thalassämie und bei der Sichelzellanämie beobachtet [12, 22, 28].

3.1 Methyl-Violett-Test [7, 22]

Prinzip Es werden die bereits in vivo gebildeten Präzipitate nachgewiesen. Der basische Farbstoff Methyl-Violett färbt lediglich die vorhandenen Hämoglobinpräzipitate, ohne eine weitere Präzipitation zu induzieren. Die Färbung gelingt am besten bei gleichzeitiger osmotisch bedingter Schwellung der Erythrozyten in einer leicht hypotonen Natriumchlorid-Lösung.

Reagenzien ● Methyl-Violett-Lösung: Methyl-Violett   1,00 g/100 ml
Natriumchlorid   0,73 g/100 ml

Um nicht gelöste Farbstoffreste zu entfernen, sollte die Lösung vor Gebrauch durch Papier gefiltert werden.

Durchführung 1 Tropfen EDTA-Blut wird mit 1 Tropfen der Färbelösung vermischt. Nach 5minütiger Inkubation, bereits auf dem Objektträger mit einem Deckgläschen bedeckt, können die Erythrozyten mikroskopisch untersucht werden.

Interpretation Hämoglobinpräzipitate erscheinen als kleine violettfarbene Einschlußkörperchen, die zumeist am Zellrand liegen.

3.2 Brillant-Kresylblau-Test [28]

Prinzip Brillant-Kresylblau führt zur oxidativen Denaturierung und Präzipitation instabiler Hämoglobine. Die Präzipitate werden dabei gleichzeitig angefärbt, so daß sie als Tüpfelung der Erythrozyten erkennbar sind.

Reagenzien ● Brillant-Kresylblau-Lösung: Brillant-Kresylblau   1,0 g/dl
Natrium-Zitrat   0,4 g/dl
Natriumchlorid   0,9 g/dl

Vor Gebrauch sollte die Lösung durch Papier gefiltert werden.

EDTA-Blut wird mit einem gleichen Volumen Brillant-Kresylblau-Lösung bei 37 °C in einem geschlossenen Röhrchen inkubiert. Nach 10 min, 20 min, 1 h, 3 h und 6 h werden jeweils Ausstriche angefertigt und luftgetrocknet.

Da Brillant-Kresylblau neben Hämoglobinpräzipitaten auch das retikuläre Netz der Retikulozyten anfärbt, wird der 10-Minuten-Ausstrich als Kontrolle zur Erkennung der Retikulozyten angefertigt. Sofern bei der weiteren Inkubation zusätzliche dunkelblau-violett gefärbte Einschlußkörperchen auftreten, liegt vermutlich ein instabiles Hämoglobin vor. Hämoglobin H-Präzipitate entwickeln sich bereits innerhalb einer Stunde, während andere instabile Hämoglobine oft erst nach längerer Inkubation denaturiert werden und präzipitieren.
Interpretation

3.3 Isopropanol-Test [4, 8]

Isopropanol kann als relativ unpolare Substanz die Bindungen zwischen den einzelnen Aminosäureketten des Hämoglobins schwächen. Die meisten instabilen Hämoglobine sind gegenüber Isopropanol wesentlich empfindlicher als normales Hämoglobin.
Prinzip

- Lysierungs-Puffer: Na-Phosphat   5,0 mM
  EDTA   0,5 mM
  pH 7,4
- Isopropanol-Tris-Puffer: Isopropanol   170 ml
  Tris-Puffer   ad 1 000 ml
  (0,1 M, pH 7,4)
Reagenzien

Zur Zellysierung werden die gewaschenen Erythrozyten von 4 ml Blut mit dem 5fachen Volumen des Lysierungspuffers versetzt. Nach 1 min wird zur Herstellung der physiologischen Ionenstärke 1 ml einer 9,0 g/dl Natriumchlorid-Lösung zugegeben. Zur Entfernung der Erythrozytenmembranreste wird die Lösung dann 20 min bei 20 000 g zentrifugiert. Der Überstand entspricht dem Hämolysat. Organische Lösungsmittel sollten bei dieser Präparation möglichst gemieden werden, da sie instabile Hämoglobine vorzeitig zur Präzipitation bringen können.

Jeweils 0,2 ml des Hämolysats vom Patienten und einer gesunden Kontrollperson werden zu 2 ml des auf 37 °C erwärmten Isopropanol-Tris-Puffers gegeben. Die Lösung wird in gut verschlossenen Röhrchen bei 37 °C inkubiert.
Durchführung

Instabiles Hämoglobin beginnt nach 5–10 min in groben Flocken auszufallen, während die Lösung mit normalem Hämoglobin über 45 min klar bleibt.
Interpretation

3.4 Hitzestabilitäts-Test [34]

Instabile Hämoglobine werden auch bei erhöhter Temperatur deutlich schneller denaturiert als normales Hämoglobin.

Es wird Hämolysat wie für den oben angeführten Isopropanol-Test hergestellt. Nach Inkubation bei 50 °C über 2 Stunden wird evtl. vorhandenes präzipitiertes instabiles
Durchführung

Hämoglobin als Trübung erkennbar. Die Präzipitate werden durch Zentrifugation (2000 g, 10 min) abgetrennt. Die Hämoglobinkonzentration des Hämolysats wird vor und nach der Hitzeinkubation mit der Cyanmethämoglobin-Methode bestimmt.

Interpretation   Die Konzentration des anomalen Hämoglobins wird durch Vergleich der Hämoglobinkonzentrationen vor und nach der Hitzeinkubation berechnet. Normalerweise präzipitieren bei dem Versuch weniger als 2–3% des Gesamthämoglobins. Die Methode ist daher sehr sensitiv in der Erfassung instabiler Hämoglobine. Sie ermöglicht außerdem eine recht gute Quantifizierung des anomalen Hämoglobins.

4 Säulenchromatographie zur Hämoglobinanalyse

Chromatographische Methoden eignen sich gut zur Trennung und Quantifizierung der verschiedenen Hämoglobine, da diese zum einen aufgrund unterschiedlicher isoelektrischer Punkte unterschiedlich an Ionenaustausch-Gele binden und zum anderen als lichtabsorbierende Substanz bei der Elution von einer Chromatographie-Säule gut photometrisch gemessen werden können [16, 29]. Die konventionellen chromatographischen Methoden mit selbsthergestellten Ionenaustauscher-Gel-Säulen ermöglichen bei einem komplexen Hämoglobingemisch allerdings oft nur eine ungenaue Identifizierung und Quantifizierung der einzelnen Hämoglobine. Gut geeignet sind sie aber zur schnellen und reproduzierbaren Hämoglobin A_2-Bestimmung (s. Abschn. 6). Zur genauen Analyse der übrigen Hämoglobine ist die Hochdruckflüssigkeits-Chromatographie wesentlich besser geeignet. Bezüglich methodischer Einzelheiten sei auf die entsprechende Literatur verwiesen [1, 14].

5 Hämoglobin F

Hämoglobin F ist während der ersten postpartalen Monate das quantitativ überwiegende Hämoglobin. Es wird während des ersten Lebensjahres kontinuierlich durch Hämoglobin A_1 ersetzt, so daß der Hämoglobin F-Anteil am Gesamt-Hämoglobin schließlich unter 1–2% liegt. Erhöhungen der Hämoglobin F-Konzentration finden sich als sekundäre Zeichen einer gestörten Hämoglobin-Synthese, wie z. B. bei der β-Thalassämie. Aber auch eine Steigerung der Erythropoese, z. B. im Rahmen hämolytischer Anämien sowie Leukämien und myelodysplastische Syndrome können zu einer leicht erhöhten Hämoglobin F-Konzentration führen. Die Bestimmung der Hämoglobin F-Konzentration ist daher eine sinnvolle Untersuchung zur Analyse von Hämoglobin-Anomalien und Störungen der Hämoglobin-Synthese.

Am besten bewährt haben sich zur Hämoglobin F-Bestimmung neben den verschiedenen elektrophoretischen Techniken die Alkalidenaturierungs-Methode und die Säure-Elutions-Methode. Es wird die Tatsache ausgenutzt, daß Hämoglobin F gegenüber Säuren und Laugen wesentlich stabiler ist als die meisten übrigen normalen und anormalen Hämoglobine.

5.1 Alkalidenaturierung [5, 18, 26, 27]

Hämoglobin A und evtl. vorhandenes anomales Hämoglobin werden mit Natronlauge denaturiert und anschließend mit Ammonium-Sulfat ausgefällt. Dabei bleibt das nicht-denaturierte Hämoglobin F in Lösung und kann photometrisch bestimmt werden.   **Prinzip**

- NaCl   0,9 g/dl   **Reagenzien**
- Transformationslösung: KCN   0,05 g/l
  $K_3Fe(CN)_6$ 0,2 g/l
  $NaHCO_3$ 1,0 g/l
- Ammonium-Sulfat-Lösung, gesättigt
- NaOH   1,2 N

Die zellulären Bestandteile werden abzentrifugiert und dreimal mit 0,9 g/dl NaCl-Lösung gewaschen (Zentrifugation jeweils 5 min bei 5000 g). 100 μl des Sedimentes werden mit 100 μl NaCl-Lösung aufgeschwemmt, anschließend mit 8 ml Transformationslösung versetzt und 30 min bei Raumtemperatur inkubiert.   **Durchführung**

- 3 ml dieser Lösung werden mit 0,2 ml 1,2 N Natronlauge versetzt. Nach 2minütiger Inkubation werden 2 ml gesättigte Ammonium-Sulfat-Lösung zugegeben. Die ausgefällten Proteine werden mittels Filtration durch Papierfilter abgetrennt.
- 3 ml des mit der Transformationslösung versetzten Erythrozytensedimentes werden mit 2,2 ml H_2O verdünnt.
- Die Extinktion E_1 des Filtrates (a) und die Extinktion E_2 der mit H_2O verdünnten Transformations-Erythrozyten-Lösung werden photometrisch jeweils gegen H_2O bei der Wellenlänge 546 nm gemessen.

Das Verhältnis E_1/E_2 entspricht dem Anteil des Hämoglobin F am Gesamt-Hämoglobin. Die Methode erlaubt eine sehr genaue Bestimmung der Hämoglobin F-Konzentration im Bereich von 1% − 60%.   **Interpretation**

5.2 Säure-Elution [23]

Im sauren Milieu wird Hämoglobin A aus den Erythrozyten herausgelöst, während Hämoglobin F intrazellulär verbleibt und anschließend angefärbt werden kann. Hämoglobin F ist im allgemeinen nicht gleichmäßig auf alle Erythrozyten verteilt, sondern es liegt in einem Teil der Zellen in höherer Konzentration vor. Der prozentuale Anteil dieser sogenannten F-Zellen ist daher ein, allerdings relativ grobes Maß für den Hämoglobin F-Gehalt einer Blutprobe. Die Säure-Elutions-Methode zur Bestimmung der F-Zellen zeichnet sich vor allem durch ihre Schnelligkeit und einfache Durchführbarkeit aus.   **Prinzip**

- Elutionslösung: $FeCl_3$ 14,8 mM   **Reagenzien**
  Hämatoxylin   16,5 mM
  pH 1,63
- Färbelösung: Erythrosin   1 g/l

Durchführung Ein dünner Blutausstrich wird nach 30minütigem Trocknen 5 min in unvergälltem Alkohol (80% v/v) fixiert. Nach erneuter Trocknung wird der Ausstrich 20 Sekunden mit Elutionslösung versetzt, mit Leitungswasser abgespült und anschließend 2 Minuten mit der Färbelösung behandelt.

Interpretation F-Zellen sind rot angefärbt, während von den Zellen ohne Hämoglobin F fast nur die Umrisse erkennbar sind. Normalerweise liegt der F-Zellen-Anteil unter 2–3%.

6 Hämoglobin A$_2$

Hämoglobin A$_2$ ist angesichts des sehr niedrigen Anteils am Gesamt-Hämoglobin funktionell unbedeutend. Da aber bereits geringfügige Abweichungen der Hämoglobin A$_2$-Konzentration typisch für bestimmte Störungen der Hämoglobin-Synthese sind, ist die Hämoglobin A$_2$-Bestimmung ein wichtiger Bestandteil der Hämoglobin-Analyse.

Die Hämoglobin A$_2$-Konzentration beträgt normalerweise 1,5–3,0%. Eine erhöhte Hämoglobin A$_2$-Konzentration ist typisch für die heterozygote β-Thalassämie. Sie kann bei Vorliegen einer leichten mikrozytären Anämie als nahezu spezifisch für diese Diagnose angesehen werden. Erhöhte Hämoglobin A$_2$-Konzentrationen finden sich neben der heterozygoten β-Thalassämie und gelegentlich der homozygoten β-Thalassämie auch bei der makrozytären Anämie aufgrund von Folsäure- oder Vitamin B$_{12}$-Mangel [21]. Eine verminderte Hämoglobin A$_2$-Konzentration findet sich bei der δ-β-Thalassämie aufgrund der Verminderung sowohl der β- als auch der δ-Ketten-Synthese [29].

Von besonderer praktischer Bedeutung ist, daß auch der Eisenmangel zu einer Verminderung der Hämoglobin A$_2$-Konzentration führt [36]. Um eine möglichst hohe diagnostische Wertigkeit der Hämoglobin A$_2$-Bestimmung zu erreichen, sollte deshalb ein eventuell vorhandener Eisenmangel des Patienten zunächst ausgeglichen werden.

6.1 Hämoglobin A$_2$-Messung

Die Messung der Hämoglobin A$_2$-Konzentration ist mit elektrophoretischen und chromatographischen Methoden möglich [31]. Bezüglich der Elektrophorese sei auf Abschn. 1 verwiesen, besonders bewährt hat sich die Zellulose-Azetat-Elektrophorese in Verbindung mit einem alkalischen Puffersystem [37]. Im folgenden wird eine technisch wenig aufwendige chromatographische Methode beschrieben, die vor allem bei Screening-Untersuchungen zur Erfassung der heterozygoten β-Thalassämie eingesetzt wird [11].

Prinzip Bei entsprechend gewählter Ionenstärke und pH-Wert binden Hämoglobin A$_1$ und Hämoglobin F wesentlich stärker als Hämoglobin A$_2$ an DE 52-Anionenaustauscher-Gel. Dies ermöglicht die einfache Abtrennung und anschließende photometrische Quantifizierung des Hämoglobins A$_2$.

Reagenzien

- Lösung 1: Tris   50 mM
            KCN   2 mM
                   pH 8,5
- Lösung 2: Tris   50 mM
            KCN   2 mM
                   pH 8,3
- Lösung 3: Tris   50 mM
            KCN   2 mM
                   pH 7,0

Durchführung

Hämolysat wird, wie für den Isopropanol-Hämoglobinstabilitäts-Test (s. 3.3) beschrieben, zubereitet und im Verhältnis 1:4 mit Lösung 1 verdünnt.

DE 52-Cellulose wird bei Raumtemperatur mit Lösung 2 äquilibriert und in eine Säule mit den Maßen $0,5 \times 8$ cm gegossen. 100 µl verdünntes Hämolysat werden auf die Säule gegeben. Zunächst wird Hämoglobin A_2 mit 10 ml Lösung 1 (Eluat a) und anschließend Hämoglobin A_1 und F mit Lösung 3 (Eluat b) eluiert. Der Hämoglobin A_2-Anteil am Gesamthämoglobin wird photometrisch bei der Wellenlänge $\lambda = 415$ nm durch Vergleich der Eluate a und b bestimmt.

Interpretation

Die Methode ermöglicht eine recht genaue Messung der Hämoglobin A_2-Konzentration. Zu beachten ist aber, daß die anomalen Hämoglobine C, E und O zusammen mit Hämoglobin A_2 eluiert werden. Da diese Hämoglobine aber gegebenenfalls in wesentlich höherer Konzentration als Hämoglobin A_2 vorliegen, ist die Gefahr einer Verwechslung klein. Da die Hämoglobin A_2-Konzentration auch bei der heterozygoten β-Thalassämie nie mehr als 10% beträgt, sollten bei einem darüber hinaus gehenden Anteil des in Eluat a vorhandenen Hämoglobins zusätzlich elektrophoretische Verfahren zur qualitativen und quantitativen Analyse der einzelnen Hämoglobine eingesetzt werden.

7 Hämoglobin S

Hämoglobin S unterscheidet sich vom Hämoglobin A_1 durch den Aminosäurenaustausch Glutamat→Valin an Position 6 der β-Aminosäuren-Kette [17]. Hieraus resultieren tiefgreifende Änderungen der physikalisch-chemischen Eigenschaften des Proteins. Im Vordergrund steht die starke Neigung zur Präzipitation und Bildung langgestreckter Protein-Kristalle vor allem des desoxygenierten Hämoglobin S, die über eine verminderte Verformbarkeit und Membranschädigung der Erythrozyten zur hämolytischen Anämie führen. Hämoglobin S ist neben den elektrophoretischen Methoden sehr einfach mit dem Hämoglobin S-Löslichkeitstest und mit dem Sichelzell-Test nachweisbar.

7.1 Hämoglobin S-Löslichkeitstest [15, 19, 32]

Prinzip

Desoxygeniertes Hämoglobin S präzipitiert in konzentriertem Phosphat-Puffer wesentlich schneller als desoxygeniertes Hämoglobin A. Bei der Testdurchführung werden die Erythrozyten durch Zusatz von Saponin lysiert, während Natriumhydrosulfit das Hämoglobin in die Desoxy-Form überführt. Um reproduzierbare Ergebnisse zu erreichen, ist besonders auf eine ausreichende Temperaturkonstanz zu achten. Es sollten jeweils eine negative und eine positive Kontrolle mitgeführt werden. Dazu können entsprechende Hämoglobin-Lösungen verwandt werden, die bei $-70\,^{\circ}C$ zumindest 1 Jahr aufbewahrt werden können.

Reagenzien
- Natriumhydrosulfit-Lösung: Kalium-Phosphat 2,2 M
  Natriumhydrosulfit 0,05 mM
  Saponin 1 g/l
  pH 7,1

Die Lösung ist bei $4\,^{\circ}C$ etwa 4 Wochen haltbar. Da Natriumhydrosulfit in wäßriger Lösung zunehmend hydrolysiert wird, muß es bei längerer Aufbewahrungszeit frisch zugesetzt werden.

Durchführung $20\,\mu l$ mit EDTA, Zitrat oder Heparin ungerinnbar gemachtem Blut bzw. einer entsprechenden Hämoglobin-Lösung werden 2 ml der oben genannten Natriumhydrosulfit-Lösung zugesetzt. Nach 5- bis 10minütiger Inkubation bei Raumtemperatur wird die Lösung in einem klaren Glasröhrchen gegen ein schwarz-weißes Linienraster als Hintergrund betrachtet.

Interpretation Im Vergleich zum normalen Hämoglobin verursacht Hämoglobin S eine deutliche Trübung der Lösung. Ein positives Ergebnis ist ab einem Hämoglobin S-Anteil von 20–30% zu erwarten, so daß auch heterozygote Träger der Sichelzell-Krankheit erfaßt werden. Der Test ist nahezu spezifisch für Hämoglobin S. Lediglich Hämoglobin C_{Harlem} und Hämoglobin $C_{Ziguinchor}$ können gelegentlich ebenfalls einen positiven Ausfall bewirken. Die Hämoglobine A, C, D, E, F, G, I, J und O ergeben demgegenüber regelmäßig ein negatives Testergebnis.

7.2 Sichelzelltest [2, 3, 9, 13]

Die Erythrozyten-Sichelung kann in vitro durch Inkubation der Zellen im sauerstoffarmen Milieu provoziert werden. Zum Sauerstoffentzug eignet sich am besten Natriummetabisulfit, alternativ kann aber auch eine Begasung des Blutes mit Stickstoff durchgeführt werden.

Reagenzien
- Natriummetabisulfit 2 g/dl.
  Die Lösung sollte jeweils frisch hergestellt werden.

Durchführung Auf einem Objektträger werden 1 Tropfen Natriummetabisulfit-Lösung mit 1 Tropfen ungerinnbar gemachtem Blut vermischt und mit einem Deckgläschen abgedeckt. Die Ränder sollten dabei luftdicht verschlossen werden, hierzu eignet sich zum Beispiel einfacher Nagellack. Die Objektträger werden anschließend bei $37\,^{\circ}C$ inkubiert. Die Morphologie der Erythrozyten wird mikroskopisch nach 30 min, 1 h, 12 h und 24 h beurteilt.

Interpretation Der Nachweis von Sichelzellen gilt als positives Ergebnis. Bei einer Hämoglobin S-Konzentration von über 80% bilden sich zumeist innerhalb weniger Minuten reichlich Sichelzellen. Bei niedriger Hämoglobin S-Konzentration benötigt die Sichelzell-Bildung oft eine wesentlich längere Zeitspanne. Bei heterozygotem Trägerstatus mit einer Hämoglobin S-Konzentration unter 50% sowie bei der Hämoglobin SC- und der Hämoglobin SD-Krankheit kann die Sichelzell-Bildung gelegentlich vollständig ausbleiben.

Literatur

1. Ananullah A, Rucknagel DL, Ferruci SJ (1982) Cord blood screening for hemoglobin disorders by high performance liquid chromatography. Anal Biochem 123:402−405
2. Asakura T, Meyberry J (1984) Relationship between morphologic characterization of sickle cells and method of deoxygenation. J Lab Clin Med 104:987−994
3. Asakura T, Segal ME, Friedman S, Schwartz E (1980) A rapid test for sickle hemoglobin. JAMA 233:156−158
4. Asakura T, Adachi K, Schwartz E (1978) Stabilizing effect of various organic solvents on proteins. J Biol Chem 253:6423−6425
5. Betke K, Marti HR, Schlicht J (1959) Estimation of small percentages of foetal haemoglobin. Nature 184:1877−1879
6. Betke K, Schlaich P, Huidobro-Tech G (1959) Blutfarbstoffuntersuchung mit der Stärkeblockelektrophorese. Klin Wschr 37 (15):794−798
7. Beutler E, Dern RJ, Alvings AS (1955) The hemolytic effect of primaquine. J Lab Clin Med 45:40−50
8. Carrel RW, Kay R (1972) A simple method for the detection of unstable hemoglobins. Br J Haematol 23:615−619
9. da Silva EM (1948) Absence of the sickling phenomenon of the red blood corpuscles among Brasilian Indians. Science 107:221−223
10. Daland GA, Castle WB (1948) A simple and rapid method for demonstrating sickling of the red blood cells: the use of reducing agents. J Lab Clin Med 33:1082−1084
11. Efremov GD, Huisman THJ, Bowman K (1974) Microchromatography of hemoglobins: A rapid method for the determination of hemoglobin A_2. J Lab Clin Med 83:657−664
12. Fessas P (1963) Inclusions of hemoglobin in erythroblasts and erythrocytes of thalassemia. Blood 21:21−23
13. Greenberg MS, Harvey HA, Morgan C (1972) A simple and inexpensive screening test for sickle hemoglobin. N Engl J Med 286:1143−1144
14. Gupta SP, Hamash SM (1983) Separation of hemoglobin types by cation exchange high performance liquid chromatography. Anal Biochem 134:117−121
15. Hicks EJ, Grieb JA, Nordschow CD (1973) Comparison of results for three methods of hemoglobin S identification. Clin Chem 19:533−535
16. Huisman THJ, Jonxis JHP (1977) The hemoglobinopathies: techniques of identification. Decker, New York
17. Ingram VM (1957) Gene mutations in human hemoglobin: the chemical difference between normal and sickle cell hemoglobin. Nature 180:326−327
18. International Committee for Standardization in Haematology (1979) Recommendation for fetal haemoglobin reference preparation and fetal haemoglobin determination by the alkali denaturation method. Br J Haematol 42:133−136
19. Itano HA (1953) Solubilities of naturally occurring mixtures of human hemoglobins. Arch Biochem Biophys 47:148−152
20. Jeppson JO, Berglund S (1972) Thin-layer isoelectric focusing for haemoglobin screening and its application to haemoglobin Malmö. Clin Chim Acta 40:153−158
21. Josephson AM, Masri MS, Singer L, Dworkin D, Singer K (1958) Starch block electrophoresis studies of human hemoglobin solutions. Blood 13:543−551
22. Kim HC, Friedman S, Asakura T, Schwartz E (1980) Inclusions in red blood cells containing hemoglobin S or hemoglobin C. Br J Haematol 44:547−554

23. Kleihauer E, Braun H, Betke K (1957) Demonstration von fetalem Hämoglobin in den Erythrozyten eines Blutausstrichs. Klin Wschr 12:637–638
24. Marengo-Rowe RJ (1965) Rapid electrophoresis and quantitation of hemoglobins on cellulose-acetate. J Lab Clin Pathol 18:790–793
25. Milner PF, Gooden H (1975) Rapid citrate agar electrophoresis in routine screening for hemoglobinopathies using a single hemolysate. Am J Clin Pathol 64:58–64
26. Molden DP, Alexander DM, Neeley WE (1982) Fetal hemoglobin: optimum conditions for its estimation by alkali denaturation. Am J Clin Pathol 77:568–572
27. Pembrey ME, McWade P, Weatherall DJ (1972) Reliable routine estimation of small amounts of foetal haemoglobin by alkali denaturation. J Clin Pathol 25:738–740
28. Rigas DA, Kohler RD (1961) Decreased erythrocyte survival in hemoglobin H disease as a result of the abnormal properties of hemoglobin H: the benefit of splenectomy. Blood 18:1–17
29. Schmidt RM, Brosious EM (1978) Basic laboratory methods of hemoglobinopathy detection, 7th ed CDC-publishers, Atlanta
30. Schmidt RM, Holland S (1974) Standardization in abnormal hemoglobin detection: an evaluation of hemoglobin electrophoresis kits. Clin Chem 20:591–593
31. Schmidt RM, Rucknagel DL, Necheles TF (1975) Comparison of methodologies for thalassemia screening by Hb A_2 quantitation. J Lab Clin Med 86:873–882
32. Schmidt RM, Wilson SM (1973) Standardization in detection of abnormal hemoglobins. Solubility tests for hemoglobin S. JAMA 225:1225–1227
33. Schneider RG, Barwick RC (1987) Measuring relative electrophoretic mobilities of mutant hemoglobins and globin chains. Hemoglobin 2:417–419
34. Schneiderman LJ, Jung JG, Fawley DE (1970) Effect of phosphate and nonphosphate buffers on thermolability of unstable hemoglobins. Nature 225:1041–1043
35. Smithies O (1959) An improved procedure for starch gel electrophoresis: further variations in the serum protein of normal individuals. Biochem J 71:585–587
36. Wasi P, Disthasongchan P, Na-Nakoru S (1968) The effect of iron deficiency on the levels of hemoglobins A_2 and E. J Lab Clin Med 71:85–91
37. Wehinger H, Alebouyeh M (1970) Densitometrisch-quantitative Bestimmung von Hämoglobin A_2 nach Mikrozonen-Elektrophorese auf Cellulose-Azetat-Folie. Klin Wschr 48:701–703

LAWRENCE D. PETZ (Übersetzer R. Greil)

1 Einleitung

Dieses Kapitel beschreibt die diagnostischen Methoden autoimmunhämolytischer (AIHA) und medikamenteninduzierter immunohämolytischer Anämien unter Zugrundelegung ihrer serologischen Charakteristika. Einer präzisen Diagnose kommt bei diesen Erkrankungen eine essentielle Bedeutung zu, da in jedem Fall Prognose und Behandlung der verschiedenen Formen hämolytischer Anämien signifikant variieren. Tabelle 1 gibt einen Überblick über diese immunologisch bedingten Formen hämolytischer Anämien.

Die Diagnose einer immunhämolytischen Anämie beruht auf dem Nachweis charakteristischer serologischer Anomalien bei Patienten mit klinischer evidenter Hämolyse [1, 2]. Jeder serologischen Untersuchung sollten hämatologische Untersuchungen vorausgehen, die den Nachweis einer hämolytischen Anämie erbringen sollten. Dafür genügen im allgemeinen einfache Tests, wie z. B. Bestimmung des Blutbildes, der Retikulozytenzahl, des Serum-Haptoglobins, des Gesamtserumbilirubins sowie des indirekten Bilirubins und der Serum Lactat-Dehydrogenase. Wenn auf diese Weise die Existenz einer hämolytischen Anämie bestätigt wird, sollten weitere Tests erfolgen, um zu klären, inwieweit die Hämolyse auf einem immunologischen Mechanismus beruht. Ergibt der direkte Antiglobulintest (DAT) bei einem Patienten mit einer erworbenen hämolytischen Anämie ein positives Ergebnis, so müssen detaillierte serologische Untersuchungen folgen, die die Diagnose einer spezifischen immunohämolytischen Anämie gestatten.

Die differentialdiagnostische Unterscheidung der Erkrankungen, die in der Tabelle 1 angeführt sind, erfordert detaillierte laborchemische Analysen. Die notwendigen serologischen Untersuchungen müssen klären, inwieweit die Erythrozyten des Patienten mit Immunglobulin G (IgG), Komplementfraktionen oder beiden beladen sind. Diese grundlegende Information ergibt sich aus dem DAT-Test, während weitere Untersuchungen die Eigenschaften der Antikörper definieren, die im Serum des Patienten und in einem Eluat seiner Erythrozyten gefunden werden. Suchtests und Folgeschritte, die für eine detaillierte Charakterisierung der Antikörper des Patienten nötig sind, werden nachfolgend beschrieben.

2 Direkter Antiglobulin-(Coombs)-Test (DAT)

Das Blut für den DAT-Test sollte in Ethylendiamintetra-Essigsäure (EDTA, 0,01 M) aufgefangen werden, um das Komplement zu inaktivieren und auf diese Weise eine in vitro Sensibilisierung von Erythrozyten durch klinisch unbedeutende Kälteanti- **Gewinnung des Probenmaterials**

Tabelle 1. Klassifikation der autoimmunen- und medikamentös induzierten immunohämolytischen Anämien

I. Autoimmune hämolytische Anämie (AIHA)

A. Wärmeantikörper AIHA
  1. Idiopathisch
  2. Sekundär: Chronisch lymphatische Leukämie, Lymphome, Systemischer Lupus erythematodes, etc.

B. Kälteagglutinin-Syndrom
  1. Idiopathisch
  2. Sekundär
      a. *Mycoplasma pneumonia* Infektion, infektiöse Mononukleose, Virusinfektion
      b. Lymphoretikuläre Malignome

C. Paroxysmale Kältehämoglobinurie
  1. Idiopathisch
  2. Sekundär
      a. Virale Syndrome
      b. Syphilis

D. Atypische AIHA
  1. Antiglobulintest-negative AIHA
  2. Kombinierte Kälte- und Wärme-AIHA

II. Medikamentös induzierte immunhämolytische Anämien

A. Immunkomplexmechanismus
B. Medikamentenabsorptionsmechanismus
C. Medikamentös induzierte AIHA

körper zu vermeiden (z. B. normale inkomplette Kälteantikörper). Solche Antikörper könnten eine falsch-positive Reaktion induzieren. EDTA-beschichtete Röhrchen sind für diesen Zweck geeignet. Werden positive Resultate an Erythrozyten gewonnen, die von einer geronnenen Blutprobe stammen oder mit einem anderen Antikoagulans behandelt und bis zu Raumtemperatur oder niederen Temperaturbereichen abgekühlt wurden, muß der direkte Antiglobulintest an einer mit EDTA-antikoagulierten Probe wiederholt werden.

Methode   Empfehlungen der Hersteller müssen exakt eingehalten und die Reaktivität des Serums muß mit geeigneten Kontrollen überprüft werden (s. u.). Generell besteht die Methode aus folgenden Schritten:

- 1 Tropfen einer Erythrozytensuspension in 2−5%iger Kochsalzlösung wird in einer beschrifteten 10−75 mm-Eprouvette 3−4mal mit Kochsalzlösung gewaschen. Der Überstand wird vorsichtig abgegossen; 1−2 Tropfen des antihumanen Globulinserums (AGS) werden der Erythrozytensuspension beigefügt und mit dieser vermischt.
- Es folgt eine Zentrifugation von 15 Sekunden bei 900−1000 g. Die Erythrozytenagglutination wird makroskopisch und bei negativem Resultat mikroskopisch überprüft. Die Lösung der Erythrozyten vom Boden der Eprouvette ist ein kriti-

scher Schritt. Dazu sollte die Eprouvette in einem leichten Winkel gehalten und vorsichtig geschüttelt werden bis sich alle Zellen vom Boden gelöst haben. Anschließend wird die Eprouvette sanft vor- und rückwärts gekippt, bis eine gleichmäßige Suspension von Zellen oder Agglutinaten zu beobachten ist.

- Gibt es bei Verwendung polyspezifischer oder anti-C3 Antiglobulinseren (s. u.) negative Resultate, so muß 5 – 10 Minuten bei Raumtemperatur inkubiert werden. Danach werden die Erythrozyten erneut zentrifugiert und auf makroskopische und mikroskopische Agglutination untersucht. Dies ist nötig, weil die Sensibilität des Antiglobulintests für den Nachweis von C3 bei kurzer Inkubationszeit bedeutend erhöht ist.

Die Agglutination der Erythrozyten wird wie folgt klassifiziert: **Bewertung**

- 4+ein einziges solides Aggregat, keine freien Zellen vorhanden
- 3+einige größere Aggregate, nur sehr vereinzelt freie Zellen
- 2+mittelgroße Aggregate, freie Zellen im Hintergrund
- 1+ kleine Aggregate mit trübem rötlichem Hintergrund
- 1/2+winzige Aggregate mit trübem rötlichem Hintergrund oder mikroskopischen Aggregaten
- keine Agglutination.

- Als Kontrolltest werden zwei Tropfen einer 1%igen BSA- oder AGS-Lösung des   **Kontrollen**
Herstellers mit einem Tropfen gewaschener Patientenerythrozyten vermischt. Der DAT-Test ist nur dann einwandfrei positiv, wenn nur das AGS, nicht aber die BSA-Kontrolle reagiert.
- Werden nach Verwendung polyspezifischer oder anti-IgG Antiseren neative Tests erhalten, sollten kommerziell erhältliche IgG-beladene Erythrozyten ausgetestet werden. Es ist empfehlenswert, auch C3-beladene Erythrozyten, die ein negatives Resultat mit anti-C3 Antikörpern ergaben, als Kontrolle von Tests zu verwenden. Solche C3-beladenen Erythrozyten sind jedoch nicht leicht erhältlich. Nach erneuter Zentrifugation müßten die Tests positiv ausfallen und auf diese Weise sicherstellen, daß das Agglutininserum (AGS) nicht gehemmt wurde (z. B. durch inadäquate Waschungen).

Es ist günstig, zuerst den DAT-Test mit einem polyspezifischen Antiglobulinserum,   **Poly-**
das anti-IgG, anti-C3d und Antikörper anderer Spezifitäten beinhalten kann, durch-   **spezifische**
zuführen. Ein positives Resultat deutet auf mit IgG, C3d oder beiden beladene Pa-   **AGS**
tientenerythrozyten hin, obwohl theoretisch auch andere Proteine an der Oberfläche der Patientenerythrozyten mit Antikörpern differenter Spezifität ein positives Reaktionsmuster ergeben können. Das AGS muß prinzipiell Antikörper gegen die C3d-Fraktion von C3 enthalten, da diese C3-Komponente besonders leicht an Erythrozyten erkannt werden kann, die in vivo mit C3 beladen wurden.

Hat die Verwendung eines polyspezifischen Reagenz einen positiven DAT ergeben,   **Mono-**
ist es einfach zu bestimmen, ob die Sensibilisierung der Erythrozyten mit IgG, C3d   **spezifische**
oder beiden erfolgt ist. Monospezifische Antiseren gegen IgG sowie anti-C3d, die   **AGS**
für den Gebrauch in DAT-Tests standardisiert sind, werden von kommerziellen Herstellern angeboten.

Andere mono-spezifische AGS

Generell sollte der DAT-Test nicht über die Erkennung von anti-IgG und anti-C3 hinaus erweitert werden. Einige Autoantikörper werden der Immunglobulinklasse M (IgM) angehören; eine IgM-Sensibilisierung von Erythrozyten durch IgM-Antikörper ist aber mit Hilfe des Antiglobulintests nur sehr schwer nachzuweisen. Zudem fixieren IgM-Antikörper, die eine immunhämolytische Anämie verursachen, charakteristischerweise, wenn nicht ausnahmslos, Komplement und dies kann bedeutend einfacher nachgewiesen werden. IgA-Antikörper spielen in der Sensibilisierung von Erythrozyten nur sehr selten eine Rolle und in solchen Fällen werden fast immer − allerdings nicht ausnahmslos − andere Immunglobuline und/oder Komplementkomponenten an der Oberfläche der Erythrozyten gefunden. Die Durchführung der DAT-Tests mit Antiseren gegen zusätzliche Komplement-Komponenten ist also überflüssig und erweitert das diagnostische Spektrum nicht.

Tatsächlich kann an der Oberfläche von Erythrozyten von Patienten mit hämolytischer Anämie die C3-Fraktion von Komplement erkannt werden, selbst wenn eine Sensibilisierung mit anderen Komponenten als C3 erfolgt ist.

Interpretation

Die Erythrozyten von Patienten mit Wärmeantikörper-induzierter autoimmunhämolytischer Anämie sind gewöhnlich mit IgG und C3 beladen, können in wenigen Fällen aber auch nur mit IgG oder nur mit C3 beladen sein (s. Tabelle 2). Es ergibt sich daher kein spezifisches diagnostisches Muster des DAT bei dieser Erkrankung.

Erythrozyten von Patienten mit Kälteagglutininsyndromen sind, von wenigen Ausnahmefällen abgesehen, mit C3 beladen. Der Nachweis von IgG an der Oberfläche von Erythrozyten eines Patienten mit immunhämolytischer Anämie schließt somit die Diagnose eines Kälteagglutininsyndroms im wesentlichen aus.

Obwohl die paroxysmale Kältehämoglobinurie durch einen IgG-Autoantikörper hervorgerufen wird, werden üblicherweise mit einem anti-IgG Antiserum negative Resultate erhalten. Dies beruht mit großer Wahrscheinlichkeit auf dem raschen Abdiffundieren der Donath-Landsteiner-Antikörper von der Erythrozytenmembran

Tabelle 2. Ergebnisse des direkten Antiglobulintests mit Anti-IgG und Anti-C3 bei immunhämolytischen Anämien

Diagnose	IgG	C3[a]
Wärmeantikörper autoimmunhämolytischer Anämie (AIHA)		
(67%)	+	+
(20%)	+	0
(13%)	0	+
Kälteagglutininsyndrom	0	+
Paroxysmale Kältehämoglobinurie	0	+
Penicillin- oder Methyldopa-induziert[b]	+	0
Andere medikamentös induzierte immunhämolytische Anämien[c]	0	+
Wärmeantikörper AIHA assoziiert mit systemischem Lupus erythematodes	+	+

[a] Solche Zellen werden im wesentlichen mit C3d-Komponenten des Komplements sensibilisiert (s. Text).

[b] Schwach positive Reaktionen mit anti-C3 können auftreten; die Reaktionen mit anti-IgG sind aber ausnahmslos stark positiv.

[c] Es ist das häufigste Muster der Erythrozytensensibilisierung angeführt; es kann allerdings gelegentlich IgG mit oder ohne C3 nachgewiesen werden.

während der in-vitro Waschprozesse. Die Komplementfraktion bleibt dagegen an der Zellmembran fixiert.

Bei Patienten mit Anämien, die durch andere Medikamente als Methyldopa oder Penicillin verursacht werden, ist der DAT meist nur mit anti-C3 positiv und die Reaktionen sind dabei häufig schwach. In manchen Fällen gehört der Medikamenten-Antikörper der IgM-Klasse an. Auch hier können die Antikörper aber offensichtlich nach der Fixation von Komplement wieder von den Erythrozyten abdiffundieren oder aber in einer Konzentration vorhanden sein, die unter der Nachweisschwelle des Antiglobulintests liegt. Nur bei einem kleinen Teil der Patienten ergibt sich unter Verwendung eines anti-IgG ein positiver DAT.

Methyldopa- und Penicillin-induzierte immunhämolytische Anämien ergeben charakteristischerweise im DAT eine stark positive Reaktion mit anti-IgG, während mit anti-C3-Fraktionen ein negatives Ergebnis erzielt wird. Obwohl dieses Reaktionsmuster am häufigsten beobachtet wird, gibt es auch zahlreiche Berichte über die Sensibilisierung von Erythrozyten mit IgG *und* Komplement in Penicillin-induzierten immunhämolytischen Anämien.

Besondere Aufmerksamkeit verdienen Patienten mit systemischem Lupus Erythematodes, da C3 häufig an der Oberfläche der Erythrozyten zu einem Zeitpunkt gefunden wird, da keine Evidenz einer aktiven Hämolyse besteht. Bei Patienten mit systemischem Lupus Erythematodes, die das klinische Bild der Autoimmunhämolyse entwickeln, sind die Erythrozyten regelmäßig mit C3 *und* IgG beladen.

Aus der bisherigen Diskussion geht hervor, daß die Durchführung des DAT mit einem Antiimmunglobulinserum, das keine anti-C3d Antikörper beinhaltet, sehr häufig bei Patienten mit immunhämolytischen Anämien falsch negative Resultate ergibt.

3 Methoden zur Charakterisierung von Antikörpern in Serum und Eluaten

Obwohl der direkte Antiglobulintest wertvolle Informationen liefert, stützt sich die definitive Diagnose der immunhämolytischen Anämie auf die Charakterisierung der Antikörper in Serum und Erythrozyteneluaten des Patienten. Dem ersten Schritt, den Suchtest zur Erstellung einer vorläufigen Diagnose, folgen weitere Tests, die das Ergebnis bestätigen.

Das Patientenserum wird auf die Präsenz von Antikörpern untersucht. Ist dies der Fall, müssen die Eigenschaften der Antikörper bestimmt werden, besonders Temperaturbereich und Spezifität. Weiter wird ein Erythrozyteneluat auf die Reaktivität im indirekten Antiglobulintest (IAT) und auf die Agglutination von Enzym-behandelten Erythrozyten untersucht. Dabei soll die Spezifität des Antikörpers bestimmt werden.

Zunächst sollten Suchtests unter Verwendung verschiedener Techniken und bei verschiedenen Temperaturen durchgeführt werden. Die Information, die von solchen Suchtests mit Frischserum und einem Erythrozyteneluat des Patienten gewonnen wird, ist geeignet, die beste Methode zur definitiven Analyse festzulegen. Folgende spezialisierte Agglutinationstests sind von Relevanz: Enzymbehandelte Erythrozyten, Kochsalzlösungen niedriger Ionenstärke (LISS) und Erythrozyteneluate.

3.1 Enzymbehandelte Erythrozyten

Enzyme erhöhten die Reaktivität von Erythrozyten mit bestimmten Alloantikörpern, wie etwa denjenigen, die Antigene in Kidd, Lewis, Rhesus und P-System erkennen. Die Enzymbehandlung von Erythrozyten erlaubt die Erkennung von Autoantikörpern im Serum von Patienten mit Wärmeantikörper-induzierter autoimmunhämolytischer Anämie in 90% der Fälle, während der IAT nur in 60% ein positives Resultat liefert.

Häufig verwendete Enzyme sind Bromelin, Trypsin, Papain, Ficin und Präparate, die eine Kombination zahlreicher Enzyme beinhalten. Enzyme können in einer einfachen (= direkten) Einstufentechnik Anwendung finden, in der das Enzym direkt mit den Testzellen und dem Testserum gemischt wird oder in einer indirekten Zweistufentechnik, in der Testzellen vor Verwendung vorbehandelt werden müssen. Die Zweistufentechnik (= indirekte Technik) unter Verwendung von Papain oder Ficin ist der Einstufentechnik wegen überlegener Sensitivität vorzuziehen.

Herstellen von 1%igem Cystein-aktivierten Papain

Reagenzien
- In einem Mörser werden 2 g pulverisiertes Papain in einer kleinen Menge von 0,01 M Phosphat-gepuffertem Kochsalz (PBS) bei einem pH-Wert von 5,4 pulverisiert und
- zu 100 ml Volumen mit 0,01 M PBS, pH 5,4 aufgefüllt.
- Die Lösung wird als Papain-gepufferte Kochsalzlösung bei 4 °C über Nacht stehen gelassen.
- 15minütige Zentrifugation bei 1000 g entfernt Zellfragmente; der Überstand wird in eine 200 ml Flasche transferiert.
- 10 ml einer 0,5 M L-Cystein-Hydrochloridlösung werden zugegeben.
- Erneutes Auffüllen des Volumens auf 200 ml mit PBS, pH 5,4.
- Inkubation bei 37 °C für 1 Stunde.
- In 1 ml Mengen abfüllen und bei −20 °C bis zum Gebrauch einfrieren.

Einstufige Papain-Technik

- In eine Eprouvette werden 2 Volumina von Patientenserum, 1 Volumen einer Erythrozyten-Suspension in 5%iger Kochsalzlösung und 1 Volumen einer Cystein-aktivierten Papainlösung bei einem pH-Wert von 5,4 gefüllt.
- Es erfolgt eine Inkubation bei 37 °C für 15 – 30 Minuten.
- Durch eine Zentrifugation erfolgt eine Untersuchung auf Hämolyse und Agglutination.
- Die Resultate werden festgehalten.

Zubereitung einer Stammficin-Lösung

- 1 g pulverisiertes Ficin wird in eine 100 ml Flasche gegeben. **Die Behandlung von Ficin erfordert Vorsicht** (insbesondere müssen Inhalationen und Kontaminationen der Augen vermieden werden)! Während der Arbeit, die unter einem Abzug durchgeführt werden sollte, müssen Handschuhe, Gesichtsmaske und Schürze getragen werden!

- Zur Auflösung von Ficin wird PBS bei einem pH-Wert von 7,3 bis zu einem Volumen von 100 ml zugefügt. Die Lösung wird kräftig geschüttelt oder auf einem Rotator 15 Minuten lang gründlich gemischt. Alternativ kann 30–90 Minuten lang auch ein Magnetrührer benutzt werden. Das Pulver löst sich dabei allerdings nicht vollständig auf.
- Durch Filtration oder Zentrifugation wird eine klare Flüssigkeit gewonnen und in kleine Aliquote abgefüllt. Sie werden bei −20 °C gelagert und sollten nach erfolgtem Auftauen nicht erneut eingefroren werden.

Methode zur Behandlung von Erythrozyten mit Papain oder Ficin

0,5 ml einer 1%igen Cystein-aktivierten Papain- oder Stammficinlösung werden mit 4,5 ml PBS, pH 7,3 bis auf eine 0,1%ige Lösung verdünnt.

Durchführung

- Eine Volumeneinheit von gut gewaschenen Erythrozyten werden mit einer oder zwei Volumeneinheiten einer 0,1%igen Papain- oder Ficinlösung inkubiert. Die Dauer der Inkubation, die zur Erreichung eines optimalen proteolytischen Effektes erforderlich ist, wird vorbestimmt (siehe Standardisierung von Papain- und Ficinlösungen).
- Nach erfolgter Inkubation werden die Erythrozyten 4mal auf großen Volumina isotoner Kochsalzlösung gewaschen und auf 2–5% in Kochsalzlösung oder LISS zur Austestung resuspendiert.
- Wenn die enzymvorbehandelten Erythrozyten mehr als 8 Stunden gelagert werden sollen, sollten sie in einer modifizierten Alsever-Lösung resuspendiert werden. In solchen Lösungen bleiben enzymbehandelte Erythrozyten für mindestens 5 Tage stabil, sofern sie bei 4 °C gelagert werden.

Zweistufige Papain- oder Ficintechnik

- In eine Eprouvette werden 2 Volumina von Patientenserum und 1 Volumeneinheit enzymvorbehandelter Zellen gegeben.
- Es wird bei 37 °C für 15–30 Minuten inkubiert.
- Im Anschluß erfolgt eine Zntrifugation und eine Untersuchung auf Hämolyse und Agglutination.
- Die Ergebnisse werden protokolliert.

Standardisierung von Papain und Ficin

Bei Verwendung einer zweistufigen Enzymtechnik müssen die optimale Verdünnung und die Inkubationsbedingungen für jede neue Charge der Stammlösung bestimmt werden. Die Standardisierung wird durch Inkubation von Fy^a- und c-positiven Erythrozyten mit der Papainlösung über einen Zeitbereich von z.B. 5–30 Minuten durchgeführt. Die Inkubationszeit, bei der das Fy^a-Antigen denaturiert ist, wird durch Austesten mit einem potenten anti-Fy^a Serum nachgewiesen, während das c-Antigen eine verstärkte Reaktion im Test mit einem sehr schwachen, verdünnten anti-c Serum ergibt.

Auswertung enzymmodifizierter Erythrozyten

Nachdem die optimalen Inkubationsbedingungen für eine neue Charge der Stammlösungen festgelegt sind, sollten entsprechend behandelte Erythrozyten vorgetestet werden, um nachzuweisen, daß sie in geeigneter, aber nicht exzessiver Weise durch das Enzym modifiziert wurden. Die Behandlung der Zellen ergibt ein zufriedenstellendes Resultat, wenn die Erythrozyten nur in Gegenwart eines Antikörpers agglutinierbar sind, der ausschließlich mit unmodifizierten Zellen eine Antiglobulinreaktion ergibt, und wenn die Zellen nicht durch inertes Serum agglutiniert werden können.

- Es wird ein Antikörper gewählt, der Antigen-positive, enzym-modifizierte Zellen agglutiniert, positive Resultate aber nur im IAT mit unmodifizierten Zellen ergibt. Viele anti-D-Antikörper im Serum von Patienten verhalten sich in dieser Weise.
- 2 Tropfen des Serums mit dem gewählten Antikörper werden in eine als „positiv" markierte Eprouvette getropft.
- 2 Tropfen eines Serums, das keine unerwarteten Antikörper beinhaltet, werden in eine Eprouvette mit der Aufschrift „negativ" gegeben.
- Dann wird in jede Eprouvette 1 Tropfen der $2-5\%$igen Suspension enzymmodifizierter Zellen gegeben und gemischt.
- Es folgt eine 15minütige Inkubation bei 37 °C.
- Die Zellen werden zentrifugiert und durch vorsichtiges Schütteln resuspendiert.
- Es erfolgt eine makroskopische Untersuchung auf Agglutination.

Es sollte sich eine Agglutination ausschließlich in der als „positiv" bezeichneten Eprouvette ergeben. Wenn eine Agglutination auch in der mit „negativ" bezeichneten Eprouvette stattfindet, sind die Zellen überbehandelt. Bei negativem Resultat der Positivkontrolle war die Behandlung inadäquat.

3.2 Lösungen mit niedriger NaCl-Ionen-Konzentration (LISS)

Wird die Agglutinationsreaktion in LISS durchgeführt, kann die für die Erkennung der meisten Antikörper notwendige Inkubationszeit verkürzt werden. Auf diese Weise wird die Aufnahme von Antikörpern und auch der letztlich beobachteten Agglutination verstärkt. LISS-Lösungen können im Labor hergestellt oder als gebrauchsfertige Wasch- oder Zusatzlösungen gekauft werden.

Herstellung von LISS

Reagenzien
- Es empfiehlt sich einen leeren Kochsalzballon mit einer Kapazität von mehr als 10 Litern zu verwenden.
- Es werden 180 g Glycin (Eastman Kodak Company, Rochester, NY) gewogen und eingefüllt,
- 17,55 g NaCl werden hinzugefügt.
- Es werden 10 Liter steriles Wasser dazugegeben und durch Schütteln gemischt.
- Zusatz von 3 g NaN_3 (Sigma Chemical Co., St. Louis, MO),
- Zusatz von 120 ml 0,15 M KH_2PO_4 und 80 ml 0,15 M Na_2HPO_4.

- Die Lösung bleibt bei Raumtemperatur unter zwischenzeitlichem Schütteln für ca. 30 Minuten stehen.
- Der pH-Wert wird unter Verwendung von 1 N NaOH (ungefähr 5,3 ml) auf einen Wert von 6,7 eingestellt.
- Der Na^+-Ionengehalt, der pH-Wert und die Osmolalität sollten gemessen und protokolliert werden. Folgende Sollwerte müssen erreicht werden: $30-36$ mEq Na^+/Liter; pH $6,65-6,75$ und $280-300$ mosmol/kg H_2O.

Diese Messungen sollten periodisch überprüft werden. Im Idealfall wird die spezifische Leitfähigkeit der LISS-Lösung überprüft und in einem Bereich von 3,4 bis 3,9 mS/m liegen. Die LISS-Lösung bewahrt ihre Stabilität bei Lagerung unter Raumtemperatur bis zu einem Jahr.

3.3 Herstellung von Eluaten aus Patientenerythrozyten

Die nachfolgend beschriebene Etherelutionsmethode ist einfach und ergibt im allgemeinen gute Eluate. Sie bedarf allerdings des Gebrauchs einer stark brennbaren Substanz, weshalb häufig die Chloroformelutionstechnik empfohlen wird. Die Landsteiner- und Miller-Hitzeelutionsmethode bedarf keiner speziellen Reagenzien, ergibt allerdings häufig nicht so ergiebige Eluate. Unabhängig von der gewählten Methode muß jedoch die Kochsalzlösung aus dem letzten Waschgang parallel zum Eluat als Kontrolle geprüft werden.

- Das EDTA-behandelte Gesamtblut des Patienten wird bei 37 °C für 10 Minuten inkubiert um eine Dissoziation aller in Frage kommenden Kälteautoantikörper zu erreichen.
- Die zu eluierenden Erythrozyten (vorzugsweise mindestens einige ml roter Blutzellen) werden 4mal in großen Volumina von Kochsalz gewaschen. Ungefähr 1 ml des letzten Kochsalzwaschganges wird für die Kontrolle aufbewahrt.
- Die gewaschenen Erythrozyten werden im doppelten Volumen Ether und im halben Volumen Kochsalzlösung gewaschen und für eine Minute kräftig gemischt.
- Es erfolgt eine $15-30$minütige Inkubation bei 37 °C.
- Anschließend wird eine Zentrifugation von 10 Minuten Dauer bei $900-1000$ g durchgeführt.
- Das Eluat, das sich als roter Niederschlag am Boden des Gefäßes absetzt, wird in eine beschriftete, nicht verschlossene Eprouvette transferiert und bei 37 °C 30 Minuten lang inkubiert, damit überflüssiger Ether verdampft.

Etherelutionsmethode

Eine Volumeneinheit isotoner Kochsalzlösung, Gruppe AB Serum, oder 6%iges Albumin werden zu den gewaschenen roten Blutkörperchen gegeben und gründlich gemischt. Erneut sollte ca. 1 ml der letzten Kochsalzwaschung als Kontrolle aufbewahrt werden. Die Mischung wird $5-10$ Minuten in ein Wasserbad von 56 °C gegeben, wobei wiederholt geschüttelt wird. Anschließend wird die Mischung, solange sie noch heiß ist, rasch zentrifugiert und der kirschrote flüssige Überstand entfernt (entspricht dem Eluat).

Da Antikörper in Kochsalzlösung rasch an Qualität verlieren, bietet die Verwendung von Blutgruppe AB Serum oder 6%igem Albumin gegenüber der Verwendung

Landsteiner- und Miller- Methode

von Kochsalzlösung Vorteile im Elutionsprozeß. Das jeweilige Volumen von Medium in dem die Erythrozyten suspendiert werden, kann in Abhängigkeit von der Stärke des Antiglobulintests variieren. Bei stark positiven Tests sollte eine Menge verwendet werden, die dem einfachen oder doppelten Erythrozytenvolumen entspricht. Bei mäßig starker Reaktionsaktivität sollten äquale Volumina von Erythrozyten und Suspensionsmedium verwendet werden, während bei einem schwachen Antiglobulintest das Suspensionvolumen die Hälfte des Erythrozytenvolumens betragen sollte.

Chloroform-
elutionsmethode

- Die roten Blutkörperchen werden 4mal gewaschen. Wieder wird ungefähr 1 ml des letzten Kochsalzwaschganges als Kontrolle aufbewahrt.
- Zu den gewaschenen Erythrozyten wird ein gleiches Volumen an Lösungsmitteln (Kochsalzlösung, LISS oder 6%iges Rinderserum-Albumin) gegeben.
- Chloroform wird in einem Volumen, das der Gesamtmenge von Erythrozyten und Lösungsmitteln entspricht, beigefügt.
- Die Eprouvette wird verschlossen und kräftig 10 Sekunden lang geschüttelt, und durch wiederholtes auf den Kopf stellen des Gefäßes ungefähr 1 Minute gemischt.
- Die Eprouvette wird 5 Minuten unverschlossen in ein 56 °C Wasserbad gestellt. Es wird mit einem Holzstäbchen kräftig in regelmäßigen Abständen umgerührt. Die Inkubationszeit sollte nicht länger als 5 Minuten sein.
- Zentrifugation bei 1000 g für 5 Minuten.
- Das Eluat entspricht der obersten der entstehenden 3 Schichten.
- Mit einer Pasteurpipette wird das Eluat auf eine frische Eprouvette übertragen, die für weitere Testvorgänge verwendet wird.

Kontrolle: Überprüfung der letzten Kochsalzwaschlösung

Die letzte Kochsalzwaschlösung sollte immer in Parellele zu den Eluaten ausgetestet werden. Dies stellt sicher, ob die Erythrozyten bis zur Serumfreiheit gewaschen wurde und das Eluat daher nur erythrozytensensibilisierende Antikörper beinhaltet und frei von Kontamination durch verdünnte Serumantikörper ist.

- Die Erythrozyten werden 4–6mal unter Verwendung großer Volumina isotoner Kochsalzlösung gewaschen.
- 2 Tropfen der Kochsalzlösung des letzten Waschganges werden in eine 10×75 mm Eprouvette gegeben.
- 2 Tropfen polyspezifisches oder anti-IgG Serum werden hinzugefügt, gemischt und für 30 Sekunden bis zu einer Minute inkubiert.
- 1 Tropfen IgG-beladener Kontrollzellen des Antiglobulintests werden zugegeben.
- Zentrifugation bei 1000 g für 15–20 Sekunden, anschließend Prüfung der Agglutination.
- Bei Agglutinationsstärke 3^+ oder 4^+ wurden die Erythrozyten ausreichend gewaschen und können zur Elution verwendet werden. Bei negativer oder nur schwacher Agglutination benötigen die Erythrozyten zusätzliche Waschungen.

Diese Methode beruht auf der Tatsache, daß anti-IgG des Antiglobulin Reagenz durch bereits 2 µg/ml IgG, das im Überstand verblieben ist, komplett inhibiert werden kann.

3.4 Screening-Untersuchungen für Serumantikörper

Das Serum des Patienten wird auf Erythrozyten getestet, die zur Antikörpererkennung geeignet sind. (Dazu kann entweder eine Probe der Blutgruppe-0-Zellen oder vorzugsweise ein Pool gleicher Mengen kommerziell erhältlicher Zellen I und II verwendet werden.) Die Testzellen werden in isotoner Kochsalzlösung oder LISS suspendiert und sowohl unbehandelt, als auch nach Enzymmodifikation (z. B. Papainbehandlung) vewendet. Bei 20 °C durchgeführte Tests verwenden unbehandelte Erythrozyten und werden im Hinblick auf Lyseaktivität und direkte Agglutination abgelesen. In Tests, die bei 37 °C durchgeführt werden, kommen unbehandelte und enzymvormodifizierte Erythrozyten zum Einsatz, wobei auch der indirekte Antiglobulintest (IAT) durchgeführt wird (Tabelle 3).

- Unbehandelte, gepoolte Erythrozyten, die der Antikörpererkennung dienen sollen, werden in isotoner Kochsalzlösung auf ein 5%iges oder in LISS 2%iges Konzentrat eingestellt.
- Ein vierfaches Volumen von Serum wird zu einer Volumeneinheit der Zellen, die in 5%iger Kochsalzlösung suspendiert sind, gegeben. Werden die Erythrozyten in 2%igem LISS suspendiert, wird das zweifache Volumen von Serum zugegeben.
- Zellen und Serum werden gemischt und bei 20 °C (oder bei Raumtemperatur, sofern diese unter 25 °C liegt) für 30 Minuten inkubiert.
- Die Eprouvette wird bei 1000 g 15 – 20 Sekunden zentrifugiert und im Hinblick auf Lyse und anschließend auf Agglutination makroskopisch untersucht.

Serum Antikörper-Suchtest bei 20 °C

- Unbehandelte und enzymvormodifizierte, gepoolte Erythrozyten, die der Erkennung von Antikörpern dienen sollen, werden in Kochsalzlösung auf eine 5%ige oder mit LISS-Lösung auf eine 2%ige Lösung suspendiert. Bei Verwendung von Kochsalzsuspension sollten zwei Tropfen einer 22%igen oder 30%igen BSA-Lösung, nur den unbehandelten Zellen, beigefügt werden.
- Die Testzellen und das Serum des Patienten werden getrennt für die Dauer von 5 – 10 Minuten auf 37 °C erwärmt und anschließend gemischt.

Serum Antikörper-Suchtest bei 37 °C

Tabelle 3. Antikörper-Suchtests bei immunhämolytischer Anämie

Temperatur[a]	Gepoolte Erythrozyten I und II[b]	
	Unbehandelt	Enzymvorbehandelt
20 °C	Lyse	–
	Agglutination	–
37 °C (Vorwärmen von Serum und Erythrozyten)	Lyse	Lyse
	Agglutination	Agglutination
	IAT (unter der Verwendung von polyspezifischen Reagenzien)	IAT (unter anti-IgG Reagenzien)

[a] 30 Minuten Inkubation.
[b] Gepoolte Erythrozyten I und II sind eine Mischung kommerziell erhältlicher Erythrozyten, die für Suchtets „unerwarteter" Erythrozytenantikörper ausgewählt wurden.

- Das vierfache Volumen des vorgewärmten Patientenserums wird mit einem Volumenteil von Erythrozyten, die in vorgewärmter 5%iger Kochsalzlösung suspendiert sind, gemischt. Alternativ werden zweifache Volumina vorgewärmten Patientenserums mit einer gleichen Volumenmenge vorgewärmter, in LISS-suspendierter Zellen gemischt.
- Zellen und Serum werden gemischt und bei 37 °C 30 Minuten inkubiert.
- Ohne die Eprouvetten vom Inkubator zu entfernen, werden sie mit vorgewärmter (37–40 °C) Kochsalzlösung gefüllt. Anschließend wird zentrifugiert und 3–4mal mit vorgewärmter Kochsalzlösung gewaschen.
- Polyspezifisches Antiglobulinserum wird auf den trockenen Ring unbehandelter Testzellen am Boden der Eprouvette geschichtet. Auf den trockenen Ring enzymvormodifizierter Testzellen wird anti-IgG Antiglobulinserum geschichtet.
- Nach Zentrifugieren von 15–20 Sekunden bei 1000 g werden die Erythrozyten makroskopisch und mikroskopisch auf Agglutination hin abgelesen. Die enzymvormodifizierten Zellen werden ausschließlich makroskopisch auf Agglutination untersucht.

In seltenen Fällen können hochtitrig vorhandene, pathologische Kälteautoantikörper mit einer hohen Temperaturamplitude auch im Rahmen dieser Methode ein positives Resultat ergeben, da die Zentrifugation bei Raumtemperatur durchgeführt wird. Daraus resultieren üblicherweise kurze Intervalle, in denen Reaktionspartner eine Temperatur unter 37 °C erreichen. Solche pathologischen Kälteagglutinine können eine Agglutination und/oder eine Fixation vom Komplement an die Erythrozyten verursachen. Das Problem kann umgangen werden, indem die Zentrifugation bei konstant 37 °C erfolgt. (Dies kann erreicht werden, indem die Zentrifuge in einen Inkubator gestellt wird oder auf 45 °C vorgewärmte Zentrifugenbecher verwendet werden.) Nach Zentrifugation bei 37 °C werden die Proben zuerst im Hinblick auf lytische Aktivität und erst anschließend auf makro- und mikroskopische Agglutination abgelesen (bei Enzymtests wird nur auf makroskopische Agglutination hin untersucht). Sollen im Testansatz IgG-Wärmeantikörper ohne Interferenz mit komplementfixierenden Kälteantikörpern nachgewiesen werden, sollte anstelle eines polyspezifischen Serums ein anti-IgG Antiglobulinserum Anwendung finden.

Untersuchung der Eluate auf Antikörper

- Das Eluat wird zuerst gegen gepoolte Zellen zur Detektion von Antikörpern (I und II), sowohl im unbehandelten Zustand als auch nach einer Enzymvorbehandlung getestet.
- Bleibt das Eluat ohne Reaktion gegen unbehandelte Zellen und ergibt sich ein positives Reaktionsmuster mit enzymvorbehandelten Zellen, muß die weitere Charakterisierung (z. B. die Testung auf Spezifität) unter Verwendung enzymvorbehandelter Zellen erfolgen.
- Reagiert das Eluat weder mit den unbehandelten, noch mit den enzymvorbehandelten Testzellen, so kann es auf die mindestens zweifache Konzentration eingestellt und erneut auf seine Aktivität getestet werden. Auch sollte das Eluat auf mögliche, gegen Medikamente gerichtete Antikörper hin untersucht werden, sofern der Patient unter der Einwirkung von Medikamenten steht, die theoretisch eine Immunhämolyse induzieren können (siehe unten: medikamentös induzierte immunhämolytische Anämie).

3.5 Spezifische Diagnosetests bei autoimmunhämolytischer Anämie

Wärmeantikörper-induzierte autoimmunhämolytische Anämie

Die Resultate von Suchtests bei einem typischen Patienten mit Wärmeantikörper-induzierter autoimmunhämolytischer Anämie und eine Zusammenfassung der Suchtestresultate aus einer Serie von 244 Patienten sind in den Tabellen 4 und 5 dargestellt.

Ergeben die Suchtestresultate den Verdacht auf das Vorliegen einer Wärmeantikörper-induzierten autoimmunhämolytischen Anämie, müssen weitere Tests zur Bestätigung der Diagnose durchgeführt werden [1–3]. Insbesondere muß die Spezifität des Wärmeantikörpers bestimmt werden. Dies geschieht durch Testung mit im Handel erhältlichen Erythrozyten, die mindestens von 10 sorgfältig ausgesuchten Personen stammen. Oft reagiert der Antikörper im Serum und Eluat des Patienten gleichmäßig stark mit allen Erythrozyten des Testpanels und eine Spezifität ist nicht er-

Tabelle 4. Typische Resultate von Suchtests bei Wärmeantikörper-induzierter autoimmunhämolytischer Anämie

	Gepoolte Erythrozyten I und II[a]	
	Unbehandelt	Enzymvorbehandelt
20 °C		
Lyse	0	–
Agglutination	0	–
37 °C		
Lyse	0	1/2 +
Agglutination	0	2 +
IAT	2 +	3 +

[a] Gepoolte Erythrozyten I und II stellen eine Mischung kommerziell erhältlicher Erythrozyten dar, die für Suchtests „unerwarteter" Erythrozytenantikörper ausgewählt wurden.

Tabelle 5. Ergebnisse von Serumuntersuchungen bei 244 Patienten mit Wärmeantikörper-induzierter autoimmunhämolytischer Anämie

Erythrozyten	Inkubations-temperatur	Test	Prozentsatz von Seren, die eine positive Reaktion ergeben
Unbehandelt	20 °C	Lyse	0,4%
		Agglutination	34,8%
	37 °C	Lyse	0,4%
		Agglutination	4,9%
		Indirekter Anti-globulintest	57,4%
Enzymbehandelt	37 °C	Lyse	8,6%
		Agglutination	88,9%

kennbar. In sehr seltenen Fällen zeigen Wärme-Autoantikörper eine gut definierte Spezifität gegen ein Rhesusantigen.

Unter bestimmten Bedingungen kann die Bestimmung der Spezifität sehr komplex sein und nur erfolgen, wenn bestimmte Antigen-deletierte Erythrozyten zur Verfügung stehen, z. B. $-D-$ oder Rh^{null}. Die am häufigsten berichtete Spezifität ist die gegen den Rhesusantigenkomplex gerichtete. Abgesehen von der Spezifität der Antikörper für Antigene aus der Rhesusgruppe existieren Berichte von Wärmeautoantikörper-induzierten hämolytischen Anämien durch Antikörper wie z. B. anti-U, -LW, -I^T, -K, -Kp^b, -K 13, -Ge, -Jk^a, -En^a und Wr^b. Die Bestimmung der Autoantikörperspezifität für so ungewöhnliche Erythrozyten-Antigene ist vorwiegend von akademischem Interesse.

Relative Rhesusspezifität Einige Autoantikörper reagieren mit allen Testerythrozyten, aber mit einem höheren Titer (4fache Verdünnungsdifferenz) gegen Erythrozyten, die ein bestimmtes Rhesusantigen tragen (möglicherweise e oder hr″). Dies wurde als „relative Rhesusspezifität" definiert. Sie kann am besten durch Titration des Antikörpers im Serum oder in Eluaten gegen Erythrozyten der Gruppe $R_1 R_1$ (CDe/CDe), $R_2 R_2$ (cDE/cDE) sowie rr (cde/cde) folgenderweise bestimmt werden:

- Serum oder ein Erythrozyteneluat wird seriell in 2fachen Verdünnungsschritten mit Kochsalz in Stufen von unverdünnt auf 1 : 128 verdünnt (z. B. 0,5 ml Aliquot).
- 2 Tropfen jeder Verdünnungsstufe werden in jeweils 3 Eprouvetten R1, R2 und R3 gegeben, die mit R1, R2 und r bezeichnet sind.
- Ein Tropfen einer $2-5\%$igen Kochsalz- oder LISS-Lösung der Gruppen 0 $R_1 R_1$ (CDe/Cde), $R_2 R_2$ (cDE/cDE) und von rr (cde/cde) Erythrozyten wird zu jeder der jeweiligen Reihen von Eprouvetten getropft.
- Inkubieren bei 37 °C für $15-30$ Minuten.
- 4mal in isotoner Kochsalzlösung waschen.
- Antiglobulinserum in das trockene Präzipitat gewaschener Zellen geben.
- Agglutination ablesen und protokollieren.

! Die Bestimmung der Rhesus-relativen Spezifität des Autoantikörpers kann wichtig sein, wenn der Patient Blutkonserven benötigt. Einige Forscher haben über eine deutlich bessere Überlebenszeit transfundierter Erythrozyten berichtet, denen das relevante Antigen fehlt, im Vergleich zu Erythrozyten, die das Antigen besitzen.

Bei einigen Patienten mit Wärmeantikörper-induzierter autoimmunhämolytischer Anämie findet man den Autoantikörper nicht im Serum, sondern im Eluat. Aus diesem Grunde sollte routinemäßig das Eluat aus den Erythrozyten des Patienten als Teil der diagnostischen Aufarbeitung getestet werden.

Enzym-behandelte Erythrozyten werden in den meisten Transfusionszentren nicht routinemäßig für Kompatibilitätstests verwendet; sie müssen allerdings für einen adäquaten Nachweis und für die Charakterisierung von Autoantikörpern bei Wärmeantikörper-induzierter autoimmunhämolytischer Anämie eingesetzt werden. Dies wird mit der Tatsache begründet, daß sich nur bei 57% der Patienten mit Wärmeantikörper-induzierter autoimmunhämolytischer Anämie ein Antikörper im Serum nachweisen läßt, wenn die Tests bei 37 °C durchgeführt werden und „normale", also nicht enzymbehandelte Erythrozyten verwendet werden. Im Gegensatz dazu erhöht

Tabelle 6. Charakteristische serologische Untersuchungsergebnisse bei erworbenen immunhämolytischen Anämien

Typ	Direkter-Anti-globulintest	Eluat	Test auf Serum-antikörper	Antikörperspezifität
Autoimmun Wärmeantikörper induzierte AIHA (häufigster Typ)	IgG und/oder Komplement (C3)	IgG-Anti-körper	IAT positiv (57%), agglutinierende enzymvorbehandelte Zellen (89%), hämolyseenzymvorbehandelte Zellen (9%)	Üblicherweise innerhalb des Rhesus-Systems; andere Spezifitäten inkludieren LW, U, I^T, K, Kp^b, K13, GE, Jk^a, En^a and Wr^b
Kälteagglutinin-syndrom	Komplement allein (C3)	Negativ	Agglutinationsaktivität bis zu 30 °C in Albumin; hohe Titer bei 4 °C (üblicherweise > 500)	Üblicherweise anti-I; andere Spezifitäten inkludieren i, Pr, Gd und Sd^x
Paroxysmale Kältehämoglobinurie	Komplement allein (C3)	Negativ	Biphasiches Hämolysin (z. B. Sensibilisierung der Erythrozyten in der Kälte u. Hämolyse nach Erwärmung auf 37 °C	Anti-P (reagiert mit allen normalen Erythrozyten außer p- oder p^k-Zellen

sich dieser Anteil nachweisbarer Autoantikörper auf 89% der Patienten, wenn mit AIHA enzymvorbehandelte Zellen benützt werden (Tabelle 5).

Üblicherweise kann auf der Basis der bisher geschilderten serologischen Tests die Diagnose einer Wärmeantikörper-induzierten autoimmunohämolytischen Anämie gesichert werden. Obwohl die zuletzt dargestellten Methoden sehr kompliziert zu sein scheinen, können die charakteristischen Testresultate, die zur Diagnose einer Wärmeantikörper-induzierten AIHA führen, sehr einfach wie folgt zusammengefaßt werden:

Interpretation

- Vorliegen einer erworbenen hämolytischen Anämie,
- ein positiver DAT,
- ein inkompletter Antikörper im Serum und Eluat des Patienten der optimal bei 37 °C reagiert.

Der Antikörper reagiert üblicherweise mit allen normalen Erythrozyten, aber in einigen Fällen kann sehr leicht nachgewiesen werden, daß eine bevorzugte Reaktion mit Antigenen an der Oberfläche der Erythrozyten des Patienten besteht.

Eine Zusammenfassung der Resultate der Patienten mit Wärmeantikörper-induzierter AIHA findet man in Tabelle 6.

Kälteagglutininsyndrom

Ergebnisse von Suchtests bei einem typischen Fall von Kälteagglutininsyndrom und eine Zusammenfassung der Resultate von Suchtests in einer Serie von 57 Patienten sind in den Tabellen 7 und 8 dargestellt.

Table 7. Typische Resultate der Serumuntersuchungen beim Kälteagglutininsyndrom

	Gepoolte Erythrozyten I und II[a]	
	Unbehandelt	Enzymvorbehandelt
20 °C		
Lyse	1 +	–
Agglutination	4 +	–
37 °C		
Lyse	0	0
Agglutination	0	0
IAT	0	0

[a] Gepoolte Erythrozyten I und II sind eine Mischung kommerziell erhältlicher Erythrozyten, die für Suche und Nachweis „unerwarteter" erythrozytärer Antikörper ausgewählt wurden.

Tabelle 8. Resultate von Serumuntersuchungen bei 57 Patienten mit Kälteagglutininsyndrom

Erythrozyten	Temperatur	Test	Prozentsatz von Seren, die eine positive Reaktion ergeben
Unbehandelt	20 °C	Lyse	2,0%
		Agglutination	98%
	37 °C	Lyse	0%
		Agglutination	10,7%
		Indirekter Anti-globulintest	5,4%
Enzymvorbehandelt	37 °C	Lyse	12,2%
		Agglutination	28,6%

Das Vorliegen eines Kälteagglutininsyndroms muß bei allen Patienten mit erworbener hämolytischer Anämie in Betracht gezogen werden, bei denen ein positiver DAT-Test unter Verwendung von anti-C3 einem negativen Testresultat unter Verwendung von anti-IgG gegenüber steht. Als deutlichster Test kann die Agglutination normaler Erythrozyten bei 20 °C angesehen werden, die bei nahezu allen Patienten mit Kälteagglutininsyndrom beobachtet wird (Tabelle 8). Die dargestellten Ergebnisse machen eine nachfolgende Charakterisierung von Titer und thermaler Amplitude des Kälteagglutinins erforderlich. In typischen Fällen wird in Kochsalzlösung bei 4 °C ein Titer von über 500 gefunden, obwohl auch niedrigere Titer das Kälteagglutininsyndrom hervorrufen können, wenn eine hohe Temperaturamplitude vorliegt. Antikörper, die bei einer Temperatur von mindestens 30 °C nicht in der Lage sind, eine Agglutination von in Albumin suspendierten Erythrozyten hervorzurufen, scheinen zur Induktion von chronischen Kälteagglutininsyndromen unfähig zu sein. Der Kälteagglutinintiter und die Temperaturamplitude können wie nachfolgend bestimmt und falls gewünscht, kann auch gleichzeitig die Spezifität des Kälteagglutinins innerhalb des Ii-Blutgruppensystems festgelegt werden.

Eine sehr wichtige Reihe von Doppelverdünnungen des Serums mit 0,9%iger Kochsalzlösung wird mit unverdünntem Serum begonnen und endet mit einer Verdünnungsstufe von 1:2000 oder 1:4000. Für jeden Verdünnungsschritt müssen getrennte Pipetten verwendet werden, um eine Kontamination mit Serum der vorangegangenen Verdünnungsstufe zu vermeiden.

- Ein Tropfen jeder Serumverdünnung wird in 3 Reihen von Eprouvetten von 10–75 mm pipettiert, so daß letztlich 3 identische Proben pro Titrationsstufe vorliegen (wird nur eine Information über die Temperaturamplitude gewünscht, so kann die Untersuchung auf einen Ansatz beschränkt werden). Vorzugsweise sollten 2 Tropfen einer 30%igen Albuminlösung zu jeder Eprouvette hinzugefügt werden, da die Reaktivität einiger Kälteantikörper durch Albumin signifikant erhöht wird.
- Die Eprouvetten werden in einem Wasserbad bei 37 °C so lange gelagert, bis der jeweilige Inhalt 37 °C erreicht hat (z. B. 10 Minuten).
- Anschließend wird ein Tropfen einer 2%igen Suspension von Kochsalz-gewaschenen, auf 37 °C erwärmten Erythrozyten in jede Eprouvette gegeben; normale, reife, gepoolte Gruppe-0-Erythrozyten werden in der ersten Reihe hinzugegeben, normale gepoolte Gruppe-0-Nabelschnur-Erythrozyten werden der 2. Reihe und, wenn erhältlich, die seltenen, i-positiven, reifen Erythrozyten der 3. Reihe von Eprouvetten beigemengt.

Der Inhalt der Eprouvetten wird kurz gemischt und anschließend für 1–2 Stunden inkubiert. Die Agglutination wird makroskopisch abgelesen, wobei die Ablesung unmittelbar nach der Entnahme der Eprouvetten aus dem Wasserbad erfolgen muß, um eine Abkühlung zu verhindern. Die Eprouvetten werden dann bei 30 °C für 60 Minuten inkubiert und die Agglutination wird erneut makroskopisch abgelesen. Anschließend wird der Vorgang bei 20 °C und 4 °C wiederholt. Wird eine Zentrifugationstechnik angewendet, muß sie streng bei der erforderlichen Temperatur (z. B. bei 4 °C) durchgeführt werden.

Das Kälteagglutininsyndrom kann unter folgenden Voraussetzungen diagnostiziert werden:

- Klinische Evidenz für eine erworbene hämolytische Anämie.
- Ein durch Sensibilisierung mit C3 hervorgerufener positiver DAT-Test.
- Ein DAT-Test, der bei Verwendung von anti-IgG Serum-negativ bleibt.
- Der Nachweis eines Kälteagglutinins mit einer Reaktivität bis zumindest 30 °C in Albumin.

Werden diese Kriterien nicht erfüllt, muß eine andere Diagnose in Betracht gezogen werden.

Zur Vermeidung von Fehldiagnosen ist die Bestimmung des Kälteagglutinintiters bei 4 °C und insbesondere die Untersuchung der Temperaturamplitude von entscheidender Bedeutung. Dies begründet sich darin, daß Kälteagglutinine häufig bei Raumtemperatur reagieren und auffällig werden und Schwierigkeiten bei der Durchführung von Kompatibilitätstestungen bereiten. Sind diese Antikörper jedoch nicht bis zur Temperatur von mindestens 30 °C reaktiv, so scheinen sie unfähig zur Induktion des Kälteagglutininsyndroms.

Obwohl die Spezifität des Kälteagglutinins interessant ist, sind solche Informationen weder für die Diagnose noch für die Auswahl des Blutes zur Transfusion wesentlich. Die Spezifität von Antikörpern sowohl bei der idiopathischen Form als auch bei den Varianten, die sekundär bei Mycoplasma pneumonia Infektionen oder Non-Hodgkin-Lymphomen auftreten können, ist üblicherweise auf das I-Antigen bezogen. Andere Antikörper von einem Teil der Patienten mit infektiöser Mononukleose haben eine Anti-i-Spezifität. Selten ist der Antikörper gegen das Pr-(S$_{p1}$) Antigen gerichtet.

Kälteagglutinine sind relativ häufig in der Lage, eine Lyse von enzymbehandelten Erythrozyten hervorzurufen, obwohl dies nicht diagnostisch für das Kälteagglutininsyndrom ist. Vielmehr zeigen Kälteantikörper bei steigender Temperatur abnehmende hämolytische Aktivität. Wird eine stärkere Lyseaktivität bei 37 °C als bei 20 °C oder 30 °C beobachtet, muß der Verdacht auf ein Wärmehämolysin, das als ein separater Antikörper aufgefaßt werden muß, ausgesprochen werden.

Die serologischen Befunde des Kälteagglutininsyndroms im Vergleich mit den Untersuchungsergebnissen anderer Formen von autoimmunhämolytischer Anämien sind in Tabelle 6 zusammengefaßt.

Paroxysmale Kältehämoglobinurie

Die Diagnose oder der Ausschluß einer paroxysmalen Kältehämoglobinurie ist labortechnisch üblicherweise beträchtlich einfacher als die einer Wärmeantikörper-induzierten autoimmunhämolytischen Anämie oder eines Kälteagglutininsyndroms. Die Resultate von Suchtests für Serumantikörper bei der paroxysmalen Kältehämoglobinurie sind üblicherweise negativ, da Donath-Landsteiner-Tests zum Nachweis des verantwortlichen Antikörpers erforderlich sind (s. u.). Der entscheidende Labortest ist der Nachweis der biphasischen Hämolyse, die ursprünglich von Donath und Landsteiner 1904 beschrieben wurde. Die Durchführung dieses Tests ist bei jedem Kind mit einer erworbenen hämolytischen Anämie, bei jedem Patienten mit Hämoglobinurie, bei Patienten mit einer Anamnese einer durch Kälte exacerbierten Hämolyse und bei allen Fällen einer autoimmunhämolytischen Anämie und atypischen serologischen Befunden indiziert.

Donath-Landsteiner-Test

Durchführung   Serum wird von einem Patienten gewonnen, nachdem das Blut bei 37 °C geronnen ist. Neun Volumeneinheiten des Patientenserums werden mit einer Volumeneinheit einer 50%igen gewaschenen Suspension normaler Gruppe-0 (P-positiver) Erythrozyten gemischt. Die Suspension wird auf zerstampftem Eis eine Stunde bei 0 °C abgekühlt und anschließend in ein Wasserbad bei 37 °C gegeben. Nach 30minütiger Inkubation bei 37 °C erfolgt die Zentrifugation der Eprouvette.

Eine mit freiem Auge sichtbare Lyse zeigt einen positiven Test an. In einigen Fällen tritt dies innerhalb einer Minute nach der Aufwärmung ein. Eine zusätzliche Eprouvette mit Patientenserum wird mit einem gleichen Volumen normalen Serums verdünnt und wird dann derselben Prozedur unterworfen. Auf diese Weise wird der Möglichkeit einer Komplementdepletion des Patientenserums in Anschluß an eine hämolytische Attacke begegnet. Eine weitere Eprouvette, die bei konstant 37 °C aufbewahrt wird, sollte als zusätzliche Kontrolle keine Hämolyse zeigen.

Ein negativer Test schließt die Diagnose einer paroxysmalen Kältehämoglobinurie aus, während ein positiver Test im wesentlichen für diese Erkrankung diagnostisch ist. Wird ein positives Resultat im Donath-Landsteiner-Test erhalten, ist die Bestimmung der Spezifität des Autoantikörpers von Interesse. In nahezu allen berichteten Fällen reagiert der Autoantikörper eindeutig klar mit Antigenen der Gruppe P. Erythrozyten, die für eine Bestimmung einer Anti-P-Spezifität erforderlich sind, sind extrem selten anzutreffen. Mit Unterstützung von Referenzlaboratorien können allerdings Spezifitätstest durchgeführt werden. Die Tabelle 6 vergleicht die serologischen Befunde bei paroxysmaler Kältehämoglobinurie mit anderen autoimmunhämolytischen Anämien.

Interpretation

Autoimmunhämolytische Anämie bei negativem direktem Antiglobulintest

Von zahlreichen Forschern wurde über Patienten mit erworbener hämolytischer Anämie und einem negativem DAT-Test berichtet. In einigen Fällen ist die Hämolyse ganz offensichtlich nicht Antikörper-induziert, wie etwa bei hämolytischen Anämien, die durch oxidative Substanzen bei Patienten mit Glucose-5-Phosphat-Dehydrogenase-Defizienz hervorgerufen werden, bei mechanisch bedingten hämolytischen Anämien sowie bei paroxysmaler nächtlicher Hämoglobinurie. Bei anderen Patienten allerdings vermag auch eine exzessive Untersuchung nicht eine immunologische Ätiologie aufzudecken. Darüber hinaus können solche Patienten, ähnlich wie Patienten mit weitaus typischeren serologischen Befunden einer autoimmunhämolytischen Anämie, auf eine Steroidtherapie, eine Splenektomie oder auf beides ansprechen. Bei vielen solcher Patienten können Techniken mit größerer Sensitivität als die bisher beschriebenen Standard-serologischen Methoden Hinweise liefern, die die Hypothese einer autoimmunhämolytischen Anämie unterstützen. In verschiedenen Serien von Patienten mit autoimmunhämolytischen Anämien wird von 2−10% aller Fälle ein negativer DAT berichtet.

Die Ursache für einen negativen DAT mag auf der Antikörperkonzentration beruhen, die unter der Nachweisschwelle für den üblichen Antiglobulintest liegt. In manuell durchgeführten Antiglobulintests werden Erythrozyten, die mit entweder IgG-anti-A oder Anti-R_{h0}(D) beladen sind, unter Verwendung eines potenten Antiglobulinserums im allgemeinen nur schwach agglutiniert, wenn der Antikörperbesatz 100−500 Moleküle pro Zelle beträgt.

Nachweis geringer Mengen von erythrozytären Antikörpern

Einige Laboratoriumsuntersuchungen eignen sich für den Nachweis von niedrigen Konzentrationen von Immunglobulin an der Oberfläche von Erythrozyten. Ein Test verwendet radioaktiv markiertes Staphylokokkus aureus Protein A, das eine Affinität für den Fc-Rezeptor des menschlichen IgG-Moleküls besitzt. Diese Technik kann bis zu 70 Moleküle von Immunglobulin der Klasse IgG pro Erythrozyten nachweisen. Ein ähnlicher Test verwendet radioaktiv markiertes Anti-IgG. Zwei sehr praktische Methoden sind der manuelle Polybrenetest und die Polyäthylenglycol-Methode (PEG).

Manueller Polybrenetest

Diese Technik verwendet das polyvalente Kation Hexadimethrine-Bromide (Polybrene), um die aneinander abstoßenden elektrostatischen Kräfte der Erythrozyten zu überwinden und die Agglutination der Erythrozyten zu erleichtern. Werden Erythrozyten mit IgG sensibilisiert und mit Polybrene behandelt, so werden sie so aneinander gelagert, daß die Antikörpermoleküle eine Antigen-Quervernetzung bewirken können. Dies induziert eine Agglutination, die persistiert, auch wenn das Polybrene mit einem Zitratresuspensionsmedium neutralisiert wird.

Reagenzien

- 10% normales humanes Serum (Einzelspender, nicht transfundiert, männlich; vorzugsweise Gruppe AB) in isotoner Kochsalzlösung verdünnt.
- Medium mit niedriger Ionenkonzentration (LIM: 5%ige Glucose in destilliertem Wasser mit 2 g/l Na$_2$EDTA.
- 0,1% Polybrene, das mit isotoner Kochsalzlösung verdünnt wird (Lagerung in Plastikbehältern).
- Resuspensionslösung: 60 ml 0,2 M Trinatriumzitrat in destilliertem Wasser mit 40 ml 5%iger Glucose.

Alle Reagenzien sind von zeitlich unbegrenzter Stabilität, wenn sie bei 4 °C gelagert werden. Allerdings muß sorgfältig darauf geachtet werden, daß die Reagenzien nicht mit niedrigen Konzentrationen von Immunglobulin kontaminiert werden. Es empfiehlt sich daher, ausreichend Reagenzien für jeden Ansatz zu aliquotieren und alles überschüssige Material zu verwerfen.

Durchführung

Der direkte Test weist niedrige Konzentrationen von Immunglobulin G (IgG) an Erythrozyten nach.

- Alle Reagenzien und Erythrozyten werden vor Gebrauch auf Raumtemperatur erwärmt.
- 0,1 ml eines 10%igen normalen humanen Serums werden in ein 12×75 mm gläsernes Kulturröhrchen gegeben.
- 0,1 ml einer 3%igen Kochsalzsuspension von Patientenerythrozyten werden beigefügt.
- Beimengung von 0,1 ml LIM; die Mischung wird vorsichtig gekippt und 1 Minute bei Raumtemperatur inkubiert.
- Zusatz von 0,1 ml 0,1% Polybrene; vorsichtiges Schütteln und Vor- und Rückwärtskippen zum Vermischen der Probe. Danach läßt man das Röhrchen 15 Minuten stehen.
- Zentrifugation der Probe für 10 Sekunden bei 1000 g.
- Der Überstand wird vorsichtig komplett abgegossen.
- Lockerung des Zellaggregates indem mit dem Boden des Röhrchens vorsichtig auf die Arbeitsoberfläche geklopft wird, wobei sorgfältig die Adhärenz von Zellen an der Gefäßwand vermieden werden muß.
- Zusatz von 0,1 ml der Resuspensionslösung.
- Unter vorsichtigem 3—4maligem Vor- und Rückwärtsbewegen wird sanft geschüttelt.
- Ein großer Tropfen dieser Lösung wird direkt auf einen reinen Objektträger aufgebracht, indem die Eprouvette in einem leichten Winkel über den Objektträger geneigt wird. Dabei muß mit großer Sorgfalt eine Berührung von gläsernem Objektträger und Eprouvette vermieden werden. Überschüssiges Material wird in die Eprouvette zurückgegossen, danach wird am dünnen Rand des Tropfens mikroskopisch auf Agglutination untersucht.

Für die Durchführung eines indirekten Polybrene-Tests zum Nachweis niedriger Konzentrationen von Antikörpern im Patientenserum werden 0,1 ml des Patientenserums anstelle des 10%igen normalen humanen Serums und normale Erythrozyten anstelle von Patientenerythrozyten verwendet.

Ein kommerzieller Objektträger und ein „schnell anti-D Reagenz" werden serienmäßig in 10%igen normalen Humanseren von 1:5000 auf 1:80000 verdünnt. Diese Verdünnungen werden unter Verwendung des indirekten Polybrene-Tests mit Erythrozyten der Gruppe R_2R_2 (cDE/cDE) und rr (cde/cde) ausgetestet. Die höchste Verdünnung, die ein klar positives Resultat mit den R_2R_2-Erythrozyten und ein negatives Ergebnis mit den rr-Zellen ergibt, wird als diejenige Konzentration ausgewählt, die mit Positiv- (R_2R_2) und Negativ-(rr)Kontrollen sowohl im direkten, als auch im indirekten Polybrene-Test untersucht wird. Üblicherweise liegt diese Verdünnung im Bereich von 1:20000 oder 1:40000, aber sie wird in Abhängigkeit von der Potenz des anti-D-Serums variieren. Es bewährt sich, die Negativ- vor der Positivkontrolle abzulesen, da diese als Grenzwert für die Beurteilung eines schwach positiven Resultates hinzugezogen wird.

Kontrollen

Um ein verläßliches Resultat des Polybrene-Tests zu erzielen, sollten die nachfolgenden Empfehlungen eingehalten werden:

!

- Alle Reagenzien und Erythrozyten müssen vor Verwendung Raumtemperatur besitzen.
- 10%iges normales Humanserum (oder Patientenserum, wenn der indirekte Polybrene-Test verwendet wird) muß vor Beimengung der Erythrozyten in die Eprouvette gegeben werden.
- LIM wird im direkten Test lediglich verwendet, um eine standardisierte Technik sowohl für den direkten als auch für den indirekten Polybrene-Test zu haben. Bei der indirekten Methode allerdings ist die Verwendung von LIM von besonders großer Bedeutung, da es zu einer erhöhten Aufnahme von IgG-Antikörpern an die Oberfläche der Testerythrozyten führt.
- Nach Zusatz von 0,1% Polybrene und anschließendem Zentrifugieren müssen die Eprouvetten nicht sofort weiterverarbeitet werden. Es können daher viele Testansätze bis zu diesem Punkt vorbereitet werden, bevor weitergearbeitet wird.
- Der Zusatz von Resuspensionslösung sollte aber jeweils auf zwei Testansätze beschränkt bleiben.
- Es ist wichtig die Eprouvetten individuell unmittelbar nach der Beimengung vom Resuspensionsmedium abzulesen. Die Resuspension mit Medium erfordert ein vorsichtiges Vor- und Zurückschwenken.
- Der Tropfen auf dem Glasobjektträger hilft, verbliebene Polybrene-Aggregate zu lösen. Dieser Schritt ist in allen Tests vor der Ablesung erforderlich. Letzteres erfolgt an den dünnen Rändern des Tropfens unter Verwendung eines Mikroskopes.

Polyäthylen-Glycol (PEG) Technik

- Polyäthylen-Glycol (PEG), 20% wt/vol: 20 g PEG (MW 3350) wird mit PBS pH 7,3, auf 100 ml Volumen gebracht.
- Eine 5%ige Suspension von Erythrozyten (I und II), die dem Nachweis von Antikörpern dienen.
- Testserum.

Reagenzien

Durchführung
- 2 Tropfen Testserum, 4 Tropfen PEG und 1 Tropfen von Erythrozyten werden in einem geeignet beschrifteten, 10×75 mm Teströhrchen gemischt.
- Es erfolgt eine Inkubation bei 37 °C für 15 Minuten.
- Die Erythrozyten werden 4mal mit Kochsalzlösung gewaschen. Der restliche Waschüberstand wird komplett verworfen.
- Ein oder zwei Tropfen von anti-IgG Serum werden beigemengt.
- Zentrifugation bei 100 g für 15 Sekunden.
- Makroskopische Untersuchung der Erythrozyten; die Resultate werden nach den definierten Stadien beurteilt und protokolliert.
- Immunglobulin-beladene Erythrozyten werden zu allen negativen Testansätzen gegeben, wobei die beiden letzten Schritte wiederholt werden.

Interpretation
Wenn erworbene hämolytische Anämien mit einem negativen DAT untersucht werden, sollten zunächst nicht-immunologische Ursachen für die Hämolyse in Betracht gezogen werden. Wenn eine solche Diagnose nicht erstellt werden kann, dann muß besonderer Wert auf praktisch serologische Methoden gelegt werden, die empfindlicher als die Routinemethoden sind. Oft können erythrozytäre Autoantikörper im Serum oder erythrozytären Eluaten des Patienten einfach durch Verwendung von enzymvorbehandelten Erythrozyten nachgewiesen werden. Insbesondere können Erythrozyteneluate positiv werden, wenn das Eluat 2–5mal vor der Verwendung konzentriert wird. Methoden, die Jod-125-*Staphylococcus aureus* Protein oder Jod-125-anti-Immunglobulin G zum Nachweis von IgG an der Oberfläche der Erythrozyten verwenden, sind deutlich empfindlicher als der DAT, eignen sich aber für die meisten Routinelaboratorien nicht. Aus diesem Grunde sind der manuelle Polybrene-Test oder die PEG-Technik wahrscheinlich die geeignetsten der zur Verfügung stehenden Verfahren. Bei Verwendung dieser Tests können häufig überzeugende Hinweise auf das Vorliegen von erythrozytären Antikörpern bei Patienten mit erworbenen hämolytischen Anämien gefunden werden, bei denen der DAT negativ blieb und bei denen nicht-immunologische Genesen nicht nachgewiesen werden können. Bei solchen Patienten sollte die Diagnose einer Wärmeantikörper-induzierten autoimmunhämolytischen Anämie gestellt werden und sie sollten entsprechend behandelt werden.

Kombinierte kälte- und wärmeautoimmunhämolytische Anämie

Patienten mit autoimmunhämolytischer Anämie und einem positiven direkten Antiglobulintest, die in Parallele die diagnostischen Kriterien für eine Wärmeantikörper-induzierte autoimmunhämolytische Anämie und ein Kälteagglutininsyndrom erfüllen, scheinen einer speziellen Kategorie von autoimmunhämolytischen Anämien zuzuordnen zu sein. In einer Untersuchung von 144 Patienten mit autoimmunhämolytischer Anämie und einem positiven direkten Antiglobulintest erfüllten 12 (8,3%) die diagnostischen Kriterien sowohl für eine Wärmeantikörper-induzierte autoimmunhämolytische Anämie als auch für ein Kälteagglutininsyndrom. Alle 12 Patienten hatten einen positiven DAT bei Verwendung von sowohl anti-IgG, als auch anti-C3d. Ihre Seren enthielten einen IgG Wärmeautoantikörper, ebenso ein IgM Kälteagglutinin, das optimal bei 4 °C reagierte, aber eine thermische Amplitude bis 37 °C hatte. Die Erythrozyteneluate enthielten IgG Wärmeautoantikörper. Alle 12 Patienten präsentierten sich mit einer schweren hämolytischen Anämie, die dramatisch auf eine

Steroidtherapie ansprach (Hämoglobinanstieg von 6,3 auf 12,9 g/dl). 5 Patienten litten an einem systemischen Lupus erythematodes (SLE), 1 Patient hatte ein Non-Hodgkin-Lymphom, 6 Patienten waren an einer idiopathischen autoimmunhämolytischen Anämie erkrankt. Bei 4 Patienten bestand in Parallele eine Thrombozytopenie (Evans-Syndrom).

Aus diesen Gründen stellt die Kombination von Kälte- und Wärmeantikörper-induzierter autoimmunhämolytischer Anämie eine einzigartige Kategorie der autoimmunhämolytischen Anämie dar und sie scheint eine wesentliche Sparte von Patienten mit autoimmunhämolytischer Anämie zu umfassen. Die Erkrankung scheint gut auf eine initiale Behandlung mit Corticosteroiden anzusprechen, jedoch können Rückfälle und ein chronischer klinischer Verlauf folgen.

3.6 Medikamentös induzierte immunhämolytische Anämien

Medikamentös induzierte immunhämolytische Anämien können in einigen Serien bis zu 12−24% aller erworbenen Formen immunhämolytischer Anämien ausmachen. Es ist oft schwierig, eine medikamentös induzierte hämolytische Anämie zu diagnostizieren oder mit Sicherheit auszuschließen. Dies liegt daran, daß eine zeitliche Beziehung zwischen der Medikamentenapplikation und der Hämolyse nicht maßgeblich ist, Patienten häufig verschiedene Medikamente einnehmen und andere mögliche Ursachen einer Anämie vorliegen können, besonders da Labortests für die meisten Medikamenten-bezogenen Antikörper nicht standardisiert sind. Tatsächlich bleiben die Laboratoriumsuntersuchungen auf Medikamenten-bezogene Antikörper in einem frustrierend hohen Prozentsatz von Fällen, in denen ein starker klinischer Verdacht vorliegt, negativ.

Klinische und Laborkonstellationen

Medikamente, die eine immunhämolytische Anämie hervorrufen können, können aufgrund der vorgeschlagenen Mechanismen, über die sie zu einer Entwicklung von erythrozytären Antikörpern führen, sowie aufgrund der klinischen und laborchemischen Parameter kategorisiert werden [4] (Tabelle 9).

Es scheint eine Tatsache zu sein, daß eine einfache Chemikalie (z. B. ein gut definiertes organisches Molekül mit einem Molekulargewicht unter 500 bis 1000) eine Immunantwort unter der Voraussetzung induzieren kann, daß es entweder selbst oder einer seiner Metaboliten zuvor ein Konjugat mit einem Trägermolekül, möglicherweise einem Protein, gebildet hat.

Ein möglicher Mechanismus (Hapten-Hypothese) beruht darauf, daß das Antigen aus einer Vereinigung aus Medikament und Erythrozyt gebildet wird, dabei das Medikament als ein Hapten funktioniert und auf diese Weise den Erythrozyten derart modifiziert, daß der Komplex aus Erythrozyt und Medikament zu einem Neoantigen wird. Da die meisten Medikamente nur sehr lose an die Oberfläche roter Blutkörperchen gebunden sind und es daher nur sehr unwahrscheinlich ist, daß sie als Hapten fungieren können, besagt eine alternative Hypothese (Immunkomplexhypothese), daß die medikamentös induzierten Immunzytopenien auf der Bildung von hochaffinen Antikörpern gegen einen stabilen Komplex von Medikamenten mit eini-

Tabelle 9. Medikamentös induzierte immunhämolytische Anämien; eine Korrelation klinischer und Laboratoriumsbefunde mit vorgeschlagenen Mechanismen

Medikamenten-Prototyp	Klinischer Befund	Nachweis medikamentös induzierter Antikörper	Vorgeschlagener Mechanismus
Stibophen, Chinin, Chinidin	Akute intravasculäre Hämolyse	Serum + Medikament + Erythrozyten	Hapten/Immunkomplex
Penicilline, Chepalosporine	Subakute extravaskuläre Hämolyse	Serum + Medikamentenbeladene Erythrozyten	Medikamentenabsorption
Methyldopa, Procainamid	Wärmeantikörper autoimmunhämolytische Anämie	Serum + normale Erythrozyten	Veränderte Erythrozytenantigene, Verändertes Immunsystem

gen löslichen Makromolekülen beruhen. Gemäß dieser Hypothese reagieren die medikamentös induzierten Antikörper mit größter Wahrscheinlichkeit zunächst mit dem Medikament. Anschließend werden Medikament und Antikörper unspezifisch durch die Zellen absorbiert.

Einige Medikamente (z. B. Penicillin) binden sehr fest an die Erythrozytenmembran, so daß Antikörper mit der absorbierten Substanz reagieren können. Dieser Mechanismus wird als Medikamentenabsorptionsmechanismus bezeichnet, da er der passiven Agglutination analog ist.

Darüber hinaus führen eine Reihe von Medikamenten, wie alpha-Methyldopa und Procainamid zur Entwicklung von Antikörpern, die nicht mit dem Medikament oder einem bekannten Metaboliten, sondern mit intrinsischen erythrozytären Antigenen reagieren. Die Antikörper ähneln denen der Wärmeantikörper-induzierten AIHA; diese Fälle sind daher Beispiele von medikamentös induzierter AIHA. Da die Laboratoriumsbefunde so auffallend verschieden von anderen Fällen medikamentös induzierter Immunhämolysen sind, dürfte der Mechanismus, der diesen hämolytischen Anämien zugrunde liegt, von den zuvor beschriebenen differieren.

Eine vereinheitlichende Hypothese postuliert [4, 5] daß alle medikamentös induzierten erythrozytären Antikörper aus der Interaktion des Medikamentes mit der Erythrozytenmembran resultieren und daß daraus eine Veränderung der Membranproteine folgt, selbst wenn diese Bindung sehr locker ist. Die entstehenden Antikörper haben sehr stark variierende Charakteristika und können gegen Medikamenten-Zellkomplexe, gegen (minimal veränderte) erythrozytäre Antigene alleine (Autoantikörper) oder gegen beide bei ein- und demselben Patienten gerichtet sein.

Prinzipien der Laboratoriumsdiagnose [6]

Medikamente, die in vitro nur sehr lose an die Erythrozytenmembran gebunden sind und die über den Immunkomplex/Haptenmechanismus reagieren (Tabelle 9), führen zur Entwicklung eines „Medikamentenabhängigen Antikörpers". Dieser kann nur entdeckt werden, indem eine Lösung des Medikamentes zum Patientenserum gegeben wird, Erythrozyten der Inkubationslösung beigemengt und auf Agglutination überprüft werden, sowie eine Sensibilisierung gegenüber Antiglobulinserum oder Lyse nachgewiesen wird. Solche Medikamente rufen häufig schwere hämolytische Anämien mit Manifestationen einer akuten intravaskulären Hämolyse, einer Hämoglobinämie und einer Hämoglobinurie hervor. Niereninsuffizienz ist eine häufige Folge. Die Tabelle 10 gibt eine Übersicht über solche Medikamente.

Table 10. Medikamente, die lose an die Erythrozytenmembran gebunden werden

Medikament	intravaskuläre Hämolyse[a]	Nieren-insuffizienz[a]
Acetaminophen	×	
Aminopyrin	×	
p-Aminosalicyl-Säure (PAS)	×	×
Antazolin	×	×
Butizid	×	×
Carbimazol[b]	×	
Cefotaxim[b]	×	
Ceftriaxon	×	
Chlorpromazin	×	×
Chlorpropamid	×	
Cianidanol	×	×
Dipyron[b]	×	×
Fluorouracil	×	
Hydralazin		
Hydrochlorothiazid[e]	×	×
9-Hydroxy-Methyl-Ellipticimium	×	×
Insulin[b]		
Isoniazid[b]	×	
Melphalan		
Methotrexat		
Nalidixin-Säure	×	×
Nomifensin[d]	×	×
Phenacetin[c]	×	×
Probenecid		
Chinidin[b]		
Chinin	×	
Rifampicin	×	×
Stibophen	×	×
Streptomycin[b,d]		
Sulphonamide	×	×
Teniposid (VM-26)[d]	×	×
Tolmetin[d]	×	×
Triamteren[b]	×	×
Zomax (Natrium-Zomepirac)		

[a] Ein × zeigt an, daß bei zumindest einer Gelegenheit das Auftreten einer intravaskulären Hämolyse oder einer Niereninsuffizienz berichtet wurde.
[b] Bindungen an die Erythrozyten und Hämolyse können zumindest zum Teil durch eine Medikamentenadsorption hervorgerufen werden.
[c] Die Reduktion der Hämolyse über einen Medikamentenadsorptionsmechanismus ist möglich und kann mit der Entwicklung einer autoimmunhämolytischen Anämie assoziiert sein.
[d] Kann die Entwicklung von erythrozytären Autoantikörpern hervorrufen.
[e] Intravaskulär Hämolyse und Niereninsuffizienz traten nur mit einer Überdosierung des Medikamentes auf.

Tabelle 11. Medikamente, die stark an die Erythrozytenmembran binden und die Hämolyse über einen Medikamentenadorptionsmechanismus hervorrufen

Penicilline	Cefomandol
Cephalothin	Tolbutamid
Cephaloridin	Erythromycin
Cephalexin	Cisplatin
Cefazolin	Tetracyclin

Tabelle 12. Medikamente, von denen eine Induzierung autoimmunhämolytischer Anämien berichtet wurde

Methyldopa	Nomifensin[a]
Levodopa	Nichtsteroide entzündungshemmende
Procainamid	Medikamente (Mefenamin-Säure, Diclofenac,
Chlorpromazin	Asapropazon)[b]

[a] Antikörper sind häufiger Medikamentenabhängig (Immunkomplex/Haptenmechanismus).
[b] Andere nicht-steroidale entzündungshemmende Medikamente (Ibuprofen, Naproxen, Tolmetin, Feprazon und Fenoprofen) haben, wie berichtet, Immunhämolysen hervorgerufen, obwohl der Mechanismus unklar ist.

Liegt eine feste Bindung vom Medikament an den Erythrozyten vor, kann sich die optimale Methode zum Nachweis eines Medikamenten-abhängigen Antikörpers im Labor auf die Anwendung Medikamenten-beladener Erythrozyten stützen. Prototypen dieser Medikamente sind Penicilline und Cephalosporine. Weitere Medikamente finden sich in Tabelle 11. Klinisch ist diese Hämolyse überlicherweise, aber nicht immer, weniger abrupt am Beginn und weniger heftig, wobei vor allem Zeichen der intravaskulären Hämolyse fehlen.

Letztlich sind die Antikörper bei Patienten mit medikamentös induzierter autoimmunhämolytischer Anämie (Tabelle 12) ähnlich jenen, die bei den Wärmeantikörperinduzierten AIHA gefunden werden [7]. Die Beimengung des Medikamentes zum in vitro System hemmt weder, noch erhöht sie die Reaktionsstärke. Demgemäß muß die Diagnose einer medikamentös induzierten, autoimmunhämolytischen Anämie klinisch gestellt werden. Die diagnostische Sicherheit wird erhöht, wenn die Hämolyse nach Absetzen des Medikamentes sistiert. Der Nachweis der Ätiologie einer medikamentös induzierten immunhämolytischen Anämie kann nur durch neuerliche Verabreichung des Medikamentes erfolgen, was klinisch allerdings nur sehr selten indiziert ist.

Die Diagnose einer medikamentös induzierten autoimmunhämolytischen Anämie

- Die serologischen Untersuchungsergebnisse sind von denen der idiopathischen Wärmeantikörper-induzierten autoimmunhämolytischen Anämie nicht unterscheidbar.
- Ein positiver DAT wird bei ca. 15% der Patienten, die alpha-Methyldopa erhalten, beobachtet (die Berichte variieren zwischen 10 und 36%), obwohl eine autoimmunhämolytische Anämie bei weniger als 1% der Patienten vorkommt.

- Der positive DAT beruht auf einer Sensibilisierung mit IgG.
- Der DAT wird üblicherweise nach einer 3–6monatigen Behandlung mit Methyldopa manifest positiv.
- Der positive direkte Antiglobulintest wird nach der Beendigung der Medikamenteneinnahme graduell im Verlauf eines Monats bis zu 2 Jahren negativ. Dabei bessern sich allerdings die klinischen und hämatologischen Befunde sehr viel rascher, üblicherweise innerhalb von 1–3 Wochen.

Nachweis von Antikörpern unter Verwendung Medikamenten-beladener Erythrozyten

Es werden Standardkochsalzagglutinations- und IAT-Test zur Verfügung gestellt, in denen die Medikamenten-beladenen Erythrozyten des Patientenserums und Eluate in folgender Weise verwendet werden:

- Das Eluat und das Patientenserum sollten gegen normale Gruppe-0-Zellen mit und ohne Vorbehandlung mit dem entsprechenden Medikament getestet werden. Üblicherweise werden serielle Verdünnungen des Patientenserums getestet.
- Zwei Volumeneinheiten von Eluat oder Serumverdünnungen sollten in Kochsalz mit 1 Volumenanteil einer 2%igen Lösung Medikamenten-vorbehandelter und unbehandelter Gruppe-0-Zellen inkubiert werden.
- Es folgt eine Inkubation bei Raumtemperatur für 15 Minuten, Zentrifugation und eine Untersuchung auf Agglutination.
- Die Eprouvetten werden 30 Minuten lang bei 37 °C bewegt, anschließend zentrifugiert und erneut auf Agglutination untersucht.
- Die Zellen werden 4mal in Kochsalzlösung gewaschen.
- Antiglobulinserum wird dem Präzipitat gewaschener Zellen beigefügt, erneutes Zentrifugieren und Untersuchung auf Agglutination.

Wenn IATs zum Nachweis von Cephalotin- oder Cephaloridin-Antikörpern verwendet werden, muß daran erinnert werden, daß Erythrozyten, die mit diesen Medikamenten behandelt wurden, Proteine auf nicht-immunologische Weise absorbieren können. Es können daher normale Seren ein positives Resultat im IAT bei Verwendung von Medikamenten-behandelten Erythrozyten ergeben. Diese Reaktion tritt meist nicht mehr auf, sobald das normale Serum stärker als 1:20 verdünnt wird. Die Menge an Proteinen, die im Erythrozyteneluat vorhanden ist, scheint nicht ausreichend zu sein, um unspezifische Resultate zu liefern. Daher weist ein positives Ergebnis üblicherweise auf die Anwesenheit von Antikörpern gegen Cephalosporin oder auf einen kreuzreagierenden Antikörper gegen Penicillin hin.

Die Kopplung von Cephalotin an Erythrozyten bei saurem pH (Beschreibung s. u.) schließt eine nicht-immunologischen Proteinabsorption nahezu völlig aus.

Ebenfalls können einige β-Lactam-Antibiotica bei Verwendung einer pH-Kopplungstechnik nicht effizient an Erythrozyten gebunden werden, weshalb sich die Quervernetzungsmethode zur Kopplung dieser Medikamente an die Erythrozyten als effizienter erweisen kann.

Herstellung Penicillin-sensibilisierter Zellen

<table>
<tr><td>pH-Kopp-
lungstechnik</td><td>

- Vorzugsweise frische Gruppe-0-Zellen werden 3mal in Kochsalzlösung gewaschen.
- Es wird ein Natriumbarbitalpuffer hergestellt, 0,1 M (20,5 g/Liter). Es erfolgt eine Adjustierung auf pH 9,6 mit 0,1 normaler HCl.
- Zusatz von 10^6 U (ungefähr 600 mg) von Natriumbenzylpenicillin G, das in 15 ml Barbitalpuffer, pH 9,6 gelöst ist, zu 1 ml gepackter gewaschener Erythrozyten.
- 1 Stunde Inkubation bei Raumtemperatur unter vorsichtigem Mischen.
- Die Zellen werden 3mal in Kochsalz gewaschen.

</td></tr>
</table>

! Während der Inkubation kann eine leichte Lyse auftreten und sich ein kleines Gerinnsel an Erythrozyten bilden, das mit Stäbchen vor dem Waschen der Zellen entfernt werden kann. Nach erfolgter Präparation können diese Zellen in Citratdextrose bei 4 °C eine Woche lang aufbewahrt werden, sie verlieren aber während dieser Zeit langsam an Qualität.

Obwohl Penicillin-beladene Erythrozyten unter Verwendung isotoner Kochsalzlösung hergestellt werden können, kann eine maximale Bindung von Penicillin an die Erythrozytenmembran nur erreicht werden, wenn eine alkalische Lösung mit einem pH von ungefähr 9,6 verwendet wird. Wenn das spezielle Penicillin, das untersucht wird, eine Phenylacetamidseitenkette hat (z. B. Ampicillin), kann die pH-Kopplungsmethode nicht effektiv wirksam werden.

<table>
<tr><td>Quervernet-
zungstechnik</td><td>

- 700 mg des geeigneten Penicillins werden in 30 ml einer 0,01 M Phosphat-gepufferten Kochsalzlösung (PBS), pH 7,3 gelöst. Der pH-Wert wird auf ca. 7,0 eingestellt.
- 1 ml einer 50%igen Kochsalzlösung humaner Erythrozyten wird beigefügt und diese Mischung bei $0-4$ °C auf Eis gestellt.
- 1-Ethyl-3 (3-Dimethyl-Aminopropyl) Carbodiimid (ECDI) wird von kommerziellen Stellen bezogen und muß trocken bei -20 °C aufbewahrt werden (Zusatz eines Dissicans). Es erfolgt ein Zusatz von 5 ml einer 50 mg/dl Lösung von ECDI in PBS, pH 7,3, das jeweils frisch hergestellt werden muß.
- Inkubation in Kälte für 50 Minuten.
- Die Erythrozyten werden in kaltes PBS, pH 7,3 mit 2%igem K_2EDTA gegossen und anschließend 3mal in PBS mit 2%igem K_2EDTA, pH 7,3, gewaschen.
- Suspension der Erythrozyten in isotoner Kochsalzlösung für die Austestung.

</td></tr>
</table>

! Tritt eine kräftige Lyse auf, sollte die Konzentration des verwendeten Penicillins solange verdünnt werden, bis eine minimale Lyse beobachtet wird. Hat das entsprechende, zu untersuchende Penicillin eine zusätzliche Carboxylgruppe als einen Teil der Seitenkette (z. B. Carbenicillin) oder eine Aminogruppe, die in alpha-Position für den Phenylrest der Seitenkette steht (z. B. Amoxicillin), kann ECDI auch diese Gruppen mit der Erythrozytenmembran quervernetzen. Dies kann eine Konformationsänderung des Penicillins hervorrufen, die die Seitenkette in einer Position bringt, in der sie mit der Antikörperbindung interferieren kann.

Herstellung von Cephalosporin-beladenen Erythrozyten

- 400 mg einer geeigneten Cephalosporinlösung werden in 10 ml einer mit 0,01 M Natriumbarbitural-gepufferten Kochsalzlösung aufgelöst. Einstellung des pH-Wertes auf 8,5.
- Dreimaliges Waschen der Gruppe-0-Erythrozyten (vorzugweise frisch) in Kochsalz.
- 1 ml gewaschene, gepackte Erythrozyten werden zur Cephalosporinlösung gegeben und gemischt.
- Es erfolgt eine zweistündige Inkubation bei 37 °C bei häufigem Mischen.
- Die Erythrozyten werden 3 – 4mal in isotoner Kochsalzlösung gewaschen. Tritt eine starke Lyse auf, so wird die Konzentration des Cephalosporins solange reduziert, bis eine minimale Lyse beobachtbar wird. Einmal hergestellt, können die Zellen in Alsever-Lösung bei 4 °C bis zu 2 Wochen aufbewahrt werden. Wird Moxalactam verwendet, sollten 200 mg Cephalosporin im Schritt 1 der oben erwähnten Technik verwendet werden. Wenn das speziell zu untersuchende Cephalosporin eine Phenylacetamid-Seitenkette hat (z. B. Cephalexin), ist es möglich, daß die pH-Kopplungsmethode nicht effektiv tauglich ist.

pH-Kopplungs-technik

- 200 mg des geeigneten Cephalosporins werden in 30 ml einer 0,01 M Phosphat-gepufferten Kochsalzlösung (PBS), pH 7,3 gelöst. Die Einstellung des pH-Wertes erfolgt bei ca. 7,0.
- 1 ml einer 50%igen Lösung von humanen Erythrozyten wird beigegeben. Die Mischung wird bei 0 – 4 °C auf Eis gestellt.
- 1-Ethyl-3 (3-Dimethyl-Aminopropyl) Carbodiimid (ECDI) wird von kommerziellen Stellen bezogen und muß in trockener Form noch bei minus 20 °C aufbewahrt werden. 5 ml einer 50 mg/ml Lösung von ECDI in PBS, pH = 7,3 werden beigemengt (eine jeweils frische Herstellung ist erforderlich).
- Inkubation in Kälte für 50 Minuten.
- Die Erythrozyten werden in kaltes PBS, pH = 7,3 mit 2%igem K_2EDTA gegossen und dann 3mal unter Verwendung dieses Puffers gewaschen.
- Die Erythrozyten werden in isotoner Kochsalzlösung für die Austestung resuspendiert.

Quervernetzungs-technik

Wenn das speziell zu untersuchende Cephalosporin eine zusätzliche Carboxyl-Gruppe als Teil der Seitenkettenstruktur hat (z. B. Moxalactam) oder eine freie Aminogruppe in der Seitenkette (z. B. Cephradin, Cephaloglycin, Cefotaxim), dann kann ECDI auch diese Gruppen an die Erythrozytenmembran quervernetzen. Dieses Quervernetzen kann eine Konformationsänderung des Cephalosporins zur Folge haben, die das Molekül erneut in eine Position bringt, die mit dem Antikörper interferiert.

Kopplung von Cephalotin an Erythrozyten bei saurem pH

- 300 mg Cephalotin werden in 10 ml einer 0,01 M PBS-Lösung, pH 6,0 gelöst. Der pH-Wert wird überprüft und, falls nötig, auf 6,0 eingestellt.
- Gruppe-0-Erythrozyten (vorzugsweise frisch) werden 3mal in Kochsalzlösung gewaschen.
- 1 ml gewaschene, gepackte Erythrozyten werden der Cephalotinlösung beigefügt und gemischt.

- Inkubation für 1 Stunde bei 37 °C unter häufigem Mischen.
- Die Erythrozyten werden 3–4mal in isotoner Kochsalzlösung gewaschen.

! Wenn eine deutliche Lyse auftritt, muß der pH-Wert erneut überprüft werden. (Er könnte unter 6,0 sein!) Einmal hergestellt, können die Zellen in Alsever-Lösung bei 4 °C bis zu einer Woche aufbewahrt werden. Durch diese Methode kann Cephalotin an Erythrozyten gebunden werden, während eine nicht-immunologische Proteinbindung durch diese Cephalotin-beladenen Zellen nahezu ausgeschlossen wird.

**Nachweis von Medikamentenantikörpern,
die über einen Immunkomplexmechanismus reagieren**

Generelle Methoden

- Eine gesättigte Lösung des verdächtigen Medikamentes in 0,01 M Phosphat-gepuffertem Kochsalz (PBS), pH 7,0 bis 7,4, wird hergestellt. Die Tabletten werden unter Verwendung von Mörser und Stössel zerstampft. Es erfolgt eine Inkubation bei 37 °C bis das Medikament genügend aufgelöst ist. Heftiges Schütteln unterstützt das Auflösen des Medikamentes. Vorsicht: Die Löslichkeit des Medikamentes muß vor den weiteren Reaktionsschritten überprüft werden. Einige Medikamente (z. B. Chlorpropamid) sind bei einem pH-Wert von 7,3 unlöslich; andere (z. B. Prednison) sind in wäßrigen Medien nicht löslich und diese Methode kann daher nicht angewendet werden. Andere Techniken, die von den Herstellern zu erfahren sind oder aus entsprechenden Veröffentlichungen hervorgehen, können erforderlich sein, um notwendige Mengen des Medikamentes in Lösung zu bringen (siehe auch unten: Technik für Lösung von Medikamenten, die in wäßrigen Medien nur geringgradig löslich oder unlöslich sind).

- Dem Zentrifugieren folgt die Sicherstellung des klaren Überstandes. Viele Medikamente, vor allem vom Apotheker hergestellte (pharmazeutische Präparationen), beinhaltet bestimmte inerte Füllmaterialien, die sich nicht vollständig lösen. Auch wenn das Medikament nur geringgradig in wäßrigen Medien löslich zu sein scheint, kann der Überstand genug Substanz für die Testung beinhalten.
- Der pH-Wert der Medikamentenlösung muß überprüft werden und falls nötig auf ca. 7,0 eingestellt werden. Erneut kann der endgültige pH-Wert von der Löslichkeit der Substanz abhängen.
- Serienmäßige Verdopplungen von Verdünnungen der Medikamentenlösung werden hergestellt. Es folgt die Austestung auf unspezifische Hämolyse gegen eine 5%ige Lösung von Gruppe-0-Erythrozyten in Kochsalzsuspension, indem jede Verdünnungsstufe bei 37 °C für 1 Stunde lang inkubiert wird. Tritt Hämolyse auf, wird die niedrigste Verdünnungsstufe, bei der keine sichtbare Hämolyse mehr auftritt, gewählt. Diese Verdünnung wird nun in weiteren Schritten verwendet.
- Zwei Serien von Eprouvetten werden mit folgenden Kombinationen hergestellt:
  - Patientenserum und Medikamentenlösung
  - Patientenserum und PBS
  - Patientenserum und normales Serum (als Quelle von Komplement) sowie Medikamentenlösung
  - Patientenserum und normales Serum sowie PBS
  - Medikamentenlösung und normales Serum
  Üblicherweise erhalten diese Eprouvetten 2–4 Volumina jeder Mixtur.

- Zu jeder Reihe von Eprouvetten wird ein Volumen einer 5%igen Kochsalzsuspension normaler Gruppe-0-Erythrozyten beigemengt. Der zweiten Reihe wird eine Volumeneinheit einer 5%igen Kochsalzsuspension von enzymvorbehandelten Gruppe-0-Erythrozyten beigefügt.
- Eine Inkubation beider Reihen erfolgt bei 37 °C für 1 – 2 Stunden, wobei in zeitlichen Abständen gemischt wird.
- Zentrifugation und Untersuchung auf Hämolyse und Agglutination.
- Es sollen 4 Waschungen der Erythrozyten und der Zusatz von Antiglobulinserum auf das Präzipitat der gewaschenen Erythrozyten, Zentrifugation, Beobachtung der Agglutination und Protokollierung der Resultate folgen.

Interpretation und Kommentar

Ein positives Resultat in einer Eprouvette, der das Medikament zugefügt wurde, und ein negatives Resultat im entsprechenden Kontrollansatz (Eprouvetten in denen PBS anstelle des Medikaments und solche in denen kein Patientenserum verwendet wurde) lassen die Anwesenheit eines gegen das Medikament gerichteten Antikörpers vermuten.

Die Methoden zum Nachweis medikamentös induzierter immunhämolytischer Anämien aufgrund von Immunkomplexmechanismen sind hoch variabel. Neben der Verwendung der Methoden, die in diesem Kapitel beschrieben sind, kann es hilfreich sein, einen methodischen Überblick zum Nachweis von Antikörpern gegen spezifische Medikamente zu konsultieren. Prinzipiell sollte das Patientenserum und das Erythrozyteneluat gegen normale unbehandelte und enzymbehandelte Erythrozyten in Gegenwart des verdächtigen Medikamentes getestet werden.

Die Sensitivität des in vitro-Nachweises von Antikörpern gegen Medikamente kann erhöht werden, wenn Erythrozyten verwendet werden, die mit proteolytischen Enzymen vorbehandelt wurden (z. B. Papain oder Ficin). Auch die Verwendung von LISS zur Suspension von Medikamenten-beladenen Erythrozyten kann zum Nachweis Medikamenten-induzierter Antikörper niedrigen Titers oder geringer Avidität hilfreich sein.

Wie in den Tabellen 10 und 12 gezeigt, können einige Medikamente gleichzeitig über mehr als einen Pathomechanismus bei einem einzigen Patienten reagieren oder bei verschiedenen Patienten mit verschiedenen Mechanismen Aktivität erlangen.

Methode zur Lösung von Medikamenten, die in wäßrigen Medien nur gering oder unlöslich sind

- 30 mg des Medikamentes werden mit 1 ml Aceton gemischt.
- Inkubation bei Raumtemperatur für 30 Minuten unter häufiger Agitation.
- 5 ml 0,15 N NaOH werden dem Aceton-behandelten Medikament beigefügt und unter ständigem Rühren bei geringer Erhitzung gelöst.
- Die Medikamentenmixtur wird mit 5 ml 0,15 N HCl-Lösung neutralisiert (pH-Wert-Überprüfung und, falls notwendig, Einstellen auf Neutralität.
- Inkubation bei Raumtemperatur für 60 Minuten.
- Zentrifugation bei 1700 g für 20 Minuten und Entfernen des löslichen Überstandes.
- Wenn die Überstandslösung eine Lyse der Testzellen hervorruft, sollte der Überstand 1:2 mit isotoner Kochsalzlösung verdünnt werden, bevor die Austestung mit Erythrozyten stattfindet.

Blutgruppenantigene als spezifische Rezeptoren für Medikamenten-abhängige Antikörper [8, 9]

Eine Anzahl von besonders interessanten und lehrreichen Fällen wurde berichtet, in denen Medikamenten-abhängige Antikörper nur mit Erythrozyten bestimmter Blutgruppen reagierten.

Bei einigen Fällen traten Medikamenten-abhängige Antikörper und Medikamenten-induzierte Autoantikörper mit ähnlicher Blutgruppenspezifität simultan auf, was die Vermutung nahelegt, daß die Immunogenität des Medikamentes von seiner Interaktion mit dem Blutgruppenantigen der Erythrozytenmembran stammte. Diese Ergebnisse unterstützen die Auffassung, daß auch eine lose Bindung von Medikamenten an Zelloberflächen zu Antigenen führen kann, die als Hapten eine Sensibilisierung gegen einen Zell-Medikamenten-Komplex und/oder gegen diese Zellen alleine verursachen.

Die Erythrozytenantigene, mit denen, wie berichtet, Medikamenten-induzierte Antikörper reagieren, sind alle üblichen Erythrozyten-Antigene (M, D, Jk^a, e, „häufige" Antigene). Die Verwendung von Erythrozyten der herkömmlichen Blutgruppen als Detektorzellen zum Nachweis Medikamenten-induzierter Antikörper ist daher geeignet. Jedoch die Bestimmung der Blutgruppenspezifität von Medikamenten-induzierten Antikörpern von Interesse und es ist wesentlich, sich der Tatsache bewußt zu sein, daß die Spezifität eines Antikörpers für intrinsische Erythrozytenantigene nicht ausschließt, daß die Induktion des Antikörpers durch ein Medikament erfolgte.

Die Rolle von Medikamentenmetaboliten

Zahlreiche Forscher haben darauf hingewiesen, daß eher Medikamentenmetabolite als die Muttersubstanz selbst für die Induktion einer Medikamenten-abhängigen immunohämolytischen Anämie verantwortlich sind (Nomifensin, Butizid, Cianidanol, Amphotericin B and Diclofenac). Dies kann auch für die Cotrimoxazol-, Acetaminophin-, Trimethoprim-Sulfamethoxazol- oder Paracetamol-induzierte Immunthrombopenie und bei der Immunneutropenie als Resultat von Metamizol und Diclofenac Gültigkeit haben. Die Verwendung von „ex vivo Antigenen" ist daher von Bedeutung bei der serologischen Testung von Patienten mit Medikamenten-abhängigen Immunhämolysen [10].

Ex vivo Antigenpräparation zum Nachweis von Medikamenten-abhängigen Antikörpern

Ex vivo Antigene werden hergestellt, indem frische Serumproben (als Quelle von Medikament und Komplement) von Freiwilligen vor und 1 – 6 Stunden nach der Einnahme von therapeutischen Dosen des zu untersuchenden Medikamentes verwendet werden. Als Alternative kann der Harn einige Stunden nach der Medikamenteneinnahme gewonnen werden. Der optimale Zeitpunkt der Urinsammlung bei Einnahme des Medikamentes kann variieren und es empfiehlt sich vorzugsweise eine Batterie von frühen und späten Harn- und Plasmaproben anzulegen, um falsch-negative Resultate aufgrund von ungewöhnlichem Medikamentenmetabolismus und Ausscheidung zu vermeiden. Beispielsweise sind Metaboliten-spezifische Amphotericin-B-abhängige Antikörper nur nachweisbar, wenn Plasma verwendet wird, das mehr als 4 Stunden nach der Amphotericin-B-Injektion gewonnen wurde, nicht aber wenn frühes Plasma oder früher Urin verwendet werden.

Plasma und Urin werden als Antigen in serologischen Tests, wie zuvor beschrieben, zum Nachweis von Medikamenten-abhängigen Antikörpern, die über Immunkomplexmechanismen reagieren, verwendet.

Literatur

1. Petz LD, Garratty G (1980) Acquired immune hemolytic anemias. New York, Churchill Livingstone
2. Petz LD (1992) Autoimmune and drug-induced immune hemolytic anemia. In: Rose NR, de Macario EC, Fahey HL, Friedman H, Penn GM (eds) Manual of Clinical Laboratory Immunology. Fourth edition, American Society for Microbiology, Washington, DC 325–343
3. Petz LD, Branch DR (1983) Serological tests for the diagnosis of immune hemolytic anemias. In: McMillan R (ed) Methods in hematology: immune cytopenias. Churchill Livingstone, New York 9–48
4. Petz LD (1989) Drug-Induced Immune Hemolytic Anemia. In: Nance SJ (ed) Immune destruction of red blood cells. American Association of Blood Banks, Arlington, VA, 53–57
5. Mueller-Eckhardt C, Salama A (1990) Drug-Induced immune cytopenias: a unifying pathogenetic concept with special emphasis on the role of drug metabolites. Trans Med Rev 4:69–77
6. Petz LD, Branch DR (1985) Drug-induced immune hemolytic anemia. In: Chaplin H (ed) Methods in hematology: immune hemolytic anemias cytopenias. Churchill Livingstone, New York 47–94
7. Petz LD (1993) Drug-induced autoimmune hemolytic anemia. Transfusion Medicine Reviews. In press
8. Habibi B (1985) Drug-induced red blood cell autoantibodies codeveloped with drug specific antibodies causing heameolytic anaemias. Br J Haematol 61:139–143
9. Salama A, Mueller-Eckhardt C (1986) Rh blood group-specific antibodies in immune hemolytic anemia induced by nomifensine. Blood 68:1285–1288
10. Salama A, Mueller-Eckhardt C, Kissel K, Pralle H, Seeger W (1984) Ex vivo antigen preparation for the serological detection of drug-dependent antibodies in immune haemolytic anemias. Br J Haematol 58:525–531

M. Herold

1 Biologische Bedeutung von monoklonalen Immunglobulinen

Immunglobuline sind Syntheseprodukte vom B-Lymphozyten und den sich aus diesen Zellen differenzierenden Plasmazellen. Nach antigenem Reiz können eine Zelle und deren direkte Abkömmlinge, die zusammen als Klon bezeichnet werden, nur Immunglobuline derselben Klasse und des selben Typs bilden, die sowohl chemisch als auch funktionell einheitliche Moleküle darstellen. Durch die große Zahl von Antigenen und Epitopen, die bei verschiedenen Erkrankungen und Infektionen vorliegen, werden entsprechend viele Zellklone zur Immunglobulinproduktion induziert. Die unterschiedlichen Immunglobuline aus der Vielzahl der Plasmazellklone werden nach elektrophoretischer Auftrennung der Eiweißmoleküle als relativ breite Bande (breitbasige Gammaglobuline) erkennbar und als polyklonale Immunglobuline bezeichnet. Resultiert hingegen nach elektrophoretischer Auftrennung eine Proteinanhäufung an einer Stelle in Form einer schmalen Bande, so wird diese als Anhäufung chemisch identer Moleküle bewertet und als Produkt eines einzelnen Zellklons interpretiert. Man spricht daher von monoklonalen Immunoglobulinen. Synonym verwendete Begriffe sind M-Gradient und M-Protein, wobei der Buchstabe M für monoklonal (Waldenström 1948) oder für Myelom (Riva 1957) steht. Ein M-Protein ist das Produkt eines abnorm vermehrten einzelnen Klons von B-Lymphozyten oder Plasmazellen. Unter der Annahme, daß diese auffallenden, scharfen Banden in der Serum-Eiweißelektrophorese einem durch einen malignen Prozeß veränderten Gammaglobulin entsprechen, wurde ursprünglich der Begriff Paraprotein geprägt.

Immunglobulinmoleküle sind Glucoproteine, deren Proteinanteil aus vier Polypeptidketten besteht, die über Disulfidbrücken miteinander verbunden sind. Diese Peptidketten sind zwei sogenannte schwere Ketten (Schwerketten oder H-Ketten; H steht für das englische Wort heavy) und zwei leichte Ketten (Leichtketten oder L-Ketten; L steht für das englische Wort light). Sowohl die H- als auch die L-Ketten können in ihrer Primärstruktur in eine Region mit konstanter und eine zweite Region mit variabler Aminosäuresequenz eingeteilt werden. Die konstanten Regionen sind beim gleichen Proteinkettentyp in allen Immunglobulinen ident. Die variablen Regionen der H- und der L-Ketten bilden chemisch gesehen das N-terminale Ende der Proteinketten und funktionell gesehen den antigenbindenden Teil des Immunglobulinmoleküls. Die Zuordnung eines Moleküls zu einer bestimmten Immunglobulin-Klasse erfolgt durch die H-Kette. Die fünf Klassen von Immunglobulinen (IgG, IgA, IgM, IgD, IgE) sind durch die schweren Ketten charakterisiert, die nach dem Buchstaben des griechischen Alphabets als gamma (γ), alpha (α), my (μ), delta (δ) und epsilon (ε) bezeichnet werden. Der Typ des Immunglobulinmoleküls wird durch die Leicht-

Tabelle 1. Formen der M-Proteine und damit zusammenhängende Plasmazell-Neoplasien

Krankheit	M-Protein	H-Kette	L-Kette	andere Bezeichnungen
Plasmozytom	IgGκ oder IgGλ	γ	κ oder λ	multiples Myelom
Plasmozytom	IgAκ oder IgAλ	α	κ oder λ	multiples Myelom
Plasmozytom	IgMκ oder IgMλ	μ	κ oder λ	multiples Myelom
Plasmozytom	IgDκ oder IgDλ	δ	κ oder λ	multiples Myelom
Plasmozytom	IgEκ oder IgEλ	ε	κ oder λ	multiples Myelom
Plasmozytom	κ oder λ	fehlt	κ oder λ	mikromolekulares Myelom
Mb. Waldenström	IgMκ oder IgMλ	μ	κ oder λ	Makroglobulinämie
γ-Schwerkettenkrankheit	IgG	γ	fehlt	Franklin'sche Krankheit
α-Schwerkettenkrankheit	IgA	α	fehlt	Seligmann'sche Krankheit
μ-Schwerkettenkrankheit	IgM	μ	fehlt	

ketten charakterisiert und als kappa (κ) oder lambda (λ) beschrieben. Im menschlichen Serum ist das Massenverhältnis von Kappa- zu Lambdaketten ungefähr wie zwei zu eins.

Ein monoklonales Immunglobulin kann somit nach Klasse und Typ zugeordnet werden (Tabelle 1). Die genaue Typisierung eines M-Gradienten ist von mehrfacher Bedeutung. Zum einen wird ein Artefakt auf der Elektrophoresefolie, der zu Fehlschlüssen führen würde, ausgeschlossen. Zum zweiten können durch den Typ des M-Gradienten und seine Assoziation zu bestimmten Erkrankungen Verdachtsdiagnosen bestätigt werden.

Der Nachweis eines monoklonalen Immunglobulins ist für die Diagnose der zugrundeliegenden Erkrankung von entscheidender Bedeutung. M-Proteine werden obligatorisch bei allen Formen von Plasmazellneoplasien gefunden. Nichtsezernierende Myelome sind selten und kommen in weniger als 1% der Plasmazellneoplasien vor (Ludwig 1989).

Aus der Serumkonzentration des M-Proteins kann die Masse der M-Protein produzierenden Tumorzellen abgeschätzt werden. Für IgG-sezernierende Myelome wurden aus der Paraproteinkonzentration eine Tumorlast zwischen 0.5×10^{12} Zellen im frühen, asymptomatischen Stadium bis zu 5×10^{12} Zellen oder noch mehr bei Patienten im fortgeschrittenen Stadium mit ausgedehnten Knochendestruktionen errechnet (Salmon und Smith 1970, Salmon and Wampler 1977, Durie et al. 1981). Die Serumkonzentration des M-Proteins als Maß für die Myelomzellzahl ist Teil der klinischen Stadieneinteilung für multiple Myelome, die 1975 von Durie und Salmon beschrieben wurde. Obwohl die Tumorzellzahl aus der Menge des vorliegenden Paraproteins errechnet werden kann, läßt die Paraproteinkonzentration zum Zeitpunkt der Diagnosestellung keine eindeutige Aussage bezüglich der Prognose zu (Gassmann et al. 1984).

Für Patienten mit Plasmozytom scheint der Typ des Paraproteins von ungewisser prognostischer Bedeutung zu sein. Patienten mit IgG- und IgA-sezernierenden Plasmozytomen zeigten in etwa identische Überlebenskurven, während Patienten mit Bence-Jones-Plasmozytom und mit IgD-Plasmozytom eine deutlich schlechtere Prognose aufwiesen (Gassmann et al. 1984).

M-Gradienten treten auch obligatorisch bei Patienten mit B-Zell Non-Hodgkin Lymphomen auf, falls die Lymphozyten einen Reifheitsgrad erreicht haben, an dem sie zur aktiven Immunglobulinsynthese fähig sind.

Neben den primär malignen Erkrankungen können M-Gradienten auch Ausdruck einer sekundären klonalen Vermehrung von B-Lymphozyten sein. Man findet monoklonale Proteine als paraneoplastisches Syndrom vor allem bei Karzinomen. Es ist denkbar, daß das Paraprotein Ausdruck einer gesteigerten Antikörperproduktion gegen Antigene des Malignoms darstellen und als solches möglicherweise Teil eines körpereigenen Abwehrmechanismus darstellen (Osterland 1989). Weiters treten M-Gradienten bei chronisch entzündlichen Erkrankungen wie zum Beispiel bei Autoimmunerkrankungen, Leberzirrhose, Sarkoidose oder parasitären Infektionen auf. Eine vorübergehende Paraproteinämie wird gelegentlich auch im Verlauf eines infektiösen Prozesses, im Stadium nach Immunisation, während spezieller medikamentöser Therapie oder in der Erholungsphase nach Knochenmarktransplantation gesehen und stellt die klonale Vermehrung von relevanten, spezifisch antikörperproduzierenden Zellen dar.

Relativ häufig werden im Serum von gesunden Personen M-Gradienten gefunden, die über Jahre unverändert bleiben und zu keinem Zeitpunkt mit einer Erkrankung in Zusammenhang gebracht werden können. Es wurde dafür der Begriff benigne Paraproteinämie oder monoklonale Gammopathie unbekannter Signifikanz (MGUS) geprägt (Kyle 1978).

Als orientierende Untersuchung für das Vorliegen eines monoklonalen Proteins im Serum hat sich die Serumproteinelektrophorese auf Zelluloseacetatfolie (CAF) bewährt. In der CAF-Elektrophorese wird ein M-Gradient ab einer Konzentration von 1 bis 2 g/l sichtbar. Für das richtige Erkennen einer vermutlichen monoklonalen Bande ist es von entscheidender Bedeutung, daß die Elektrophoresefolie direkt beurteilt wird. In der Aufzeichnung der densitometrischen Messung, dem Elektrophorogramm, ist die Sensitivität geringer und die Spezifität schlechter, da Artefakte auf der Folie kaum bewertet werden können. Das Fehlen einer schmalbasigen Bande schließt das Vorliegen eines M-Gradienten aber nicht mit Sicherheit aus. Ein M-Gradient bleibt in der Routineelektrophorese unerkannt, wenn seine Konzentration unter der Nachweisgrenze liegt oder wenn die Bande in einer der elektrophoretischen Hauptbanden verborgen ist.

Die Bestätigung einer monoklonalen Immunglobulinvermehrung erfolgt durch eine Immunpräzipitationsmethode nach elektrophoretischer Auftrennung. Der Analysengang besteht aus zwei zeitlich aufeinanderfolgenden Vorgängen. Zuerst wird die Probe elektrophoretisch aufgetrennt, anschließend werden die Immunglobuline durch Reaktion mit spezifischen Antikörpern im Gel präzipitiert. Nach Auswaschen der nichtgefällten Proteine werden die präzipitierten Immunglobuline gefärbt und sichtbar gemacht. In der Immunelektrophorese ebenso wie in der Immunfixationselektrophorese zeigen die Immunpräzipitate von monoklonalen Immunglobulinen charakteristische Muster, aus denen der Schluß für das Vorliegen eines monoklonalen Immunglobulins gezogen wird.

Für die genaue Typisierung werden monospezifische Antiseren verwendet. Das sind Antiseren, die jeweils nur Antikörper gegen ein bestimmtes Protein oder Anteile dieses Proteins enthalten. Kommerziell erhältliche Antiseren sind üblicherweise im Bezug auf ihre deklarierte Monospezifität verläßlich. Die Ausbildung eines Immunpräzipitats hängt von mehreren Faktoren ab. Neben dem Molekulargewicht, das als Maß für die Molekülgröße in Relation zur Diffusionsgeschwindigkeit steht, sind die Konzentrationsverhältnisse der beiden Reaktanten zueinander von entscheidender Bedeutung. Die Ausbildung eines Immunpräzipitates setzt voraus, daß die beiden Reaktionspartner in annähernd äquivalenten Mengen zueinander vorhanden sind. Falls einer der beiden Reaktionspartner im Überschuß vorliegt (Antigen- oder Antikörperüberschuß), wird die Präzipitation des Antigen-Komplexes verhindert (sogenanntes „Auslöschungsphänomen"). Für die Ausbildung von Immunpräzipitaten spielen auch die Interaktionen zwischen den Proteinen und dem Trägermedium eine Rolle.

Die Stärke und die Beständigkeit einer Antigen-Antikörper-Bindung hängen mit der unterschiedlichen Affinität und Avidität zwischen Antigen und Antikörper zusammen. Mit Affinität bezeichnet man die Bindungsstärke eines Antikörpers mit einem einzigen Epitop. Unter Avidität versteht man die Bindungsstärke eines Antikörpers mit der Gesamtheit der Antigendeterminanten am Antigenmolekül. Die Avidität resultiert aus mehreren ineinandergreifenden Faktoren, vor allem aus der Heterogenität der Antikörper gegen eine einzelne Determinate eines Antigenmoleküls und der Multispezifität der meisten Antigenmoleküle. Innerhalb eines Antigen-Einzelmoleküls besitzen Determinaten mit unterschiedlicher Aminosäuresequenz eine bestimmte Spezifität. Da die Protein-Wechselwirkungen reversibel sind, wird die gesamte Bindungsstärke wesentlich erhöht, wenn innerhalb einer Bindungsregion die Bindungsstellen verschiedener Spezifität vorhanden sind. Dies wird zu einem „Bonuseffekt", indem die Gesamtbindung stärker ist als die Summe der einzelnen Bindungen (Roitt 1980).

Kommerziell erhältliche Antisera sind üblicherweise auf den Nachweis von normalen Immunglobulinverhältnissen abgestimmt. Beim Nachweis und vor allem bei der quantitativen Bestimmung von monoklonalen Proteinen können zum Teil stärkere Diskrepanzen auftreten. Im Antikörpergemisch eines Antiserums, das gegen alle schweren Ketten einer Immunglobulinklasse, also gegen polyklonale Immunglobuline, geeignet sein soll, sind kaum genügend Antikörper gegen ein individuelles monoklonales Protein vorhanden. Durch den relativen Antigenüberschuß kommt es zu einer verminderten Präzipitation oder im Falle einer quantitativen Bestimmung zu einem abgeschwächten Meßsignal. Es liegt nahe, daß man die mangelnde Antiköperkonzentration durch entsprechende Antigenverdünnung zu korrigieren versucht. Dadurch kann man zwar die Konzentrationsverhältnisse korrigieren, nicht jedoch die Avidität. Daraus erklären sich die gelegentlich beobachteten Diskrepanzen zwischen Ergebnissen, die mit verschiedenen Methoden oder bei gleicher Methode mit unterschiedlichen Antikörperchargen gefunden werden. Für die quantitative Bestimmung eines M-Gradienten sowohl bei der Erstdiagnose als auch bei der Verlaufsbeobachtung ist die normale Serum-Eiweißelektrophorese auf CAF eine relativ zuverlässige Methode, da die Proteine nach elektrophoretischer Auftrennung unabhängig von Antikörperbindungen im nativen Zustand mit Farbstoffen zu Reaktionen gebracht und damit direkt sichtbar gemacht werden.

2 Nachweis von M-Gradienten in Serum und Harn

2.1 Probenvorbereitung

M-Gradienten werden im Serum, Harn und Liquor nachgewiesen. Im Harn und im Liquor liegen die Serumkonzentrationen häufig unter der Nachweisgrenze, so daß die Probe vor der Analyse konzentriert werden muß. Für den Nachweis von Paraproteinen im Harn sollte der erste Morgenharn verwendet werden, der üblicherweise relativ konzentriert ist und dadurch mit verhältnismäßig hohen Proteinkonzentrationen vorliegt. Für die Blutabnahme zur Gewinnung von Serum sind keine speziellen Maßnahmen erforderlich außer beim Verdacht auf Vorliegen von Kryoglobulinen. Dann ist darauf zu achten, daß das Blut bis zum Abheben des Serums immer auf Körpertemperatur gehalten wird. Das Serum benötigt üblicherweise keine besonderen Vorbereitungsschritte und wird nativ oder in leicht verdünnter Form eingesetzt.

Immunglobuline sind stabile Moleküle. Bei der Probengewinnung sind keine speziellen Schutzmaßnahmen wie z. B. die Zugabe von Konservierungsmitteln oder Proteinasehemmern erforderlich. Die Proben sind im Kühlschrank bei 4 °C mehrere Tage, im gefrorenen Zustand bei − 20 °C über Jahre stabil. Mehrmaliges Auftauen einer Probe hat unserer Erfahrung nach keinen Einfluß auf den Nachweis eines Paraproteins.

Gelegentlich ist eine Anreicherung des monoklonalen Proteins erwünscht, die zum Teil mit sehr einfachen Mitteln erzielt werden kann.   **Anreicherung**

- Mehrmalige Probenauftragung. Durch zwei- bis dreimaliges Auftragen der Probe auf das Gel kann mitunter die notwendige Eiweißkonzentration erreicht werden. Nach dem Auftragen wird das relativ rasche Eindiffundieren der Probe in das Gel abgewartet und die Probe nochmals an der gleichen Stelle aufgetragen. Allerdings kann die diskontinuierliche Probendiffusion unter Umständen zur Ausbildung von Doppellinien führen.
- Zentrifugieren der auftauenden Probe. Eine einfache Anreicherung von Proteinen im Serum auf das drei- bis vierfache gelingt durch Einfrieren des Serums in aufrechtstehenden Zentrifugenröhrchen und anschließendem scharfen Zentrifugieren während des Auftauens. Es entsteht dadurch ein Eiweißgradient mit stärkster Eiweißkonzentration im unteren Drittel der Flüssigkeitssäule.
- Diffusion durch Membranen mit definierter Porengröße. Für die Eindickung von Harn und Liquor haben sich die Einwegartikel Minicon B 15 für Harn und Minicon CF 15 für Liquor bewährt. Es handelt sich dabei um einfache Kunststoffbehälter, die durch eine senkrecht montierte Membran in zwei getrennte Räume geteilt werden. Der vor der Membran liegende Raum läuft nach unten spitz zu und faßt mit einer Füllung 5 ml Harn oder 2 ml Liquor. Hinter der Membran liegt ein Saugpolster, das die Flüssigkeitsmenge von maximal 3 Füllungen aufnehmen kann. Die Membran hat eine Porengröße, die ein Molekulargewicht bis zu 5 kD (Kilodalton) durchläßt. Kleinere Moleküle durchdringen mit der wäßrigen Phase die Membran, während die größeren Moleküle wie z. B. das Bence-Jones-Protein mit einem Molekulargewicht von 22 kD vor der Membran angereichert werden. Harn wird bei einer einmaligen Beschickung ungefähr auf 100 : 1, bei zweimaliger

Beschickung auf 200:1 eingeengt. Das im verjüngten Ende des Reservoirs verbleibende Konzentrat wird mit einer Kapillare entnommen und der weiteren Verarbeitung zugeführt. Für die Einengung von kleineren Serummengen (circa 400 µl) steht ein ähnliches Produkt als Minicon A mit unterschiedlichen Membrandurchlässigkeiten zwischen 25 und 125 kD zur Verfügung.

● Filtration durch Membranen mit definierter Porengröße. Für größere Probenvolumina oder für die simultane Verarbeitung von mehreren Proben wird die Diffusion der Flüssigkeit durch die Membran mit bekannter Porengröße entweder mit Stickstoffüberdruck oder durch Erzeugung eines Unterdrucks mit Hilfe einer Saugpumpe beschleunigt.

2.2 Proteinelektrophorese

Proteine sind amphotere Verbindungen, die sowohl basische als auch saure Gruppen enthalten. Durch Vorgabe einer bestimmten, mit dem pH-Wert leicht überprüfbaren Wasserstoffionenkonzentration, kann der Ladungszustand eines Proteins beeinflußt werden.

Prinzip Bei niedrigem pH-Wert, der einer hohen Protonenkonzentration entspricht, werden die H^+-Ionen an die basischen Gruppen angelagert und damit die Moleküle überwiegend positiv geladen. Bei hohem pH-Wert, der eine niedrige Protonenkonzentration anzeigt, überwiegen hingegen die negativen Ladungen. Da unterschiedliche Proteine im intramolekularen Verhältnis der sauren zu den basischen Gruppen variieren, unterscheiden sich diese Moleküle auch im Ladungsgehalt bei einem bestimmten pH-Wert.

Methode Die elektrophoretische Trennung der Serumproteine erfolgt üblicherweise auf CAF bei einem pH-Wert von 8.6. Das Serum (ca. 1 – 3 µl) wird mit einem Auftragestempel auf die Folie aufgebracht. Anschließend wird die Folie in eine Elektrophoresekammer so eingelegt, daß die beiden Enden mit der Pufferlösung von pH 8.6 in Kontakt stehen. Nach Anlegen einer Gleichspannung wandern die Proteine entsprechend

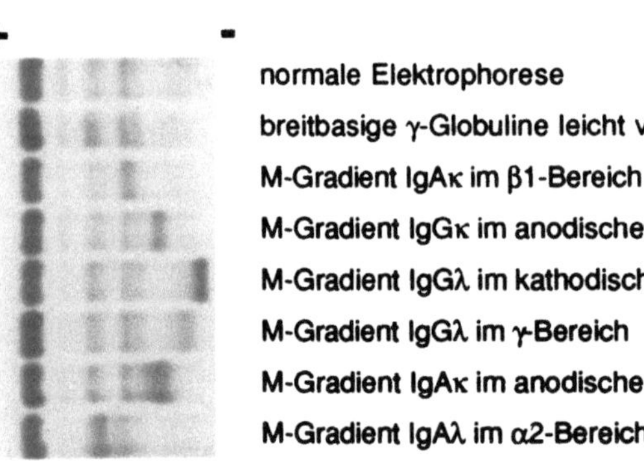

Abb. 1. Serumproteinelektrophorese auf CAF von Normalserum und Sera mit verschiedenen Paraproteinen

ihrer Ladung im elektrischen Feld. Die Wanderungsgeschwindigkeit hängt im wesentlichen von der Ladung und der Größe der Moleküle ab. Die CAF-Elektrophorese führt zu einer bandenförmigen Auftrennung der Serumproteine in 5 Fraktionen. Die aufgetrennten Proteine werden anschließend mit proteinspezifischen Farbstoffen angefärbt. Nach Auswaschen des unspezifisch absorbierten Farbstoffs werden die Folien in entsprechende Lösungen getaucht bis sie klar und durchsichtig werden. Neben der rein visuellen Beurteilung der Folien (Abb. 1), durch die Atypien am sichersten erkannt werden, erfolgt zusätzlich für die quantitative Bestimmung der einzelnen Banden eine fotometrische Auswertung und die grafische Darstellung der densitometrischen Auswertung für die Dokumentation.

2.3 Immunelektrophorese

Die Immunelektrophorese (IE) kombiniert die Proteinelektrophorese mit einer Immunpräzipitationsreaktion. Als Trägermaterial werden Agar-Gele eingesetzt. Nach elektrophoretischer Auftrennung der Patientenprobe (Serum, Harn oder Liquorkonzentrat), das ein Antigengemisch darstellt, wird Antiserum in eine parallel zur Proteinauftrennung verlaufende Rinne eingefüllt. Antigene und Antikörper diffundieren in den Agar und treffen aufeinander. An jener Stelle, an der das Verhältnis von Antigen zu Antikörper annähernd 1:1 ist, kommt es zur Ausfällung des sogenannten Immunpräzipitats. In Abhängigkeit von der Konzentration und der Vielfalt der gleichartigen Moleküle bilden sich flach bis stark gekrümmte Präzipitationslinien (Abb. 2).

Prinzip

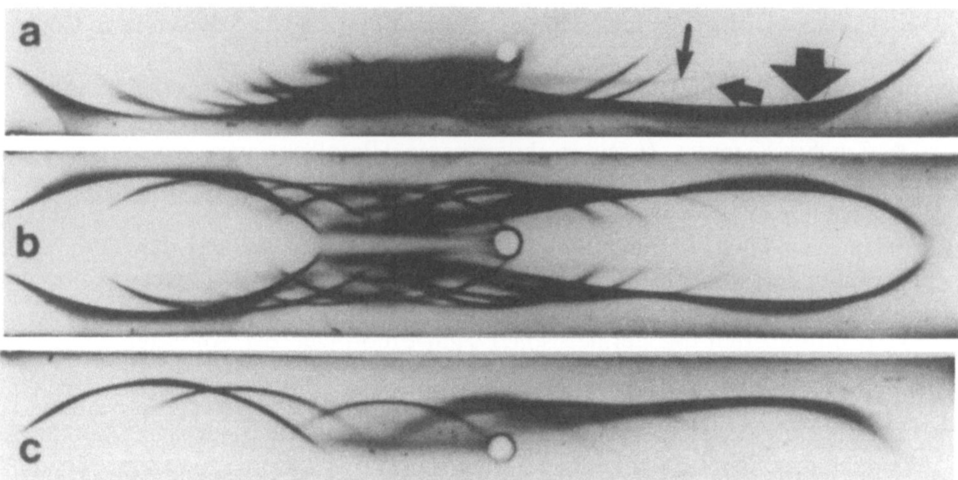

Abb. 2a – c. Immunelektrophorese eines Normalserums mit Antihumanserum. Das Serum wurde unverdünnt (**a**) und in den Verdünnungen 1:5 (**b**) und 1:10 (**c**) gegen Antihumanserum angesetzt. Die Präzipitationslinien von IgG (dickster Pfeil), IgA (mitteldicker Pfeil) und IgM (dünner Pfeil) sind markiert. IgG ist in allen Verünnungen deutlich, IgA in der Verdünnung 1:10 angedeutet und IgM in 1:5 gerade noch sichtbar

Reagenzien und Geräte

- Pufferlösung (Lösung 1) ist ein 0.1 molarer Veronalpuffer mit pH 8.2 und der Ionenstärke 0.1. 15.8 g Natriumdiäthylbarbiturat ($C_8H_{11}N_2O_3Na$) und 230 ml 0.1 molare HCl werden mit destilliertem Wasser auf 1000 ml aufgefüllt. Zur Konservierung können 100 mg Natriumazid (NaN_3) beigesetzt werden (oder Merthiolat oder Thiomersol).

- Agar. Reinagar der Firma Behring, Marburg, oder Nobel-Agar der Firma Difco, Michigan, oder ähnliche Agarpräparationen.

- Agargel mit einer Konzentration von 20 g/l. 100 ml Veronalpuffer (Lösung 1) und 100 ml destilliertes Wasser werden in einem 500 ml Erlenmeyer-Kolben vermischt (Ionenstärke 0.05) und mit 4 g Agar versetzt. Die Aufschwemmung wird im siedenden Wasserbad bis zur klaren Lösung des Agars erhitzt. Flüssigkeitsverluste während des Siedens können einfach vermieden werden, indem man den Kolben mit einem Glastrichter abdeckt. Anschließend kann der flüssige Agar in Portionen von 10 ml in Eprouvetten abgefüllt werden. Nach Erstarren des abgefüllten Gels bei Zimmertemperatur können die Röhrchen verschlossen im Eisschrank für mehrere Wochen aufbewahrt werden.

- Herstellung der Agarplatten. Ein Vorratsröhrchen mit Agar wird bis zur vollständigen Verflüssigung des Gels in ein kochenes Wasserbad gestellt. Je 2 ml des flüssigen Agars werden auf trockene, mit einem Diamantschreiber markierte und mit Alkohol gründlich gereinigte Objektträger aufgetragen. Das noch nicht erstarrte Gel wird mit einem Glasstab sorgfältig bis an die Ränder verteilt. Über dem ganzen Objektträger sollte eine gleichmäßige Geldicke von ungefähr 1 mm sein. Nach Verfestigung des Gels werden die Platten in einer feuchten Kammer aufbewahrt und nur für die einzelnen Arbeitsgänge entnommen. Der Vorrat fertiger Arbeitsplatten sollte am selben Tag aufgebraucht werden.

- Farblösung (Lösung 2). 0.5 bis 1 g Amidoschwarz 10 B werden in 100 ml Entfärberlösung (Lösung 3) gelöst. Ungelöste Farbstoffreste müssen abfiltriert werden. Andere häufig verwendete Farbstoffe sind Ponceau S, Azocarmin B, Coomassieblau.

- Entfärberlösung (Lösung 3). Diese besteht aus 9 Volumsteilen Methanol und 1 Volumsteil Eisessig.

- Feuchte Kammer. In einer abdeckbaren Glaswanne wird der Boden mit einer Schaumgummiplatte oder mehreren Lagen Filterpapier belegt und diese feucht gehalten.

- Füllkapillaren. Glaskapillaren mit einem Durchmesser von ungefähr 1 mm, die bei Bedarf über einer Gasflamme zu einer feinen Spitze ausgezogen werden können.

- Mikropipetten mit dünner Spitze zum Einbringen der Antiseren.

- Elektrophoresegerät mit Zubehör.

Durchführung

- Aus den frisch präparierten Agarplatten werden mit einer speziellen Stanze die zylindrischen Auftragstellen (Durchmesser 1 mm) für die zu untersuchende Probe und die schlitzförmigen Rinnen für die Aufnahme der Antiseren vorbereitet. Die am häufigsten verwendete Anordnung sind 3 Auftragsstellen mit 2 dazwischenliegenden Rinnen.

- Nach Einstanzen von Auftragsstellen und Rinnen in das Gel werden zuerst die Agar-Zylinder aus den Auftragsstellen entfernt. Die zu entfernenden Agarstücke können leicht mit einer Pasteurpipette oder einer Plastikpipettenspitze, die über einen Schlauch mit einer Saugpumpe (zum Beispiel Wasserstrahlpumpe) in Verbindung steht, angesaugt und abgehoben werden. Der so entstehende Hohlzylinder auf der Agarplatte faßt ungefähr 2 µl Flüssigkeit und wird bis zur Niveaugleichheit mit der aufzutrennenden Probelösung beschickt. Als groborientierende Untersuchung für Serum hat sich in der Routine der Ansatz mit unverdünntem, 1 : 5 und 1 : 10 verdünntem Serum bewährt. Als Antisera werden in Rinne 1 ein Anti-Humanserum (Antiköper gegen alle Proteine des menschlichen Serums) und in Rinne 2 ein schwerkettenspezifisches Anti-Immunglobulinserum verwendet.

- Zur relativ sicheren Charakterisierung eines M-Gradienten werden 8 Agar bedeckte Objektträger vorbereitet, auf jedem Objektträger wird das Serum unverdünnt, 1 : 5 verdünnt und 1 : 10 verdünnt aufgetragen. Alle 8 Objektträger werden im gleichen elektrophoretischen Lauf aufgetrennt. Ein Objektträger wird nach der Elektrophorese fixiert und gefärbt, die restlichen 7 Objektträger werden für die Immundiffusion verwendet und mit komplettem Anti-Humanserum, Anti-IgG, Anti-IgA, Anti-IgM, Anti-Kappa und Anti-Lambda-Serum sowie wahlweise mit Antisera gegen freie Kappa- und freie Lambda-Ketten oder mit Antiserum gegen IgD beschickt.

- Zur vergleichenden Darstellung von Proteinkomponenten in mehreren Körperflüssigkeiten (Harn, Serum, Liquor oder Speichel) beschickt man die 3 Antigenauftragsstellen einer Agar-Platte mit den gewünschten Proben und füllt nach der elektrophoretischen Auftrennung die Antikörperrinnen mit einem polyvalenten oder monospezifischen Antiserum.

- Für die elektrophoretische Auftrennung werden die Agarplatten in eine Elektrophoresekammer gegeben, in der ein pufferbefeuchtetes Filterpapier den Kontakt zwischen dem Agar und der Pufferlösung der Kammer herstellt. Als Pufferlösung wird unverdünnter Veronalpuffer (Lösung 1) verwendet. Die elektrophoretische Auftrennung erfolgt bei einer Stromstärke von 2 mA pro Objektträger und einer Spannung von 4−5 V/cm während 40 bis 50 Minuten. Ansätze, die nur für die Agargel-Elektrophorese vorgesehen sind, werden anschließend 10 Minuten in einer Mischung aus Methanol und Eisessig (Lösung 3) fixiert, mit destilliertem Wasser gespült, getrocknet und gefärbt. Aus den restlichen, für die Immunelektrophorese vorgesehenen Agaroseplatten werden die vorgestanzten Agarstreifen wieder mit leichtem Ansaugen abgehoben und die entstehende Rinne mit 10 µl Antiserum beschickt. Beim Auftragen der Antisera ist darauf zu achten, daß die Ränder der Antiserumrinne nicht beschädigt werden. Dies könnte bei der nachfolgenden Ausbildung der Immunpräzipitate zu unerwünschten Artefakten führen. Weiters ist dafür Sorge zu tragen, daß das Antiserum über die gesamte Länge des Spalts gleichmäßig verteilt ist, was bei Bedarf durch leichtes Neigen des Objektträgers erreicht werden kann.

- Die Immundiffusion erfolgt während einer horizontalen Lagerung in einer feuchten Kammer bei Raumtemperatur. Im allgemeinen wird eine Diffusionsdauer von 24 Stunden abgewartet. Zur Elution der nichtpräzipitierten Proteine wird das Präparat noch ungefähr 12 Stunden, anschließend noch zweimal 0,5 bis 1 Stunde lang in physiologische Kochsalzlösung gelegt. Für die anschließende Trocknung wird die Agarschicht nach kurzem Abspritzen mit destilliertem Wasser mit einem gut befeuchteten Filterpapier bedeckt. Das Trocknen kann durch Warmluft oder durch einen guten Abzug beschleunigt werden. Vom vollständig trockenen Präparat lassen sich haften gebliebene Papierfasern nach Befeuchten mit destilliertem Wasser leicht mit der Fingerkuppe entfernen. Das befeuchtete Präparat wird mit Amidoschwarz (Lösung 2) fünf Minuten lang gefärbt, dann in 3 verschiedenen Entfärberlösungen (Lösung 3) je 5 bis 10 Minuten entfärbt und nach nochmaligem raschen Abspritzen mit Wasser zum Trocknen aufgelegt.

Bewertung In der Immunelektrophorese werden nicht nur die 5 elektrophoretischen Fraktionen erfaßt, sondern können mit einem guten polyvalenten Antiserum bis zu 30 verschiedene Proteine nachgewiesen werden. In der hier beschriebenen, eindimensionalen Form ist die Immunelektrophorese eine Untersuchungsmethode mit vorwiegend qualitativen Aussagen. Die untere Nachweisgrenze für ein einzelnes Protein innerhalb des Gemischs liegt bei 0,5 bis 1 µg. Durch die Verwendung von monospezifischen Antiseren lassen sich einzelne Proteine auch isoliert darstellen und präzise charakterisieren. Das Vorliegen eines monoklonalen Proteins wird durch eine typische, eng gekrümmte Form des Immunpräzipitats gekennzeichnet, die die normale Präzipitationslinie des breitbasigen Immunglobulins unterbricht. Beim Vorliegen von hohen Proteinkonzentrationen, wie es bei Verwendung von unverdünntem Serum häufig vorkommt, kann die Immunpräzipitation im Antigenüberschuß ablaufen und die Bildung eines Immunpräzipitats verhindern.

Gelegentlich bleiben Paraproteine, vor allem solche vom Typ IgM, an der Auftragstelle oder in deren unmittelbaren Nähe liegen. Nach dem Färben der einzelnen Agarplatten zeigt sich auf allen Präparaten an der gleichen Stelle eine Farbverdichtung ähnlich einer Immunpräzipitation, die aber vom verwendeten Antiserum unabhängig ist. In solchen Fällen lohnt es sich, die Präparate nach dem elektrophoretischen Lauf noch etwa 10 Minuten in physiologische Kochsalzlösung zu legen, wodurch eine leicht gesteigerte Diffusion des Proteins in das Gel erreicht werden kann. Durch die etwas stärkere Diffusion kommt es zu einer deutlicheren Ausbildung der Präzipitate, so daß man auf den einzelnen Präparaten leicht erkennen kann, ob es sich um eine unspezifische Anfärbung eines nicht herausgewaschenen Proteins oder um ein ausgefälltes Immunpräzipitat handelt.

Immun- Eine spezielle Form der Immunelektrophorese stellt die Immunselektion dar. Diese
selektion Methode hat sich vor allem zur Erfassung und Bestätigung eines pathologischen Schwerkettenproteins bewährt. In der Immun-Selektionstechnik (immuno-selection technique) wird im Gel Antiserum mit Antikörpern gegen Kappa- und Lambdaketten (Radl 1970) oder mit Antikörpern gegen Fab-Fragmente (Seligmann et al. 1979) gelöst. Die Elektrophorese wird in diesem antikörperhaltigen Agar- oder Agarosegel durchgeführt. Dabei kommt es zum Ausfallen der intakten Immunglobulinmoleküle, während die schweren Ketten noch im Agar gelöst bleiben. Im zweiten Schritt werden in die Antikörperrinnen die Antisera gegen Schwerketten gegeben und die Diffusion abgewartet. Eine Präzipitationslinie außerhalb der in sich geschlossenen Immunpräzipitate spricht für das Vorliegen von isolierten Schwerketten (Abb. 3).

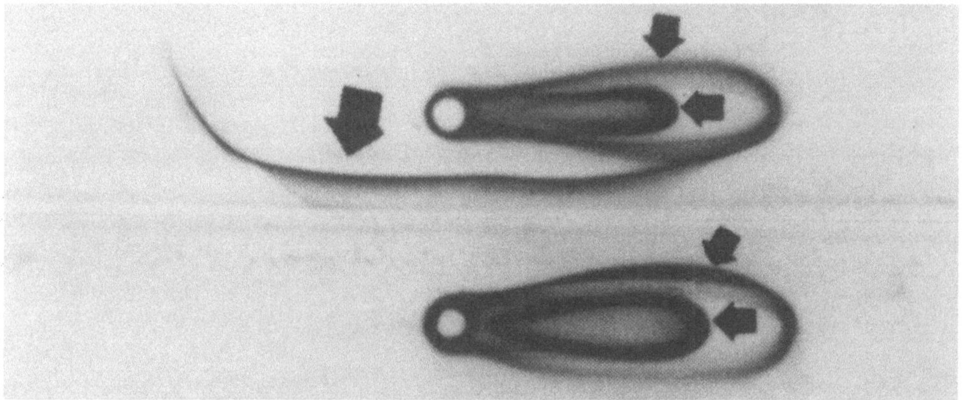

Abb. 3. Immunselektion eines Serums mit Schwerketten (obere Darstellung) und eines Normalserums. Das Gel enthält Antikappa- und Antilambdaserum, in die Antikörperrille wurde Anti-Serum
gegeben. Komplette Immunglobuline mit Leichtketten präzipitieren während der Elektrophorese
(dünner Pfeil), die isolierten Ketten werden durch die Immunselektion dargestellt (dicker Pfeil)

2.4 Immunfixation

Die Immunfixationselektrophorese (IFE) oder kurz Immunfixation (IF) ist die gän-
gigste Methode zur Darstellung von monoklonalen Proteinen. Ähnlich der IE stellt
auch die IF eine Immunpräzipitation nach elektrophoretischer Auftrennung dar (Alter und Johnson 1969, Ritchie und Smith 1976a, b).

Für die IFE werden von verschiedenen Firmen (z.B. Beckmann Instruments,
München; Immuno, Wien) fertige Reagenziensätze mit Agarosegelfolien, Antisera,
Puffer- und Farblösungen und Auftragsschablonen kommerziell angeboten. Die IFE
ist im Vergleich zur IE in ihrer Handhabung wesentlich einfacher und schneller. Ein
kompletter Analysengang kann in weniger als drei Stunden durchgeführt werden.

Die üblicherweise verwendeten Folien mit einer Größe von 10×8 cm (Fa. Beckmann)   **Durchführung**
oder 7×8 cm (Fa. Immuno) haben meistens 6 Bahnen vorgezeichnet. An einer vorge-
gebenen Stelle wird über das Gel eine Schlitzmaske gelegt, mit deren Hilfe auf jede
Elektrophoresebahn ungefähr 5 µl Probenvolumen strichförmig aufgetragen werden
können. Wegen der hohen Sensitivität der Methode muß das Serum verdünnt werden. Für die normale Serumproteinelektrophorese (SPE) wird das Serum 1:2 verdünnt, auf die restlichen Bahnen, auf denen eine Immunfixation vorgesehen ist, wird
das Serum in der Verdünnung 1:5 bis 1:10 aufgetragen. Sobald die Probelösungen
nach etwa 4 bis 5 Minuten in das Gel eindiffundiert ist, wird die Auftragsschablone
entfernt und die elektrophoretische Trennung nach Angabe des Herstellers (z.B.
100 Volt während einer Dauer von 30 Minuten) durchgeführt. Anschließend wird auf
das Gel eine zweite Schablone gelegt, die das Auftragen von spezifischen Reagenzlö-
sungen auf die einzelnen Elektrophoresebahnen gestattet. Auf die erste Bahn, die für
die SPE vorgesehen ist, wird eine Proteinfixationslösung (z.B. Sulfosalicylsäure) aufgetragen. Die restlichen 5 Elektrophoresebahnen werden mit entsprechenden monospezifischen Antiseren überschichtet. Falls aus der CAF-Elektrophorese bereits der

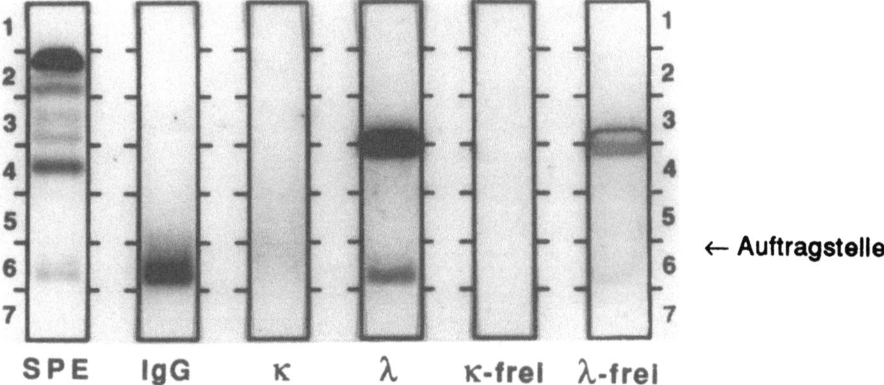

Abb. 4. Immunfixationselektrophorese eines Serums mit einem M-Gradienten IgG lambda im mittleren Gammabereich und einem zweiten M-Gradienten Bence-Jones-Lambda im vorderen Betabereich

dringende Verdacht auf Vorliegen einer monoklonalen Bande besteht und noch keine weitere Information über den Typ des Paraproteins vorliegt, werden in den restlichen 5 Bahnen Antisera mit Anti-IgG, Anti-IgA, Anti-IgM, Anti-Kappa und Anti-Lambda aufgetragen. Statt des direkten Auftragens des Serums auf das Gel können auch antiserumgetränkte CAF-Streifen aufgelegt werden. Nach 30 Minuten Inkubation in einem auf 45 °C erwärmten Inkubator werden die überschüssigen, nicht ausgefallenen Proteine durch 10 Minuten langes Waschen in physiologischer Kochsalzlösung und Trockenpressen des Gels entfernt. Für das Trockenpressen wird das Gel nach Herausnahme aus der Kochsalzlösung mit 2 Trockenplotter abgedeckt und durch Auflegen eines Gewichtes 10 Minuten lang gepreßt. Während dieses Preßvorgangs werden die nichtgebundenen Proteine aus der Gelmatrix heraus in das Filterpapier gesogen. Der Wasch- und Preßvorgang wird üblicherweise zweimal durchgeführt. Danach wird die Folie im heißen Luftstrom getrocknet. Durch Färben der getrockneten Folie mit einem Proteinfarbstoff werden die Immunpräzipitate sichtbar gemacht.

Bewertung Im Gegensatz zur IE ist bei der IFE die Diffusionsstrecke und damit die Diffusionszeit wesentlich kürzer. Außerdem zeigt die IFE eine ungefähr 10fach höhere Empfindlichkeit und eine bessere Auflösung als die IE. Neben der einfachen Handhabung und der höheren Empfindlichkeit dürfte aber der größte Vorteil der IFE darin liegen, daß sich relativ einfache Präzipitationsmuster bilden, die gut zu interpretieren sind (Abb. 4).

2.5 Berechnung eines monoklonalen Anteils aus quantitativen Immunglobulinbestimmungen

Die Typisierung von monoklonalen Proteinen mit Hilfe der IFE oder der IE ist zeitaufwendig und erfordert Erfahrung in der Bewertung der Immunpräzipitate. Nach Einführung von empfindlichen Meßmethoden zur quantitativen Bestimmung von Immunglobulinen entweder mit Hilfe der radialen Immundiffusion (Mancini et al.

1965) oder der vollautomatisierten nephelometrischen und turbidimetrischen Bestimmungen wurde versucht, aus den gemessenen Immunglobulinkonzentrationen monoklonale Anteile rechnerisch zu erfassen.

Die Leichtketten der Immunglobuline im Serum von gesunden Normalpersonen bestehen zu 65% aus κ- und zu 35% aus λ-Leichtketten (Barandun et al. 1976). Das Mengenverhältnis von κ- zu λ-Leichtketten bei normalen IgG-Molekülen beträgt $1,8 \pm 0,3$ (Skvaril et al. 1982), für die Summe der Immunglobuline im Serum von Normalpersonen liegt das κ/λ-Verhältnis zwischen 1,35 und 2,70 (Pranis et al. 1986). Ein abnormales κ/λ-Verhältnis deutet auf das Vorhandensein und den Leichtkettentyp eines intakten monoklonalen Immunglobulins hin. Aus der gemeinsamen Beurteilung der SPE, der Serumkonzentration der Immunglobuline IgG, IgA und IgM und dem κ/λ-Quotienten können bis zu 88% der Seren in Bezug auf den Paraproteinanteil richtig beurteilt werden, 12% benötigen für die richtige Diagnose noch zusätzlich eine IFE (Keren et al. 1988). Die Bestimmung des κ/λ-Quotienten wurde auch als relativ einfacher, empfindlicher Suchtest auf Bence-Jones-Proteine im Harn empfohlen (Sommer et al. 1986).

Wenn neben der SPE und dem κ/λ-Quotienten zusätzlich noch das Verhältnis des Schwerkettenanteils zum Leichtkettenanteil berücksichtigt wird, dann können Sensitivität und Spezifität für das Erfassen von Paraproteinen noch weiter erhöht werden. Die Methode wurde unter dem Begriff „Immunochemical Evaluation" von der Firma Kallestad, Texas, im Zusammenhang mit der nephelometrischen Bestimmung von Immunglobulinen eingeführt. Die Kalibration der nephelometrischen Bestimmung der Immunglobuline beruht auf dem Prinzip, daß im intakten Immunglobulinmolekül äquivalente Mengen von Schwer- und Leichtketten vorliegen. Man bestimmt nephelometrisch die Konzentration der Immunglobuline IgG, IgA, IgM und der Leichtketten κ und λ. Auf den Leichtkettentyp eines vorhandenen M-Proteins wird aus dem κ/λ-Verhältnis geschlossen. Werte über 2,61 zeigen einen Überschuß und damit einen monoklonalen Anteil an κ-Ketten an, ein Wert unter 1,29 monoklonale λ-Ketten. Die zugehörige Schwerkette wird aus der Beurteilung der einzelnen Schwerkettenkonzentrationen abgeleitet. Es wird dem Paraprotein jene Schwerkettenklasse zugeordnet, die die gleiche oder höhere Konzentration aufweist wie die monoklonale Leichtkette. Zuletzt wird noch die Differenz gebildet aus der Summe der Schwerkettenmoleküle minus der Summe der Leichtkettenmoleküle und diese in Prozent des Schwerkettenanteils angegeben.

$$\% \text{ Differenz} = \{[(\text{IgG}+\text{IgA}+\text{IgM})-(\kappa+\lambda)]/(\text{IgG}+\text{IgA}+\text{IgM})\}\cdot 100 \ .$$

Eine Differenz von mehr als $\pm 10\%$ kann freie Leichtketten, freie Schwerketten oder monoklonales IgD andeuten. Aus 348 ausgewählten Proben, von denen 165 monoklonale Komponenten enthielten, konnten 93,4% richtig erkannt und 89% richtig typisiert werden (Whicher et al. 1987).

Die Erfassung und Typisierung von monoklonalen Immunglobulinen nach den oben beschriebenen Rechenverfahren entspricht dem Trend zur Automatisierung und Einsparung von Personal. Im Vergleich zu IFE und IE, die derzeit nicht automatisierbar sind, könnte mit diesen Methoden ein Teil an Arbeitszeit und damit an Personalkosten eingespart werden. Unsere eigenen Erfahrungen an über hundert Serumproben mit bekannten, durch IE oder IFE diagnostizierten monoklonalen Anteilen, hatten gezeigt, daß die Sensitivität der Methode nicht ausreicht, um bei Patienten mit entsprechender Verdachtsdiagnose das Vorliegen eines Paraproteins mit erforderlicher Sicherheit bestätigen oder ausschließen zu können.

2.6 Nachweis und Differenzierung von Kryoglobulinen

Definition Kryoglobuline sind Immunglobuline, die sich bei Temperaturen unter 37 °C reversibel aneinander binden, aggregieren und präzipitieren. Sie besitzen Autoantikörperspezifität gegen sich selbst und zeigen häufig neben der Kältepräzipitation auch die Eigenschaften der Rheumafaktoraktivität und der Kälteagglutininbildung.

Der Nachweis der Kryoglobuline erfolgt durch deren Fällung in der Kälte bei 4 °C, wobei monoklonale Kryoglobuline innerhalb von 3 bis 12 Stunden präzipitieren, polyklonale und gemischte Kryoglobuline dagegen für die vollständige Fällung 3 bis 5 Tage benötigen. Kryoglobuline fallen weitaus am häufigsten als feinflockiger Niederschlag aus, können aber in seltenen Fällen auch gelatinös oder kristallin präzipitieren. Nach Erwärmen auf 37 °C gehen Kryoglobuline wieder vollständig in Lösung.

Kryoglobulinämien werden in drei Typen eingeteilt. Typ I liegt vor, wenn ein monoklonales Immunglobulin nachweisbar ist. Eine Kryoglobulinämie Typ I tritt am ehesten mit B-Zell- oder Plasmazellerkrankungen auf. Liegt ein gemischtes Kryoglobulin mit zwei oder mehr Immunglobulinen vor und davon mindestens eines in monoklonaler Form, so spricht man von einer Kryoglobulinämie Typ II, die häufig mit Autoimmunerkrankungen und lymphoproliferativen Erkrankungen assoziiert ist. Beim Vorliegen von zwei polyklonalen Immunglobulinen als Kryoglobuline entspricht der Befund einer Kryoglobulinämie Typ III, die in 30% der Fälle idiopathisch, ansonsten bei ähnlichen Krankheiten auftritt wie Typ II. Kryoglobulinämien sind in ungefähr 50% der Fälle vom Typ II und in je 25% von Typ I oder II (Brouet et al. 1974).

Proben-gewinnung Für die Kryoglobulinbestimmung wird Blut ohne gerinnungshemmende Zusätze gewonnen. Wenn möglich sollte die Blutabnahme mit einem auf mindestens 37 °C vorgewärmten Röhrchen erfolgen, zumindest aber muß das Röhrchen mit dem Patientenblut unmittelbar nach der Abnahme in ein 37 bis 40 °C warmes Wasser gestellt werden, um ein Abkühlen und damit ein Präzipitieren während des Gerinnungsvorgangs zu verhindern. Das Blut wird bis zur vollständigen Gerinnung z.B. in einem Brutschrank auf 37 °C gehalten, das Serum nach Zentrifugation bei 37 °C gewonnen. Falls das Serum für die weiteren Untersuchungen verschickt werden muß, kann das ohne Nachteil erfolgen. Das warme Serum wird in der Folge bei Temperaturen knapp über dem Gefrierpunkt, z.B. bei 4 °C im Kühlschrank weiter aufbewahrt und das Ausfallen der Kryoglobuline abgewartet. Nach 3 bis 5 Tagen wird die Probe kalt zentrifugiert, der Überstand dekantiert, der Niederschlag mehrmals (zwei bis vier Mal) mit kalter physiologischer Kochsalzlösung gewaschen. Da das pH-Optimum für die Kryopräzipitation zwischen 5,5 und 8,0 liegt, ist das Abpuffern der Waschlösung nicht erforderlich. Das gereinigte Kryopräzipitat wird mit Kochsalzlösung oder mit Elektrophoresepuffer bei 37 °C gelöst und die Lösung auf eine Proteinkonzentration von ungefähr 10 bis 50 mg/ml eingestellt. Diese Lösung ist stabil und kann bis zur weiteren Bearbeitung eingefroren werden. Das isolierte und gereinigte Kryoglobulin wird durch IFE oder IE unter Verwendung von klassen- und typenspezifischen Antiseren analysiert. Neben dem Immunglobulintyp des Kryoglobulins interessiert die

Frage, ob ein oder mehrere Immunglobuline vorliegen und ob diese mono- oder polyklonal sind.

Falls Kryoglobuline als gelatinöser Niederschlag ausfallen, kann das Isolieren des Kryoglobulins durch Zentrifugation Schwierigkeiten bereiten. Man kann versuchen, durch Verdünnen des Serums mit Kochsalzlösung die Sedimentation zu erleichtern. Eine weitere Möglichkeit besteht darin, für die Blutabnahme Probengefäße zu verwenden, die mit Komplexbildnern (z. B. EDTA oder Citrat) beschickt sind. Das warm gewonnene Plasma recalcifiert man bei 37 °C durch Zugabe von Calciumchloridlösung (100 g $CaCl_2$ in 100 ml Wasser) im Verhältnis 1 zu 100.

Kryoglobuline können auch quantitativ bestimmt werden, was mitunter bei Verlaufskontrollen von Vorteil ist. Es bieten sich zwei, relativ einfache Methoden an (Grey und Kohler 1973).

Quantitative Bestimmung

Für eine Konzentrationsbestimmung des Kryoglobulinanteils wird die Differenz aus dem Gesamtproteingehalt des Serums und dem Proteingehalt des Überstands nach Ausfällen des Kryoglobulins berechnet. Falls nur kleinste Mengen eines Kryoglobulins vorliegen, muß der Proteingehalt des Präzipitats direkt gemessen werden. Dazu wird aus einer größeren Menge Serum das Kryoglobulin ausgefällt, das Präzipitat einmal mit kalter Kochsalzlösung gewaschen, in einem definierten Flüssigkeitsvolumen aufgenommen und der Proteingehalt mit einer proteinspezifischen Reaktion wie z. B. der Biuretreaktion gemessen.

Eine weitere, häufiger angewandte Methode zur Abschätzung der Kryoglobulinmenge ist die Kryokritbestimmung. Analog dem Hämatokrit versteht man unter dem Kryokrit den Anteil festen, dem Kryoglobulin entsprechenden Niederschlags am gesamten Volumen der Lösung. Warmes Serum wird sofort nach dem Zentrifugieren in eine Hämatokritkapillare gefüllt und die Präzipitation bei 4 °C abgewartet. Anschließend erfolgt die Zentrifugation der Kapillaren auf der Hämatokritzentrifuge. Der Kryokritwert wird als einfacher Quotient (Volumen Niederschlag pro Gesamtvolumen) oder in % des Gesamtvolumens angegeben.

3 Monoklonale Gammopathie unbekannter Signifikanz (MGUS)

Bei Querschnittsuntersuchungen durch eine Bevölkerung stellt die häufigste Form der Paraproteinämie die sogenannte benigne monoklonale Gammopathie dar, die inzwischen als monoklonale Gammopathie unbekannter Signifikanz (MGUS; in der englischen Sprache monoclonal gammopathy of undetermined significance) bezeichnet wird. Bei der benignen Gammopathie wird ein monoklonales Immunglobulin im Serum oder Harn gefunden ohne Hinweis für eine zugrundeliegende Erkrankung. Das Auftreten eines MGUS steigt mit zunehmendem Lebensalter und wird bei etwa 1% der Bevölkerung im Alter von über 50 Jahren gefunden und bei 3% der Personen, die über 70 Jahre alt sind (Axelsson et al. 1966, Hällen 1963, Kyle et al. 1972). Bei jüngeren Personen ist die Inzidenzrate einer MGUS mit 0,1 bis 0,3% deutlich geringer (Kyle 1978). Im Vergleich dazu ist die Inzidenzrate des multiplen Myeloms deutlich geringer und beträgt etwa 1 bis 2 pro 10000 Einwohner.

Tabelle 2. Laborbefunde für die Differentialdiagnose zwischen benigner und maligner Paraproteinämie

Befund	benigne	maligne
Konzentration des M-Proteins		
IgG	$<20\,g/l$	$>20\,g/l$
IgA oder IgM	$<10\,g/l$	$>10\,g/l$
Konzentration des M-Proteins	gleichbleibend	steigend
Bence-Jones Protein im Harn	selten	häufig
Konzentration normaler Immunglobuline	normal	vermindert
Plasmazellgehalt im Knochenmark	$<5\%$	$>10\%$
Blutkörperchensenkungsgeschwindigkeit	normal	erhöht
Hämoglobinkonzentration	normal	vermindert

Es gibt keine Laboratoriumsbestimmung, mit deren Hilfe zu einem gegebenen Zeitpunkt zwischen benigner und maligner Paraproteinämie unterschieden werden kann (Hofmann 1982). Die Gutartigkeit des Symptoms ergibt sich aus der Beobachtung über mehrere Jahre und der Bestätigung, daß sich keine mit dem Paraprotein zusammenhängende Krankheit manifestiert hat. Hinweise dafür, daß eine benigne Paraproteinämie vorliegt, sind eine niedrige Konzentration des Paraproteins, normale Konzentrationen der polyklonalen Immunglobuline – erkennbar an einer normalen breitbasigen Gammaglobulinfraktion in der SPE – und das Fehlen von einer Tumoranämie (Tabelle 2).

Literatur

Alder CA, Johnson AW (1969) Immunofixation electrophoresis. A technique for the study of protein polymorphism. Vox Sang 17:45–52

Axelsson U, Bachmann R, Hällen J (1966) Frequency of pathological proteins (M-components) in 6995 sera from an adult population. Act med scand 179:235

Barandun S, Morell A, Skvaril F, Oberdorfer A (1976) Deficiency of kappa- or lambda-type immunoglobulins. Blood 47:79–89

Brouet JC, Clauver JP, Danon F, Klein M, Seligman M (1974) Biologic and clinical significance of cryoglobulins: a report of 86 cases. Amer J Med 57:775

Durie BGM, Salmon SE (1975) A clinical staging system for multiple myeloma. Correlation of measured myeloma cell mass with presenting clinical features, response to treatment and survival. Cancer 36:842–852

Durie BGM, Cole PW, Chen HSG (1981) Synthesis and metabolism of Bence Jones protein and calculation of tumour burden in patients with Bence Jones myeloma. Br J Hematol 47:7–19

Gassmann W, Haferlach T, Schmitz N, Kayser W, Euler HH, Drews J, Löffler H (1984) Analyse prognostischer Faktoren beim Plasmozytom. Klin Wochenschr 64:896–905

Grabar P, Williams CA (1953) Methode permettant l'etude conjugee des proprietes electrophoretiques et immunochimiques d'un melange de proteins. Application au serum sanguin. Biochim Biophys Acta 10:193–193

Grey HM, Kohler PF (1973) Cryoglobulins. Semin Hematol 10:87

Hällen J (1963) Frequency of "abnormal" serum globulins (M-components) in the aged. Acta Med Scand 179:737

Hobbs JR (1975) Bence-Jones proteins [Review]. Essays Med Biochem 1:105–131

Hofmann V (1982) Monoklonale Gammopathien von unklarer Bedeutung. Schweiz med Wschr 112:1718–1722

Keren DF, Warren JS, Lowe JB (1988) Strategy to diagnose monoclonal gammopathies in serum: high-resolution electrophoresis, immunofixation and kappa/lambda quantification. Clin Chem 34:2196–2201

Kyle RA (1978) Monoclonal gammopathy of undetermined significance: natural history in 241 cases. Am J Med 64:814–826

Ludwig H (1982) Multiples Myelom. Springer, Berlin Heidelberg New York

Mancini G, Carbonara AO, Heremans JF (1965) Immunochemical quantitation of antigens by single radial immunodiffusion. Immunochemistry 2:235–254

Osterland CK (1989) Monoclonal gammopathies – their identification and biological significance. Clin Chim Acta 180:1–22

Pranis R, Horsfall K, Caron J (1986) Quantitation of kappa and lambda light chains by rate nephelometry. Clin Chem 32:1141 (abstract)

Radl J (1970) Light chain typing of immunglobulins in small samples of biological materials. Immunol 19:137

Ritchie RF, Smith R (1976) Immunfixation I. General principles and application to agarose gel electrophoresis. Clin Chem 22:497

Ritchie RF, Smith R (1976) Immunfixation III. Application to study of monoclonal proteins. Clin Chem 22:1982–1985

Riva G (1957) Das Serumeiweißbild. Huber, Bern

Roitt IM (1980) Essential immunology. Blackwell, Oxford

Salmon SE, Smith BA (1970) Immunoglobulin synthesis and total body tumor cell number in IgG multiple myeloma. J Clin Invest 49:1114

Salmon SE, Wampler SE (1977) Multiple myeloma: quantitative staging and assessment of response with a programmable pocket calculator. Blood 49:379–389

Seligmann M, Mihaesco E, Preud'Homme JL, Danon F, Brouet JC (1979) Heavy chain disease: Current findings and concepts. Immunol Rev 48:145

Skvaril F, Morell A, Barandum S (1982) Imbalances of kappa/lambda ratios of immunoglobulins. In: Pathology of immunglobulins: diagnostic and clinical aspects. Alan R. Liss Inc, 21–35

Sommer R, Hohenwallner W, Gabl F (1986) Bence-Jones-Proteinurie: Kappa/Lambda-Quotient als Suchtest. Diagnose & Labor 36:21–27

Waldenström JG (1948) Monoclonal and polyclonal hypergammaglobulinemia. University Press Cambridge

Whicher JT, Wallage M, Fifield R (1987) Use of immunoglobulin heavy- and light-chain measurements compared with existing techniques as a means of typing monoclonal immunoglobulins. Clin Chem 33:1771–1773

CHRISTA FONATSCH

1 Einleitung

Chromosomenanalysen gewinnen für die Diagnose, Prognose, Stadieneinteilung und
Therapieplanung bei allen (prä)malignen hämatoproliferativen Erkrankungen per-
manent an Bedeutung. Zusätzlich können sie dazu beitragen, den Krankheitsverlauf
vor, während und nach verschiedenen therapeutischen Maßnahmen zu erhellen. Zum
Beispiel wird der Typ der proliferierenden Knochenmarkzellen nach Knochenmarktransplantation rasch und sicher erkannt und ein Rezidiv früh erfaßt. Die zytogenetische Untersuchung von Knochenmarkzellen ist außerdem nützlich während der Behandlung von Patienten mit chronisch myeloischer Leukämie mit Interferon, um eine
Reduzierung des Philadelphia-positiven Klons zu prüfen. Eine Hauptaufgabe des Tu-
morzytogenetikers ist die Aufdeckung primärer und nicht-zufälliger Chromosomenveränderungen, die für einen bestimmten Tumortyp spezifisch sind und eine Rolle
bei seiner Entstehung spielen. Zusätzlich muß er sein Augenmerk auf die sogenannten sekundären Chromosomenanomalien lenken, da diese meist eine Aggravierung
des Krankheitsverlaufs signalisieren, z. B. den Übergang einer Präleukämie in eine
offene Leukämie oder von einem Lymphom von niedrigem Malignitätsgrad in ein
hochgradig malignes Lymphom.

2 Möglichkeiten und Perspektiven der Tumorzytogenetik

Die Grundfrage, mit der sich der Tumorzytogenetiker auseinandersetzt, lautet: Welche Bedeutung kommt chromosomalen Veränderungen im Krebsgeschehen zu? Mit
der Entwicklung neuer Chromosomendarstellungsmethoden und der Verknüpfung
zytogenetischer mit molekulargenetischen Daten ist die Beziehung von Chromosomenveränderungen und Tumorentstehung in einigen Fällen einer Klärung näherge-
führt worden. Zum Beispiel können Chromosomenstückverluste (Deletionen) zum
Verlust von Tumorsuppressorgenen führen; die Verlagerung von Chromosomensegmenten (Translokation) kann auf molekularer Ebene die Bildung neuer hybrider Gene bewirken (z. B. abl-bcr-Fusionsgen auf der Basis der Philadelphia-Translokation)
oder eine Aktivierung von Onkogenen durch Benachbarung mit „Promoter" oder
„Enhancer"Sequenzen (z. B. Aktivierung des c-myc-Onkogens durch Immunglobu-
lingen-Sequenzen beim Burkitt's Lymphom). Zytogenetisch als HS-Regionen (ho-
mogeneously staining regions) oder als „double minutes" (DM) nachweisbare Strukturen können auf der Vervielfachung, Amplifikation, von Onkogenen beruhen (z. B.
N-myc-Amplifikation beim Neuroblastom).

Neben der Bearbeitung wissenschaftlich-experimenteller Fragestellungen beschäftigt sich die Tumorzytogenetik mit der Korrelierbarkeit chromosomaler Befunde mit klinisch-diagnostischen Daten und hat hier eine besondere Bedeutung erlangt. Die Zytogenetik kann sowohl bei der Diagnose als auch bei der Stadieneinteilung, bei der Prognose und der Therapieplanung von verschiedenen malignen Erkrankungen — vor allem hämatologischen Ursprungs — hilfreich sein. Voraussetzung dafür ist eine intensive Kooperation mit Klinikern, Pathologen, Immunologen und Molekularbiologen. Die sequentielle Analyse von Karyotypveränderungen im Krankheitsgeschehen kann zur Aufklärung der biologischen Mechanismen beitragen, die der Krebsentstehung und -ausbreitung zugrundeliegen. Die Verquickung zytogenetischer Befunde mit klinischen, aber auch mit immunologischen und molekulargenetischen Daten läßt Rückschlüsse auf Verwandtschaftsbeziehungen zwischen Malignomen zu, führt zur Identifizierung des von der Neoplasie betroffenen Zelltyps und der in dieser Zelle stattfindenden basalen molekulargenetischen Ereignisse.

Eine Auflistung nicht-zufälliger, konsistenter und für bestimmte Tumortypen spezifischer Chromosomenveränderungen kann zum gegenwärtigen Zeitpunkt nur als Momentaufnahme eines rasch voranschreitenden Geschehens gesehen und verstanden werden. Immer neue tumorzytogenetisch-klinische Assoziationen werden weltweit entdeckt. Mit der Verbesserung der Zellpräparations- und Chromosomendarstellungsmethoden und der Ausbreitung ihrer Anwendung wurde in den letzten Jahren ein enormer Zuwachs an tumorzytogenetischen Befunden erzielt und die Flut an neuen Erkenntnissen hält weiter an (Mitelman, 1991).

3 Probenmaterial

Für Chromosomenuntersuchungen bei hämatoproliferativen Erkrankungen werden in der Regel Knochenmark, peripheres Blut, Lymphknoten und Milzgewebe, seltener Aszites oder Pleuraexsudat herangezogen — jene Gewebetypen also, die von der malignen Transformation betroffen sind, bzw. in denen eine abnorme Proliferation und/oder eine abweichende Zelldifferenzierung abläuft.

Der Erfolg einer zytogenetischen Analyse ist in erster Linie von der Qualität des zu verarbeitenden Materials abhängig. Darum sollten z. B. weder die ersten Tropfen noch die letzten Bröckelchen eines Knochenmarkpunktates für die Durchführung der zytogenetischen Diagnostik verwendet werden, sondern zellreiches Material, wie es im Mittelteil der Punktion am ehesten anfällt. Die Gewebeentnahme muß unter Einhaltung steriler Kautelen erfolgen, da der Chromosomenanalyse zumeist eine Zellkultivierung vorangeht, die nur an keimfreiem Material möglich ist. Die für die Knochenmark- oder Blutentnahme verwendete Punktionsspritze soll mit Heparin versetzt sein (z. B. Liquemin oder Vetren 200 in einer Konzentration von 10 IE Heparin/ml Gewebe); Lymphknoten und Milzgewebe wird nach der operativen Entnahme ebenfalls Heparin zur Vermeidung der Gerinnung der Blutbestandteile zugefügt. Je früher nach Entnahme die Gewebeprobe im zytogenetischen Labor weiterverarbeitet wird, um so größer sind die Aussichten auf eine erfolgreiche Chromosomenanalyse mit korrektem Ergebnis. In vielen Fällen aber ist ein Postversand unvermeidlich;

dabei ist darauf zu achten, daß er so rasch wie möglich erfolgt (Eilpost) und daß das Material vor Auslaufen geschützt verpackt wird.

Nach dem Eintreffen der Gewebeprobe wird sie im Labor in Abhängigkeit von der Materialmenge verschiedenen Aufarbeitungs- und Kulturmodi zugeführt.

4 Zellkultivierung und Herstellung der Chromosomenpräparate

4.1 Direktpräparation der Chromosomen

Wenn in dem zu untersuchenden Material Zellen in Teilung vermutet werden, so bietet sich eine rasche Präparation nach kurzfristiger Inkubation an, um den Chromosomenstatus der Zellen, wie er in vivo vorliegt, zu prüfen. Bei der Direktpräparation der mitotischen Zellen sind zwei Ziele anzustreben: Es sollen möglichst viele Zellen im Stadium der Metaphase zur Chromosomenpräparation zur Verfügung stehen — dies wird durch kurzfristige Kultivierung in einem Colcemid-hältigen Nährmedium erreicht; und zweitens muß eine Überlagerung der Metaphase-Chromosomen vermieden werden — dies gelingt durch Behandlung der Zellen mit einer hypotonen Lösung. Der Kultivierungsvorgang, in dem sowohl das Spindelgift Colcemid als auch die hypotone Lösung ihre Wirkung entfalten, dauert eine halbe bis max. zwei Stunden und erfolgt im Brutschrank bei 37°C.

Prinzip

- pro Kultur 0,5 ml steriles Knochenmark oder peripheres Vollblut, versetzt mit Antikoagulans (z. B. Vetren, Liquemin)
- Inkubationsmedium: pro Kultur 9 ml hypotone KCl-Lösung (0,075 M) und 1 ml Trypsin (0,25%), sowie 0,1 µg Colcemid/ml Medium
- Fixiergemisch: Methanol zu Eisessig = 3 : 1

Materialien, Reagenzien

- Die Kulturröhrchen (sterile 12 ml-Plastikröhrchen), die gleichzeitig auch als Zentrifugenröhrchen fungieren, werden bei 700 – 800 Umdrehungen (U/min) für 10 Minuten zentrifugiert (Schritt 1).
- Der Überstand wird mit einer Pipette entfernt; das Sediment wird vorsichtig aufgeschüttelt (Schritt 2).
- Unter ständigem leichten Schütteln des Sediments wird tropfenweise mit der Pipette eisgekühlte Fixationslösung (3 Teile Methanol: 1 Teil Eisessig) zugefügt. Die Menge an Fixationslösung ist auf die Gewebemenge abzustimmen — sie beträgt zumeist zwischen 5 und 10 ml (Schnitt 3).
- Die Zellsuspension wird erneut, diesmal bei 1000 U/min, für 10 Minuten zentrifugiert (Schritt 4).
- Der Überstand wird wiederum abpipettiert und das Zellsediment aufgeschüttelt (Schritt 5).
- Neue Fixationslösung wird zugefügt und die Zellsuspension etwa 30 Minuten bei Zimmertemperatur oder bei 4°C im Kühlschrank stehengelassen (Schritt 6).

Durchführung

Es erfolgt ein weiterer Zentrifugationsschritt und sodann eine Erneuerung der Fixierlösung. Die Schritte 4 und 5 werden noch ein- bis dreimal wiederholt, bis die Zellsuspension von der ursprünglich roten über eine braune Färbung eine weiße, relativ klare Konsistenz erreicht hat.

Nach einem letzten Zentrifugieren, der Abnahme der Fixationslösung und dem Zufügen einiger weniger Tropfen frischen Fixativs erfolgt das Auftropfen der Zellsuspension auf eisgekühlte Objektträger. Die Kühlung der Objektträger (in einer, destilliertes Wasser enthaltenden, Glasküvette bei 4 °C) bewirkt eine Ausbreitung der Metaphase-Chromosomen. Pro Objektträger werden etwa 3 Tropfen der Zellsuspension aufgebracht — dies ergibt zumeist die gewünschte Zelldichte, die mit Hilfe eines Phasenkontrastmikroskops geprüft wird.

4.2 Kurzzeitkultivierung verschiedener Gewebe und zytogenetische Präparation

Prinzip Die kurzfristige, über 24 bis 72 Stunden während Kultivierung der Zellen kann im Vergleich zur Direktpräparation eine reichere Ausbeute an auswertbaren Metaphasen erbringen, da in vitro Zellteilungen durchlaufen werden. Zudem hat sich gezeigt, daß bei manchen Erkrankungen (z. B. bei der akuten nichtlymphatischen Leukämie vom FAB-Typ M 3) die Direktpräparation allein zu falsch-negativen Befunden führen kann, also nur Metaphasen mit normalem Chromosomensatz gefunden werden. Bei chronisch lymphatischen Leukämien (CLL) sind Kultivierungen über 5 bis 7 Tage zielführend.

Materialien, Reagenzien
- pro Kultur 0,15 – 0,3 ml steriles Knochenmark, Vollblut, mechanisch zerkleinertes Lymphknoten- oder Milzgewebe, jeweils versetzt mit Antikoagulans (Vetren, Liquemin, nicht EDTA!)
- Nährmedien: pro Kultur 5 ml RPMI 1640, McCoy's 5 A oder Ham's F 10, versetzt mit fetalem Kälberserum (10 – 20%), Bicarbonat als Puffer (1%), Antibiotika-Antimykotika-Mischung (1%)
- Sonstige Nährmedien-Zusätze: Ethidiumbromid, Thymidin, Methotrexat, Bromdesoxyuridin, GM-CSF, Interleukin 3 u. a.
- Mitogene: Phytohämagglutinin (PHA); für CLL-Präparation: Pokeweed-Mitogen, Epstein-Barr-Virus, Lipopolysaccharid, T-Zell-Wachstumsfaktor, Protein A
- Spindelgift: Colcemid
- Hypotone Lösung: 0,075 M KCl
- Fixiergemisch: Methanol zu Eisessig = 3 : 1

Durchführung
- Je nach Menge an verfügbarem Material werden aus Knochenmark, Blut, Lymphknoten und Milz Parallelkulturen in verschiedenen Nährmedien (s. oben) in sterilen Plastikröhrchen (12 ml) über 24, 48 und 72 Stunden angelegt. Die Kultivierung erfolgt im Brutschrank bei 37 °C (Schritt 1).
- 30 Minuten bzw. zwei Stunden vor der Aufarbeitung wird Colcemid in Konzentrationen von 0,1 – 0,5 µg pro ml Medium zugefügt (Schritt 2).
- Die Kulturröhrchen fungieren wiederum auch als Zentrifugenröhrchen und werden bei 1000 Umdrehungen/min über 10 Minuten zentrifugiert (Schritt 3).
- Der Überstand wird abgenommen und die Zellen mit hypotoner Lösung (0,075 M KCl) für 20 Minuten bei Zimmertemperatur behandelt (Schritt 4).

- Die Zellsuspension wird danach über 8 bis 10 Minuten bei 700–800 U/min zentrifugiert, der Überstand abgenommen und das Zellsediment vorsichtig aufgeschüttelt (Schritt 5).
- Tropfenweise wird dem Zellsediment eisgekühlte Fixativlösung zugefügt (Schritt 6).

Die weiteren Schritte erfolgen analog zu den unter Punkt 4.1 S. 105 beschriebenen, ab Schritt 4.

Zur Darstellung des konstitutionellen Karyotyps werden PHA-stimulierte 72 Stunden-Blutkulturen verwendet (Konzentration: 0,02 mg PHA pro ml Medium).

4.3 Langzeitkultivierung

Die begrenzte Menge an Untersuchungsmaterial limitiert ausgedehnte zytogenetische und darauf basierende molekulargenetische Untersuchungen. Es wird daher versucht, aus Knochenmark- oder Blutproben, aus Lymphknoten-, Milzgewebe, aus Aszites oder Pleuraexsudat Langzeitkulturen zu etablieren, um auf diesem Weg die für Untersuchungszwecke gewünschten malignen Zellen anzureichern. Die Etablierung von Zellinien gelingt jedoch in vielen Fällen nicht; ein weiterer Nachteil der Langzeit-Zellkultivierung besteht im Auftreten von Karyotypveränderungen in vitro, die sowohl zytogenetische und molekulargenetische Resultate verfälschen können, als auch andere Eigenschaften und Funktionen der Zelle verändern, wie z. B. den morphologischen und/oder den Immunphänotyp oder die Expression von Cytokinen etc. **Prinzip**

Es werden die unter Kapitel 4.2 (S. 106) beschriebenen Materialien und Reagenzien eingesetzt. **Materialien, Reagenzien**

Durchführung

- Lymphknoten- und Milzgewebe wird in einer, Nährmedium enthaltenden Petrischale mit Skalpell und/oder feinen chirurgischen Scheren zerkleinert, so daß eine dichte Zellsuspension entsteht. Diese wird, wie auch Knochenmark oder peripheres Vollblut, mit Nährmedium RPMI 1640 (0,5–1 ml Zellsuspension und 4–8 ml Medium) vermengt und in sterile Plastikkulturflaschen (50 ml) überbracht. Die Zelldichte wird unter dem Auflichtmikroskop geprüft. Die Flaschen werden senkrecht in einem Brutschrank bei 37 °C und unter 5%iger CO_2-Begasung gelagert.
- Nach etwa 2–3 Tagen wird das Nährmedium nach mikroskopischer Prüfung zu einem Drittel bis zur Hälfte abgenommen und durch neues ersetzt (= Mediumwechsel).
- Das Wachstum der Zellen wird zweimal pro Woche kontrolliert und bei ausreichender Zunahme der Zellzahl eine Splittung (Aufteilung der Zellen in zwei Flaschen) vorgenommen. Bei geringem Wachstum erfolgt lediglich ein Mediumwechsel — also der Austausch etwa der Hälfte des alten Mediums durch frisches.
- 24 Stunden vor der zytogenetischen Präparation erfolgt der letzte Mediumwechsel. Eine halbe bis zwei Stunden vor Abschluß der Kultivierung wird der Suspensionskultur Colcemid zur Arretierung der Mitosen im Stadium der Metaphase zugefügt (0,5–0.75 µg pro ml Medium).
- Die Zellsuspension wird aus den Kulturflaschen in Zentrifugenröhrchen überführt und analog zu den in 4.1 und 4.2 (S. 105 und S. 106) geschilderten Verfahren

zentrifugiert, mit hypotoner Lösung behandelt und fixiert. Danach wird die Zellsuspension auf eisgekühlte Objektträger aufgetropft und die Zelldichte über das Phasenmikroskop geprüft.

4.4 Chromosomenfärbungen

Prinzip Mit Hilfe der verschiedenen Chromosomenbänderungstechniken erhält jedes Chromosom ein charakteristisches Bandenmuster, das eine Zuordnung zu Paaren erlaubt und eine Identifizierung überzähliger und fehlender Chromosomen, sowie von Strukturveränderungen ermöglicht. Die Fluoreszenz-Bandenfärbung mit Quinacrin-Derivaten (z. B. Quinacrin-Mustard oder Quinacrin-Dihydrochlorid) beruht auf der Interkalation des Acridinkerns in das DNA-Molekül und auf einer Ionenbindung der Seitenkette an die Phosphatgruppen der DNA. AT-reiche DNA läßt sich mit Quinacrin-Farbstoffen stärker anfärben als CG-reiche Regionen. Für die Giemsa-Bandenfärbungen sind Vorbehandlungen der Chromosomen z. B. mit Trypsin oder mit $2 \times$ SSC erforderlich. Der Mechanismus der G-Bänderung ist noch nicht vollkommen geklärt; die unterschiedliche Verteilung chromosomaler Proteine und der DNA bewirkt vermutlich die Ausprägung positiver und negativer G-Banden.

4.4.1 Giemsa-Bandenfärbung mit 2X SSC-Vorbehandlung (GAG)

Reagenzien
- Giemsa-Stammlösung (Azur-Eosin-Methylenblau; MERCK)
- Phosphatpuffer: 5,7 g $Na_2HPO_4 \times 2 H_2O$ und 2,45 g KH_2PO_4 in 5000 ml a. dest. gelöst
- Giemsa-Gebrauchslösung: 10 ml Giemsa-Stammlösung + 90 ml Phosphatpuffer
- 2X SSC: 0,3 M NaCl und 0,03 M Natriumcitrat
- Eukitt

Durchführung Nach 1- bis 4tägiger Lufttrocknung werden die Präparate der von Sumner et al. (1971) beschriebenen und von Fonatsch et al. (1980) modifizierten Giemsa-Bandenfärbung unterzogen. Dazu werden die Objektträger über 17−21 Stunden bei 59−61 °C in Plastikküvetten, die 2X SSC enthalten, inkubiert. Danach werden sie 2−5 Minuten in Phosphat-gepufferter Giemsalösung gefärbt, mit destilliertem Wasser abgespült und die Farbintensität mikroskopisch geprüft. Bei adäquater Färbung werden die Objektträger getrocknet und über Eukitt mit einem Deckglas versehen.

4.4.2 Fluoreszenz-Bandenfärbung mit Quinacrin-Mustard (QFQ)

Reagenzien
- Quinacrin-Mustard, 5%ige wäßrige Lösung
- Phosphatpuffer (s. 4.4.1)

Durchführung Die Objektträger werden 20−30 Minuten in der Quinacrin-Mustard-Lösung gefärbt, 10 Minuten im fließenden Leitungswasser gewässert, mit a. dest. abgespült, mit Phosphatpuffer überschichtet und mit einem Deckglas versehen. Die mikroskopische Analyse der Fluoreszenz-Bandenpräparate erfolgt über ein Fluoreszenz-Auflichtmikroskop. Im Gegensatz zu den Giemsa-Bandenpräparaten, die dauerhaft sind, verblassen Fluoreszenz-Bandenpräparate und sind somit zeitlich nur begrenzt haltbar.

4.4.3 C-Bandenfärbung mit Barium-Hydroxyd-Vorbehandlung (CBG)

Reagenzien

- Phosphat-gepufferte Giemsalösung (s. 4.4.1, S. 108)
- Ba(OH)$_2$, 5%ig
- HCl, 0,2 N
- 2 X SSC (s. 4.4.1, S. 108)

Durchführung

Die 5%ige Barium-Hydroxyd-Lösung wird etwa zwei Stunden bei 60 °C im Brutschrank in einer Glasküvette vorgewärmt. Die Objektträger werden eine Stunde mit 0,2 N HCl bei Zimmertemperatur behandelt, sodann mit a. dest. abgespült und 30–60 Sekunden bei 60 °C in der Barium-Hydroxyd-Lösung inkubiert. Danach werden die Objektträger kräftig mit a. dest. gespült und sodann 60 Minuten in 2 X SSC bei 60 °C inkubiert. Darauf erfolgt die Färbung in der Giemsalösung (15 s bis 2 min).

Während mit der Giemsa- und der Fluoreszenz-Bandenfärbung spezifische Bänderungsmuster über das gesamte Chromosom erzielt werden, dient die C-Bandenfärbung zur Darstellung der Heterochromatinblöcke an den Zentromeren der Chromosomen und zur Färbung des terminalen Anteiles des langen Armes des Y-Chromosoms.

4.4.4 Silberfärbung der aktiven Nukleolus-Organisation-Regionen an akrozentrischen Chromosomen (= Ag-NOR-Färbung)

Reagenzien

- AgNO$_3$, 50%ige wäßrige Lösung
- Phosphat-gepufferte Giemsalösung (s. 4.4.1, S. 108)

Durchführung

Frische, ungefärbte Präparate werden mit 50%iger AgNO$_3$-Lösung überschichtet, mit einem Deckglas versehen und in eine feuchte Kammer gelegt. Dafür eignen sich sehr gut Edelstahlkästen, die mit befeuchtetem Filterpapier ausgelegt sind. Die feuchte Kammer wird über etwa 17 Stunden bei 37 °C im Brutschrank inkubiert. Danach erfolgt eine Kontrolle der Färbung über das Mikroskop; das Deckglas wird abgenommen, die Objektträger mit a. dest. gespült, eventuell nachgefärbt oder – bei ausreichender Färbung – ca. 5 s mit Phosphat-gepufferter Giemsalösung gefärbt. Die in den kurzen Armen der akrozentrischen Chromosomen [13, 14, 15, 21 und 22] lokalisierten Nukleolus-Organisator-Regionen sind bei gelungener Färbung als braun-schwarze Strukturen erkennbar.

Neben den aufgeführten Chromosomendarstellungsmethoden sind die sogenannten R-Banden- und T-Banden-Techniken erwähnenswert. Mit ihrer Hilfe wird ein „reverses", also ein zu den G- und Fluoreszenz-Banden umgekehrtes Muster erzeugt; die T-Bänderung macht vor allem die Telomeren deutlich sichtbar.

In Ergänzung zur Chromosomenbänderung wird die Fluoreszenz-in-situ-Hybridisierungs-Technik mit Zentromer-spezifischen oder mit „Painting"-Proben, die das gesamte Chromosom markieren, eingesetzt (s. Kapitel VIII: In-situ-Hybridisierung).

5 Auswertung

Prinzip   Die Auswertung der Chromosomenpräparate hat einmal zum Ziel, das Vorliegen normaler oder abnormer Chromosomensätze zu eruieren, zum anderen soll die Art der Chromosomenveränderungen (zahlenmäßige oder strukturelle) erfaßt werden. Ferner muß geprüft werden, ob ein sogenannter Mosaik-Karyotyp vorliegt, also die Vergesellschaftung eines normalen mit einem abnormalen Chromosomensatz oder mehrerer abnormer Chromosomensätze innerhalb eines Gewebes. Zur genaueren Identifizierung der Involvierung von Chromosomen und Chromosomenabschnitten in die Bildung von Marker-Chromosomen dienen die unter Punkt 4.4 beschriebenen verschiedenen Chromosomenbänderungstechniken.

Geräte, Zubehör
- Photomikroskop, eventuell mit Auflicht-Fluoreszenz-Einrichtung (Firmen Zeiss, Leitz, Olympus u. a.)
- Filmprojektor (Prado-Universal; Leitz)
- Filme mit verschiedenen Empfindlichkeiten

Durchführung   Die Auswertung der Chromosomenpräparate erfolgt entweder über ein Mikroskop bei 1000facher Vergrößerung oder (sicherere Methode) nach Photographieren der Metaphasen über einen Filmprojektor. Pro Gewebetyp werden, sofern möglich, mindestens 20, meist aber bis zu 60 gebänderte Metaphasen bezüglich ihrer Chromosomenzahl und des Bandenmusters der Chromosomen analysiert. Die Bandenbezeichnung erfolgt nach dem „International System for Human Cytogenetic Nomenclature" (ISCN 1985 und 1991).

Von jedem Patienten werden zwei, meist mehr Karyogramme erstellt. Dazu werden alle Chromosomen einer Metaphase aus der photographischen Abbildung ausgeschnitten und systematisch nach Größe, Zentromerlage und Bandenmuster angeordnet.

6 Zytogenetische Terminologie

Ein internationales Zytogenetiker-Komitee legte in verschiedenen Nomenklatur-Konferenzen die Bezeichnungsweise der Chromosomen und auch der Chromosomenveränderungen fest. Das z. Zt. gültige Dokument „An International System for Human Cytogenetic Nomenclature", abgekürzt ISCN, aus dem Jahre 1985 wurde 1991 durch „Guidelines for Cancer Cytogenetics" ergänzt.

Das für eine Zelle, aber auch für ein Individuum spezifische Chromosomenkomplement wird als **Karyotyp** bezeichnet; die systematische Anordnung der Chromosomen einer Zelle nach Größe und Bandenmuster führt zu einem **Karyogramm.** Normale diploide Zellen des Menschen enthalten 46 Chromosomen, sie werden nach Größe und Lage des Zentromers (Anhaftungsstelle für die Spindel) in mit sieben Großbuchstaben (A–G) bezeichnete Gruppen unterteilt. Diploide menschliche Körperzellen haben 22 Paare von Autosomen (Nicht-Geschlechtschromosomen) und ein Paar Gonosomen (Geschlechtschromosomen).

Während in der Vorbanden-Ära eine Einteilung der Chromosomen mit wenigen Ausnahmen nur in die mit Buchstaben bezeichneten Gruppen möglich war, erlauben die Chromosomenbänderungsmethoden eine Identifizierung eines jeden Chromosoms, so daß eine Benennung der Einzelchromosomen bzw. Chromosomenpaare mit 1–22 (Autosomen), bzw. X und Y für die Geschlechtschromosomen obligat wurde. Zur Karyotypbezeichnung wird die Gesamtzahl der Chromosomen einer Zelle vorangestellt, durch ein Komma getrennt von der Geschlechtschromosomen-Konstellation. Zum Beispiel bedeutet 46,XY einen normalen männlichen und 46,XX einen normalen weiblichen Chromosomensatz. Beim Vorliegen von Chromosomenanomalien werden diese, wiederum durch ein Komma von den Gonosomen getrennt, aufgeführt (s. unten).

Der kurze Arm jedes Chromosoms wird mit p, vom französischen „petit", der lange Arm mit q bezeichnet. Das Zentromer, auch Primärkonstriktion genannt, teilt das Chromosom in den kurzen und den langen Arm. Sekundärkonstriktionen sind Einschnürungen außerhalb des Zentromers. Nach der Lage des Zentromers werden meta-, submeta- und akrozentrische Chromosomen unterschieden. Bei den metazentrischen Chromosomen liegt das Zentromer in der Mitte, bei den submetazentrischen ist der kurze Arm erkennbar kürzer als der lange und bei den akrozentrischen Chromosomen ist er im Vergleich zum langen Arm sehr klein, das Zentromer liegt randständig. Bei der Zellteilung werden die Chromosomenspalthälften (Chromatiden) in Längsrichtung getrennt – je ein Schwesterchromatid wandert in eine Tochterzelle. Während der auf die Mitose folgenden Synthesephase verdoppelt jedes Chromatid sich und es entsteht wiederum ein aus zwei Chromatiden bestehendes Chromosom.

Während bis 1970 etwa die Darstellung der Chromosomen nur mit einer uniformen Orcein- oder Giemsafärbung möglich war, die eine Differenzierung der einzelnen Chromosomen nicht erlaubt, lassen die verschiedenen Bänderungstechniken die Zuordnung homologer Chromosomen zu Paaren, wie auch die Identifizierung überzähliger und fehlender Chromosomen, sowie von Strukturanomalien zu. Jeder Chromosomenarm besteht aus einer oder mehreren Regionen, jede Region ist durch spezifische „landmarks" begrenzt. Zu den „landmarks" gehören charakteristische morphologische Chromosomenmerkmale wie die Enden (Telomeren) der Chromosomen-

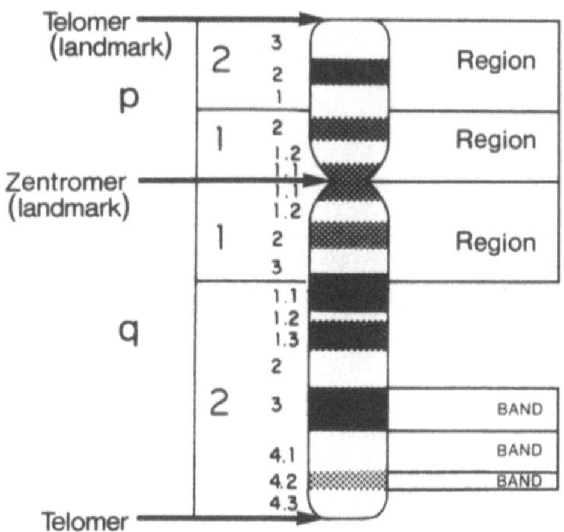

Abb. 1. Idiogramm eines gebänderten Chromosoms 8 mit Bezeichnung des kurzen Armes p, des langen Armes q, des Zentromers und der Telomeren („landmarks"), der Regionen und Banden

arme, sowie die Zentromeren (Abb. 1). Als Region bezeichnet man die Banden, die zwischen zwei benachbarten „landmarks" liegen. Ein Chromosomenabschnitt, der von einem angrenzenden dadurch unterscheidbar ist, daß er dunkler oder heller ist als jener, wird als Band definiert.

Die Regionen und Banden eines Chromosomenarmes werden vom Zentromer ausgehend numeriert, so daß die dem Zentromer benachbarten Regionen sowohl am kurzen als auch am langen Arm die Bezeichnung 1 tragen, distal davon liegt Region 2 usw. (Abb. 1). Zur Beschreibung eines bestimmten Bandes sind die Chromosomennummer (1 – 22, X, Y), die Armbezeichnung (p oder q), die Nummer der Region und die Bandennummer in der Region notwendig. 22q11 bedeutet demnach Band 1 in der Region 1 im langen Arm von Chromosom 22.

7 Chromosomenanomalien und ihre Bezeichnung

7.1 Numerische Chromosomenanomalien

Numerischen Chromosomenanomalien liegen Fehlverteilungen ganzer Chromosomen oder Chromosomensätze zugrunde. Der Zugewinn oder Verlust eines oder einiger weniger Chromosomen führt zu sogenannten aneuploiden Chromosomensätzen, z.B. der Zugewinn eines Chromosoms 8 zur Trisomie 8 (dem dreifachen Vorhanden-

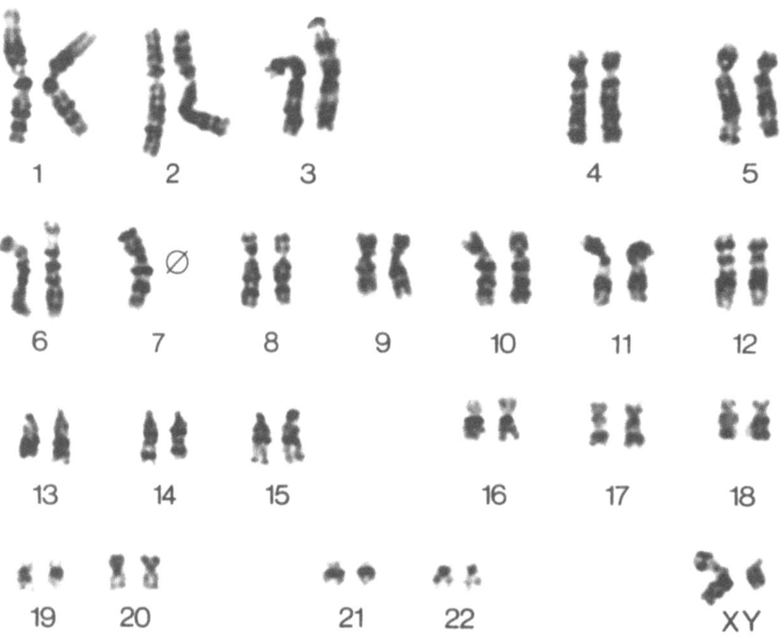

Abb. 2. Giemsa-Banden-Karyogramm einer Knochenmarkzelle eines Patienten mit myelodysplastischem Syndrom und Monosomie 7

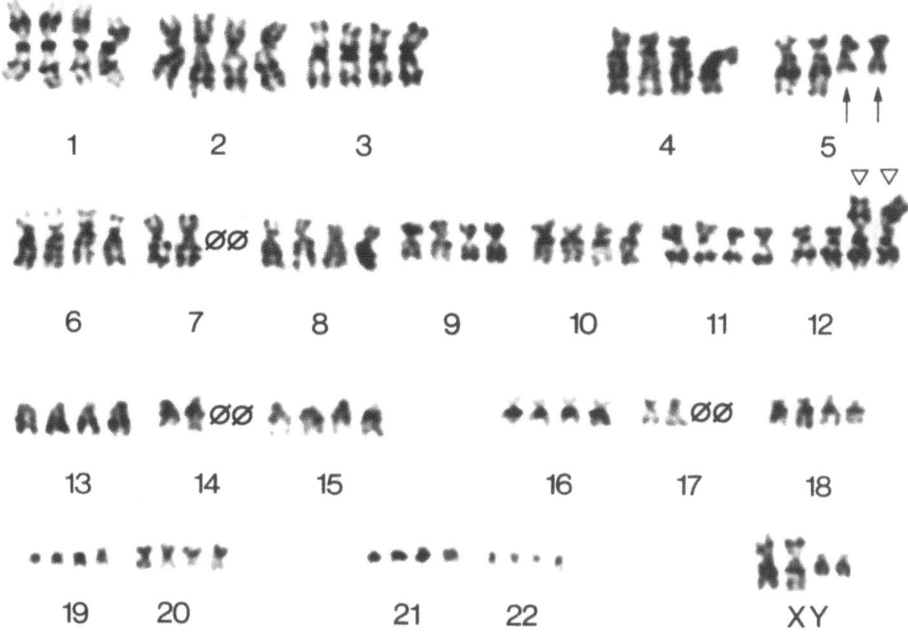

Abb. 3. Giemsa-Banden-Karyogramm einer Knochenmarkzelle eines Patienten mit myelodysplastischem Syndrom und nahezu tetraploidem Chromosomensatz, fehlenden Chromosomen 7, 14 und 17, sowie Strukturaberrationen in den Chromosomen 5 und 12 (Pfeile)

sein eines Chromosoms 8) oder der Verlust eines Chromosoms 7 zur Monosomie 7 (einfaches Vorhandensein von Chromosom 7). Eine Karyotypbezeichnung 47,XX,+8 bedeutet, daß in einer weiblichen Zelle ein Chromosom 8 überzählig ist, der Karyotyp 45,XY,−7 dagegen deutet an, daß in einer männlichen Zelle ein Chromosom 7 fehlt (Abb. 2).

Karyotypen mit mehr als 46 Chromosomen werden als hyperdiploid bezeichnet, solche mit weniger als 46 als hypodiploid, beide sind nahezu diploid. Umfaßt ein Chromosomensatz 46 Elemente, jedoch chromosomale Strukturveränderungen oder numerische Anomalien, die die Zahl 46 ergeben, so bezeichnet man ihn als pseudodiploid.

Unter Polyploidien versteht man die Vervielfachung des haploiden Chromosomensatzes z.B. Triploidie (Verdreifachung), Tetraploidie (Vervierfachung), Pentaploidie (Verfünffachung) usw. (Abb. 3).

7.2 Strukturelle Chromosomenanomalien

Strukturelle Chromosomenanomalien beruhen, mit einer Ausnahme, auf Brüchen. Folgende Anomalien sind auf ein einziges Chromosom beschränkt:

− Deletionen. Es handelt sich um einen interstitiellen oder einen terminalen Chromosomenstückverlust. Eine Deletion im langen Arm von Chromosom 5 würde

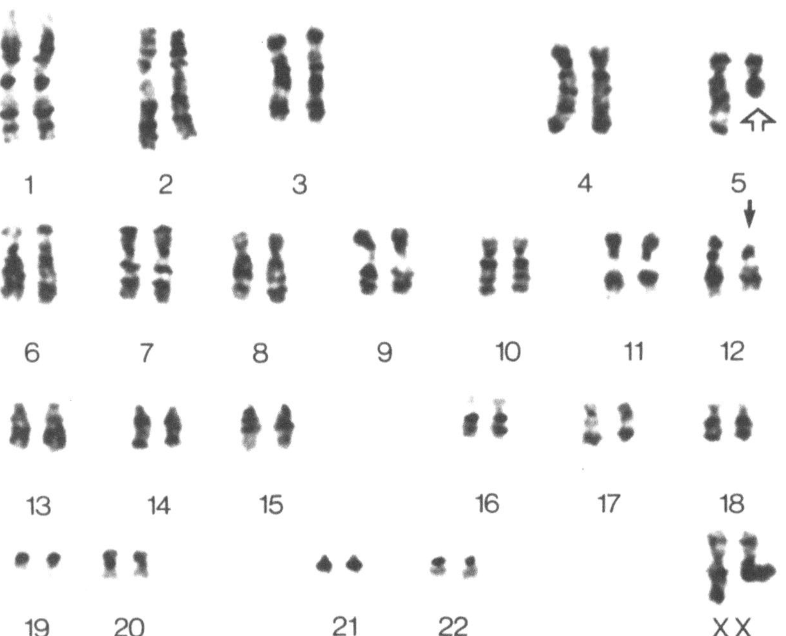

Abb. 4. Giemsa-Banden-Karyogramm einer Knochenmarkzelle einer Patientin mit akuter lymphatischer Leukämie nach myelodysplastischem Syndrom mit interstitieller Deletion im langen Arm eines Chromosoms 5 − del(5)(q13q33) and terminaler Deletion im kurzen Arm eines Chromosoms 12 − del(12)(p11.2)

Duplikation dup(1)(q25q42)

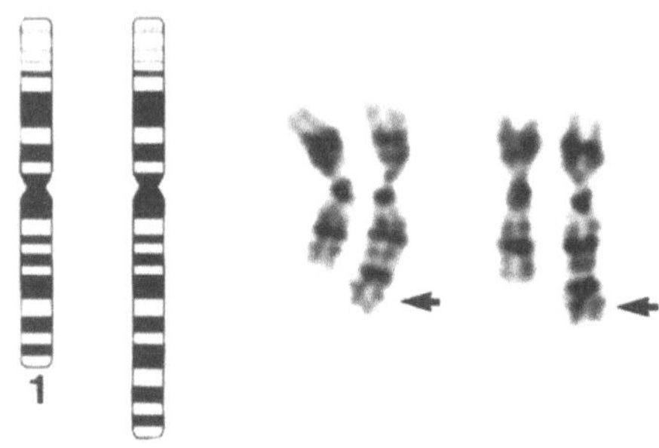

Abb. 5. Duplikation im langen Arm eines Chromosoms 1 − dup(1)(q25q42): Giemsa-Banden-gefärbte Chromosomen und schematische Darstellung; das Chromosom 1 mit der Verdoppelung der Banden von q25 bis q42 ist jeweils rechts angeordnet

z. B. mit del(5)(q13q33) bezeichnet, wenn ein Chromosomensegment zwischen den Banden 13 und 33 verlorengegangen ist (Abb. 4) oder del(5)(q13), wenn ab der Bande 13 der gesamte lange Arm fehlt.

− Eine Duplikation bezeichnet die Verdoppelung eines Chromosomensegmentes innerhalb eines Chromosoms, z. B. dup(1)(q25q42) bedeutet, daß die Banden 25 bis 42 am langen Arm von Chromosom 1 in doppelter Ausführung vorliegen (Abb. 5).

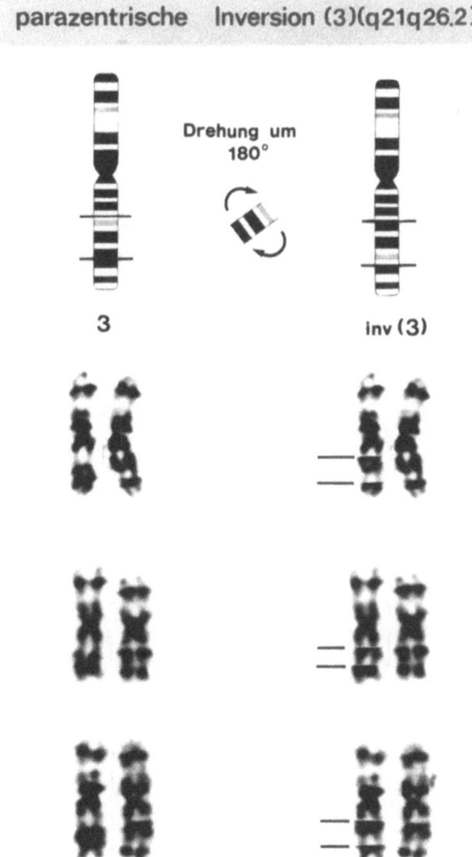

Abb. 6. Parazentrische Inversion im langen Arm eines Chromosoms 3 – inv(3)(q21q26.2): Schematische Darstellung der Inversion, sowie Giemsa-Banden-gefärbte Chromosomenpaare 3 aus drei verschiedenen Metaphasen; das rechte Chromosom der in der linken Reihe angeordneten Chromosomenpaare 3 trägt die Inversion, in der rechten Reihe wurde im normalen, links liegenden Chromosom 3 die Inversion durch Herausschneiden des Segmentes 3q21 bis 3q26 und Drehung um 180° nachvollzogen

– Bei einer Inversion wird ein Chromosomensegment nach zwei Brüchen um 180° gedreht in dasselbe Chromosom eingebaut. Von der Inversion kann das Zentromer betroffen sein (perizentrische Inversion) oder sie findet innerhalb eines Armes statt (parazentrische Inversion). Die Bezeichnung inv(3)(q21q26) z. B. bedeutet, daß eine parazentrische Inversion im langen Arm von Chromosom 3 vorliegt (Abb. 6).

– Ein Ringchromosom wird gebildet, wenn sowohl am kurzen als auch am langen Arm eines Chromosoms je ein Bruch auftritt und die Bruchstellen unter Verlust der distal gelegenen Chromosomensegmente miteinander fusionieren: r(17)(p13q25) heißt, daß im kurzen Arm von Chromosom 17 in der Bande 13 und im langen Arm in der Bande 25 Brüche auftraten, die zur Ringbildung führten (Abb. 7).

Zwei und mehr Chromosomen sind an Translokationen und der Bildung von dizentrischen Chromosomen beteiligt:

– Bei der reziproken Translokation kommt es zum wechselseitigen Austausch von Chromosomensegmenten nicht homologer Chromosomen, z. B. bedeutet

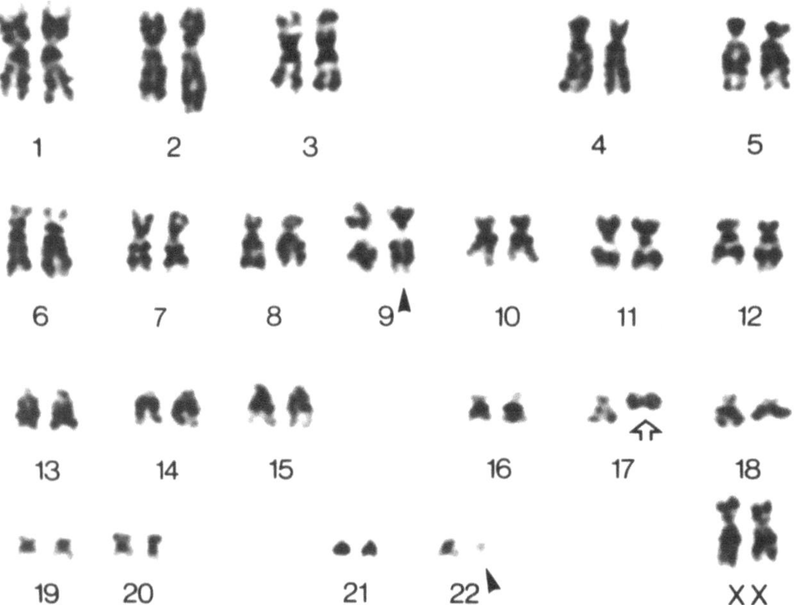

Abb. 7. Giemsa-Banden-Karyogramm einer Knochenmarkzelle einer Patientin mit chronisch myeloischer Leukämie und Standard-Philadelphia-Translokation t(9;22)(q34;q11) (volle Pfeile) und Ringchromosom 17 − r(17)(p13q25) (offener Pfeil)

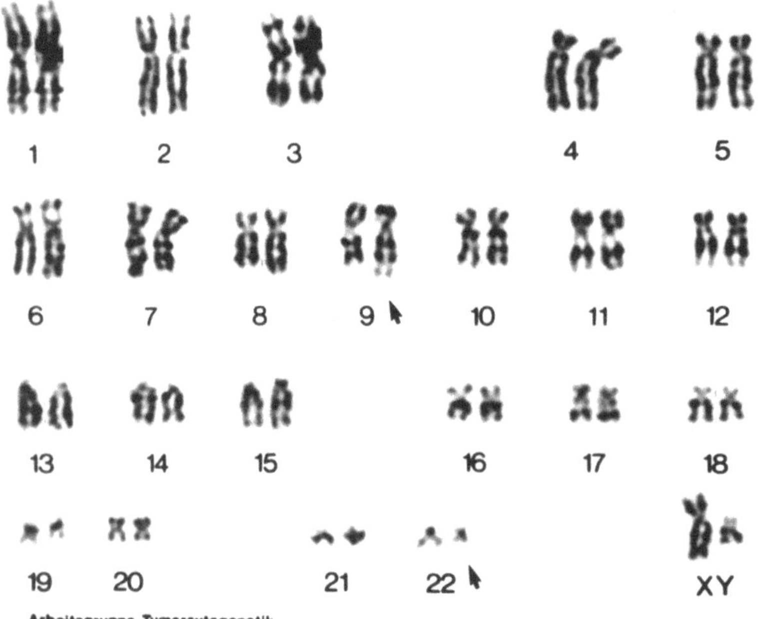

Abb. 8. Giemsa-Banden-Karyogramm einer Knochenmarkzelle eines Patienten mit chronisch myeloischer Leukämie und Standard-Philadelphia-Translokation − t(9;22)(q34;q11)

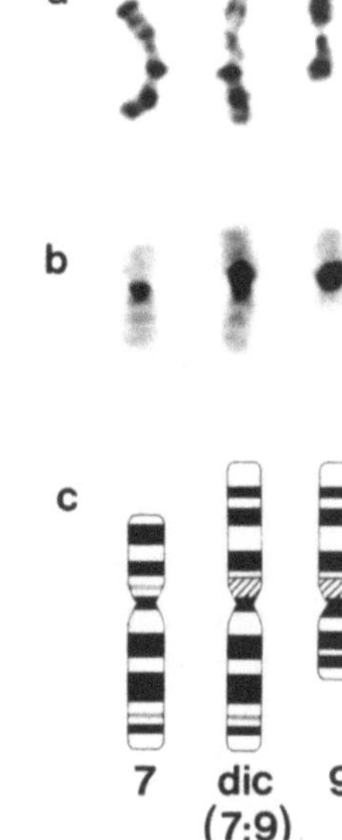

Abb. 9a – c. Dizentrisches Chromosom, bestehend aus den langen Armen der Chromosomen 7 und 9 – dic(7;9)(q10;q10); **a** Giemsa-Banden-Darstellung der normalen Chromosomen 7 (links) und 9 (rechts) und des dizentrischen Chromosoms (Mitte), **b** C-Banden-Darstellung, **c** Schematische Darstellung

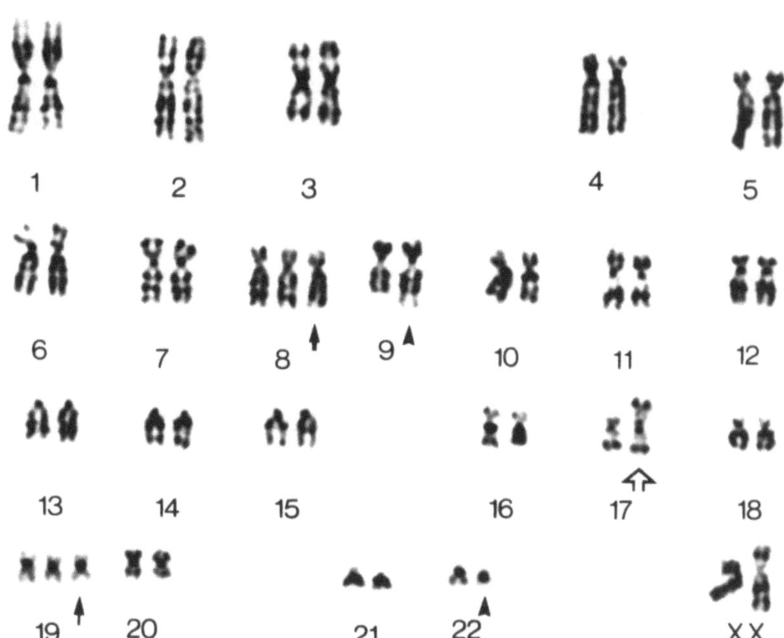

Abb. 10. Giemsa-Banden-Karyogramm einer Patientin mit chronisch myeloischer Leukämie in Blastenkrise; neben der Standard-Philadelphia-Translokation (stiellose Pfeile) sind überzählige Chromosomen 8 und 19 (gestielte volle Pfeile) und ein Isochromosom der langen Arme von Chromosom 17 (offener Pfeil) zu sehen

t(9;22)(q34;q11) − die Standard-Philadelphia-Translokation −, daß je ein terminales Chromosomensegment des langen Armes von Chromosom 9 und des langen Armes von Chromosom 22 wechselweise ausgetauscht wurden (Abb. 8).

− Fusionieren zwei Zentromer-tragende Segmente miteinander, so entsteht ein dizentrisches, also mit zwei Zentromeren ausgestattetes Chromosom. Die Bezeichnung dafür lautet dic(7;9)(q10;q10), da beide langen Arme der Chromosomen 7 und 9 unter Beibehaltung der Zentromeren (q10) aneinandergelagert sind (Abb. 9).

− Während alle aufgeführten Chromosomenaberrationen auf Bruchereignisse zurückzuführen sind, resultieren sogenannte Isochromosomen aus der Fehlteilung des Zentromers. Erfolgt bei der Zellteilung die Trennung der Chromatiden nicht in Längsrichtung, sondern quer dazu durch das oder nahe am Zentromer, so wandert der kurze Arm des betroffenen Chromosoms in eine Tochterzelle und der lange Arm in die andere. Die Reduplikation in der Synthesephase führt sodann zu Chromosomen, die aus zwei identischen, spiegelbildlich gleichen Armen bestehen − einem Isochromosom der langen Arme und einem Isochromosom der kurzen Arme. Als Beispiel sei hier das Isochromosom für die langen Arme von Chromosom 17 aufgeführt − i(17q) (Abb. 10). Liegt der Bruchpunkt im Zentromer im Bereich des langen Armes, so wird das Isochromosom mit i(17)(q10) bezeichnet, liegt er nahe am Zentromer im kurzen Arm, gilt idic(17)(p11).

Marker-Chromosomen, abgekürzt mar, werden strukturell veränderte Chromosomen genannt, deren Herkunft und Zusammensetzung nicht identifizierbar ist. Ist ein Teil eines Marker-Chromosoms erkennbar, so spricht man von einem derivierten Chromosom, abgekürzt der.

Als klonale Aberration wird das Fehlen eines identischen Chromosoms in mindestens drei und mehr Metaphasen gewertet oder das Vorliegen eines identischen überzähligen Chromosoms oder derselben Strukturanomalie in zwei oder mehr Metaphasen (I. Internationaler Workshop über Chromosomen bei Leukämien, 1978). Nichtklonale, sporadische Karyotypveränderungen werden ebenfalls registriert.

Für eine detaillierte Beschreibung, auch komplexer Chromosomen-Umbauten, sei auf die Empfehlungen des internationalen ständigen Komitees für die zytogenetische Nomenklatur beim Menschen (ISCN, 1991) verwiesen.

Literatur

Boveri T (1914) Zur Frage der Entstehung maligner Tumoren. Gustav Fischer, Jena
First International Workshop on Chromosomes in Leukaemia 1977 (1978) Chromosomes in acute non-lymphocytic leukaemia. Br J Haematol 39:311−316
Fonatsch C, Schaadt M, Kirchner H, Diehl V (1980) A possible correlation between the degree of karyotype aberrations and the rate of sister chromatid exchanges in lymphoma lines. Int J Cancer 26:749−756
ISCN (1985) An International System for Human Cytogenetic Nomenclature. Cytogenet Cell Genet, S. Karger, Basel
ISCN (1991) Guidelines for Cancer Cytogenetics, Supplement to An International System for Human Cytogenetic Nomenclature. F. Mitelman (ed.) S. Karger, Basel
Mitelman F (1991) Catalog of Chromosome Aberrations in Cancer. Wiley-Liss, New York
Nowell PC, Hungerford DA (1960) A minute chromosome in human granulocytic leukemia Science 132:1497
Sumner AT, Evans HJ, Buckland RA (1971) New technique for distinguishing between human chromosomes. Nature 232:31−32

VIII Interphasenzytogenetik mittels Fluoreszenz-In-situ-Hybridisierung (FISH)

J. DRACH

1 Einleitung

Molekularbiologische und zytogenetische Analysen haben in den vergangenen Jahren bedeutende Einblicke in die Biologie humaner Neoplasien erbracht, so daß heute die Entstehung und Progression von Tumoren mit spezifischen genetischen Veränderungen korreliert werden können. Dazu zählen insbesondere die t(9;22) bei der chronisch myeloischen Leukämie, die t(15;17) bei der akuten Promyelozytenleukämie, die t(14;18) bei follikulären Lymphomen, sowie Aktivierung und/oder Amplifizierung von Onkogenen (z. B. ras, c-myc, erbB-2) und Deletion von Tumor-Suppressor-Genen (p53, Rb-1), v. a. bei soliden Tumoren. Erste Informationen über diese Ereignisse lieferte die Karyotypisierung von Metaphasen-Präparationen maligner Zellen (konventionelle Zytogenetik). Die Tatsache, daß diese Technik nur an Zellen angewandt werden kann, welche sich zu Mitosen anregen lassen, stellt gleichzeitig eine der wichtigsten Limitationen dieser Methode dar.

Kürzlich wurde die Technik der Fluoreszenz-In-situ-Hybridisierung (FISH) etabliert, welche zur Erfassung chromosomaler Aberrationen an Metaphasen-, aber auch Interphasenpräparationen herangezogen werden kann [1 – 3]. Die Analyse zytogenetischer Veränderungen an nicht-teilenden Zellen mittels FISH wird nach Cremer et al. [2] oft als Interphasenzytogenetik bezeichnet.

Prinzip

FISH basiert auf dem Prinzip, daß sich Einzelstrang-DNA an komplementäre DNA-Sequenzen spezifisch anlagert. Die Ziel-DNA ist dabei die nukleäre DNA von Interphasenzellkernen (prinzipiell auch die DNA von Metaphasen), welche auf einem Mikroskopobjektträger aufgetragen sind. Die Test-Probe ist markiert, meistens durch enzymatische Inkorporation von Biotin- oder Digoxigenin-markierten Nukleotiden. Die Ziel-DNA und markierte DNA-Probe werden in einer Formamidlösung durch Hitze denaturiert, und die Hybridisierung wird durch Inkubation bei 37 °C ermöglicht. Nach Waschschritten zur Entfernung ungebundener Probe erfolgt der Nachweis der gebundenen DNA-Probe durch Fluorochrom-markierte Zweitreagentien (z. B. FITC-markiertes Avidin). Typischerweise werden die Zellkerne schließlich mit DNA-bindenden Fluorochromen wie Propidiumjodid oder DAPI (4,6-diamidino-2-Phenylindol) gegengefärbt. Ein typisches Beispiel ist in Figur 1 dargestellt.

Vorzüge von FISH lassen sich wie folgt zusammenfassen:
- Rasche Testdurchführung;
- Hohe Sensitivität und Spezifität;
- Zytogenetische Daten lassen sich an nicht-teilenden oder terminal differenzierten Zellen erheben;
- Analyse zytogenetischer Veränderungen an einer großen Zellzahl;
- die direkte Korrelation von Zytogenetik und Zellmorphologie ist möglich.

Nachfolgend soll die Methodik zur Darstellung von numerischen Chromosomenaberrationen in Interphasenzellkernen beschrieben und anschließend wichtige Anwendungsgebiete von FISH skizziert werden.

2 Methodik

Zur Erfassung numerischer Chromosomenaberrationen an Interphasenzellkernen werden DNA-Proben verwendet, welche mit repetitiven DNA-Sequenzen am oder nahe dem Zentromer eines Chromosoms hybridisieren. Solche DNA-Sequenzen, welche als alpha-Satelliten bezeichnet werden, sind mehrere 100 Male wiederholt, so daß die Hybridisierungsintensität hoch ist und die Hybridisierungssignale als homogene Domänen im Interphasenzellkern sichtbar sind (Figur 1). Die Zahl dieser Signale pro Interphasenzellkern kann daher rasch und genau bestimmt werden.

In unseren Händen hat sich folgendes methodisches Vorgehen bewährt [4–6]:

Reagenzien

- 0,1 N HCl/0,05% Triton-X-100: 475 ml Aqua dest. + 25 ml 2 N HCl + 250 µl Triton-X-100
- 1% Formaldehyd: 13,5 ml Formaldehyd (37%) + 486,5 ml PBS
- 20× SSC: 44,116 g Na-Citrat (0,3 M) + 87,698 NaCl (3,0 M) + 500 ml Aqua dest.; pH auf 7,0 einstellen.
- 2×SSC: 450 ml Aqua dest. + 50 ml 20× SSC
- 70% Formamid: 70 ml Formamid (100%) + 10 ml 20× SSC + 20 ml Aqua dest.; pH auf 7,0 einstellen.
- 50% Formamid: 50 ml Formamid (100%) + 10 ml 20× SSC + 40 ml Aqua dest.; pH auf 7,0 einstellen.
- Hybridisierung-Mix: 50% Formamid in 2× SSC, ±10% Dextransulfat.

Zellaufbereitung

Aus Blut- und Knochenmarkproben erfolgt zunächst die Separation der mononuklearen Zellen durch Dichtegradientzentrifugation (Ficoll-Hypaque Separation nach Standardmethoden), Gewebe aus soliden Tumoren wird mechanisch und/oder enzymatisch (z. B. Kollagenase) in eine Zellsuspension gebracht. Die so vorbehandelten Zellen werden durch die tropfenweise Zugabe von Carnoy'scher Fixierlösung (3 Teile Methanol + 1 Teil Essigsäure) unter ständiger Agitation mittels Vortex fixiert. Die fixierten Zellen können bei Temperaturen unter −20°C für mehrere Monate aufbewahrt werden.

Objektträger

Nur vorgereinigte Objektträger verwenden! Objektträger werden dazu für 24 Stunden mit absolutem Methanol behandelt und anschließend mit Aqua dest. über Nacht gelagert. Auf einen noch feuchten Objektträger werden die zu testenden, bereits fixierten Zellen aufgetropft. Nach Lufttrocknung wird die Zelldichte im Lichtmikroskop geprüft. Wichtig: Die Zellen dürfen sich nicht überlappen, sondern müssen einzeln liegen, so daß später die zweifelsfreie Interpretation möglich ist.

Prä-Hybridisierung

- Säure-Denaturierung der DNA. Objektträger für 15 min in einen Färbetrog mit 0,1 N HCl/0,05% Triton-X-100 bei Raumtemperatur geben. Anschließend 2 min mit 2x SSC waschen, gefolgt von einem weiteren Wasch-Schritt mit PBS.

- Nachfixierung. Inkubation mit 1% Formaldehyd für 10 min bei Raumtemperatur, gefolgt von 2 Wasch-Schritten mit PBS für jeweils 2 min und einmaligem Waschen mit 2xSSC für 2 min.
- Dehydration in der aufsteigenden Alkoholreihe. Jeweils 2 min mit 70%, 85% und 100% Ethanol inkubieren, Objektträger anschließend lufttrocknen.
- Hitze-Denaturierung. Inkubation in 70% Formamid bei 70°C für 5 min.
- Dehydration. Wie oben jeweils 2 min mit 70%, 85% und 100% Ethanol inkubieren, anschließend Objektträger lufttrocknen.

- Hybridisierungs-Mix und DNA-Probe mischen so, daß die endgültigen Konzentrationen 50% Formamid und 2 ng/ml DNA-Probe betragen. **Hybridisierung**
- Nach Hitze-Denaturierung bei 70°C (5 min) wird die Probe für mindestens 5 min auf Eis abgekühlt.
- Pro Objektträger werden 10 µl dieser Hybridisierungslösung aufgetragen, mit einem Deckgläschen bedeckt und mit rubber-cement oder Parafilm versiegelt.
- Hybridisierungsdauer 4 bis 16 Stunden bei 37°C.

- Nach vorsichtigem Abheben des Deckgläschens dreimal für jeweils 7 min in 50% Formamid bei 45°C inkubieren, gefolgt von 2 Waschschritten mit 2x SSC bei 37°C für jeweils 4 min. **Post-Hybridisierung**

- Die gebundene DNA-Probe wird nun durch Reaktion mit Fluorochrom-markierten Sekundärreagentien sichtbar gemacht. Wurde eine biotinylierte DNA-Probe **Fluoreszenz-färbung**

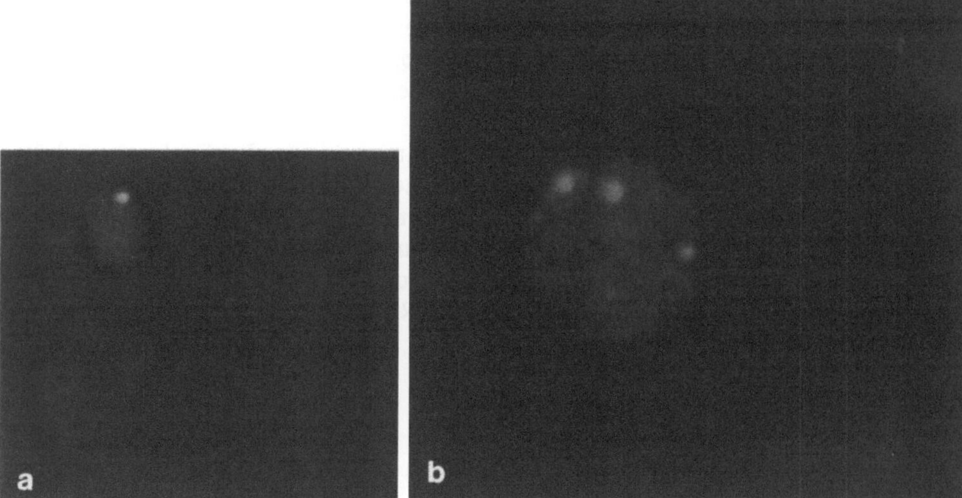

Abb. 1. a FISH mit einer alpha-Satellitenprobe für Chromosom 7 (Biotinmarkiert, Nachweis mit Avidin-FITC) bei einer akuten myeloischen Leukämie mit Monosomie 7. Der Zellkern wurde mit Propidiumjodid gegengefärbt. **b** Zweifarben-Hybridisierung mit alpha-Satellitenproben für Chromosom 7 (Biotin-markiert, Nachweis mit Avidin-FITC) und Chromosom 8 (Digoxigenin-markiert, Nachweis mit anti-Digoxigenin-Rhodamin) bei einer akuten myeloischen Leukämie mit Monosomie 7. Der Nachweis von 2 Domänen für Chromosom 8 (2 rote Hybridisierungssignale) bestätigt, daß die Hybridisierungsbedingungen optimal sind. Eine Domäne für Chromosom 7 (grünes Signal) zeigt die Monosomie 7 an

verwendet, erfolgt die Reaktion mit Avidin-FITC (oder -Rhodamin). Im Falle einer Digoxigenin-markierten DNA-Probe wird ein FITC (oder Rhodamin-) markierter anti-Digoxigenin-Antikörper eingesetzt.

- 20 µl des entsprechenden Reagens (Konzentration 5–10 µg/ml) werden auf den Objektträger aufgetragen und nach Versiegelung mit Parafilm erfolgt die Inkubation bei 37 °C für 40 min. Anschließend wird mit 2x SSC bei 37 °C für jeweils 4 min zweimal gewaschen.

Gegenfärbung der DNA

- Der Zellkern wird mit einem DNA-Fluorochrom gegengefärbt. Die Auswahl des Farbstoffs richtet sich nach dem bereits verwendeten Fluorochrom: Wurde FITC verwendet, empfiehlt sich die Anwendung von Propidiumjodid (Konzentration 500 ng/ml), bei Rhodamin kommt DAPI (Konzentration 200 ng/ml) zur Anwendung.
- Nach Auflegen eines Deckgläschens werden die Objektträger bis zur Auswertung im Fluoreszenzmikroskop lichtgeschützt bei 4 °C aufbewahrt.

3 Anwendungen von FISH und Ausblick

Wichtige Anwendungsbereiche von FISH in der Hämatologie und Onkologie sind in Tabelle 1 zusammengefaßt. Insbesondere soll darauf hingewiesen werden, daß neben numerischen nun auch strukturelle Chromosomenaberrationen am Interphase-Kern nachgewiesen werden können.

Neuentwicklungen betreffen v. a. die Möglichkeit, mit mehreren Proben simultan zu hybridisieren und durch Verwendung von unterschiedlichen Fluorochromen bzw. Mischfarben mehrere Proben gleichzeitig sichtbar zu machen [25]. Mehrfarben-FISH wurde auch durch die Entwicklung spezieller Filter-Kombinationen für die Fluoreszenzmikroskopie vereinfacht.

Eine neue Technik mit einem breiten Anwendungsgebiet in der Analyse neoplastischer Zellen ist die sog. vergleichende genomische Hybridisierung (comparative genomic hybridization, CGH) [26]. Dabei wird Tumor-DNA mit DNA von normalen Zellen, welche mit unterschiedlichen Fluorochromen markiert sind, gegen normale Metaphasen hybridisiert. Verlust oder Gewinn von DNA (wie bei Deletionen oder Amplifikationen) zeigt sich als Veränderung der Ratio der beiden Fluorochrome ent-

Tabelle 1. Anwendungen von FISH in der Onkologie

Anwendung	Referenzen
Nachweis numerischer Chromosomenaberrationen	5, 7–13
Nachweis struktureller Chromosomenaberrationen	14–16
Identifizierung von Marker-Chromosomen	3, 17
Therapie-Monitoring und Nachweis einer minimalen Resterkrankung	4–6, 18
Identifizierung des Ursprungs von Knochenmarkszellen nach Knochenmarkstransplantation	19, 20
Untersuchung verschiedener Differenzierungslinien	21–23
Nachweis von Gen-Amplifikationen	24

lang der Ziel-Chromosomen. Diese Technik erlaubt es somit, multiple genetische Veränderungen in einem einzigen Schritt zu erfassen.

Literatur

1. Pinkel D, Straume T, Gray JW (1986) Cytogenetic analysis using quantitative, high-sensitivity, fluorescence hybridization. Proc Natl Acad Sci USA 83:2934
2. Cremer T, Landegent J, Brückner A, Scholl HP, Schardin M, Hager HD, Devillee P, Pearson P, van der Ploeg M (1986) Detection of chromosome aberrations in the human interphase nucleus by visualization of specific target DNAs with radioactive and non-radioactive in situ hybridization: Diagnosis of trisomy 18 with probe L 1.84. Hum Genet 74:346
3. Lichter P, Cremer T, Borden J, Manuelidis L, Ward DC (1988) Delineation of individual human chromosomes in metaphase and interphase cells by in situ suppression hybridization using recombinant DNA libraries. Hum Genet 80:224
4. Drach J, Pereira-Leahy JM, Goodacre A, Drach D, Sanchez Williams G, Weier HU, Pinkel D, Andreeff M (1992) Persistence of proliferating leukemic cells in AML/MDS patients after remission induction therapy: A new method for the detection of minimal residual disease. Blood 80, Suppl 1:105 a
5. Escudier SM, Pereira-Leahy JM, Drach JW, Weier HU, Goodacre AM, Cork MA, Trujillo JM, Keating MJ, Andreeff M (1993) Fluorescent in-situ hybridization (FISH) and cytogenetic studies of trisomy 12 in chronic lymphocytic leukemia. Blood 81:2702
6. Drach J, Pereira-Leahy JM, Goodacre A, Drach D, Sanchez-Williams G, Weier U, Pinkel D, Andreeff M (1993) Fluorescence in-situ hybridization (FISH) of BrdU-labeled, FACS-sorted cells detects proliferating residual leukemic cells in acute myelogenous leukemia. Cytometry, Suppl 6:8
7. Anastasi J, Le Beau MM, Vardiman JW, Westbroock CA (1990) Detection of numerical chromosomal abnormalities in neoplastic hematopoietic cells by in situ hybridization with a chromosome-specific probe. Am J Path 136:131
8. Jenkins RB, Le Beau MM, Kraker WJ, Borell TJ, Stalboerger PG, Davis EM, Penland L, Fernald A, Espinosa R III, Schaid DJ, Noel P, Dewald G (1992) Interphase fluorescence in situ hybridization: A sensitive method for trisomy 8 detection in bone marrow specimens. Blood 79:3307
9. Anastasi J, Le Beau MM, Vardiman JW, Fernald AA, Larson RA, Rowley JD (1992) Detection of trisomy 12 in chronic lymphocytic leukemia by fluorescence in situ hybridization to interphase cells: A simple and sensitive method. Blood 79:1796
10. Poddighe PJ, Moesker O, Smeets D, Awwad BH, Ramaekers FCS, Hopman AHN (1991) Interphase cytogenetics of hematological cancer: Comparison of classical karyotyping and in situ hybridization using a panel of eleven chromosome specific DNA probes. Cancer Res 51:1959
11. Cremer T, Tesin D, Hopman AHN, Manuelidis L (1988) Rapid interphase and metaphase assessment of specific chromosomal changes in neuroectodermal tumor cells by in situ hybridization with chemically modified DNA probes. Exp Cell Res 176:199
12. Devilee P, Thierry RF, Kievits T, Kolluri R, Hopman AHN, Willard HF, Pearson P, Cornelisse CJ (1988) Detection of chromosome aneuploidy in interphase nuclei from human primary breast tumors using chromosome-specific repetitive DNA probes. Cancer Res 48:5825
13. Hopman AHN, Moesker O, Smeets WGB, Pauwels RPE, Vooijs GP, Ramaekers FCS (1991) Numerical chromosome 1, 7, 9, and 11 aberrations in bladder cancer detected by in situ hybridization. Cancer Res 51:644
14. Tkachuk DC, Westbrook CA, Andreeff M, Donlon TA, Cleary ML, Suryanarayan K, Homge M, Redner A, Gray J, Pinkel D (1990) Detection of bcr-abl fusion in chronic myelogenous leukemia by in situ hybridization. Science 250:559
15. Stilgenbauer S, Döhner H, Bulgay-Mörschel M, Weitz S, Bentz M, Lichter P (1993) High frequency of monoallelic retinoblastoma gene deletion in B-cell chronic lymphoid leukemia shown by interphase cytogenetics. Blood 81:2118

16. Rowley JD, Diaz MO, Espinosa R III, Patel YD, Van Melle E, Ziemin S, Taillon-Miller P, Lichter P, Evans GA, Kersey JH, Ward DC, Domer PH, Le Beau MM (1990) Mapping chromosome band 11q23 in human acute leukemia with biotinylated probes: Identification of 11q23 translocation breakpoints with yeast artificial chromosome. Proc Natl Acad Sci USA 87:9358
17. Cremer T, Lichter P, Borden J, Ward DC, Manuelidis L (1988) Detection of chromosome aberrations in metaphase and interphase tumor cells by in situ hybridization using chromosome-specific library probes. Hum Genet 80:235
18. Anastasi J, Vardiman JW, Rudinsky R, Patel M, Nachman J, Rubin CM, Le Beau MM (1991) Direct correlation of cytogenetic findings with cell morphology using in situ hybridization: An analysis of suspicious cells in bone marrow specimens of two patients completing therapy for acute lymphoblastic leukemia. Blood 77:2456
19. Durnam DM, Anders KR, Fisher L, O'Quigley J, Bryant AM, Thomas ED (1989) Analysis of the origin of marrow cells in bone marrow transplant recipients using a Y-chromosome-specific in situ hybridization assay. Blood 74:2220
20. Anastasi J, Thangavelu M, Vardiman JW, Hooberman AL, Bian ML, Larson RA, Le Beau MM (1991) Interphase cytogenetic analysis detects minimal residual disease in a case of acute lymphoblastic leukemia and resolves the question of relapse after allogeneic bone marrow transplantation. Blood 77:1087
21. Gerritsen W, Donohue J, Bauman J, Jhanwar SC, Kernan NA, Castro-Malaspina H, O'Reilly RJ, Bourhis JH (1992) Clonal analysis of myelodysplastic syndrome: Monosomy 7 is expressed in the myeloid lineage, but not in the lymphoid lineage as detected by fluorescent in situ hybridization. Blood 80:217
22. Kibbelaar RE, Van Kamp H, Dreef EJ, de Groot-Swings G, Kluin-Nelemans JC, Beverstock GC, Fibbe WE, Kluin PM (1992) Combined immunophenotyping and DNA in situ hybridization to study lineage involvement in patients with myelodysplastic syndromes. Blood 79:1823
23. Anastasi J, Feng J, Le Beau MM, Larson RA, Rowley JD, Vardiman JW (1993) Cytogenetic clonality in myelodysplastic syndromes studied with fluorescence in situ hybridization: Lineage, response to growth factor therapy, and clone expansion. Blood 81:1580
24. Kallionemi O-P, Kallionemi A, Kurisu W, Thor A, Chen L-C, Smith HS, Waldman FM, Pinkel D, Gray JW (1992) Erb-B2 amplification in breast cancer analyzed by fluorescence in situ hybridization. Proc Natl Acad Sci USA 89:5321
25. Nederlof PM, Robinson P, Abuknesha R, Wiegant J, Raap AK, Tanke HJ, Ploem JS, van der Ploeg M (1989) Three-color fluorescence in situ hybridization for the simultaneous detection of multiple nuclei acid sequences. Cytometry 10:20
26. Kallionemi A, Kallionemi O-P, Sudar D, Rutovitz D, Gray JW, Waldman F, Pinkel D (1992) Comparative genomic hybridization for molecular cytogenetic analysis of solid tumors. Science 258:818

IX Zytochemische Methoden

H. LÖFFLER

1 Einleitung

Zytochemische Methoden bilden neben den panoptischen Färbungen (Giemsa, Pappenheim) die Grundlage der Leukämiediagnostik und -klassifizierung. Wenn auch der Beginn der Histochemie bis in das 19te Jahrhundert zurückzuverfolgen ist, so hat die moderne Zytochemie erst 1946 mit der Anwendung des Verfahrens zum Nachweis von alkalischer Phosphatase in Blutausstrichen durch Wachstein 1946 begonnen. In zunehmendem Maße wurden zytochemische Methoden erst in den 60er Jahren in die Routinediagnostik eingeführt. Voraussetzung für die diagnostische Anwendung zytochemischer Methoden in der Klassifizierung und Diagnostik war die Erarbeitung besonderer kennzeichnender Reaktionsmuster für die einzelnen normalen Zellreihen. Ein wesentlicher Unterschied zwischen zytochemischer und biochemischer Analyse liegt in der Möglichkeit, mit zytochemischer Technik Zellkomponenten in situ analysieren zu können und eine Zuordnung zu Strukturen zu erreichen, die mit konventioneller Färbung oder ultrastruktureller Technik erfaßbar sind. Bestimmte Kennzeichen (Marker) oder Reaktionsmuster erlauben eine Erkennung gemeinsamer Merkmale scheinbar heterogener Zellpopulationen und vice versa. Neben der Untersuchung von Blut, Knochenmark und Punktatausstrichen oder Abklatschpräparaten kommt als weiterer Anwendungsbereich die Analyse von Zellen aus Knochenmark bzw. Stammzellkulturen in Betracht.

Der Einsatz von zytochemischen Methoden kann nur dann praktische Bedeutung haben, wenn zwei Prinzipien berücksichtigt werden:

- Ohne gründliche zytologische Kenntnisse können zytochemische Resultate nicht sinnvoll interpretiert werden, ihre Anwendung kann sogar zu Irrtümern oder Fehlinterpretationen führen. Die Basis der Diagnostik bleibt die panoptische Färbung.
- Vergleichbare Resultate sind nur durch Standardisierung der Methoden und exakte Einhaltung der Versuchsbedingungen zu erreichen.

Für die klinische Routine haben sich Nachweisverfahren für Substanzen (Eisen, Kohlenhydrate, Fette) und Enzymaktivitäten bewährt.

Als Untersuchungsmaterial für zytochemische Untersuchungen eignen sich Knochenmark- und Blutausstriche, Ausstriche von Zellkonzentraten, Tupfpräparate von Lymphknoten oder anderen Organen. Bei Zytozentrifugaten von angereichertem und vorbehandeltem Material können neben Veränderungen der Zellmorphologie auch Veränderungen des Reaktionsmusters eintreten, so daß die Ergebnisse mit Vorbehalt zu verwerten sind. Da meistens Material für verschiedene Untersuchungen gewonnen werden muß, sind gerinnungshemmende Zusätze unvermeidlich. Für zytochemische Untersuchungen sollten möglichst geringe Mengen verwendet werden, um die Färberesultate nicht zu stören. Besonders ungünstig ist Heparinzusatz, der schon die normale panoptische Färbung, zum Beispiel nach Pappenheim, erheblich stören kann. Besser sind Zusätze von Zitrat oder EDTA in niedriger Konzentration. Das Material sollte möglichst bald nach Gewinnung sachgerecht unter Verwendung fettfreier, gut gereinigter Objektträger ausgestrichen werden. Am besten geeignet sind in normaler Weise angefertigte dünne Blut- und Knochenmarkausstriche. Die sogenannten Knochenmarkquetschpräparate können zu unterschiedlichem Ausfall von Enzymreaktionen Anlaß geben. Besonders störend sind sehr fetthaltige Ausstriche. Diese können nach Fixierung durch kurzes Eintauchen in reinen Diethylether entfettet werden. Ausstriche, die nicht sofort verarbeitet werden können, werden bei kurzer (weniger als 12 Stunden) Wartezeit lichtgeschützt und trocken bei weniger als 18 °C aufbewahrt. Muß das Material länger aufbewahrt werden, wird es im Gefrierfach eines Kühlschrankes luftdicht verpackt gelagert. Das eingefrorene Material muß vor der Verarbeitung auf Zimmertemperatur erwärmt werden.

Kontrollen

- Mitfärben eines Präparates mit bekannter Reaktion, z. B. eines Knochenmarkausstrichs ohne Anomalien, eines normalen Blutausstrichs.
- Bei Enzymreaktionen Weglassen des Substrates.
- Inaktivierung des zu untersuchenden Enzyms in einem Kontrollpräparat durch Hitzeinaktivierung oder Zusatz eines Inhibitors.
- Im Untersuchungspräparat selbst überprüfen, ob normale Zellen oder Strukturen regelrecht reagieren.

2 Substanznachweismethoden

2.1 Eisen (Berliner Blau-Reaktion)

Prinzip Mit der Berliner Blau-Reaktion wird dreiwertiges Eisen histochemisch nachgewiesen. Durch den Zusatz von verdünnter Salzsäure wird auch Eisen aus Proteinbindungen nachweisbar. Hämoglobineisen wird nicht erfaßt.

Reagenzien
- Methanol
- Kaliumferrozyanid (Kaliumhexazyanoferrat) 2%
- HCl 37%ig
- Pararosanilin-Lösung 1% in Methanol. Alternativ: Kernechtrot-Lösung.

**Durch-
führung**
- Fixierung luftgetrockneter Ausstriche 30 min in Formoldampf. Alternativfixierung: 10 bis 15 min in Methanol.
- Ca. 2 min in destilliertem Wasser waschen und lufttrocknen.
- Präparate in eine Küvette stellen, die gleiche Teile einer 2%igen Lösung von Kaliumferrozyanid und einer verdünnten HCl-Lösung (37% HCl 1+50 mit Aqua dest. mischen) enthält. Dauer: 1 Stunde.
- Mit destilliertem Wasser waschen.
- Kernfärbung in Pararosanilinlösung: 300 µl der 1%igen Pararosanilinlösung in Methanol mit 50 ml Aqua dest. verdünnen.

Alternativ: Kernfärbung mit Kernechtrot-Lösung (die Kernfärbung ist schwächer).

Zu beachten ist, daß nur eisenfreies Material verwendet und keine Metallpinzetten   **!**
in die Lösung eingebracht werden. Man kann nach Pappenheim oder Giemsa gefärbte Ausstriche nachträglich für die Eisenfärbung verwenden: Vor der Eisenfärbung
entfärbt man 12 bis 24 Stunden lang mit reinem Methanol. Dann entfällt die Fixierung der Ausstriche vor der Färbung.

Eisen erscheint als blauer Farbstoff entweder diffus verteilt oder in Form von Granu-   **Auswertung**
la oder Schollen im Zytoplasma.
   In der Hämatologie existieren zwei Fragestellungen für den Eisennachweis:

a) Der Nachweis von Sideroblasten und Siderozyten.
b) Der Eisengehalt in Makrophagen und Endothelien (Speichereisen).

Zu a) Sideroblasten bzw. Siderozyten sind Erythroblasten und Erythrozyten, die zytochemisch nachweisbares Eisen enthalten. Dieses Eisen ist in Form von kleinen Granula nachweisbar, die entweder unregelmäßig verteilt im Zytoplasma oder ringförmig
um den Kern der Erythroblasten liegen. Die Granula sind normalerweise sehr fein
und nur bei sorgfältigem Durchmustern der Ausstriche mit Ölimmersionen bei guter
Abdunkelung des Untersuchungsraumes in den Erythroblasten zu finden. Im allgemeinen findet man 1 bis 4, selten mehr feine Granula. Bei Eisenmangel ist der Anteil
der Sideroblasten unter 15% vermindert. Sicher pathologisch sind Sideroblasten mit
vergröberten Eisengranula, die mindestens 1/3 oder vollständig ringförmig den Kern
umgeben (Ringsideroblasten). Die praktische Bedeutung des Siderozytennachweises
ist gering: sie sind bei denselben Krankheiten vermehrt wie die Sideroblasten, außerdem im peripheren Blut nach Splenektomie, da die Milz normalerweise Eisen aus intakten Erythrozyten entfernt.

Zu b) Zur Beurteilung des Speichereisengehaltes müssen Knochenmarkbröckelchen
im Ausstrich oder im Schnitt untersucht werden. In den Makrophagen kann das Eisen fein diffus verteilt, in feingranulärer Form oder in mehr oder weniger grobkörniger bis grobscholliger Form vorliegen, so daß selbst der Kern überlagert sein kann.
Bei Alkoholintoxikation oder bei sideroblastischen Anämien kann man auch Eisen
in Plasmazellen nachweisen.

2.2 PAS (Periodic Acid-Schiff)-Reaktion

Die Methode beruht auf der Oxidation von α-Glykolen in Kohlenhydraten und koh-   **Prinzip**
lenhydrathaltigen Verbindungen. Die entstehenden Polyaldehyde werden mit dem
Schiff'schen Reagenz (Leukofuchsin) nachgewiesen.

- Formalin   **Reagenzien**
- 1%ige Perjodsäurelösung in Aqua dest.
- Sulfitwasser: 10 ml einer 10%igen Natriummetabisulfitlösung ($Na_2S_2O_5$) sowie
  10 ml 1 mol/l HCl mit Leitungswasser auf ein Volumen von 200 ml auffüllen. Die
  Stammlösungen können im Kühlschrank aufbewahrt werden, die Mischung muß
  stets frisch hergestellt werden.

- Schiff's Reagenz (im Handel käuflich) wird wie folgt hergestellt: 0,5 g Pararosanilin werden in 15 ml 1 mol/l HCl ohne Erwärmen unter Schütteln vollständig gelöst und eine Lösung von 0,5 g Kaliummetabisulfit ($K_2S_2O_5$) in 85 ml Aqua dest. zugesetzt. Die klare, kräftige rote Lösung hellt sich allmählich auf, wird gelblich. Sie wird nach 24 Stunden mit 300 mg Aktivkohle (pulv.) 2 min lang geschüttelt, dann filtriert. Das farblose Filtrat ist gebrauchsfertig und in Schliffstopfenflasche kühl und lichtgeschützt aufbewahrt mehrere Monate haltbar. Sobald Rotfärbung auftritt, darf das Schiff'sche Reagenz nicht mehr verwendet werden!

Durchführung
- Fixierung der Ausstriche 10 min in einer Mischung von 10 ml 40%igen Formalin und 90 ml Ethanol (alternativ auch 5 min in Formoldampf).
- Ca. 5 min in gewechseltem Leitungswasser waschen.
- Ausstriche 10 min in 1%ige Perjodsäure einstellen (jeweils frisch ansetzen).
- In mindestens zweimal gewechseltem Aqua dest. waschen und trocknen.
- 30 min in Schiff's Reagenz einstellen (bei Zimmertemperatur im Dunkeln).
- 2 bis 3 min in einmal gewechseltem Sulfitwasser spülen.
- 5 min in gewechseltem Aqua dest. waschen.
- Kernfärbung ca. 10 min mit Hämalaun und anschließend ca. 15 bis 20 min in Leitungswasser bläuen, lufttrocknen.

! Auch ältere Präparate, die nach Giemsa oder Pappenheim gefärbt waren, können nachträglich für die PAS-Reaktion verwendet werden. Allerdings sind mehrfach mit Öl oder Xylol behandelte Präparate nicht brauchbar. Die Ausstriche können ohne Fixierung nach Waschen in Aqua dest. wie bei Punkt 3 in die Perjodsäure eingebracht werden. Durch diese Perjodsäurebehandlung wird die Färbung entfernt.

Auswertung Im Zytoplasma der Zellen mit PAS-positivem Material sieht man entweder eine diffuse Rotfärbung oder verschieden große rosa bis burgunderrote Granula oder größere Klumpen oder Schollen, die große Teile des Zytoplasmas bedecken können. Über die Verteilung PAS-positiven Materials in normalen Leukozyten informiert die Tabelle. Teilweise sind auch Plasmazellen, Makrophagen und Osteoblasten positiv, stark positiv sind Megakaryozyten.

PAS-Reaktion in normalen Leukozyten

Zelltyp	PAS-Reaktion
Myeloblast	0
Promyelozyt	(+)
Myelozyt	+
Metamyelozyt	+ +
Stab- und Segmentkernige	+ + +
Eosinophile	+ (intergranuläre R.)
Basophile	+ (granulär!)
Monozyten	(+) − +
Lymphozyten	0 − + (granulär)

2.3 Metachromasie-Nachweis mit Toluidinblau

Als Metachromasie bezeichnet man eine vom Farbton der Farblösung abweichende Farbe in Gewebekomponenten. Metachromasie tritt praktisch nur bei Anwesenheit von Polyanionen auf. Eine ausgeprägte Metachromotropie zeigen sulfathaltige Substanzen. In der Regel werden Toluidinblau-Lösungen für den Nachweis der Metachromasie benutzt. Der Farbumschlag erfolgt von blau nach rot-violett.

Prinzip

- Toluidinblau
- Methanol
- Färbelösung: 1 g Toluidinblau wird in 100 ml Methanol gelöst. Diese Lösung ist unbegrenzt haltbar.

Reagenzien

- Blut- oder Knochenmarkausstriche werden lediglich luftgetrocknet.
- Fixierung und Färbung erfolgen in einem Arbeitsschritt. Entweder die luftgetrockneten Ausstriche 5 min in die Toluidinblau-Methanol-Lösung einstellen oder die Ausstriche auf der Färbebank 5 min mit der Toluidinblau-Methanol-Lösung überschichten.
- Gründlich spülen mit Leitungswasser, dann lufttrocknen.

Durchführung

Die Granula der Blut- und der Gewebsmastzellen (Basophilen) färben sich rot-violett, alle anderen Granula sind ungefärbt. Die Kerne färben sich zart blau. Eine ganz schwache Violettfärbung kann selten in frühen Promyelozyten oder bei der Alderschen Granulationsanomalie auftreten.

Auswertung

2.4 Sudan-Schwarz-B-Färbung

Sudan-Schwarz-B ist ein fettlöslicher Farbstoff, der sich in hoher Konzentration in Lipiden anreichert. Die auch nach Entfettung auftretende Sudanophilie beruht auf einer oxidativen Kupplung von Sudan-Schwarz-Abkömmlingen mit Phenolen, sie ist peroxidaseabhängig und entspricht daher der Peroxidase-Reaktion.

Prinzip

Methode

- Formaldehydlösung
- Färbelösung A: Sudan-Schwarz-B 0,3 g und Ethanol abs. 100 ml gut mischen und filtrieren (haltbar)
- Färbelösung B: Pufferlösung a) Phenol crist. 16 g lösen in Ethanol abs. 30 ml; b) $Na_2HPO_4 \times 12H_2O$ 0,3 g lösen in Aqua dest. 100 ml (bei 4 °C lagern); 15 ml Lösung a) + 50 ml Lösung b) mischen
- Färbelösung C: Lösung A (Farbstoff) 60 ml und Lösung B (Puffer) 40 ml mischen, filtrieren; 2 – 3 Monate haltbar.

Reagenzien

- Luftgetrocknete Ausstriche 10 min in Formoldampf fixieren.
- 10 min spülen in fließenden oder mehrfach gewechseltem Leitungswasser.
- 60 min in die Gebrauchslösung C einstellen.
- In 70%igem, mindestens 3×erneuertem Alkohol so lange spülen, bis keine Farbwolken mehr abgehen.

Durchführung

- 2 min in Leitungswasser spülen.
- Kernfärbung in verdünnter Giemsa-Lösung oder mit Hämalaun.

Auswertung Eine positive Reaktion erkennt man an einer schwarzen oder grau-schwarzen Färbung im Zytoplasma. Das Ergebnis entspricht weitestgehend der Peroxidase-Reaktion.

3 Enzymnachweismethoden

3.1 Peroxidase-Reaktion (POX)

Prinzip In Gegenwart von Peroxid wird Benzidin oder das heute meistens verwendete Diaminobenzidin von der Leukoform in eine hochpolymere farbgebende Form überführt.

Reagenzien
- Fixierlösung: Methanol + 37% Formalin (10 : 1)
- DAB-Lösung: 5 mg Diaminobenzidintetrahydrochlorid in 20 ml 0,05 mol/l Tris-HCl-Puffer (pH 7,6) mit Zusatz von 50 µl 1% H_2O_2
- Tris-HCl: 50 ml Lösung A (121,14 g Trishydroxy-methyl-aminomethan in 1 l Aqua dest. gelöst) + 40 ml Lösung B (1 mol/l HCl) + 960 ml Aqua dest.
- Mayer's Hämalaun

Durchführung
- 15 s Fixierung der luftgetrockneten Ausstriche bei 4 °C (dickere Knochenmarkausstriche 30 s).
- 3 × in Leitungswasser spülen.
- Ausstriche lufttrocknen.
- 10 min Inkubation in DAB-Lösung.
- Kurz in Leitungswasser spülen.
- 3 min Inkubation in Mayer's Hämalaun.
- 3 min in Leitungswasser spülen.
- Ausstriche lufttrocknen.

Auswertung Neutrophile und eosinophile Granulozyten zeigen vom Promyelozytenstadium an eine gelbgrüne bis bräunliche Granula-Färbung. Monozyten besitzen nur zum Teil Peroxidaseaktivität, die schwächer ist als die der Granulozyten.

3.2 Hydrolasen

Prinzip Das Prinzip ist bei allen Hydrolasen gleich und wird deshalb hier zusammenfassend beschrieben: Für die klinische Routine werden heute nur noch die Azofarbstoff-Methoden verwendet, die auf der hydrolytischen Spaltung eines Arylesters durch das Enzym und die sofortige Kupplung des freigesetzten Phenolderivates mit einem Farbentwickler, in der Regel einem Diazoniumsalz oder hexazotiertem Pararosanilin beruhen.

3.2.1 Alkalische Phosphatase

- Fixierlösung: 10% Formalin in absolutem Methanol (ein Teil 37%iges Formalin, 9 Teile 100%iges Methanol)
- Färbelösung: 35 mg Natrium-alpha-Naphthylphosphat in 70 ml 2%iger Veronalnatrium-Lösung pH 9,4 lösen und 70 mg Variaminblausalz B conc. hinzufügen und umrühren. Lösung sofort filtrieren und verwenden.
- Mayer's Hämalaun

Reagenzien

- 30 s Fixierung der luftgetrockneten Ausstriche bei 4°C.
- 3× gründlich in Leitungswasser spülen.
- Inkubation bei 4–7°C im Kühlschrank 2 Stunden lang.
- Gründlich in Leitungswasser spülen.
- 5–8 min Kernfärbung in Mayer's Hämalaun.
- Gründlich in Leitungswasser bläuen.
- Ausstriche lufttrocknen und danach in Glyzeringelatine oder Aquatex eindecken.

Durchführung

Enzymaktivität zeigen von den verschiedenen Blutzellarten nur die neutrophilen Granulozyten (einzelne Stab-, überwiegend Segmentkernige). Die Stärke der Phosphataseaktivität wird nach einem semiquantitativen Scoringsystem üblicherweise in vier Stärkegraden angegeben. Die auf 100 Zellen bezogene Aktivitätszahl wird Index genannt. Er errechnet sich aus der Summe der den einzelnen Stärkegraden zugeordneten Zellen, die mit dem jeweiligen Faktor (1–4) multipliziert werden. Der Indexbereich liegt demnach zwischen 0 und 400. Im Knochenmark besitzen neben den neutrophilen Granulozyten Gefäßendothelien und Osteoblasten Phosphataseaktivität. Falls man eine genauere Lokalisation von Strukturen in Knochenmarkausstrich, Lymphknotentupf- oder Schnittpräparaten wünscht, sollte man Methoden mit den Substraten Naphthol-AS-BI- oder -MX-Phosphat verwenden.

Auswertung

3.2.2 Saure Phosphatase-Reaktion (SPh)

- Fixierlösung: siehe Anhang.
- Färbelösung: 0,8 ml hexazotiertes Pararosanilin (gleiche Teile von 4% Natriumnitrit und 4% Pararosanilin in HCl frisch vermischen, siehe Anhang)
  +30 ml Michaelispuffer pH 7,4 (58 ml 0,1 mol/l Barbital Natrium+41,9 ml 0,1 mol/l HCl)
  +10 mg Naphthol-AS-BI-Phosphat, in 1 ml Dimethylformamid gelöst, zusammengeben. Die Lösung auf pH 4,9 bis 5,1 einstellen und vor Gebrauch filtrieren.
- Mayer's Hämalaun.

Reagenzien

- 30 s Fixierung der luftgetrockneten Ausstriche bei 4°C.
- 3× in Leitungswasser spülen.
- Ausstriche lufttrocknen.
- 3 Stunden Inkubation in Färbelösung bei Zimmertemperatur.
- Kurz in Leitungswasser spülen.
- 3 min in Mayer's Hämalaun.
- 3 min in Leitungswasser bläuen.
- Ausstriche lufttrocknen.

Durchführung

Auswertung   Im Zytoplasma von Zellen mit saurer Phosphatase-Aktivität entsteht ein leuchtend roter, teils homogener, teils körniger Niederschlag. Bei Plasmozytomen haben im allgemeinen die pathologischen Plasmazellen stärkere Aktivität als normale Plasmazellen oder Plasmazellen bei reaktiven Veränderungen. T-Lymphozyten haben eine punktförmige saure Phosphatase-Reaktion. In den Blasten der T-ALL wird meistens eine umschriebene (fokale) saure Phosphatase-Reaktion paranukleär beobachtet.

Saure Phosphatase-Reaktion mit Tartrat-Hemmung

Durchführung   Zu 30 ml Färbelösung werden 60 mg L-Weinsäure zugesetzt. Die Analysendurchführung erfolgt im übrigen genauso, wie für die saure Phosphatase beschrieben. Man kann anstelle der Pararosanilinlösung als Kupplungssalz das Fast Garnet GBC verwenden. Hierzu sind folgende Veränderungen der Färbelösung erforderlich: 10 mg Naphthol-AS-BI-Phosphat in 0,5 ml Dimethylformamid lösen. Mit 0,1 mol/l Acetatpuffer pH 5,0 auf 10 ml auffüllen. 10 bis 15 mg Fast Garnet GBC in 20 ml 0,1 mol/l Acetatpufferlösung auflösen. Beide Lösungen gut mischen. Filtration ist nicht erforderlich. Inkubation der Ausstriche für 60 bis 90 min bei 37 °C.

Auswertung   Bei Haarzell-Leukämie sind die meisten Zellen auch nach Tartrathemmung positiv, auch Makrophagen und Osteoclasten werden nicht wesentlich gehemmt.

3.2.3 Esterasenachweis mit Naphtylacetat oder Naphtylbutyrat ("neutrale Esterase")

Reagenzien
- Lösung a: 1 Tropfen (0,05 ml) Na-Nitritlösung (4%ig) + 1 Tropfen (0,05 ml) Pararosanilinlösung (4%ig in 2 mol/l HCl) ca. 1 min mischen (ergibt eine leicht gelbliche Lösung), dann in 5 ml 0,2 mol/l Phosphatpuffer pH 7,0 − 7,1 (250 ml Na_2HPO_4 + 130 NaH_2PO_4) lösen.
- Lösung b: 10 mg α-Naphthylacetat in 0,2 − 0,3 ml chem. reinem Aceton lösen; dazu unter kräftigem Rühren 20 ml 0,2 mol/l Phosphatpuffer pH 7,0 − 7,1 geben.
- Lösung a und b mischen und in kleine Küvetten filtrieren.

Durchführung
- Dünne, lufttrockene Ausstriche (Lagerung staubgeschützt bis zu 3 Tagen möglich, bei 4 − 8 °C länger) 4 min in Formoldampf oder 30 s in der Fixierlösung (siehe Anhang) fixieren.
- In Leitungswasser spülen.
- 60 min in Inkubationslösung einstellen.
- In Leitungswasser waschen.
- Ca. 8 min in Hämalaun nach Mayer färben.
- Ca. 15 min in Leitungswasser bläuen.
- Ausstriche mit Glyzerin-Gelatine oder Aquatex (Merck) eindecken.
- Nach Lufttrocknen auch Eukitt zum Eindecken geeignet.

Auswertung   Rotbrauner bis brauner Farbstoff, diffus oder granulär. Bei Verwendung von α-Naphthylbutyrat wird der Farbstoff dunkelrot. Das Ergebnis unterscheidet sich nicht wesentlich von der Methode mit α-Naphthylacetat, deshalb wird die etwas andere Methode mit dem Substrat α-Naphthylbutyrat hier nicht im einzelnen aufgeführt.

Im peripheren Blut zeigen die Monozyten starke Aktivität, während neutrophile und eosinophile Granulozyten negativ sind, ein Teil der Lymphozyten hat eine umschriebene punktförmige Aktivität. Im Knochenmark zeigen Monozyten, Makrophagen und Megakaryozyten die stärkste Aktivität. Neben Lymphozyten besitzen Plasmazellen eine schwache Aktivität.

3.2.4 Saure Esterase-Reaktion (SEst)

Reagenzien

- Fixierlösung: (siehe Anhang).
- Färbelösung: 50 mg α-Naphthylacetat in 2,5 ml Ethylenglykolmonomethylether lösen.
  +44,5 ml 0,1 mol/l Phosphatpuffer pH 7,6
  + 3,0 ml hexazotiertes Pararosanilin (1,5 ml Pararosanilin 4%ig in 2 mol/l HCl
  + 1,5 ml Natriumnitrit-Lösung 4%ig)
  Die Lösung mit 1 mol/l HCl auf pH 6,1 – 6,3 einstellen und vor Gebrauch filtrieren.
  Die Lösung muß klar sein.
- Mayer's Hämalaun.

Durchführung

- Luftgetrocknete Ausstriche 30 s in Fixierlösung bei 4 °C fixieren.
- 3× in Leitungswasser spülen.
- 10 bis 30 min Ausstriche lufttrocknen.
- 45 min Inkubation in Färbelösung bei Raumtemperatur.
- Kurz in Leitungswasser spülen.
- 3 min in Mayer's Hämalaun.
- 3 min in Leitungswasser bläuen.
- Ausstriche lufttrocknen.

Auswertung

Das Reaktionsprodukt stellt sich als rotbrauner homogener oder granulärer Niederschlag dar. Saure Esterase wird benutzt, um T-Lymphozyten zu identifizieren. Die Methode ist aber nur bei reiferen Formen zuverlässig, die Ergebnisse sind bei akuten lymphatischen Leukämien mit T-Eigenschaften inkonstant.

3.2.5 Chloracetat-Esterase

Reagenzien

- Methanol-Formalinlösung 9 : 1 (v/v)
- 0,1 mmol/l Michaelispuffer pH 7,0
- Naphthol-AS-D-Chloracetat
- Dimethylformamid
- 4%ige Natriumnitrit-Lösung
- 4%ige Pararosanilin-Lösung in 2 mol/l HCl
- Färbelösung A: 0,1 ml Natriumnitrit-Lösung und 0,1 ml Pararosanilin-Lösung mit 30 ml Michaelispuffer mischen.
- Färbelösung B: 10 mg Naphthol-AS-D-Chloracetat in 1 ml Dimethylformamid lösen.
- Färbelösung C: Lösung A) und B) mischen, pH mit 2 mol/l HCl auf 6,3 einstellen und in eine Küvette filtrieren. Sofort verwenden.

Durchführung
- Ausstriche 30 s in Methanol-Formalin bei Kühlschranktemperatur fixieren, sofort in Leitungswasser gründlich spülen.
- Ausstriche 60 min in die Färbelösung einstellen, danach gründlich in Leitungswasser spülen.
- Kernfärbung 5 bis 10 min in Hämalaun, gründlich mit Leitungswasser spülen und etwa 10 min bläuen.
- Nach Lufttrocknen können die Ausstriche entweder direkt ausgewertet oder mit Eukitt eingedeckt werden.

Auswertung
Ein positives Ergebnis erkennt man an dem leuchtend roten Farbstoff im Zytoplasma. Normalerweise reagieren die neutrophilen Granulozyten vom Promyelozytenstadium an positiv, wobei die stärkste Reaktion im Stadium des späteren Promyelozyten bis Myelozyten erreicht ist, in Stab- und Segmentkernigen ist die Reaktion etwas schwächer. Auch Monozyten können eine schwache Chloracetat-Esterase-Reaktion zeigen. Neben den Neutrophilen besitzen Gewebsmastzellen eine sehr starke Aktivität. Bei der mit einer Anomalie des Chromosoms 16 einhergehenden akuten myelomonozytären Leukämie mit pathologischen Eosinophilen besitzt ein Teil dieser Zellen eine positive Chloracetat-Esterase-Reaktion im Gegensatz zu normalen Eosinophilen, die negativ sind.

3.2.6 Dipeptidylaminopeptidase IV (DAP IV)-Methode

Reagenzien
- Fast blue B (Sigma, München)
- Glyzerin-Gelatine
- Glycyl-prolin-4-methoxy-β-napthylamid (Sigma)
- Phosphatpuffer 0,2 mol/l pH 7,0
- Lösung A: 13,8 g $NaH_2PO_4 \times 1 H_2O$ ad 500 ml Aqua dest.
- Lösung B: 17,8 g $Na_2HPO_4 \times 2 H_2O$ ad 500 ml Aqua dest.
- Lösung C: 250 ml Lösung B + 130 ml Lösung A mischen, pH 7,0
- Dimethylformamid

Durchführung
- 4 s in Methanol-Formaldehyd (9:1 v/v) oder 30 s bei +4 °C in Fixierlösung a) (siehe Anhang) fixieren, 3× in Leitungswasser spülen, trocknen.
- 7,5 mg Glycyl-prolin-4-methoxy-β-napthylamid in 1 ml Dimethylformamid lösen.
- 20 mg Fast blue B in 1 ml Dimethylformamid lösen.
- Zu 20 ml Phosphatpuffer gibt man erst Lösung 3) hinzu und mischt, dann gibt man Lösung 2) hinzu und mischt.
- Gemisch filtrieren und sofort verwenden.
- 45 min inkubieren, dabei mehrfach mischen oder auf elektr. Rüttler stellen, danach kurz in Leitungswasser spülen.
- 3 min Kernfärbung in Hämalaunlösung.
- 5–10 min in fließendem Leitungswasser wässern.
- Eindecken mit Glyzerin-Gelatine oder Aquatex (Merck).

Auswertung
Das Reaktionsprodukt ist rot. Die Reaktion wird lediglich in einem Teil der T-Lymphozyten, vorwiegend T-Helferzellen positiv. Im Knochenmarkausstrich stellen sich auch Gefäßendothelien schwach dar.

3.3 TDT (Terminale Deoxynucleotidyltransferase) Immunfluoreszenztechnik

- anti-TdT vom Kaninchen
- Kontroll-IgG vom Kaninchen
- TITC (ab')$_2$ Ziegen-anti-Kaninchen-IgG, zu beziehen bei Bethesda Research Laboratories GmbH, Offenbacher Str. 115, D-63263 Neu Isenburg, Katalog Nr. 9311 SA
- Phosphatgepufferte Kochsalzlösung (PBS): 6,775 g NaCl
  +1,429 g Na$_2$HPO$_4$ (ca. 98%)
  +0,408 g KH$_2$PO$_4$
  +Aqua dest. ad 1000 ml, pH auf 7,4–7,5 einstellen.

Reagenzien

Zusatz: Bei myeloischen Leukämien: 10 min Vorinkubation in 40 ml 0,05 mol/l Tris-HCl-Puffer pH 7,6+100 µl 1% H$_2$O$_2$.

- 2 geeignete Felder auf den Objektträgern markieren.
- 30 min fixieren in Methanol bei +4 °C.
- 5 min bei Raumtemperatur in PBS wässern.
- Bis auf die markierten Felder alles trocken wischen.
- Auf das Untersuchungsfeld 10 µl anti-TdT geben, auf ein Kontrollfeld 10 µl Kontroll-IgG vom Kaninchen geben. 30 min bei Raumtemperatur in feuchter Kammer inkubieren.
- 5 min bei Raumtemperatur in PBS wässern, bis auf markierte Felder alles trocken wischen.
- Auf beide Felder 10 µl TITC-anti-rabbit-IgG geben, 30 min bei Raumtemperatur in feuchter Kammer inkubieren, dabei abdunkeln.
- 5 min bei Raumtemperatur in PBS wässern.
- Eindecken mit PBS/Glycerin 1:1, kühl stellen und möglichst bald ablesen.

Durchführung

Für die Untersuchung benötigt man eine Fluoreszenzoptik. Positive Zellen zeigen über den Kernen eine positive Fluoreszenz. In der Regel handelt es sich um Lymphoblasten.

Auswertung

4 Anhang

4.1 Fixierung (geeignet für: Esterase, saure Phosphatase, DAP IV)

Die Fixierlösung besteht aus:

- 30 ml Pufferlösung (20 mg Dinatriumhydrogenphosphat×12 H$_2$O und 100 mg Kaliumdihydrogenphosphat mit 30 ml Aqua dest. lösen. pH-Wert soll 6,6 betragen)
- +45 ml Aceton p.A.
- +25 ml Formalin (37%ig).

In dieser Lösung luftgetrocknete Ausstriche 30 s bei 4–10 °C fixieren, in 3× gewechseltem Aqua dest. waschen, bei Zimmertemperatur 10–30 min trocknen.

Universalfixativ nach Schaefer. 0,5 ml 25%ige Glutardialdehydlösung, 60 ml Aceton p.A., Aqua dest. ad 100 ml. Luftgetrocknete Ausstrichpräparate werden bei Zimmertemperatur in dieser Fixationslösung inkubiert: Für Peroxidase 1 min, für Chloracetat-Esterase 10 min, für Esterasenachweis mit Naphthylacetat oder Naphthylbutyrat 5 min, für saure Phosphatase 1 min, für alkalische Phosphatase 1 min, für den Eisennachweis 10 min, für die PAS-Reaktion 10 min.

4.2 Natriumnitritlösung, 4%

4 g Natriumnitrit ad 100 ml mit Aqua dest. lösen.

4.3 Pararosanilinlösung, 4%

2 g Pararosanilin nach Graumann (Merck) in 50 ml 2 mol/l HCl durch leichtes Erhitzen lösen. Nach Abkühlen Lösung filtrieren.

Lösungen 4.2 und 4.3 können im Kühlschrank in dunkler Tropfflasche mehrere Monate aufbewahrt werden. Die meisten Reagenzien, zum Teil auch fertige Färbesets, können in Deutschland von den Firmen Merck (Darmstadt), Serva (Heidelberg), Sigma (München) bezogen werden. Vor routinemäßiger Anwendung der fertigen Färbesets sollte man eine Vergleichsuntersuchung mit den angegebenen Methoden durchführen.

X Immunzytologie und Knochenmarkimmunhistologie

W. Eisterer, W. Hilbe, H. Huber und J. Thaler

1 Einleitung

Die immunzytologische Phänotypisierung mit monoklonalen Antikörpern gestattet die eindeutige Charakterisierung von Zellen durch das Erstellen ihres antigenetischen Profils. Die Durchflußzytometrie (s. Kapitel XI), die Immunzytologie und die Immunhistologie stellen auf diesem Gebiet die grundlegenden Arbeitsmethoden dar.

Während mit der Durchflußzytometrie Zellantigene lebender Zellen in Suspension untersucht werden, kommen immunzytologische und immunhistologische Methoden sowohl an Zellsuspensionen als auch fixierten Zellen (Kryostatschnitte von Knochenmark und Lymphknoten bzw. Blutausstriche) zum Einsatz. Die Durchflußzytometrie stellt eine schon etablierte Routinemethode in der Abklärung hämatologischer Erkrankungen dar und eignet sich besonders zur Identifizierung von akuten Leukämien und Blastenschüben der CML sowie zur teilweisen Charakterisierung der niedrigmalignen Non-Hodgkin-Lymphome (NHL). Unabdingbare Voraussetzung für durchflußzytometrische Untersuchungen stellt die Gewinnung einer ausreichenden Anzahl von Zellen dar. In bestimmten klinischen Situationen kann diese Prämisse allerdings nicht erfüllt werden, so z. B. bei einer ausgeprägten Markfibrose bei Haarzell- oder Megakaryoblastenleukämie mit resultierender Punctio sicca sowie bei Proben, in denen üblicherweise wenig Zellen enthalten sind, wie z. B. in zerebrospinaler Flüssigkeit, Pleuraergüssen oder Bronchiallavagen. Neben dieser technischen Beschränkung der nicht ausreichenden Materialgewinnung haben viele Krankenhäuser nicht die Möglichkeit, über ein so kostenintensives und technisch aufwendiges Gerät, wie es das Durchflußzytometer darstellt, zu verfügen.

Für alle diese Gelegenheiten bietet sich die immunenzymatische Diagnostik mittels Immunhistologie und Immunzytologie an. Der entscheidende Vorteil der Immunhistologie besteht in der gleichzeitigen Darstellung der immunologischen Reaktion und der morphologischen Charakteristik der Zelle. Auch der Nachweis intrazytoplasmatischer und intranukleärer Antigene, der durchflußzytometrisch nicht sicher gestellt werden kann, ist möglich. Ein weiterer Vorteil ist die Möglichkeit der Langzeitlagerung der Proben bei $-80\,^\circ$C oder in flüssigem Stickstoff. Die schon gefärbten Präparate können archiviert werden und sind somit jederzeit einer neuerlichen Begutachtung unterziehbar.

2 Präparationsmethoden

2.1 Untersuchungsmaterial

2.1.1 Knochenmark

Für die Knochenmarkbeurteilung eignen sich am besten Beckenkammbiopsien (Punktion der Spina iliaca posterior superior), die mittels Jamshidi-Nadel gewonnen werden. Die Fräsbiopsien [6] sind zwar bei der Materialgewinnung verläßlicher, werden aber in der klinischen Praxis selten durchgeführt.

Um eine repräsentative histologische Beurteilung maligner Bluterkrankungen zu gewährleisten, ist eine minimale Biopsiegröße von $15 \times 2\,mm = 30\,mm^2$ (entspricht ungefähr 5 Markräumen) Voraussetzung.

!   Fehldiagnosen beruhen meist auf unzureichenden Biopsien: zu kurze oder gequetschte Stanzen!

Präparation   Die Proben (Knochenmarkbiopsie) werden in zwei Zylinder geteilt; der erste Zylinder wird für die Kunstharzeinbettung oder Paraffineinbettung und nachfolgende konventionelle Histologie, der zweite für die immunhistologische Untersuchung verwendet. Für die Immunhistologie werden die Proben wie folgt präpariert:

- $1-3\,h$ in Histocon (cat. no. 0582, Polysciences Inc., Warrington, PA, USA) inkubieren (verbessert die Schneidbarkeit der Biopsie).
- Einbettung in O.C.T. (cat. no. 4583, Miles Scientific, Naperville, IL, USA); Einbettungsunterlage (Karton $5 \times 20\,mm$) dünn mit O.C.T. beschichten→kurz in flüssigem Stickstoff anfrieren→Stanze parallel zur Unterlage auflegen, erneut mit O.C.T. überschichten und eingebettete Stanze in flüssigem Stickstoff schockgefrieren.
- Einbringung in NUNC-Gefrierampullen ohne zusätzliches PBS und in flüssigem Stickstoff oder bei $-90\,°C$ lagern.
- Anfertigen von $5-7\,\mu m$ dicken Gefrierschnitten im Kryostaten.
- Auftragen auf mit 0,5%iger Poly-L-Lysin-Lösung beschichtete Objektträger und für $12-24\,h$ bei Raumtemperatur lufttrocknen.
- Anschließend werden die Schnitte 5 min in Aceton fixiert und bei $-80\,°C$ erneut tiefgefroren.
- Auftauen der Schnitte und für 5 min in PLP fixieren [PLP: drei Teile Lysinstammlösung (0,1 M L-Lysin-HCl in Phosphatpuffer, pH 7,4), ein Teil Paraformaldehydstammlösung (8%iges Paraformaldehyd und 5,4%ige Glukoselösung, pH 7,4) mit $0,01-0,1$ M Natriummetaperiodat];

!   Schnitte dürfen nicht gänzlich trocknen.

- 3mal Waschen in PBS (Phosphatgepufferte Salzlösung).
- Inkubieren mit den je nach Fragestellung und klinischem Verdacht relevanten Antikörpern.
- Färbung (s. S. 139).

2.1.2 Zytopräparate

Bei zellarmen Liquor-, Pleura-, Peritonealpunktaten und Bronchiallavagen ist das Zytopräparat der durchflußzytometrischen Untersuchung vorzuziehen, da bereits anhand weniger Zellen eine Beurteilung möglich ist. Um eine ausreichende Zellkonzentration zu erreichen, ist es lediglich notwendig, die Zellsuspensionen zu zentrifugieren und den Überstand zu dekantieren. Anschließend werden die Zellen in PBS+1% BSA auf eine Endkonzentration von ca. $0,3 \times 10^6$/ml verdünnt. Die abschließende Herstellung der Präparate erfolgt mit Hilfe einer Zytozentrifuge. Dazu werden 0,1 ml der Zellsuspension pro Objektträger verwendet. Danach werden die Präparate 2–10 h luftgetrocknet (weitere Färbeschritte s. S. 139). Empfehlenswert ist die sofortige Verarbeitung der eingeschickten Proben, um die Zellintegrität zu erhalten. Mögliche Fragestellungen: Lymphom- und Karzinombefall, reaktives Geschehen.

2.2 Färbungen

Grundsätzlich können in der Immunhistologie auch fluoreszenzmarkierte Antikörper verwendet werden. Da jedoch der Vorteil der Immunhistologie in der gleichzeitigen morphologischen und immunphänotypischen Beurteilung liegt, bieten sich für die Routinediagnostik vor allem immunenzymatische Methoden an.

- Tris-Stammpuffer (0,05 mol/l Tris), pH 7,4: Tris-(hydroxymethyl-)aminomethan ($C_4H_{11}NO_3$) p.a. 6,05 g, NaCl 5,80 g, in 850 ml Aqua dest. lösen, mit HCl (25%) pH auf 7,4 einstellen, auf 1000 ml mit Aqua dest. auffüllen.   **Standard-reagenzien**
- Spülpuffer, pH 7,4
  1 Teil Stammpuffer (Lösung 1)
  4 Teile physiologische Kochsalzlösung.
- Verdünnen der Antikörper: In Spülpuffer mit 1% BSA (Bovine-Serum-Albumin), auf pH 7,4 eingestellt.
  - Monoklonale Antikörper (z. B. OKT-Serie Ortho): Die Antikörper werden meist in der Verdünnung 1:100 verwendet. Sie werden 1mal pro Woche verdünnt und im Kühlschrank aufbewahrt.
  - Konjugate und Antiseren (z. B. peroxidasemarkiertes Antiserum vom Kaninchen gegen Mäuse-Ig): Zur Durchführung eines indirekten Tests werden die Konjugate täglich frisch in inaktiviertem Humanserum (verdünnt zu gleichen Teilen mit Spülpuffer) verdünnt.

Die Mischung von Serum und Puffer ist bei 4 °C eine Woche haltbar, das pH muß   ! jedoch täglich kontrolliert werden.

   Unter Umständen (bei unspezifischer Reaktion) müssen die Konjugate vor Verwendung mit glutaraldehydvernetztem humanen AB-Serum absorbiert werden (1:5 v/v, 2 h, 4 °C).

   Das zur Verdünnung verwendete Humanserum wird portioniert bei −20 °C aufbewahrt.

   Die optimale Verdünnung der einzelnen Antikörper muß in Titrierungsreihen (meist 1:10) individuell bestimmt werden.

- Benzidinlösung: 6,05 g Tris in 1 l Aqua dest. (0,05 mol/l) lösen, 60 mg Benzidin (3,3-Diaminbenzidin-tetrahydrochlorid in 100 ml Tris-Lösung (siehe oben) lösen, auf pH 7,6 einstellen (es darf nicht mit Lauge rücktitriert werden; Vorsicht mit ungelöstem Benzidin: Atemgift!).

! Benzidinlösung in 5-ml-Portionen einfrieren. Benzidin ist lichtempfindlich, daher ist schnelles Arbeiten und sofortiges Einfrieren notwendig. Auftauen und pH-Kontrolle im Dunkeln. Gelegentlich kristallisiert gelöstes Benzidin aus. Nach dem Auftauen daher kräftig schütteln. Wenn die aufgetaute Lösung eine unregelmäßige bräunliche Verfärbung zeigt, ist sie nicht mehr verwendbar.

Immun-peroxidase-färbung

In Anlehnung an Stein et al. [34] werden die Aceton-fixierten Kryostatschnitte zunächst mit einem MoAB, dann einem Peroxidase-markierten Anti-Mausserum vom Kaninchen, schließlich einem ebenfalls Peroxidase-markierten Anti-Kaninchenserum vom Schwein inkubiert und zuletzt die Peroxidase zytochemisch dargestellt [8]. Es können sowohl Zelloberflächen- als auch zytoplasmatische Antigene dargestellt werden. Anwendungsbereich ist vor allem die Differenzierung von B- und T-Zellen sowie der Nachweis von Subpopulationen (s. auch Abb. 2 und 3).

Als positive Kontrolle werden Knochenmarkschnitte mit einem bis mehreren Referenzantikörpern behandelt.

- Verdünnte monoklonale Antikörper auf den trockenen Schnitten auftragen (je nach Größe des Schnittes 100–200 µl). Der Schnitt muß vollständig vom Antiserum bedeckt sein (Luftblasen vermeiden). Inkubation in einer feuchten Kammer 30–60 min bei Raumtemperatur. Auf das Feuchtbleiben des Schnittes muß besonders geachtet werden.
- Durch Kippen des Schnittes Antikörper abrinnen lassen. 3×5 min in TPS (0,05 M Tris-HCl plus 0,15 M NaCl, pH 7,4) waschen.
- Vor Aufbringen des ersten Konjugates Objektträger in Schnittnähe gut abtrocknen, damit sich das Konjugat nicht am ganzen Objektträger verteilt.
- Aufbringen des ersten Konjugates: Inkubation mit Peroxidase-konjugiertem Kaninchen-Anti-Maus-Ig in TPS (enthält: normales Humanserum (50%), Glukose (1%), Glukoseoxidase (0,0005%). 30 min bei Raumtemperatur in der feuchten Kammer liegen lassen.
- 3×5 min in TPS waschen.
- Aufbringen des zweiten Konjugates: Inkubation mit Peroxidase-konjugiertem Schwein-Anti-Kaninchen-Ig in TPS. Die Inkubation erfolgt 30 min bei Raumtemperatur in der feuchten Kammer.
- 3×5 min in TPS waschen.
- Reaktionsentwicklung mit Diaminobenzidin (0,6 mg/ml) und 0,2 ml H_2O_2 in TPS über 10 min.
- 3×5 min in TPS waschen.
- **Peroxidasenachweis** in Form der Benzidinreaktion:
  Zu 5 ml Benzidinlösung 10 µl unverdünntes H_2O_2 unmittelbar vor Verwendung zugeben. Kräftig schütteln. 100–200 µl des Gemisches auf den Schnitt aufbringen und 10 min inkubieren (eine Verlängerung der Inkubationszeit bringt meist keine Verstärkung der Färbung. Bei Überfärbung kürzere Inkubationszeit wählen).
  3×5 min in TPS waschen.

- Gegenfärben mit saurem Hämalaun. 1 – 2 min in der unverdünnten Gebrauchslösung, dann Auswaschen unter fließendem Leitungswasser. Nachher solange in Spülpuffer waschen, bis dieser klar bleibt.
  Saures Hämalaun nach P. Mayer:
  1 g Hämatoxylin in 1 l Aqua dest. lösen
  0,2 g Natriumjodat und 50 g Kaliumalaun $KAl(SO_4)_2 \cdot 1\,H_2O$ zugeben, bei Raumtemperatur lösen,
  50 g Chloralhydrat und 1 g Zitronensäure (monohydrat) zugeben, bei Raumtemperatur lösen.
  Die Farblösung ist sofort verwendbar und hält praktisch unbegrenzt.
- Einbetten der noch feuchten Präparate in Glyceringelatine (dazu Glyceringelatine im Wasserbad bei 60 °C erwärmen; Reagenzienkits für Glyceringelatine sind im Handel erhältlich), Deckgläschen fest andrücken, um Luftblasenbildung zu verhindern.

Das Reaktionsprodukt stellt sich hellbraun, braun oder braunschwarz dar.

Die Alkalische Phosphatase-antialkalische Phosphatase (APAAP) Methode wird, obwohl zeitaufwendiger in der Präparation, aus folgenden zwei Gründen in der Routine eingesetzt:

APAAP-Methode

- Bei mit Immunperoxidase gefärbten Schnitten kann die Beurteilbarkeit des Präparates durch endogene Peroxidasereaktionen, insbesondere bei stärkerer Infiltration durch Granulozyten (bes. eosinophile), erschwert werden.
- Anwendung als zweiten Farbstoff bei Doppelmarkierungen.

Diese Methode zeigt eine besondere Sensitivität (Mehrfachüberschichtungen mit dem APAAP-Komplex möglich) und hohe Spezifität [15, 16, 28].

APAAP-Färbung:
- Inkubation mit primären Antikörpern (30 – 45 min/20 °C).
- 3×5 min Waschen im Tris-NaCl (Pox Puffer).
- 30 min mit Brücken-Antikörper inkubieren (DAKO a-mouse Best. Nr. Z 259, Verdünnung 1 : 30 in NHS/POX (1 : 1).
- 3×5 min Waschen Tris-NaCl (Pox Puffer).
- 45 min mit Antialkalische Phosphatase-Antikörper + Alkalische Phosphatase (Dako D 651) inkubieren, Verdünnung 1 : 50 in NHS/POX.
- 3×5 min Waschen Tris-NaCl (Pox Puffer).
- Entwickeln 30 min.

Entwicklungslösung:
- 0,01 g Naphthol AS-BI Phosphat (Sigma N-9252) in 0,5 ml Dimethylformamide (Merck 3034) lösen
- +0,05 g FAST-red TR salt (Sigma F 1500) oder FAST-blue TR salt (Sigma 0250)
- +0,01 g Levamisole (Sigma L9756)
- +50 ml Veronalacetatpuffer nach Michaelis.

Michaelispuffer:
- 19,42 g Na-acetat (Merck 6267)
- 29,42 g Na-diethylbarbiturat (Merck 500538) ad 1000 ml Aqua dest. pH 9,2 – 9,8

- Hämalaun-Kernfärbung 1 – 2 min (s. S. 141, Peroxidasenachweis)
- Unter fließendem Wasser bläuen (s. S. 141, Peroxidasenachweis)
- Einbetten mit Glyceringelatine (s. S. 141)

Das Reaktionsprodukt stellt sich intensiv rot dar.

Doppelfärbung **Indirekte Immunperoxidase – APAAP** (Doppelfärbung). Die Kombination der beiden letztgenannten Methoden kann für spezielle wissenschaftliche Fragestellungen, nicht aber für die Routinediagnostik, angewendet werden. So kann z. B. die Proliferationsaktivität von Myelomzellen im Knochenmark anhand einer Doppelfärbung durch Markierung der Myelomzellen mit einem APAAP-markierten Antikörper gegen das Antigen CD-38 und einem zweiten POX-markierten Antikörper gegen ein nukleäres Antigen (Ki-67) nachgewiesen werden [37]. Grundsätzlich ist die Doppelmarkierung mit immunenzymatischen Methoden vor allem zum Nachweis zweier Oberflächenantigene problematisch, weil Kreuzreaktionen der Konjugate auftreten und durch eine Vermischung der Farbreagenzien die Identifizierung einer doppelt positiven Zelle äußerst schwierig ist. Deshalb stellt bei solchen Fragestellungen die Durchflußzytometrie unter Verwendung zweier direkt markierter Antikörper die Methode der Wahl dar.

Andere Färbemethoden Der Vollständigkeit halber seien folgende Färbemethoden angeführt, die aber in der Routinediagnostik keine breite Anwendung erfahren: die Avidin-Biotin-Methode und die Immunogold-Silber-Färbung [11, 12, 20, 30], die hinsichtlich ihrer Sensitivität als gleichwertige Methoden zu betrachten sind.

3 Diagnostik immunhistologischer Knochenmarkbiopsien

Vor der immunhistologischen Beurteilung sollte sich der Befunder einen Überblick über die Zellmorphologie und Knochenmarkarchitektur mittels einer konventionellen Färbung, z. B. Hämatoxylin-Eosin- oder Pappenheimfärbung, verschaffen. Dadurch ist eine grobe Einschätzung der Art und des Ausmaßes der Knochenmarksinfiltration möglich und es kann somit bereits ein gezielteres Antikörperpanel eingesetzt werden oder auch die Anzahl der zu applizierenden Antikörper limitiert werden.

3.1 Zellularität

Die Fettzellen füllen im normalen Knochenmark des Erwachsenen etwa ein Drittel des Volumens aus. Ihr Anteil nimmt im Alter zu, und zwar auf Kosten des roten Knochenmarks und des spongiösen Knochens, so daß beim alten Menschen etwa die Hälfte der Markräume oder mehr mit Fett ausgefüllt sind [1]. Normalerweise beträgt der Anteil von Zellen der Erythropoese 20 – 25%, von Zellen der Granulopoese 60 – 70%, entsprechend einem GE-Index von 3,0 – 3,5. Die restlichen 10% entfallen auf Lymphozyten, Plasmazellen und Makrophagen. Unter 1000 Markzellen findet man etwa 4 – 5 Megakaryozyten. Der Anteil der hämatopoetischen Zellen kann normo-, hypo- oder hyperzellulär sein, immer in Relation zum Alter des Patienten gesehen. Die Zellularität erlangt in Zusammenschau mit dem Infiltrationsmuster und der Art der malignen Population diagnostisches und auch prognostisches Gewicht [13]. Um eine Quantifizierung zu erreichen, empfiehlt es sich, den Anteil der Hämatopoese, d. h. die Zellularität, in Prozent anzugeben.

3.2 Verteilung der hämatopoetischen Zellen im normalen Knochenmark

Die Kenntnis der Entwicklungsstufen von der unreifen pluripotenten Stammzelle bis zu den ausdifferenzierten Zellen der Lympho- und Myelopoese des normalen Knochenmarks (s. Kapitel XI, Abb. 8, 9 und 10) ist die Grundlage zur Beurteilung pathologischer Zustände.

- Die Vorläuferzellen der Erythropoese kommen normalerweise in Form kleiner Nester vor.
- Megakaryozyten sind aufgrund ihrer Größe leicht zu identifizieren, obwohl sie in geringerer Zahl im Knochenmark vorhanden sind. Beide Zellreihen sind in den zentral gelegenen Marksinus lokalisiert.
- Die unreifen Vorstufen der Granulopoese befinden sich um die Knochenbälkchen, reife Granulozyten vor allem in den zentralen Markabschnitten.
- Die lymphatischen Zellen sind unregelmäßig über das gesamte Knochenmark verteilt, während Plasmazellen vor allem entlang arterieller Kapillaren lokalisiert sind [6].

3.3 Infiltrationsmuster (Abb. 1)

Grundsätzlich werden vier verschiedene Wachstumsformen unterschieden, die aber auch kombiniert auftreten können. Man spricht von einem **interstitiellen** Muster, wenn Tumorzellen locker eingestreut sind oder die normalen hämatopoetischen Zellen bereits teilweise durch neoplastische Zellen verdrängt werden, dabei aber die Fettzellen und die normale Knochenmarkstruktur erhalten bleiben.

Bei einem **nodulären** Infiltrationsmuster herrschen follikuläre Infiltrate vor, die aber im Gegensatz zu normalen Lymphfollikeln kein klares Zentrum erkennen lassen. Die Fettzellen bleiben erhalten.

Eine Kombination aus interstitiellem und nodulärem Infiltrationsmuster wird als **mixed pattern** beschrieben.

Im Rahmen einer **diffusen** Infiltration kommt es zu einer massiven Verdrängung der normalen Hämatopoese und einem weitgehenden Verschwinden aller Fettzellen.

Eine **paratrabekuläre** Infiltration ist durch die Anordnung der malignen Zellen rund um die Knochentrabekel gekennzeichnet. Der Art der Knochenmarkinfiltration kommt unabhängige prognostische Bedeutung zu [1, 2, 13].

3.4 Fibrose und Sklerose

Manche Erkrankungen aus dem Formenkreis der myeloproliferativen Erkrankungen (z. B. OMS) oder der Leukämien (z. B. HZL), aber auch Knochenmarkinfiltrationen

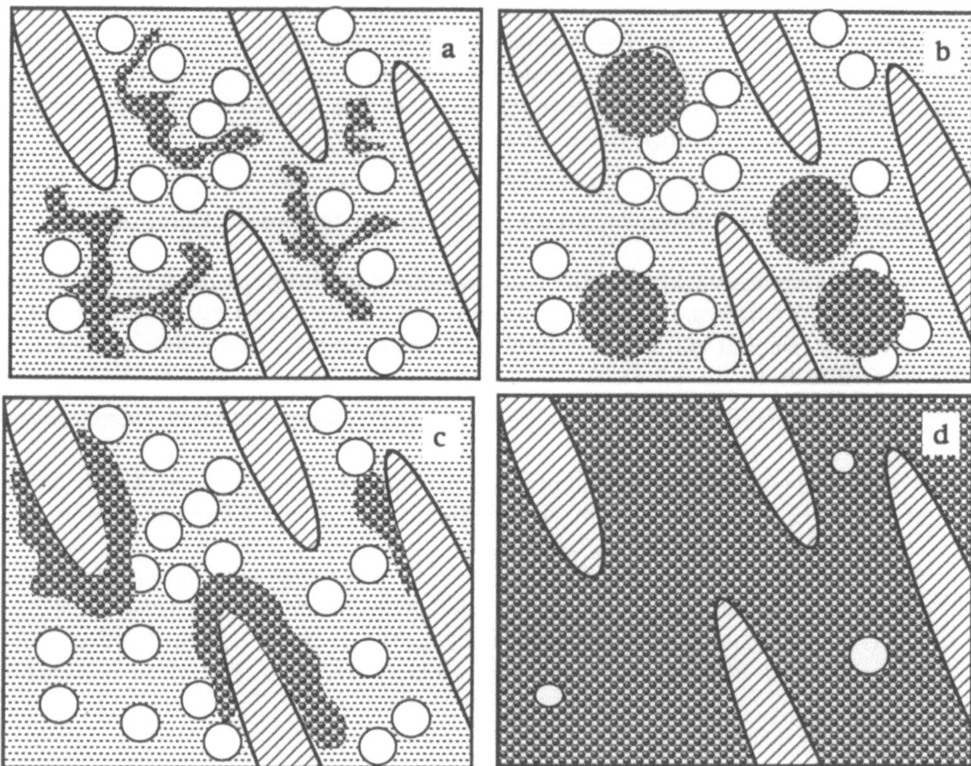

Abb. 1a – d. Schematische Darstellung der verschiedenen Infiltrationsmuster der Non-Hodgkin-Lymphome in der Knochenmarkhistologie. **a** Interstitielle Infiltration: Tumorzellen locker eingestreut, Fettmark nicht verdrängt, normale Knochenmarkstruktur. **b** Noduläre Infiltration: follikuläre Infiltrate, Fettzellen bleiben erhalten. **c** Paratrabekuläre Infiltration: Tumorzellen entlang der Knochentrabekel. **d** Diffuse Infiltration: Massive Verdrängung der normalen Hämatopoese, weitgehendes Verschwinden aller Fettzellen

durch Karzinome gehen mit einer Faservermehrung einher. In fortgeschrittenen Fällen kann es auch zu einer Knochenneubildung (Sklerose) kommen. Diese Veränderungen können in der Pappenheimfärbung im Kryostatschnitt meist gut erkannt werden. Grundsätzlich ist die Beurteilung einer Markfibrose bzw. -sklerose jedoch die Domäne der konventionellen Histologie, unterstützt durch eine Gomori-Silberfärbung.

3.5 Reaktionsmuster mit applizierten Antikörpern

Die positiven Zellen sind durch ein braunes bis braunschwarzes Reaktionsprodukt bei der POX-Färbung und durch ein intensiv rotes bzw. intensiv blaues bei der APAAP-Methode gekennzeichnet. Bei Oberflächenantigenen imponieren die markierten Zellen durch eine deutliche Umrandung, bei intranukleären Antigenen fällt

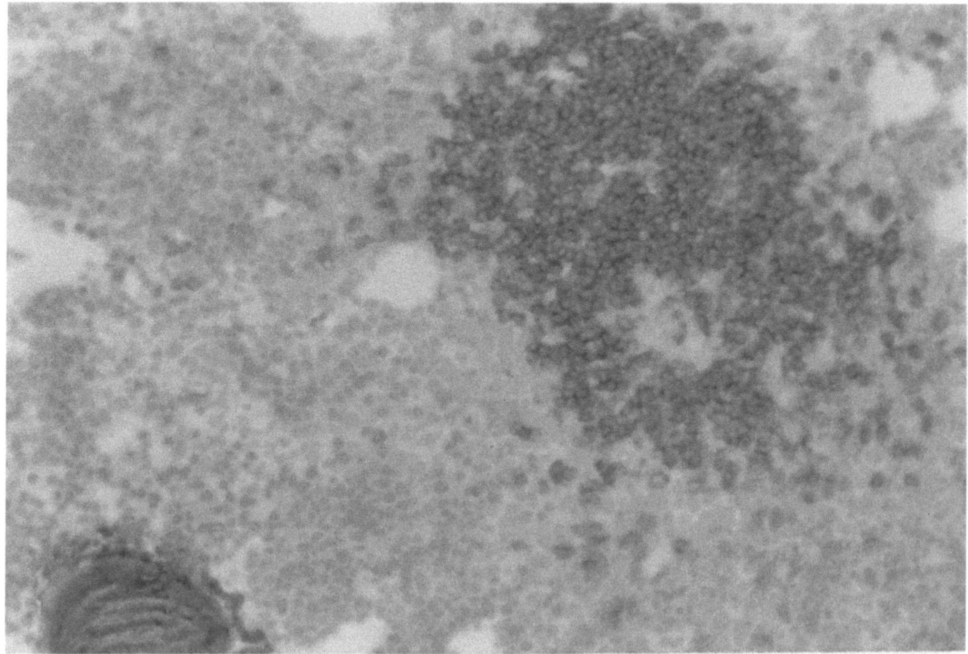

Abb. 2. Knochenmark gesunder Normalperson, Immunperoxidasefärbung: Die POX-positive Zellansammlung entspricht einem physiologischen Lymphfollikel (kreisrund, scharf begrenzt). Es handelt sich hierbei um B-Lymphozyten, die mit dem monoklonalen Antikörper (MoAb) To-15 (CD-22) markiert wurden. Vergrößerung: ×250

der dunkelbraune bzw. hellrote Kern auf (s. Abb. 2 und 3). Die positiven Zellen werden ausgezählt, in Prozent angegeben und zu den Normwerten [21, 38] in Beziehung gesetzt.

4 Anwendungsgebiete

4.1 Lymphome

Die Charakterisierung von malignen Lymphomen und chronisch-lymphatischen Leukämien stellt das Haupteinsatzgebiet der Immunhistologie dar (s. Abb. 4 und 5).

Neben der Abgrenzung von nichtlymphatischen Neoplasien (z. B. undifferenziertes Karzinom − großzellig anaplastisches Lymphom) ermöglicht der Einsatz monoklonaler Antikörper die Zuordnung zur B- oder T-Zellreihe. Durch die Identifizierung typischer Antikörperprofile wird die klassische morphologische Diagnostik der NHL ergänzt.

Bei Verdacht einer Knochenmarkinfiltration durch ein malignes Lymphom wird primär ein kleines Panel relevanter Antikörper gegen die Antigene CD-3, CD-5, CD-19, CD-22, CD-30, CD-38 eingesetzt. Bei suspektem Befund oder Nachweis

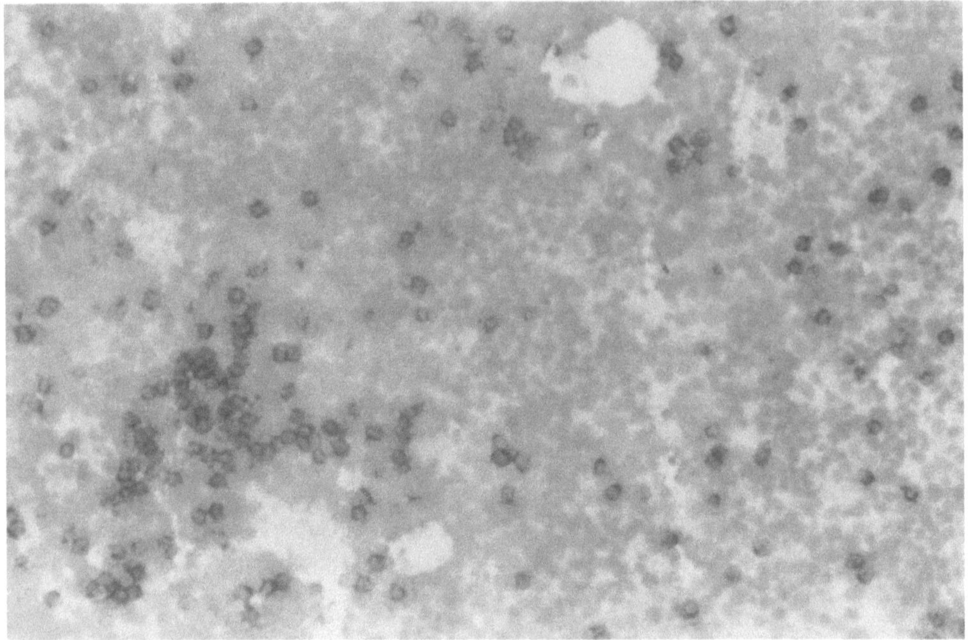

Abb. 3. Knochenmark gesunder Normalperson, Immunperoxidasefärbung: Typisches Verteilungs-muster von T-Helfer-Lymphozyten (CD-4-positiv, MoAb Leu-3). Vergrößerung: ×200

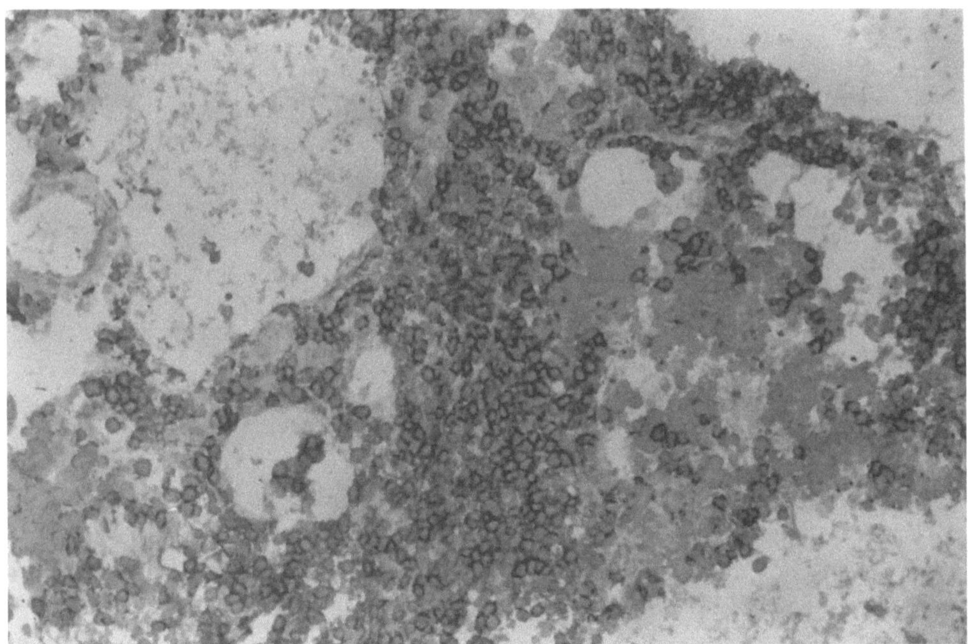

Abb. 4. Knochenmark eines Patienten mit B-CLL, Immunperoxidasefärbung: Interstitielle Infiltration durch CD-5-positive (MoAb Leu-1) B-Zellen. Vergrößerung: ×300

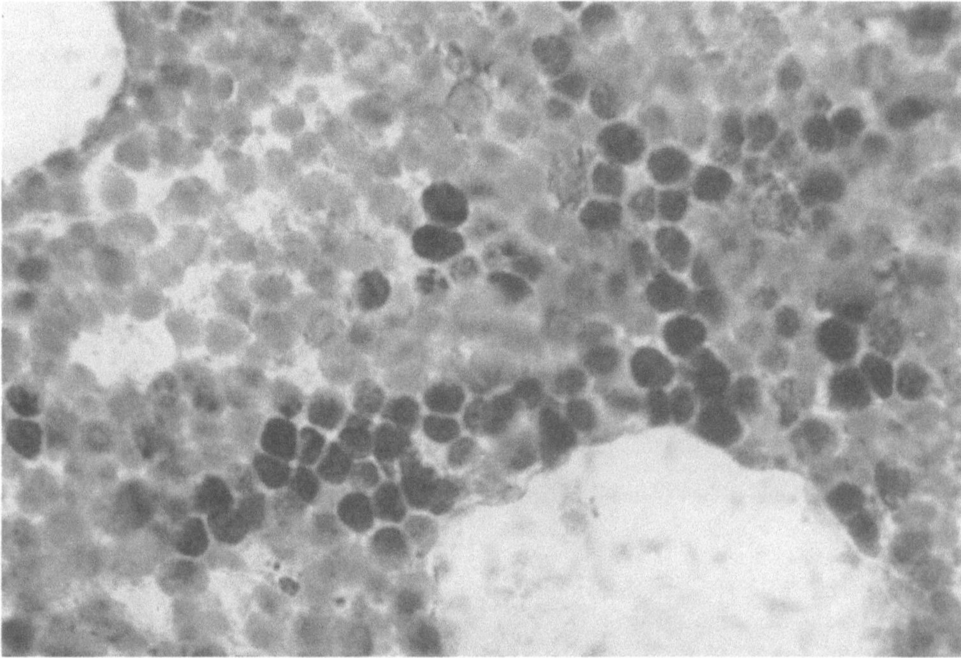

Abb. 5. Knochenmark eines Patienten mit Immunozytom, Immunperoxidasefärbung: Kernfärbung mit dem Proliferationsmarker Ki-67. Vergrößerung: ×400

einer Infiltration durch ein B- oder T-Zellymphom wird eine entsprechend breitere Abklärung zur Charakterisierung des Lymphomsubtyps wie aus den Tabellen 1 bis 3 ersichtlich, durchgeführt [24].

Bei Nachweis CD-30-positiver mononukleärer und mehrkerniger Zellen besteht ein begründeter Verdacht auf einen Morbus Hodgkin. Zur Absicherung der Diagnose trägt die Reaktion dieser Zellen mit Antikörpern gegen das CD-15- und CD-25-Antigen, nicht aber gegen das CD-45R-Antigen, bei [7, 22]. Ein Knochenmarkbefall durch Morbus Hodgkin tritt selten auf und ist meist durch ausgedehnte Infiltrate mit Überwiegen von T-Lymphozyten vom CD-4-Subtyp charakterisiert.

In den Tabellen 1 bis 3 sind typische immunhistologische Reaktionsmuster von NHL dargestellt.

Dem Nachweis eines Knochenmarkbefalls kommt im Rahmen des *staging* der NHL große klinische Bedeutung zu. Die Knochenmarkimmunhistologie eignet sich hervorragend zur Erfassung einer geringfügigen Infiltration und ist hier der konventionellen Histologie überlegen [35].

4.2 Therapiemonitoring am Beispiel der Haarzelleukämie

Voraussetzung jedes Therapiemonitorings ist die umfassende Identifizierung des tumorspezifischen Immunphänotyps, wie in den Tabellen 1 bis 3 dargestellt. Bei-

Tabelle 1. Niedrigmaligne NHL: Immunhistologisches Markerprofil [22, 25]

Marker	B-CLL	B-PLL	LP-IC	HZL	CB/CC	CC	MM
sIg	+	+	+	+	+	+	−
CD-22	+	+	+	+	+	+	−
CD-24	+	+	+	+	±	+	−
CD-5	+	±	±	−	−	+	−
CD-6	±	±	±	−	−	+	−
CD-10	−	−	−	−	+	−	−
FMC7	−	+	−	+	+	+	−
CD-23	+	−	±	−	−	−	−
CD-25	−	−	−	+	−	−	−
CD-11c	−	−	−	+	−	−	−
DRC-1	±[a]	−	±[b]	−	+	+	−
B-ly7	−	−	−	+	−	−	−
HLA-DR	+	+	+	+	+	+	−

[a] Positiv in 21% in eigenen Untersuchungen [14].
[b] Positiv in 20% in eigenen Untersuchungen [14].

Tabelle 2. Hochmaligne NHL: Immunhistologisches Markerprofil [25]

Marker	CB	IB	LB	Burkitt	großzellig anaplastisch
sIg	+	+	±	+	−
CD-5	±	−	−	−	−
CD-7	−	−	+	−	−
CD-22	+	+	+	+	+
CD-24	±	±	+	+	+
CD-10	±	−	±	+	−
CD-30	−	−	−	−	+

Tabelle 3. T-Zellymphome: Immunhistologisches Markerprofil [4, 25]

Marker	T-CLL	T-PLL	ATL	Sezary
CD-1	−	−	−	−
CD-2	+	+	+	+
CD-3	+	+	+	+
CD-4	−	+	+	+
CD-5	±	+	+	+
CD-7	−	+	−	−
CD-8	±	±	−	−
CD-25	−	−	+	−
CD-30	−	−	±	−
CD-38	−	−	−	−

spielsweise werden bei der Haarzelleukämie die Antigene CD-11c, CD-25 und CD-22, nicht jedoch die Antigene CD-5, CD-6 und CD-23 [33], exprimiert. Obwohl keiner der genannten Antikörper spezifisch für die Haarzelleukämie ist, kann mit einem Antikörperprofil eine Differenzierung gegenüber anderen Lymphomen durchgeführt werden. Demgegenüber erwies sich der Antikörper B-ly7 für den Nachweis von Haarzellen als äußerst spezifisch. Somit können zur Verlaufskontrolle und Therapieevaluierung mit nur einem kleinem, aber charakteristischen Antikörperpanel (HZL: To-15, B-ly7) selbst minimale Restinfiltrationen bis 0,1% erkannt werden [36, 39].

4.3 Akute Leukämie

Die Identifizierung akuter Leukämien ist grundsätzlich eine Domäne der Durchflußzytometrie. In seltenen Fällen aber kommt die Immunhistologie zur Anwendung, so z. B. bei ausgeprägter Markfibrose (Megakaryoblastenleukämie), wobei nicht genügend Zellen gewonnen werden können [22].

4.4 Seltene Indikationen

Seltenere Indikationen für die Immunhistologie stellen z. B. der Nachweis einer Karzinomzellinfiltration bei begleitender Markfibrose [29] oder die Abgrenzung von soliden Tumoren und Neuroblastomen [31] dar. Für die Detektion von Karzinomzellen stehen spezifische MoAb wie z. B. CEA, NSE, anti-Cytokeratin und BMA 0180 [3, 5, 26] zur Verfügung.

5 Ausblick

Zahlreiche Publikationen unterstreichen die prognostische Bedeutung immunphänotypischer Parameter bei Leukämien und Lymphomen. Die meisten dieser Marker sind jedoch noch nicht in gängige Prognose-Scores und Therapiestrategien integriert worden.

Bis dato wurde vor allem der nukleäre MoAb Ki-67 eingesetzt, um die Proliferationsaktivität maligner Prozesse zu bestimmen [18, 23]. Hierbei können nieder- und hochmaligne Lymphome anhand ihrer Positivität mit diesem Antikörper unterschieden werden, wobei diese Unterscheidung auch prognostischen Einfluß besitzt. Bei niedrigmalignen NHL kann ebenfalls eine Subgruppe, die eine erhöhte Expression des Antigens aufweist, identifiziert werden. Die Expression des MDR-1-Gens (Multiple drug resistance) und deren prognostischer Einfluß auf das Überleben sowie mögliche therapeutische Ansätze zur Überwindung der Resistenz sind derzeit Gegenstand intensiver Forschungsvorhaben [27, 32]. Klinisch relevant ist vor allem die Klärung der Frage, ob ein Kausalzusammenhang zwischen MDR-1-Genexpression und Zytostatikaresistenz besteht.

Während derzeit eine breite immunhistologische Knochenmarkdiagnostik nur an Kryostatschnitten durchführbar ist, bietet die laufende Entwicklung neuer paraffingängiger Antikörper [9, 10, 17, 19, 40] in Zukunft die Möglichkeit, eine optimale histomorphologische mit einer immunzytologischen Diagnostik zu verbinden.

Literatur

1. Bartl R, Frisch B, Burkhardt R (1984) Die Knochenmarkbiopsie. Karger, Basel, München, Paris, London, New York, Tokyo, Sydney 1984, 9–15
2. Bartl R, Frisch B, Burkhardt R, Kettner G, Mahl G, Fareh-Moghadam A, Sund M (1982) Assessment of bone marrow histology in the malignant lymphomas (non-Hodgkin's): correlation with clinical factors for diagnosis, prognosis, classification and staging. Br J Haematol 51:511–530
3. Batge B, Bosslet K, Sedlacek HH, Kern HF, Kloppel G (1986) Monoclonal antibodies against CEA-related components discriminate between pancreatic duct type carcinomas and non-neoplastic duct lesions as well as non duct type neoplasias. Virchows Archiv A Pathol Anat Histopathol 408:361–374
4. Bennett JM, Catovsky D, Daniel MT, Flandrin G, Galton DAG, Gralnick HR, Sultan C (1976) Proposals for the classification of the acute leukaemias; French-American-British (FAB) cooperative group. Br J Haematol 33:451–458
5. Bosslet K, Kern HF, Kanzy EJ, Steinstrasser A, Schwarz A, Luben G, Schorlemmer HU, Sedlacek HH (1986) A monoclonal antibody with binding and inhibiting activity towards human pancreatic carcinoma cells. I. Immunhistological and immunochemical characterization of a murine monoclonal antibody selecting for well differentiated adenocarcinomas of the pancreas. Cancer Immunol Immunother 23:185–191
6. Burkhardt R, Frisch B, Bartl R (1982) Bone biopsy in haematological disorders. J Clin Pathol 35:257–284
7. Casey TT, Olson SJ, Cousar JB, Collins RD (1989) Immunophenotypes of Reed-Sternberg cells: a study of 19 cases of Hodgkin's disease in plastic-embedded sections. Blood 74: 2624–2628
8. Chilosi M, Pizzolo G, Fiore-Donati L, Bofill M, Janossy G (1983) Routine immunofluorescent and histochemical analysis of bone marrow involvement of lymphoma/leukaemia: the use of cryostat sections. Br J Cancer 48:763–775
9. Clark JR, Williams ME, Swerdlow SH (1990) Detection of B- and T-cells in paraffin-embedded tissue sections. Am J Clin Pathol 93:58–69
10. Davey FR, Gatter KC, Ralfkiaer E, Pulford KAF, Krissansen GW, Mason DY (1987) Immunophenotyping of non-Hodgkin's lymphomas using a panel of antibodies on paraffin-embedded tissues. Am J Pathol 129:54–63
11. De Waele M, De Mey J, Renmans W, Labeur C, Jochmans K, Van Camp B (1986) Potential of immunogold-silver staining for the study of leukocyte subpopulations as defined by monoclonal antibodies. J Histochem Cytochem 34:1257–1263
12. De Waele M, De Mey J, Reynart P, Dehou MF, Gepts W, Van Camp B (1986) Detection of cell surface antigens in cryostat sections with immunogold-silver staining. Am J Clin Pathol 85:573–578
13. Eisterer W (1993) Bedeutung der Knochenmarksimmunhistologie für die Prognose und Therapie der Chronisch-Lymphatischen Leukämie und des Lymphoplasmozytischen/Lymphoplasmozytoiden Immunozytoms (Dissertation). Innsbruck
14. Eisterer W, Hilbe W, Ludescher C, Fend F, Thaler J (1993) Diagnostic value of immunophenotyping in low grade B-cell lymphoma. Br J Haematol (in press)
15. Erber WN, Mynheer LC, Mason DY (1986) APAAP labeling of blood and bone-marrow samples for phenotyping leukaemia. Lancet 761–765
16. Falini B, Martelli MF, Tarallo F, Moir DJ, Cordell JL, Gatter KC, Loreti G, Stein H, Mason DY (1984) Immunohistological analysis of human bone marrow trephine biopsies using monoclonal antibodies. Br J Haematol 56:365–386

17. Feller AC, Wacker HH, Moldenhauer G, Radzun HJ, Parwaresch MR (1987) Monoclonal antibody Ki-B3 detects a formalin resistant antigen on normal and neoplastic B cells. Blood 70:629–636
18. Gerdes J, Dallenbach F, Lennert K, Lembke H, Stein H (1984) Growth fractions in malignant non-Hodgkin's lymphomas (NHL) as determined in situ with the monoclonal antibody Ki-67. Hematol Oncol 2:365–371
19. Hansmann ML, Wacker HH, Gralla J, Lumbeck H, Kossmahl M, Heidebrecht HJ, Radzun HJ, Parwaresch MR (1991) Ki-B5: a monoclonal antibody unrelated to CD45 recognizes normal and neoplastic human B cells in routine paraffin sections. Blood 15:809–817
20. Hsu SM, Raine L, Fanger H (1981) Use of avidin-biotinperoxidase complex (ABC) in immunperoxidase techniques: a comparison between ABC and unlabeled antibody (PAP) procedures. J Histochem Cytochem 29:577–580
21. Huber H, Gattringer C, Thaler J, Peschel Ch (1985) Immunzytologische Diagnose von Lymphomen und Leukämien: Monoclonale Antikörper in der Differentialdiagnose hämatologischer Neoplasien. Behring Inst Mitt 78:83–117
22. Huber H, Löffler H, Pastner D (1992) Diagnostische Hämatologie. 3rd ed. Springer, Berlin, Heidelberg, New York, London, Paris, Tokyo, Hong Kong, Budapest, Barcelona 1992, 391–441
23. Kawauchi K, Sato Y, Furuya T, Watanabe S (1989) Determination of proliferative fractions detected by immunohistochemistry with the monoclonal antibodies bromodeoxyuridine and Ki-67 in malignant lymphomas. Hematol Oncol 7:257–265
24. Knapp W, Rieber P, Dörken B, Schmidt RE, Stein H, Van den Borne AEGK (1989) Towards a better definition of human leucocyte surface molecules. Immunol Today 10:253–259
25. Lennert K, Feller AC (1990) Histopathologie der Non-Hodgkin-Lymphome (nach der aktualisierten Kiel-Klassifikation), 2nd ed. Springer Verlag, Berlin
26. Makin CA, Bobrow LG, Bodmer WF (1984) Monoclonal antibody to cytokeratin for use in routine histopathology. J Clin Pathol 37:957–983
27. Marie JP, Zittoun R, Sikic BI (1991) Multidrug resistance (MDR1) gene expression in adult acute leukemias: correlations with treatment outcome and in vitro drug sensitivity. Blood 78:586–592
28. Mason DY, Gatter KC (1987) The role of immunocytochemistry in diagnostic pathology. J Clin Pathol 40:1042–1054
29. Navone R, Colombano MT (1984) Histopathological trephine biopsy findings in cases of "dry tap" bone marrow aspirations. Appl Pathol 2:264–271
30. Norton AJ, Isaacson PG (1987) The immunocytochemical diagnosis of malignant lymphoma in routinely processed tissues. J Pathol 151:240–241
31. Oppedal BR, Brandtzaeg P, Kemshead JT (1987) Immunohistochemical differentiation of neuroblastomas from other small round cell neoplasmas of childhood using a panel of mono- and polyclonal antibodies. Histopathol 11:363–374
32. Pastan I, Gottesman M (1987) Multiple-drug resistance in human cancer. N Engl J Med 316:1388–1393
33. Schwarting R, Stein H, Wang CY (1985) The monoclonal antibodies α-S-HCL1 (αLeu-14) and α-S-HCLL3 (αLeu-M5) allow the diagnosis of hairy cell leukemia. Blood 65:974–983
34. Stein H, Bonk A, Tolksdorf G, Lennert K, Rodt H, Gerdes J (1980) Immunohistologic analysis of the organization of normal lymphoid tissue and non-Hodgkin's lymphomas. J Histochem Cytochem 28:746–760
35. Thaler J, Dietze O, Denz H, Nachbaur D, Stauder R, Huber H (1991) Bone marrow diagnosis in lymphoproliferative disorders: comparison of results obtained from conventional histomorphology and immunohistology. Histopathology 18:495–504
36. Thaler J, Dietze O, Faber V, Greil R, Gastl G, Denz H, Ho AD, Huber H (1990) Monoclonal antibody B-ly7: a sensitive marker for detection of minimal residual disease in hairy cell leukemia. Leukemia 4:170–176
37. Thaler J, Fechner F, Herold M, Huber H (1993) Interleukin-6 in Multiple Myeloma: correlation with disease activity and Ki-67 proliferation index. Leukemia and Lymphoma (in press)
38. Thaler J, Greil R, Dietze O, Huber H (1989) Immunohistology for quantification of normal bone marrow lymphocyte subsets. Br J Haematol 73:576–577

39. Thaler J, Grünewald K, Gattringer C, Ho AD, Weyrer K, Dietze O, Stauder R, Fluckinger T, Lang A, Huber H (1993) Long-term follow-up of patients with hairy cell leukaemia treated with pentostatin: lymphocyte subpopulations and residual marrow infiltration. Br J Haematol 84:75–82
40. Van der Valk P, Mullink H, Huijgens PC, Tadema TM, Vos W, Meijer CJLM (1989) Immunohistochemistry in bone marrow diagnosis. Am J Surg Pathol 13:97–106

XI Durchflußzytometrie

W. Hilbe, W. Eisterer, H. Huber und J. Thaler

1 Einleitung

Die Durchflußzytometrie in Verbindung mit leukozyten-spezifischen fluoreszenz-markierten monoklonalen Antikörpern hat sich in den vergangenen Jahren als sehr effiziente Technik in der analytischen Zytologie manifestiert [63]. Gerade mit Hilfe der monoklonalen Antikörper ist eine Charakterisierung der hämatopoetischen Zellen in allen Entwicklungsstufen möglich. Für die Klassifizierung von Lymphomen und Leukämien stellt die Durchflußzytometrie eine sehr verläßliche Methode dar. In Zusammenschau mit Klinik und Morphologie kann meist auch in den schwierigsten Fällen eine definitive Diagnose gestellt werden. Mit Hilfe krankheitspezifischer Antikörperpanel kann weiters die Therapieeffizienz kontrolliert und beginnende Rezidive raschest erkannt werden.

Die großen Vorteile der Durchflußzytometrie liegen in der raschen Messung von Zellsuspensionen (10 000 Zellen in wenigen Sekunden) bei gleichzeitiger Evaluierung verschiedener extra- und intrazellulärer Marker und der statistischen Auswertbarkeit der gewonnenen Daten. Das Gerät selbst wird häufig auch als "FACS" (= Fluorescence Activated Cell Sorter) bezeichnet.

2 Aufbau des Durchflußzytometers (s. Abb. 1)

2.1 Probenzuführung

Grundvoraussetzung zur Messung mit einem Durchflußzytometer ist das Vorliegen der Probe als Einzelzellsuspension in einer Konzentration von 0,5 bis 20 Millionen Zellen pro Milliliter. Zur Analyse wird die in einem Reagenzröhrchen vorgegebene Zellsuspension über eine Stahlkapillare durch Überdruck in die aus Quarzglas bestehende Meßküvette eingeführt. Die Zellen passieren, von einem Hüllstrom umgeben, den Analysepunkt (= Laserschnittpunkt). Der Hüllstrom dient dazu, den Probenstrom im Zentrum der Meßküvette zu stabilisieren und so zu verengen, daß die Zellen hintereinander wie im „Gänsemarsch" einzeln zum Analysepunkt gelangen (= hydrodynamische Fokussierung).

2.2 Messung der Lichtstreuung

Trifft ein Lichtstrahl auf eine Zelle, so wird zwar die Richtung, aber nicht die Wellenlänge (= Farbe) des Lichtes verändert. Zur Lichtstreuung tragen Zelleigenschaften

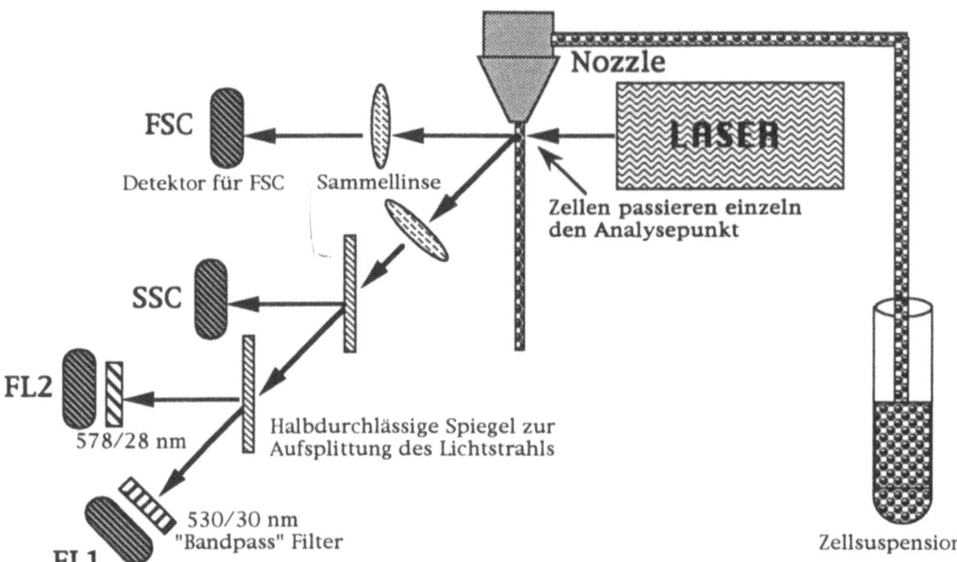

Abb. 1. Schematischer Aufbau des Durchflußzytometers: Zellen werden über eine Stahlkapillare zum Laserschnittpunkt geführt. Je nach Zellgröße und Zelldichte wird das Licht entweder in Vorwärtsrichtung (FSC) oder Seitwärtsrichtung (SSC) gestreut. Fluoreszierende Verbindungen (z.B. fluoreszenzmarkierte Antikörper) emitieren langwelligeres Licht (FL 1, FL 2). Detektoren messen das auftreffende Licht und wandeln dieses in ein elektronisches Signal um

wie Zellgröße, Zellmembran, Zellkern und intrazelluläre granuläre Bestandteile bei. Darüber hinaus sind daran die Struktur der Membranoberfläche (rauh oder glatt) und die Zellform beteiligt. Das Licht wird nicht in alle Richtungen gleichmäßig gestreut; der größte Anteil in die Vorwärtsrichtung (d.H. entlang des einfallenden Lichtstrahles). Dieses Licht wird als Vorwärtsstreulicht (engl. forward light scatter, FSC) bezeichnet und ist überwiegend ein Maß für die Zellgröße (d.h. kleine Zellen streuen weniger Licht). Das Ausmaß des im rechten Winkel zum einfallenden Lichtstrahl gestreuten Lichtes hängt von der Zelldichte und der Granularität, nur zum Teil von der Zellgröße ab. (side scatter, SSC).

2.3 Messung der Fluoreszenz

Fluoreszierende Verbindungen absorbieren Lichtenergie über einen weiten, für sie charakteristischen Wellenlängenbereich (= Absorptionsspektrum) und emittieren langwelligeres Licht (= Emissionsspektrum). Es ist wünschenswert, daß das gebildete Fluoreszenzsignal proportional der Farbstoffmenge ist. Dazu ist für einen gegebenen Farbstoff eine geeignete Anregungswellenlänge notwendig. In der analytischen Durchflußzytometrie werden überwiegend luftgekühlte Argon-Ionenlaser verwendet, die Licht einer Wellenlänge von 488 nm generieren. Somit sind für Fluoreszenzmarkierungen alle Farbstoffe geeignet, die von 488 nm angeregt werden können.

Folgende Farbstoffe werden in der Durchflußzytometrie eingesetzt:

- Fluorescein-isothiocyanat (FITC), Phycoerythrin (PE) für Immunfluoreszenz.
- Propidiumiodid (PI), 7-Amino-Actinomycin D (7-AAD) zur DNA-Analyse.
- Acridinorange (AO) zur DNA/RNA Bestimmung.
- Thiazolorange (TO) zur Retikulozytenmessung.
- Fluorogene Substanzen zur Messung von intrazellulären Enzymaktivitäten.

2.4 Signalverarbeitung und Messung

Sooft eine Zelle den Laserschnittpunkt passiert, wird das Streulicht und das emittierte Fluoreszenzlicht mittels Detektoren gemessen, in ein elektronisches Signal umgewandelt, verstärkt und am Computer sichtbar gemacht (Abb. 2, Umwandlung des Detektorsignals in ein Histogramm).

Neben der Messung des Vorwärtsstreulichtes (FSC) und des Seitwärtsstreulichtes (SSC) können gleichzeitig bis zu drei verschiedene Fluoreszenzen gemessen werden.

FL 1 erlaubt die Messung grüner Fluoreszenz: Emission um 520 nm (z. B. Antikörper markiert mit Fluorecein-isothiocyanat (FITC)). FL 2 orange-rote Fluoreszenz:

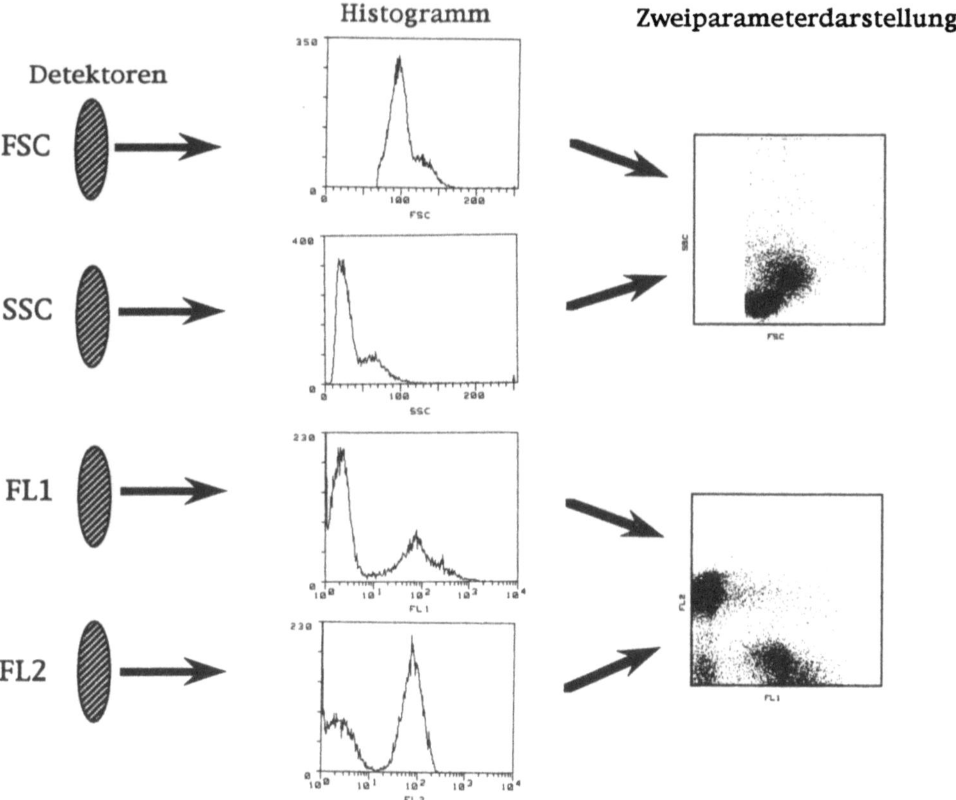

Abb. 2. Elektronische Verstärkung der Detektorsignale und Darstellung als Histogramm oder Dot Blot

Emission um 580 nm (Phycoerythrin (PE)), 650 nm (Propidium Jodid (PI)). FL 3 orange Fluoreszenz: Emission um 680 nm (Peridinin Chlorophyll Protein reagent (PerCP)).

Dem Untersucher stehen mehrere Möglichkeiten der Datenverarbeitung zur Verfügung: zum einen die Aufnahme auf bestimmte Zellpopulationen zu beschränken und zum anderen diese später selektiv zu analysieren:

- **Threshold.** Um eine Verfälschung der Ergebnisse durch Zelltrümmer zu vermeiden werden Meßergebnisse erst ab einer bestimmten Größe − ab einem bestimmten Schwellenwert − gespeichert.
- **Gates.** In der DOT Blot-Darstellung können spezifische Subpopulationen mit Hilfe der Computermaus umfahren und somit aus der gesamten Zellpopulation ausgegrenzt werden. Diese Meßergebnisse stehen dann selektiv zur weiteren Analyse zur Verfügung. Z. B.: Bei Analyse der Lymphozytenpopulation bei B-CLL: Aufnahme der Lymphozyten im FSC/SCC, Analyse in FL 1/FL 2 (z. B. Antikörper: kappa Light Chain (FITC)/CD 19 (PE))
- **Compensation.** Elektronische Korrektur bei leicht überlappenden Emissionsspektren, z. B. klarere Differenzierung der PE markierten von den FITC markierten Zellen.
- **List Mode.** Bei dieser Form der Datenaufnahme werden alle Parameter gleichzeitig gespeichert und stehen für eine nachträgliche Analyse zur Verfügung.

Die Daten können entweder als Histogramm oder als Diagramm (Dot Blot) dargestellt werden.
- **Histogramm.** x-Achse: Fluoreszenzintensität, Größe oder Dichte der Zellen (Kanalnummer 0 bis 1023); y-Achse: Anzahl der Zellen gleicher Fluoreszenzintensität, gleicher Größe, gleicher Dichte (Abb. 2).
- **Dot Blot.** Die Intensitätsbereiche zweier Parameter werden gegeneinander aufgetragen. Jeder Parameter kann mit einem anderen korreliert werden. (Abb. 3: FSC/SSC Dot Blot der normalen Blutbestandteile; schematisch)

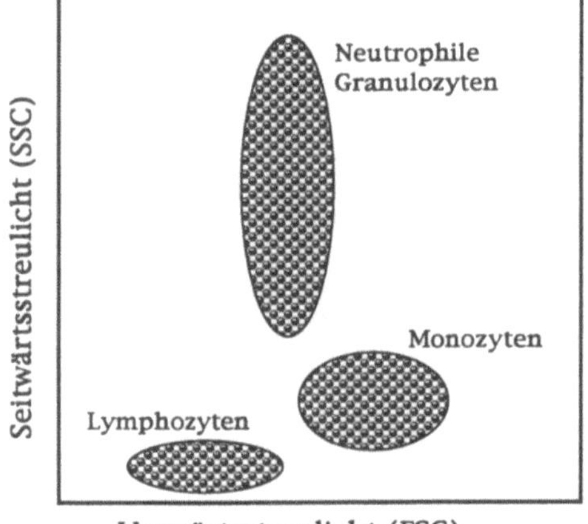

Abb. 3. Schematisches FSC/SSC Diagramm von peripherem Blut: Lymphozyten zeigen aufgrund ihrer Kleinheit eine geringe Vorwärtsstreuung (FSC) und aufgrund mangelnder Granula im Zytoplasma eine geringe Seitwärtsstreuung (SSC). Die Granulozyten zeigen sehr hohe SSC Werte

Positiv-negativ. Bei der quantitativen Auswertung müssen immer durch eine Kontrollmessung die Grenzen für negative und positive Zellen festgelegt werden.

3 Präparationsmethoden

In der hämatologischen Durchflußzytometrie stehen dem Untersucher meistens peripheres Blut, Knochenmarkaspirationen und Bronchiallavagen, seltener Liquoraspirate, Lymphknoten oder gar Pleura- oder Peritonealpunktate zur Verfügung. Ziel der Präparation ist nun das Erreichen einer Einzelzellsuspension, die ungehindert das Leitungssystem des FACS passieren kann, mit einer Konzentration von rund $1-2\times10^6$ Zellen/ml. Die Proben sollten möglichst wenig Zelltrümmer (präparations- und lagerungsbedingt) und die gewünschten Zellen möglichst konzentriert (Leukozyten, Tumorzellen) enthalten. Dafür stehen verschiedene *Anreicherungsverfahren* (s. 3.1 und 3.2) zur Verfügung.

Zelltrennung. Lymphoprep (spezifisches Gewicht 1,077, Nycomed AS, Oslo, Norway)
Phophate Buffered Saline (PBS) (Sigma P 3813)
Lysing Solution (BD No. 92-0002)

Färbung. BSA (30% bovines Serumalbumin)
Puffer: PBS (Phosphate Buffered Saline)
PBS-BSA (1% BSA in PBS) zur Verdünnung der MoAb

Fixierung. 8% Paraformaldehyd (PFA)

Einfrieren. DMEM-MOPS (DMEM mit 4,5 g/l Glucose + 25 mM 3-N-morpholino-propane sulfonic acid) = Medium
DMSO (Dimethylsulfoxide: Merck 802912)
FCS (20% fetal calve serum)

Permeabilisierung. Tween 20 (Sigma P-1379)
Methanol

3.1 Peripheres Blut/Knochenmarkaspirat (PB/KMA)

Als gerinnungshemmende Substanzen können EDTA (2 mg/ml), Na-citrat (0,38%) oder *Heparin* (15 IU/ml, möglichst kresolfrei) verwendet werden. Die angewandte Präparationsmethode ist davon abhängig, welche Zellen man untersuchen möchte:

- **Plättchen** besitzen aufgrund ihrer Kleinheit eine geringere Sedimentationsrate als alle anderen Blutbestandteile und können alleine durch Zentrifugation gewonnen werden.
- Für die Analyse von **Erythrozyten** muß das PB/KMA nur entsprechend mit PBS verdünnt werden. Der Anteil der Leukozyten beträgt im normalen Blut nur rund

0,1% und beeinflußt daher die Messung nicht, Plättchen können leicht aufgrund ihrer charakteristischen Streulichteigenschaften (sehr klein [FSC] bei hoher Dichte [SSC]) differenziert werden.

– **Leukozyten** müssen normalerweise zur Analyse angereichert werden. Dafür stehen zwei im folgenden beschriebene Methoden zur Verfügung.

Präparation von Zellen des peripheren Blutes/Knochenmarkaspirates

Plättchen
- Zentrifugieren von 10 ml *heparinisiertem* PB/KMA bei 400 g/10 min/20 °C
- Überstand mit Pasteurpipette abheben, zentrifugieren 1000 g/10 min→Pellet
- 2× mit BSA-DAB waschen und auf eine adäquate Konzentration resuspendieren $(1-2\times10^6$ Zellen)

Leukozyten
Lysieren der Erythrozyten
- 10 ml antikoaguliertes PB/KMA. Je 2 ml in 50 ml Gefäße.
- Dazu je 45 ml Lysing Solution, sofort mischen.
- Inkubation 10 min/20 °C.
- Zentrifugieren mit 400 g/10 min/4 °C. Überstand dekantieren, 5 ml BSA-DAB hinzu und Röhrcheninhalte zusammenschütten.
- Zentrifugieren bei 400 g/5 min/4 °C, dekantieren, resuspendieren mit 24 ml BSA-DAB, abzentrifugieren.
- Zellkonzentration auf 5×10^6 einstellen und eisgekühlt lagern.

Mononukleäre Zellen
FICOLL – Dichtegradientenzentrifugation
- 10 ml antikoaguliertes Blut/Aspirat. Mit PBS ca. 1:1 verdünnen.
- 4 ml Lymphoprep in 10 ml Reagenzröhrchen, dann vorsichtig 5 ml verdünntes Blut/Aspirat darüberpipettieren.
- Zentrifugieren 400 g/20 min/20 °C.
- Vorsichtig die mononukleären Zellen, die sich an der Grenzschicht zwischen Plasma und Lymphoprep befinden, mit Pasteurpipette aspirieren.
- 2× mit PBS waschen (400 g/5 min).
- Pellet resuspendieren, bis zu einer Konzentration von 5×10^6 Zellen/ml.

3.2 Untersuchung von Bronchiallavagen, Punktaten und Lymphknoten

Bei **Bronchiallavagen** besteht das Hauptproblem in der ausreichenden Materialgewinnung. Für die Präparation muß die Lavage lediglich zentrifugiert und auf die entsprechende Zellkonzentration resuspendiert werden. Natürlich können Erythrozyten durch Lysierung (s. o.) entfernt werden.

Liquor-, Pleura- und Peritonealpunktate. Meist ist das Zentrifugieren der Suspensionen und das Einstellen einer adäquaten Konzentration ausreichend. Falls zu viele Erythrozyten vorhanden sind, können diese, wie oben beschrieben, lysiert werden.

Lymphknoten, wie auch andere lymphatische Gewebe (Tonsillen, Milz, Thymus), können sehr leicht zu Zellsuspensionen präpariert werden. Das Gewebe wird auf eine Petrischale gelegt, mit einem Skalpell in kleine Gewebsstücke zerschnitten und die Zellen einfach stumpf aus dem Gewebeverband gelöst (Ausstreichen mit stumpfer

Klinge, Zupfpräparat). Die Zellsuspension wird anschließend durch ein Nylon Netz (60 – 100 µm) filtriert und kann danach zusätzlich durch FICOLL-Trennung gereinigt werden.

3.3 Oberflächentest

3.3.1 Oberflächenfärbung mit direkt markierten Antikörpern

Die Färbung der Zellen mit direkt markierten Antikörpern, die mit Oberflächenantigenen interagieren, ist die eleganteste und schnellste Methode – eine einfache Inkubation gefolgt von drei Waschschritten (Abb. 4). Voraussetzung ist jedoch eine korrekte Verdünnung der Antikörper, die durch Titration bei festgesetzter Zellanzahl zu erfolgen hat.

Bei einer größeren Anzahl von Messungen empfiehlt sich die Verwendung von Mikrotiterplatten.

Oberflächentest

- Antikörperverdünnung vorbereiten: 50 µl Sheat fluid + 1 % BSA + Antikörper. Bei Doppel- und Dreifachfluoreszenzmessungen können alle zwei/drei Antikörper gleichzeitig zugegeben werden.
- 100 µl der Zellsuspension abzentrifugieren (400 g/5 min/20 °C), dekantieren, vortexen.
- Antikörperverdünnung hinzupipettieren, gut mischen, Inkubation 30 min/4 °C.
- 3× mit 200 µl PBS waschen.
- In 250 µl PBS resuspendieren. Bis zur Analyse im Dunkeln bei 4 °C lagern.

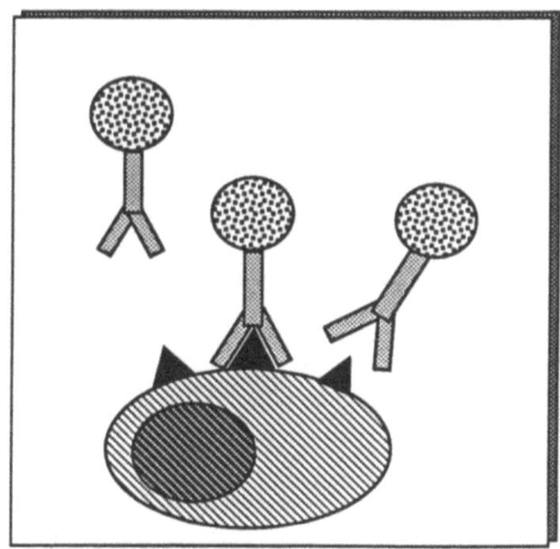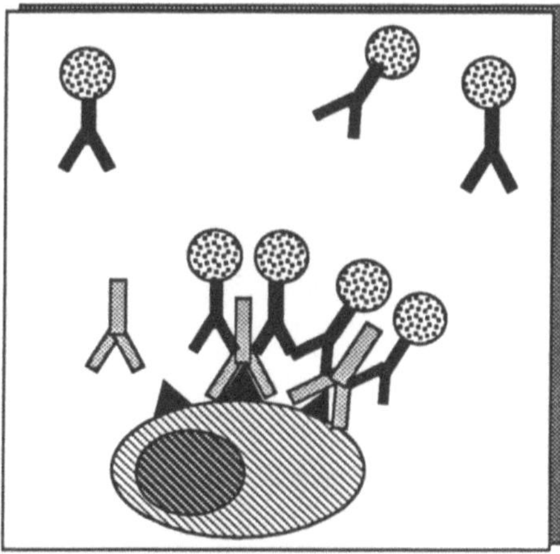

Abb. 4. Direkte (links) und indirekte (rechts) Markierung von Oberflächenantigenen mit monoklonalen Antikörpern. Bei der indirekten Markierung wird der primäre nichtmarkierte Antikörper durch sekundäre, markierte Antikörper sichtbar gemacht. Dadurch wird zusätzlich ein Verstärkungseffekt erzielt

3.3.2 Arbeit mit indirekten Antikörpern

Der nichtfluoreszierende primäre Antikörper kann durch die Bindung eines sekundären fluoreszenzmarkierten Antikörpers markiert werden. Durch die Verwendung polyklonaler Antiseren (z. B. sheep-anti-mouse) können die verschiedensten primären Antikörper mit demselben Standardreagenz inkubiert werden. Ein Vorteil dieser Technik liegt darin, daß normalerweise zwei oder mehr sekundäre Antikörper an den primären gebunden werden. Dies führt zu einer Verstärkung des Fluoreszenzsignales, das gerade bei Antigenen mit geringer Expression von Vorteil ist (s. Abb. 4).

Um unerwünschte Kreuzreaktionen mit Oberflächenantigenen zu verhindern (im speziellen B-Zellen, die Immunglobuline exprimieren) kann das Serum der jeweiligen Blutprobe zum Abblocken verwendet werden.

Indirekte Markierung

- 50 µl der Verdünnung des primären Antikörpers mit BSA-DAB vorbereiten.
- 100 µl Zellsuspension abzentrifugieren, dekantieren und mit primärem Antikörper inkubieren. 30 min/4 °C.
- 50 µl der Verdünnung des sekundären Antikörpers mit BSA-DAB (oder humanes Serum aus der Präparation) vorbereiten.
- 3× mit mindestens 100 µl PBS waschen, dann dekantieren und mit sekundärem Antikörper inkubieren. 30 min/4 °C.
- 3× mit 100 µl PBS waschen, in FACS Röhrchen pipettieren, mit 200 – 500 µl PBS verdünnen. Bis zur Messung bei 4 °C lagern.

Um unspezifische Färbungen unterscheiden zu können, ist es immer notwendig eine „Negativkontrolle" mitlaufen zu lassen. Präparation wie beschrieben ohne primären Antikörper.

3.4 Fixierung und Einfrieren von Proben

Proben können nicht immer sofort präpariert und gemessen werden. Auch bei wissenschaftlich besonders interessanten Fällen, bei denen umfangreichere Analysen geplant sind, hat es sich bewährt die Zellen entweder zu fixieren oder einzufrieren (s. auch [29, 47]).

Fixierung Das Zellpellet wird in 2%iger Formaldehydlösung resuspendiert und kann so mehrere Wochen im Kühlschrank gelagert werden. Fixierte Zellen zeigen jedoch bei der Messung einen stärkeren Hintergrund.

Einfrieren Diese Technik ist etwas zeitaufwendiger, das Meßergebnis zeigt aber nur einen geringen Qualitätsverlust.

- Zellsuspension ($5 - 20 \times 10^6$ Zellen/ml) abzentrifugieren, dekantieren.
- Pellet mit 500 µl FCS resuspendieren.
- Dazu 400 µl Medium (oder PBS).
- Röhrchen auf Eis, dann 100 µl DMSO.
- Kontrolliert einfrieren: In Styropor 24 Stunden bei -20 °C, dann bei -80 °C lagern (jahrelang haltbar).

Auftauen Im Wasserbad bei $+37$ °C, Suspension sofort mit Medium verdünnen, abzentrifugieren, dekantieren und wiederum im Medium resuspendieren.

3.5 Nukleäre Antigene

3.5.1 Ki67

Der proliferierende Zellanteil ist ein wichtiger Parameter in der Beurteilung hämatologischer Neoplasien. Der monoklonale Antikörper Ki67 markiert ein nukleäres Antigen (lokalisiert am Chromosom 10), das bei proliferierenden Zellen exprimiert wird und ist spezifisch für Zellen zwischen G1 und Mitosephase des Zellzyklusses [20, 57]. Diagnostisch hat die Expression untergeordnete Bedeutung, der Wert liegt vor allem in der Beurteilung der Aggressivität einer Erkrankung.

- 100 µl Zellsuspension (10^6 Zellen)   **Färbung**
- +1000 µl PLP ($-20\,°C$) Fixierlösung (Präparation siehe unten), 15 min/$-10\,°C$
- 2× Waschen mit je 500 µl PBS
- Zellpellet mit Antikörperverdünnung resuspendieren (10 µl Ki67 FITC+40 µl PBS-BSA 1%), 30 min/$4\,°C$
- 2× Waschen mit je 500 µl PBS
- Messung

Herstellung der PLP (= Periodat-Lysin-Paraformaldehyd) Fixierlösung.

- 3,54 g Na_2HPO_4-$2\,H_2O$ in 100 µl H_2O (0,2 M)   **PLP**
- 1,37 g $Na_2H_2PO_4$-H_2O in 100 µl H_2O (0,1 M)   **Fixierlösung**
- Lysin Stammlösung (A): 1,862 g Lysin-HCl in 50 ml 0,2 m Na_2HPO_4, pH auf 7,4 mit 0,1 m NaH_2PO_4 einstellen, mit H_2O auf 100 ml auffüllen. Im Kühlschrank aufbewahren.
- Paraformaldehyd Stammlösung (PFA) (B):
  9 ml 0,2 m Na_2HPO_4
  19 ml 0,1 m NaH_2PO_4
  22 ml H_2O
  ──────────────────
  +4 ml Paraformaldehyd
  auf $60\,°C$ erhitzen +2 n NaOH dazupipettieren. Titrieren auf pH = 7,4; im Kühlschrank bis 4 Monate haltbar.
- Vor Gebrauch: 7,5 ml Lösung A+2,5 ml Lösung B+21,4 mg $NaIO_4$

Durch diese milde Form der Zellfixierung und Permeabilisierung bleibt die Antigenstruktur an der Zelloberfläche weitgehend erhalten und ermöglicht die gleichzeitige Markierung mit einem Oberflächenmarker. Somit kann der Phänotyp der proliferierenden Zellen eingehend untersucht werden.

3.5.2 Terminale Deoxynucleotidyl Transferase (TdT)

Die terminale Deoxynucleotidyl Transferase (TdT) ist eine DNA Polymerase und wird bei B- und T-Vorläuferzellen, wie einer Reihe von hämatologischen Neoplasien exprimiert, v. a. aber bei akuten lymphatischen Leukämien, lymphoblastischen Lymphomen, in 30% bei CML-Blastenkrisen und selten auch bei akuten myeloischen Leukämien [1, 23, 62]. Nichtsdestotrotz liegt die Bedeutung der TdT Bestimmung in der Differenzierung zwischen akuten lymphatischen und nicht-lymphatischen Leukämien, die in der Klinik eine erhebliche therapeutische Konsequenz nach sich zieht.

In der Präparation werden die Zellen zuerst fixiert, dann permeabilisiert und erst dann mit dem Antikörper inkubiert [2, 55, 61].

TdT Präparation Um die TdT Intensität einzelner Zellpopulationen beurteilen zu können, kann vor der eigentlichen Präparation der auf S. 159 beschriebene Oberflächentest (mit PE markierten Antikörpern) durchgeführt werden.

- 1×10^6 Zellen in FACS Röhrchen.
- Abzentrifugieren.
- +1000 µl 0,8% Paraformaldehyd (verdünnt in PBS) 2−3 min bei 4 °C.
- +1500 µl absolutes Methanol (eisgekühlt) 10 min auf Eis.
- Abzentrifugieren und 2× Waschen mit je 500 µl PBS.
- Pellet mit 50 µl FCS resuspendieren 20 min/4 °C.
- +20 µl anti-TdT Antikörper bzw. 20 µl Kontrollserum 30 min/4 °C.
- 2× Waschen mit PBS.
- +200 µl Konjugat (= 180 µl PBS-BSA 1% +20 µl FITC markiertes Konjugat) 30 min/4 °C.
- 2× Waschen mit PBS.
- FACS Analyse.

Im Handel werden TdT Kits angeboten und enthalten Antikörper, Kontrolle und FITC-markiertes Konjugat.

3.6 Intrazelluläre Antigene am Beispiel der Myeloperoxidase (MPO)

Als intrazelluläres Antigen wird in der Diagnostik vor allem die Myeloperoxidase [64, 70, 71] verwendet. Sie dient der Identifikation myeloischer Zellen und im besonderen der Differenzierung akuter myeloischer Leukämien. In der Präparation müssen die Zellen, wie oben beschrieben, fixiert und permeabilisiert werden. Um den Arbeitsablauf zu beschleunigen wird in unserem Labor ein kommerziell erwerblicher Fixations- und Permeabilisationskit verwendet (Scandic Cat. No. GAS-002).

Zusätzlich werden in der Diagnostik u. a. folgende zytoplasmatischen Antigene untersucht: c-CD3, c-CD22, C-219 gegen den zytoplasmatischen Teil des Glycoproteins P-170.

3.7 Messung des DNA Gehalts [30]

3.7.1 Durchflußzytometrische Beurteilung der DNA

Durch das Enzym Trypsin wird die Zellmembran aufgerissen und eine reine Kernsuspension erhalten. Anschließend wird der enzymatische Verdauungsvorgang durch Zugabe eines Trypsininhibitors blockiert und die Suspension mit dem Kernfarbstoff

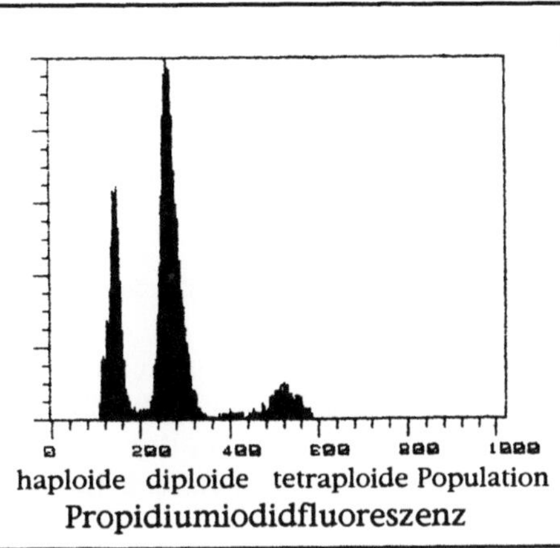

Abb. 5. DNA Gehalt von haploiden (1 N), diploiden (2 N) und tetraploiden (4 N) Kernen (Beispiel: Hodenparenchym mit den drei charakteristischen Spermatogenesestufen: Spermatiden, Spermatozyten, prämitotische Zellen). Aneuploide Zellpopulationen (hyper-/hypoploid) zeigen unterschiedlich große Abweichungen vom normalen diploiden G0/G1 Peak. Die Zellen, deren DNA Gehalt zwischen diploidem und tetraploidem Peak liegt, befinden sich entweder in der Synthese-Phase des Zellzyklus oder sind hyperploid

Propidiumiodid (PI) gefärbt. Durch die quantitative Beurteilung der Propidium Iodid (PI) Fluoreszenzintensität, die mit der DNA Menge korreliert, erhält man Informationen über den aktuellen Zustand einer Zellpopulation (Abb. 5).

Der Zellzyklus einer typischen proliferierenden Zelle besteht aus Interphase, G1-Phase, S-Phase (Replikation der Chromosomen, Verdopplung des DNA Gehalts), G2-Phase, M-Phase (Mitose, DNA Gehalt halbiert sich wieder).

Die prozentuelle und mengenmäßige Verteilung der einzelnen Phasen kann bestimmt und zum Normwert in Beziehung gesetzt werden. Abweichungen vom normalen DNA-Gehalt werden als **Aneuploidie** bezeichnet (Veränderung der Chromosomenanzahl oder Fehlen von Chromosomenstücken). Die Bestimmung der S-Phase gibt zusätzlich Auskunft über das Proliferationsverhalten der Zellen. Die Tumorploidität spiegelt das biologische Verhalten vieler Tumortypen wieder und steht in direkter Beziehung zum Risiko eines Rezidives und der Überlebenswahrscheinlichkeit [3, 10, 42].

Heute gängige Durchflußzytometer können zwei klonale Zellpopulationen unterscheiden, wenn die Differenz des DNA Gehaltes mindestens 4% beträgt [72]. Folglich können Abweichungen des Karyotyps von zwei oder weniger Chromosomen mit dieser Methode nicht aufgedeckt werden. Bei Tumoren mit dramatischeren Karyoatypien korrelieren die Ergebnisse aus Chromosomenanalyse und Durchflußzytometrie gut.

Das Ausmaß der Aneuploidität kann durch den DNA-Index wiedergegeben werden. Dieser gibt das Verhältnis zwischen dem G0/G1 peak einer Probe und dem G0/G1 peak von diploiden Referenzzellen oder -kernen wieder. Die diploide Population in einer Probe mit zwei Stammlinien kann durch Mischung mit normalen Lymphozyten oder mit Hühnererythrozyten (einem gebräuchlichen Standard) identifiziert werden. Definitionsgemäß ist der DNA-Index diploider Zellen 1,00. Somit besitzen hyperdiploide Tumoren DNA Indices > 1 und hypodiploide Tumoren DNA Indices < 1. Tetraploide Tumoren haben einen DNA Index von 2.

Die Fähigkeit zwei verschiedener Stammlinien unterscheiden zu können, ist entschieden von einer Reihe technischer Faktoren, einschließlich der Gewebelagerung, Färbung und der durchflußzytometrischen Ausführung, abhängig. Die Qualität eines DNA Histogrammes wird mit dem Variationskoeffizienten (Coefficient of Variation = CV) des G0/G1 Peaks beschrieben. Breite G0/G1 Peaks mit hohem CV könnten eine Stammlinie mit fast diploidem DNA Gehalt verbergen. Aus diesem Grund schlagen Merkel et al. [42] vor, DNA Histogramme mit G0/G1 CVs > 5,0 nicht auszuwerten.

3.7.2 Präparation von Zellen zur DNA Bestimmung

Die Präparationstechnik wurde von Vindelov et al. [73] (s. auch [47]) entwickelt. Es werden jedoch bereits fertige DNA Kits angeboten, die den Arbeitsgang beträchtlich vereinfachen, in der Anschaffung jedoch teurer sind. Im folgenden sei die Messung mit dem von Becton Dickinson angebotenen DNA-Kit („CycleTEST") beschrieben:

Cycle Test
- Zu 20 µl der gepufferten Zellsuspension (ca. 2×10^6 Zellen/ml) werden 180 µl der 18 – 22 °C warmen Solution A (Trypsin in Spermin-Tetrahydrochloridpuffer) pipettiert und 10 min lang leicht geschüttelt. Etwaige Verklumpungen sollten sich rasch auflösen.
- Hierauf werden 150 µl der Solution B (Trypsininhibitor, Ribonuclease A) dazugegeben und ebenfalls 10 min lang geschüttelt.
- Makroskopisch sichtbare Partikel werden durch Filtration der Zellsuspension durch ein Nylonnetz (50 – 80 µm) entfernt.
- Abschließend werden 150 µl der kühl (2 – 8 °C) und dunkel gelagerten Solution C (Fluoreszenzfarbstoff Propidium Iodid) hinzupipettiert und mindestens 15 min im Kühlschrank und im Dunkeln inkubiert.
- Die nun gebrauchsfertige Lösung sollte in spätestens 3 Stunden gemessen werden.

Die Stammlösungen können jedoch auch selbst erstellt werden, die Präparation der Proben erfolgt dann wie oben beschrieben.

Stammlösungen
Citrat Puffer. Sucrose (BDH Chemicals Ltd, Poole, England), 88,50 g (250 mM) und Trisodium Citrat, $2 H_2O$ (Merck, Darmstadt, W. Germany), 11,76 g (40 mM) werden in annähernd 800 ml destilliertem Wasser gelöst. Dimethylsulfoxid (DMSO) (Merck), 50 ml werden hinzugegeben. Destilliertes Wasser wird nun zur Vervollständigung des Volumens von 1000 ml verwendet und der pH auf 7,60 eingestellt.

Stammlösung. Trisodium Citrat, $2 H_2O$, 2000 mg (3,4 mM), Nonidet P 40 (NP 40) (Shell Carrington, England) 2000 µl (0,1% v/v), Spermintetrahydrochlorid (S 2876, Sigma, St. Louis, MO) 1044 mg (1,5 mM) und Tris(hydroxymethyl)-aminomethan (T 1378, Sigma) 121 mg (0,5 mM) werden in destilliertem Wasser gelöst und auf ein Volumen von 2000 ml ergänzt. Der pH wird auf 7,6 eingestellt. Die Stammlösung wird als Präparationsbasis für die Färbelösung und als Trägerflüssigkeit im Durchflußzytometer benützt.

- Lösung A: Trypsin (15 mg, T0134, Sigma) wird in 500 ml Stammlösung gelöst und der pH auf 7,6 eingestellt.
- Lösung B: Trypsininhibitor (250 mg, T 9235, Sigma) und Ribonuclease A (50 mg, R 4875, Sigma) werden 500 ml Stammlösung beigegeben und der pH wiederum auf 7,6 eingestellt.

- Lösung C: Propidiumiodid (PI) (208 mg Calbiochem, San Diego, CA) und Spermintetrahydrochlorid (580 mg) werden zu 500 ml der Stammlösung gegeben und der pH wird auf 7,6 eingestellt. Die Färbelösung muß vor Lichteinfall geschützt werden.

3.7.3 DNA-Messung

Für die Analyse werden spezielle Computerprogramme (z. B. „Cellfit" von Becton Dickinson) verwendet, die das Durchflußzytometer für die Messung des DNA-Gehaltes von Zellen optimieren und kontrollieren. Mit Standardpartikeln wie PI-gefärbten Hühnererythrozyten wird die Sensitivität und Linearität des Gerätes überprüft. Durch die automatische Geräteeinstellung wird eine Standardisierung und somit eine Vergleichbarkeit der Meßergebnisse gewährleistet. Zur Messung der prozentuellen Verteilung von Zellen in den einzelnen Zyklusphasen stehen je nach Ausgangsmaterial unterschiedliche mathematische Berechnungsmodelle zur Verfügung (RFIT bei soliden Tumoren, SFIT bei asynchron wachsenden Zellen, SOBR bei synchronisierten Zellen, POLY bei hypodiploiden Populationen, MANL bei Standardhistogrammen).

3.8 Messung des Rhodamin Effluxes (MDR)

Pleiotrope Zytostatikaresistenz (Multidrug Resistance „MDR") ist ein wesentliches Problem in der zytostatischen Chemotherapie und ist gekennzeichnet durch die Überexpression des in der Membran lokalisierten P-Glycoproteins (P-gp) [45]. Dieses P-gp, kodiert durch das MDR1 Gen, bewirkt bei resistenten Zellen einen aktiven Efflux bestimmter Zytostatika (Anthrazykline, Vinca-Alkaloide, Epipodophyllotoxine) aus der Zelle [9]. Es kann nun entweder das Gen selbst (Southern Blot), die mRNA (PCR, Northern Blot, Slot Blot), das Protein (Western Plot, Antikörper MRK16, C219 [28]) oder die Funktion dieses Proteins („Efflux") nachgewiesen werden. Die sensitivste Methode am FACS dürfte derzeit die Effluxbestimmung in Kombination mit PE-markierten Antikörpern sein, wie sie von Ludescher et al. [39] entwickelt wurde. Im Prinzip werden Tumorzellen mit dem Fluoreszenzfarbstoff Rhodamin 123, der durch das P-gp hinausgepumpt wird, inkubiert. Der Überstand wird weggewaschen. Am FACS wird nun die Fluoreszenzabnahme pro Zeiteinheit gemessen. Je stärker die Abnahme, desto höher ist die Pumpaktivität des Proteins. Eigene Untersuchungen zeigten eine hohe Korrelation des Rh123 Effluxes mit der RNA-Expression des MDR1 Gens gemessen durch PCR Analysen [37, 38]. Um Meßverfälschungen auszuschließen und um nur die eigentliche Aktivität der Pumpe bestimmen zu können, wird gleichzeitig als Kontrolle eine Probe mit einem P-gp Inhibitor gemessen (Verapamil) (Abb. 6).

- Präparation der Zellsuspension wie unter Punkt 3.1 beschrieben.
- 5 ml FACS Röhrchen: 500 µl DMEM-MOPS + 50 µl Zellsuspension + 30 µl 100 − 200 ng/ml Rh123 + 50 µl PE-markierten verdünnten Antikörper.
- 45 − 60 min/20 °C inkubieren.
- Abzentrifugieren und 2× waschen mit je 1000 µl DMEM-MOPS (400 g/5 min). Diesen Schritt auf Eis!

**Messung
RH123
Efflux**

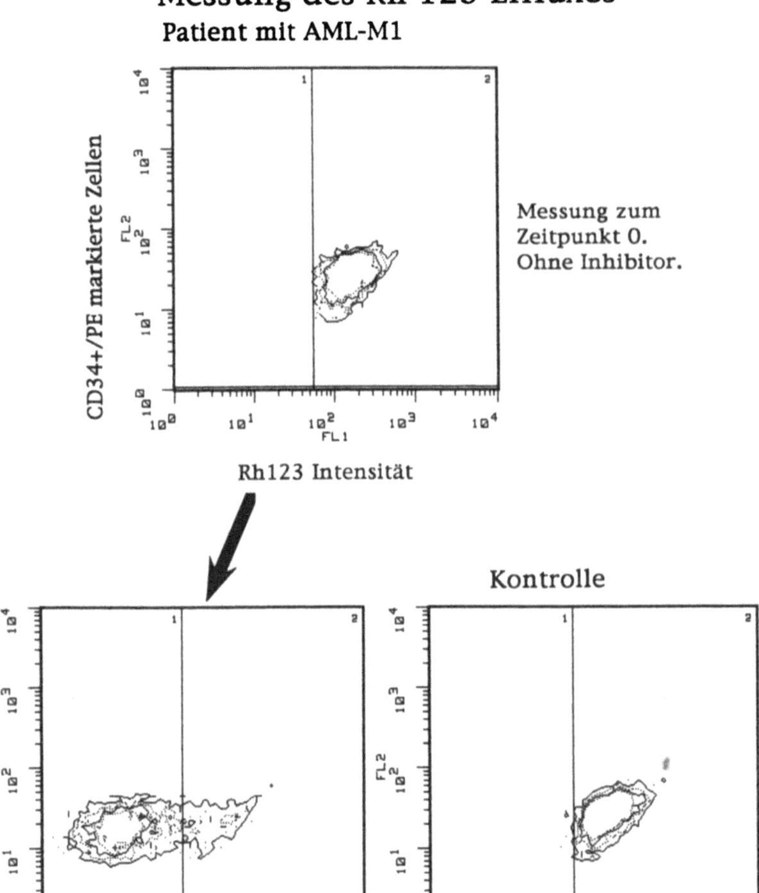

Abb. 6. Rh 123 Efflux bei AML-M 1: Nach einer Inkubation von 60 min zeigen die Zellen ohne Inhibitor einen deutlichen Rhodamin 123 Efflux (= verringerte Fluoreszenzintensität) im Gegensatz zur zweiten Probe, der ein P-gp Inhibitor zugesetzt wurde

- Resuspendieren mit 1000 µl DMEM-MOPS. Lagerung bis zur Messung auf Eis.

Negativ Kontrolle. Nach dem Abzentrifugieren 10 µl des P-gp Inhibitors Verapamil hinzupipettieren.

- Messung nach: 0, 60 und 120 Minuten. Gate: (z. B. Lymphozyten, Blasten . . .) FSC/SSC, FL 2

Ergebnis. Prozentueller Anteil der Zellen mit geringerer FL 1 Intensität im Vergleich zur Probe mit beigesetztem Inhibitor.

3.9 Respiratory Burst/Phagozytenaktivität

Die phagozytierenden Zellen [51, 53] können mittels Enzymen reaktive Oxidantien, wie z. B. Superoxid Anionen und in der Folge Wasserstoffperoxid, zur Zerstörung von Mikroorganismen produzieren. Dieser Anstieg der Oxidantien „Respiratory Burst" ist jedoch auch ein Begleitphänomen bei Sepsis, posttraumatischem Organversagen oder Autoimmunerkrankungen.

In der Durchflußzytometrie steht eine sehr sensitive Methode zur Messung des Respiratory Bursts zur Verfügung: Die Zellen werden mit dem *nicht*fluoreszierenden Dihydro-Rhodamin inkubiert. Bei Phagozytose wird das Dihydro-Rhodamin zum grün *fluoreszierenden* Rhodamin 123 oxidiert. Die Aktivität dieser Zellen kann durch die Zugabe von Bakterien oder Phorbolester um das 200- bis 1200fache gesteigert werden (Abb. 7). Bei Abwehrschwäche ist die Aktivierungszunahme geringer. Zeigen die phagozytierenden Zellen nach Stimulierung mit FMLP oder TNF-α eine überschießende Reaktion, so waren diese bereits voraktiviert (z. B. Entzündung) [11, 24, 48].

Reagenzien

- Dihydrorhodamin 123 (DHR) (Becton Dickinson, D 632)
- Dimethylformamid (DMF) (Aldrich-Chemie, 27, 054-7)
- N-Formyl-L-methionyl-L-leucyl-L-phenylalanine (Sigma, F 3506) (FMLP)
- Hank's balanced salt solution (HBSS) (Sigma 1387) mit 10 mM Hepes (pH 7.4)
- Hepes (Serva, 25245)
- LDS-751 (Exciton, USA, 07510)
- Perhydrol 30% (H_2O_2) (Merck, 7210)
- Phorbol 12-myristate 13-acetate (PMA) (Sigma, P 8139)
- Propidium Iodid (PI) (Serva, 33671)
- Tumor necrosis factor-α (TNF-α) (Sigma, T 0517)

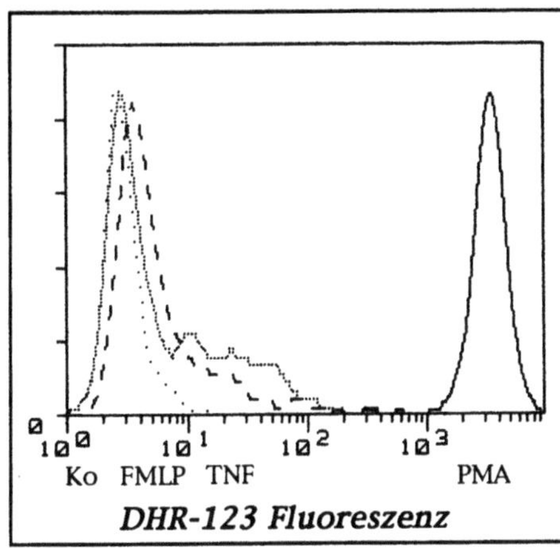

Abb. 7. Oxidative Burst an neutrophilen Granulozyten am gesunden Patienten: Zunahme der Dihydrorhodamin 123 Fluoreszenzintensität nach Inkubation mit TNF-α (– – –), FMLP (---------) und PMA ————); Kontrolle (·····). Durch TNF-α und FMLP kann nur eine Subpopulation von Neutrophilen stimuliert werden, während durch PMA eine maximale Stimulierbarkeit aller Zellen erreicht wird

Präparation

- 4 ml heparinisiertes Vollblut entsprechend der Dichtegradientenzentrifugation (s. S. 158) trennen. Klaren Plasmaüberstand mit Pasteurpipette abziehen (Leukozyten und Thrombozyten).
- Präparation der Stammlösungen A–D (auf Eis lagern):
  (A) DHR (100 µl, 1,1 mM in DMF)+1 ml HBSS
  (B) FMLP (10 µl, 1 mM in DMF)+1 ml HBSS
  (C) PMA (10 µl, 1 mM in DMF+1 ml HBSS
  (D) SNARF-1/AM (10 µl, 1 mM in DMF)+1 ml HBSS
- Testansatz:
  - Negativkontrolle: 1 ml HBSS+20 µl Leukozyten+10 µl DHR (A); nach 25 min+10 µl PI.
  - 10 ng/ml TNF-α: 1 ml HBSS+20 µl Leukozyten+10 µl DHR (A); nach 5 min 10 TNF-α µl; nach 25 min+10 µl PI.
  - mit FMLP 10^{-7} M: 1 ml HBSS+20 µl Leukozyten+10 µl DHR (A); nach 10 min+10 µl FMLP, nach 25 min+10 µl PI.
  - TNF-α+FMLP: 1 ml HBSS+20 µl Leukozyten+10 µl DHR (A); nach 5 min 10 TNF-α µl, nach 10 min+10 µl FMLP, nach 25 min+10 µl PI.
  - Positivkontrolle: 1 ml HBSS+20 µl Leukozyten+10 µl DHR (A)+10 µl PMA; nach 25 min+10 µl PI.

Die PI Gegenfärbung dient zur Anfärbung der toten Zellen, die dann während der Analyse herausgegated werden können. Um lebende Leukozyten von Thrombozytenaggregaten oder Erythrozyten besser unterscheiden zu können, ist es auch möglich diese durch eine Vitalfärbung (LDS-751 ode SNARF-1) klarer zu identifizieren. Als weitere Verbesserung käme eine Inkubation mit einem PE-markierten Monozytenmarker im Anschluß an die Granulozytenaktivierung in Frage. Zur ausführlichen Darstellung des Phagozytosetest darf auf die Literatur verwiesen werden [11, 24, 48, 51].

3.10 Andere Präparationsmethoden

Weitere Methoden wie die Messung von pH und intrazellulärem Kalzium [52] sind am Durchflußzytometer etabliert, werden jedoch noch nicht in der Routinediagnostik eingesetzt. Daher wurde auf eine Darstellung dieser Methoden verzichtet.

4 Analyse

4.1 Charakterisierung des normalen Knochenmarks

Um überhaupt Knochenmarkaspirate beurteilen zu können, ist das Verständnis der normalen Zusammensetzung des Knochenmarks gegenüber den krankhaft veränderten Zuständen Voraussetzung. (In Anlehnung an [5, 34]).

Die Immunprofile im Laufe der lymphatischen, monomyeloischen, erythroiden und megakaryozytischen Zelldifferenzierung sind in den Abb. 8 bis 10 dargestellt (in Anlehnung an [15, 17]).

4.1.1 Erythroide Reihe

Die durchflußzytometrische Identifikation der erythroiden Linie im normalen Knochenmark [19, 32, 35, 50] wird durch das linienspezifische Antigen Glycophorin A ermöglicht. Bei zusätzlicher Analyse ist erkennbar, daß das CD45 Molekül in der Entwicklung von der Vorläuferzelle zum reifen Erythrozyten zunehmend verloren geht. Erythropoetische Vorläuferzellen sind durch die Expression von CD34 definiert.

4.1.2 Lymphoide Zellen [16, 21, 54)

T und NK Zellen (Abb. 8). Im Knochenmark können sowohl unreife wie reife lymphoide Zellen identifiziert werden [46, 65]. Reife T (CD3) und NK (CD16 und/oder CD56) Zellen sind ortsansässige Zellen und nicht einfach durch Blutbeimengungen bedingt, die Reifung erfolgt jedoch im Thymus. Andererseits wurden in neueren Studien T-Vorstufen identifiziert, die in den Thymus migrieren können. Die Entdeckung CD34 exprimierender früher humaner T-Lymphozyten unterstützt die These, daß T-lymphoide Vorstufen auch im normalen Knochenmark vorkommen können.

Mögliche Vorstufen der NK Zellen konnten im Knochenmark bisher noch nicht identifiziert werden.

B-Zellen (Abb. 9). Die Reifung der B-Zellen im Knochenmark ist hinlänglich bekannt [6, 25, 31, 36, 43]. Erst durch den linienspezifischen Marker CD19, der sowohl bei unreifen wie auch bei reifen Zellen vorhanden ist, konnte die Entwicklung der B-Zellen genauer untersucht werden. Die unreifsten Zellen sind durch die Expression der Antigene CD34, CD10 und CD19 gekennzeichnet. Anhand der unterschiedlichen Expression der oben genannten drei Antigene können vier Reifungstufen in der B-Zell Entwicklung identifiziert werden: B I-IV.

- *Stadium B I:* CD34$^+$/CD19$^+$/CD10$^+$: Die frühesten B-Zellen exprimieren gleichzeitig CD34 und CD19 und stark CD10. Diese Zellen, die rund 10% der Knochenmarks B-Zellen beinhalten, sind zusätzlich charakterisiert durch TdT, schwache CD45 und HLA-DR und starke CD38 Positivität. CD20, CD21, CD22 und HLA-DQ werden nicht exprimiert.
- *Stadium B II:* CD34$^-$/CD19$^+$/CD10$^+$: entspricht der klassischen prä-B-Zelle. Zytoplasmatische IgM werden im Gegensatz zur IgM Expression an der Zelloberfläche bereits gebildet. Diese Zellen stellen 40% der Knochenmarks B-Zellen dar. TdT, zytoplasmatisches (cIgD) und Oberflächen-IgD (sIgD) fehlen. CD22, CD21 und HLA-DQ werden noch nicht exprimiert. Die HLA-DR Dichte ist sogar gesteigert.
- *Stadium B III:* CD34$^-$/CD19$^+$/CD10^{+-}: Diese Zellen entsprechen den unreifen B-Zellen, da sie cIgM, sIgM, cIgD, aber nicht sIgD bilden, und repräsentieren 10% der B-Zellen. Weiters wird das CD45 Antigen deutlich exprimiert, CD38 nimmt fließend mit dem Anstieg von CD20 und HLA-DQ ab.
- *Stadium B IV:* CD34$^-$/CD19$^+$/CD10$^-$: Diese Population der reifen B-Zellen können von denen im peripheren Blut nicht unterschieden werden. Im Mark des

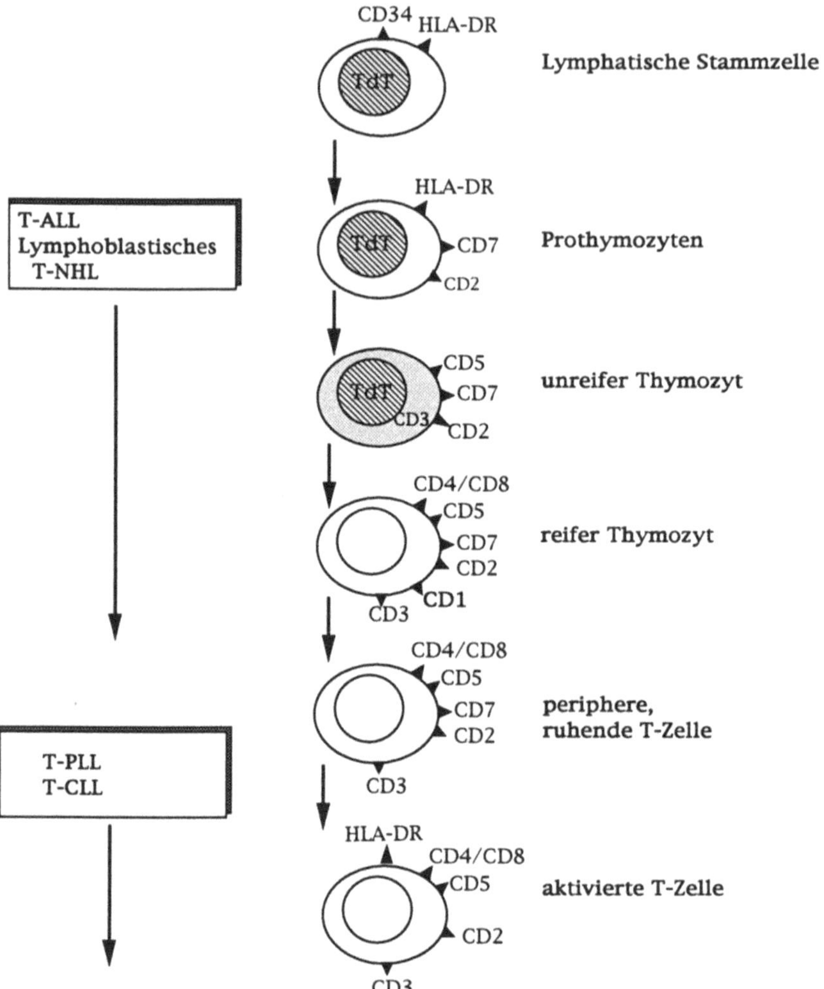

Abb. 8. Immunprofil im Laufe der T-Zelldifferenzierung

Erwachsenen machen sie 40% der B-Zellen aus. Im fetalen KM können diese Zellen nicht nachgewiesen werden. Weitere Charakteristika sind: CD21, CD22 mit Expression von sIgD, CD20, HLA-DQ, HLA-DP, HLA-DR, sIgM.

Plasmazellen. Die B-Zellentwicklung setzt sich nach Antigenstimulierung in Immunglobulin-produzierenden Plasmazellen fort, die jedoch im normalen Knochenmark selten (0,25% der mononukleären Zellen) anzutreffen sind [66]. Diese können jedoch durch deren FSC/SSC Eigenschaften und deren starken CD38 Expression klar identifiziert werden. Interessanterweise geht bei diesen Zellen die CD19 Expression verloren. Durchflußzytometrisch können zwei Reifungsstufen der Plasmazellen durch das

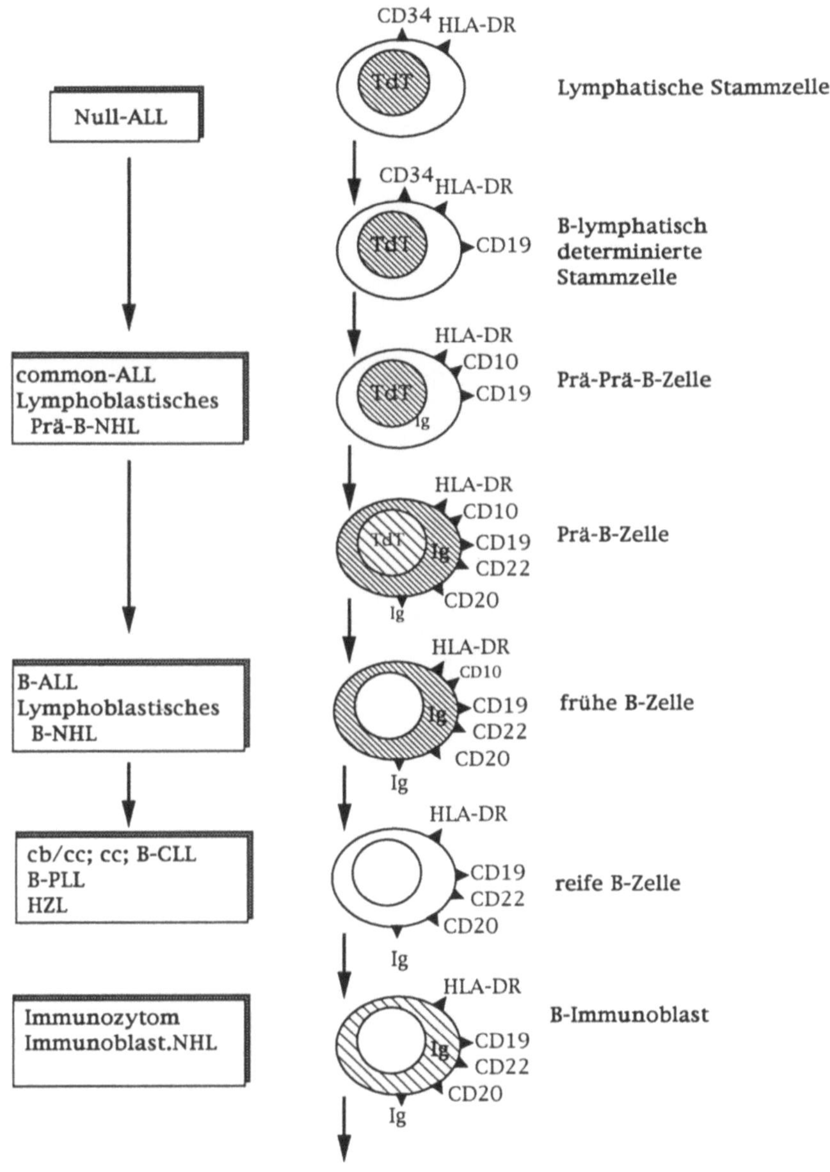

Plasmazelle: CD38, cyt.Ig

Abb. 9. Immunprofil im Laufe der B-Zelldifferenzierung

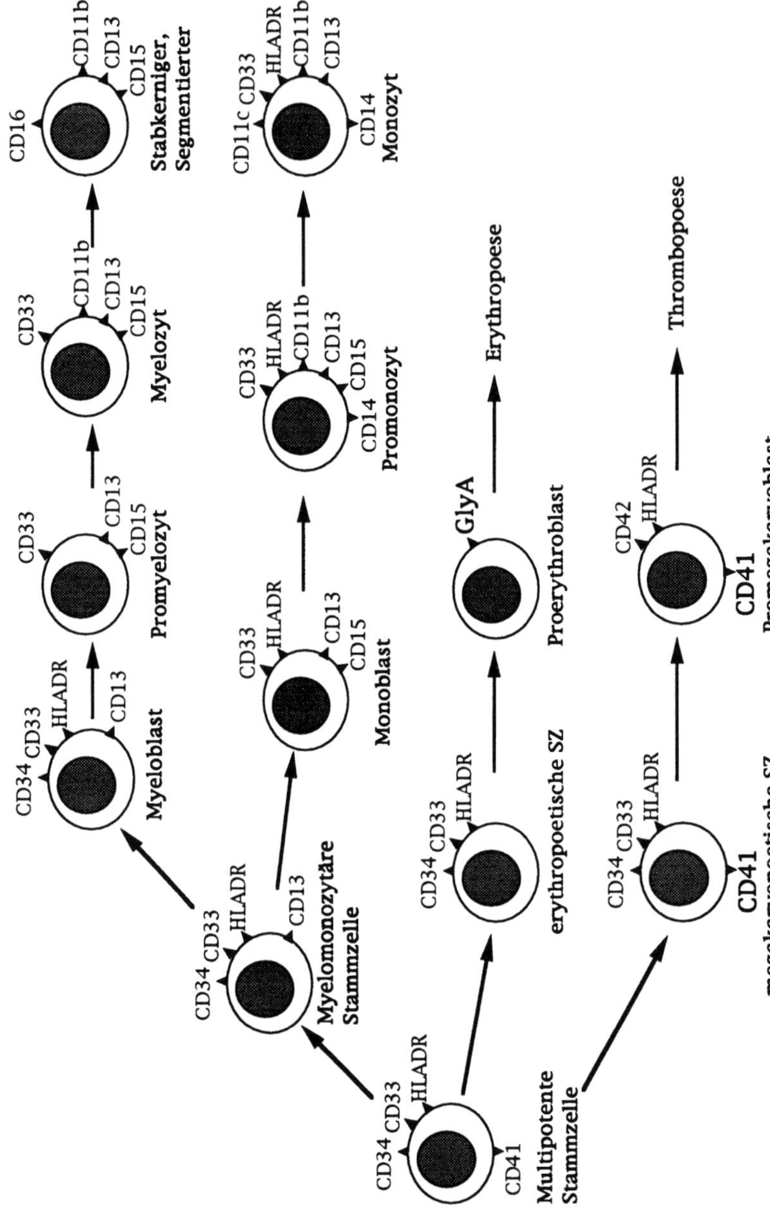

Abb. 10. Immunprofil im Laufe der myelomonozytären Zelldifferenzierung

CD 22 Antigen erkannt werden. CD 38$^+$/CD 22$^+$ entsprechen den lymphoplasmo-zytoiden Zellen; CD 38$^+$/CD 22$^-$ den voll ausgereiften Plasmazellen.

4.1.3 Myelomonozytäre Linie (Abb. 10)

Granulozyten und deren Vorstufen können durchflußzytometrisch aufgrund ihrer Streulichteigenschaften zusammen mit spezifischen Antikörpern klar erkannt wer-den [60, 67, 69]. Für diese Zellen hat sich die Kombination CD 11 b/CD 15/CD 16 am besten bewährt, um Linienspezifität und Reifungsgrad beurteilen zu können.

- CD 11b$^-$/CD 15$^\pm$/CD 16$^-$:   Myeloblasten
- CD 11b$^-$/CD 15$^+$/CD 16$^-$:   Promyelozyten
- CD 11b$^+$/CD 15$^+$/CD 16$^-$:   Myelozyten und Metamyelozyten
- CD 11b$^+$/CD 15$^+$/CD 16$^\pm$:   Metamyelozyten, Stabkernige
- CD 11b$^+$/CD 15$^+$/CD 16$^+$:   Stabkernige und segmentierte Granulozyten.

Die monozytären Zellen sind u. a. durch die Expression des CD 14 Antigens charak-terisiert.

4.2 Durchflußzytometrische Charakterisierung des peripheren Blutes

Im normalen peripheren Blut sind nur die ausgereiften Zellformen zu finden, die sich im Immunphänotyp nicht von den ausgereiften Zellformen des Knochenmarks un-terscheiden (s. o.) und daher nicht gesondert beschrieben werden.

4.3 Pathologische Veränderungen

Die Anwendung der Durchflußzytometrie in der Diagnose von Lymphomen und Leukämien wird im ersten Teil, „Diagnostische Hämatologie" (Huber/Löffler/Past-ner) ausführlich dargestellt. In diesem Kapitel ist daher der diagnostische Ansatz nur kurz zusammengestellt [17, 58].

4.3.1 Leukämien [15, 26, 27, 40]

Akute lymphatische Leukämie. (Tabelle 1, S. 174)

Akute myeloische Leukämie. (Tabelle 2, S. 174)

Minimal residual disease (MRD) [8]. In Ermangelung leukämiespezifischer Antigene kann der Verlauf und das Auftreten von Rezidiven, speziell bei akuten Leukämien, am leichtesten anhand atypischer Antigenexpressionen beobachtet werden [7, 12,

Tabelle 1. Immunzytologie der akuten lymphatischen Leukämie

Diagnose/ Marker	CD34	HLA-DR	TdT	CD19	CD24	CD10	cyt-μ	CD22	s-Ig	CD7	CD1	CD3	CD4	CD8
Null-ALL	+	+	+	±	±	−	−	−	−	−	−	−	−	−
c-ALL	±	+	+	+	+	+	±	±	−	−	−	−	−	−
B-ALL	−	+	−	+	+	±	−	+	+	−	−	−	−	−
prä-T	+	−	+	−	−	−	−	−	−	+	−	−	−	−
T-ALL	−	−	+	−	−	±	−	−	−	+	±	+	+	+

Tabelle 2. Immunzytologie der akuten myeloischen Leukämie (s. a. (44) Kombinierte Klassifikation basierend auf FAB Subtyp und Immunphänotyp)

Diagnose/ Marker	CD34	HLA-DR	CD33	CD13	CDw65	CD15	CD14	Gly-A	CD41
AML M1/2	±	+	+	±	±	−	−	−	−
AML M3	−	−	−	+	+	±	−	−	−
AML M4	−	+	+	+	+	+	+	−	−
AML M5	±	+	+	+	±	+	+	−	−
AML M6	±	−	±	±	−	−	−	+	−
AML M7	±	−	±	−	−	−	−	−	+

68]. Dieser individuelle leukämiespezifische Phänotyp ist ein leicht zu identifizierendes Merkmal des malignen Klons und kann auch bei minimaler Infiltration erkannt und von gesunden Zellen klar abgegrenzt werden. Immerhin zeigen rund 25−50% der AML und rund 60% der ALL Patienten atypische Markerprofile.

Bei AML waren in einer Untersuchung von Drach et al. [13] die Koexpression von CD7 und/oder TdT [1] mit myeloischen Markern (CD13/CD33), das Fehlen eines myeloischen Antigens (CD33 oder CD13) und unterschiedliche Erkennung des CD14 Moleküls (My4$^+$/Leu-M3$^-$) ein häufiges Charakteristikum. Bei ALL traten in 25% myelomonozytäre Antigene (CD11b, CD13, CD14, CD15, CD33) [74] auf. Weiters konnte in 30% die Koexpression von CD34/CD22 bei B-ALL beobachtet werden. Die Blasten der B-ALL zeigten eine Expression von CD7 und CD14 zusammen mit CD19 und CD10.

4.3.2 Lymphome [59]

Die Immunphänotypisierung bei Lymphomen wird in Kapitel 6 und in den Kapiteln 9−11 im ersten Teil, *Diagnostische Hämatologie* (Huber et al. 1992, Springer Verlag) ausführlich dargestellt. In Abb. 11 wird beispielshaft die Immunphänotypisierung einerB-CLL gezeigt.

4.3.3 Myeloproliferative Erkrankungen

Blastenschübe bei chronisch myeloischer Leukämie. Die CML ist durch die Präsenz des Philadelphia Chromosoms (t:9;22) charakterisiert. Die leukämische Transformation dürfte auf der Stufe einer frühen pluripotenten Stammzelle liegen. Die chronische Phase der Erkrankung ist durch eine gesteigerte Produktion von Zellen der Granulopoese mit noch normaler Ausreifung charakterisiert, in der Blastenkrise ähnelt das Bild der akuten Leukämie [4, 22]. Bis zu einem Drittel der Patienten zeigen dann einen lymphatischen Phänotyp mit Expression von TdT, CD10, HLA-DR, CD20. Bei der Mehrzahl der Patienten kommt es zum prognostisch ungünstiger verlaufenden myeloischen Blastenschub. Das typische Markerprofil in der Blastenkrise ist in Tabelle 3 zusammengefaßt (aus *Diagnostische Hämatologie*, Kapitel 6, Huber et al., 1992, Springer Verlag [17]:

Die paroxysmale nächtliche Hämaturie (PNH). Bei dieser hämatologischen Erkrankung zeigen sich die markantesten Veränderungen auf der Ebene der Erythropoese, die zu einem Membrandefekt der Erythrozyten führt. Ursache ist ein Mangel an CD55 (= Decay Accelerating Factor (DAF) und CD59 (= Inhibitorprotein: Membrane Inhibitor of reactive lysis). Das Fehlen dieser Antigene kann in der Durchflußzytometrie dargestellt werden [41, 56].

4.3.4 AIDS-Monitoring

Die Analyse der Lymphozyten Subsets im peripheren Blut HIV-infizierter Patienten, im speziellen der CD4+T-Lymphozyten, ist von anerkannter prognostischer Bedeu-

Diagnose einer B-CLL

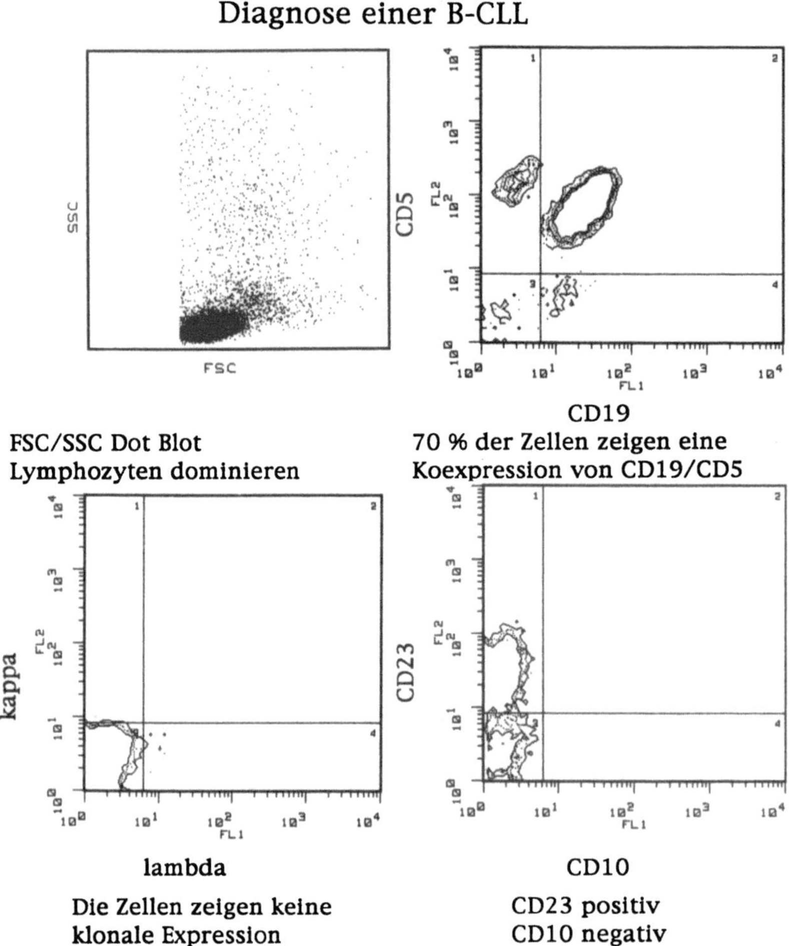

FSC/SSC Dot Blot
Lymphozyten dominieren

70 % der Zellen zeigen eine
Koexpression von CD19/CD5

Die Zellen zeigen keine
klonale Expression

CD23 positiv
CD10 negativ

Abb. 11. Immunzytologische Diagnose einer B-CLL

Tabelle 3. Immunzytologische Befunde bei der CML-Blastenkrise

Antigen	myeloisch (60%)	B-lymphatisch (30%)	erythroblastär (5%)	megakaryoblastär (5%)	T-lymphatisch (<1%)
TdT	–	+	–	–	+
CD10	–	+	–	–	–
CD19	–	+	–	–	–
CD33	+	–	–	–	–
Glycophorin	–	–	+	–	–
CD41	–	–	–	+	–
CD7	–	–	–	–	+

Tabelle 4. Routine Panel für Zweifachfluoreszenz

MoAb	Ziel
1. IgG1/IgG2a	Kontrolle zur Bestimmung der unspezifischen Bindung
2. CD3/CD4	T-Helfer Zellen
3. CD3/CD8	T-Suppressor Zellen
4. CD3/(CD16 + CD56)	NK-Zellen (CD3$^-$)
5. CD3/CD19	B-Zellen (CD3$^-$CD19$^+$) und gesamt T-Zell Bestimmung (CD3$^+$CD19$^-$)

tung und spielt daher im Therapiemonitoring eine wichtige Rolle [18, 33, 49]. Für die Routine ist folgendes eingeschränktes Antikörperpanel ausreichend (Tabelle 4):

Die bei der HIV Infektion auftretenden immunologischen Abnormitäten zusammen mit klinischen Parametern werden in der Walter-Reed-Einteilung berücksichtigt. Diese Einteilung erlaubt eine genaue und differenzierte Zuordnung HIV-assoziierter Erkrankungen für alle Phasen der Infektion und ist von diagnostischer und prognostischer Bedeutung. (Eine detaillierte Beschreibung der immunologischen Veränderungen findet sich im ersten Teil, Hämatologische Diagnostik, Kapitel 16, Huber et al., 1992, Springer Verlag).

Berechnung der Absolutwerte (z. B. für T4 positive Zellen). Für ein Therapiemonitoring werden meistens die Absolutwerte verwendet. Dazu ist es notwendig die erhobenen %-Werte anhand des Differentialblutbildes umzurechnen: z. B. nach Ficoll-Trennung→Summe aller Mononukleären Zellen (Monozyten + Lymphozyten + Blasten . . .) entspricht 100%. Davon ausgehend lassen sich die Subsets berechnen.

Literatur

1. Adriaansen HJ, van Dongen JJM, Kappers-Klunne MC, Hählen K, van't Veer MB, Wijdenes-de Bresser JHFM, Holdrinet ACJM, Harthoorn-Lasthuizen EJ, Abels J, Hooijkaas H (1990) Terminal deoxynucleotidyl transferase positive subpopulations occur in the majority of ANLL: Implications for the detection of minimal disease. Leukemia 4:404−410
2. Bardales RH, Carrato A, Fleischer M, Schwartz MK, Koziner B (1989) Detection of terminal deoxynucleotidyl transferase (TdT) by flow cytometry in leukemic disorders. J Histochem Cytochem 37:509−513
3. Barlogie B, Drewinko B, Schumann J, et al (1980) Cellular DNA content as a marker of neoplasia in man. Am J Med 69:195−203
4. Bettelheim P, Lutz D, Majdic O, Paietta E, Haas O, Linkesch W, Neumann E, Knapp W (1985) Cell lineage heterogeneity in blast crisis of chronic myeloid leukemia. Br J Haematol 59:395
5. Blanc C, Legac E, Binet JL, Michel A, Debré P, Merle-Beral H (1991) Characterization of normal human bone marrow by flow cytometry. Nouv Rev Fr Hematol 33:231−235
6. Boyd AW, Anderson KC, Freedman AS, Fisher DC, Slaughenhoupt B, Schlossman SF, Nadler LM (1985) Studies of in vitro activation and differentiation of human B lymphocytes: I. Phenotypic and functional characterization of the B cell population responding to anti-Ig antibody. J Immunol 134:1516−1523
7. Bradstock KF, Kirk J, Grimsley PG, Kabral A, Hughes WG (1989) Unusual immunophenotypes in acute leukaemias: incidence and clinical correlations. Br J Haematol 72:512−518

8. Campana D, Coustan-Smith E, Janossy G (1990) The immunologic detection of minimal residual disease in acute leukemia. Blood 76:163−171

9. Chaudhary PM, Roninson IB (1991) Expression and activity of P-glycoprotein, a multidrug efflux pump, in human hematopoietic stem cells. Cell 66:85−94

10. Clark R, Peters S, Hoy T (1986) Prognostic importance of hypodiploid hemopoietic precursors in myelodysplastic syndromes. N Engl J Med 314:1472−1475

11. Dekaris D, Handl S, Sabioncello A, Rabatic S (1990) Function of granulocytes in B-chronic lymphatic leukaemia. Blut 61:354−357

12. Delwel R, Touw I, Löwenberg B (1986) Towards detection of minimal disease: Discrimination of AML precursors from normal myeloid precursors using a combination of surface markers. In: Hagenbeck A, Löwenberg B (eds) Minimal Residual Disease in Acute Leukemia. Dordrecht: Martinus Nijhoff, 68−75

13. Drach J, Drach D, Glassl H, Gattringer C, Huber H (1992) Flow cytometric determination of atypical antigen in acute leukemia for the study of minimal residual disease. Cytometry 13:893−901

14. Drach J, Gattringer C, Glassl H, Schwarting R, Stein H, Huber H (1989) Simultaneous flow cytometric analysis of surface markers and nuclear Ki-67 antigen in leukemia and lymphoma. Cytometry 10:743−749

15. Drexler HG, Gignac SM, Minowada J (1988) Routine immunophenotyping of acute leukemias. Blut 5:327−339

16. Edwards BS, Altobelli KK, Nolla HA, Harper DA, Hoffmann RR (1989) Comprehensive quality assessment approach for flow cytometric immunophenotyping of human lymphocytes. Cytometry 10:433−441

17. Foon KA, Todd RF, III (1986) Immunologic classification of leukemia and lymphoma. Blood 68:1−31

18. Formenti SC, Turner RR, De Martini RM, Boone DC, Bishop PC, Levine AM, Parker JW (1989) Immunophenotypic analysis of peripheral blood leukocytes at different stages of HIV infection: An analysis of asymptomatic, ARC, and AIDS populations. Am J Clin Pathol 92:300−307

19. Gahmberg CG, Jokinen M, Andersson LC (1978) Expression of the major sialoglycoprotein (glycophorin) on erythroid cells in human bone marrow. Blood 52:379−387

20. Gerdes J, Dallenbach F, Lennert K, Lemke H, Stein H (1984) Growth fractions in malignant non-Hodgkin's lymphomas (NHL) as determined in situ with the monoclonal antibody Ki-67. Hematol Oncol 2:365−371

21. Gore SD, Kasten MB, Civin CI (1989) Normal human bone marrow cells which express CD 34 and terminal deoxynucleotidyl transferase (TdT) include T-cells and putative lymphoid stem cells. Blood 74:9a

22. Griffin JD, Todd RF, Rith J, Nadler LM, Canellos GP, Rosenthal D, Callivan M, Berveridge RP, Weinstein H, Karp D, Schlossmann SF (1983) Differentiation patterns in the blastic phase of chronic myeloid leukemia. Blood 61:85−91

23. Gucalp R, Paietta E, Weinberg V, Papenhausen P, Dutcher JP, Wiernik PH (1991) Terminal transferase expression in acute myeloid leukaemia: biology and prognosis. Br J Haematol 77:48−54

24. Hasui M, Hirabayashi Y, Hattori K, Kobayshi Y (1991) Increased phagocytic activity of polymorphonuclear leukocytes of chronic granulomatous disease as determined with flow cytometric assay. J Lab Clin Med 117:291−298

25. Hollander Z, Shah VO, Civin CI, Loken MR (1988) Assessment of proliferation during maturation of the B lymphoid lineage in normal human bone marrow. Blood 71:528−531

26. Janossy G, Coustan-Smith E, Campana D (1989) The reliability of cytoplasmatic CD 3 and CD 22 antigen expression in the immunodiagnosis of acute leukaemia: a study of 500 cases. Leukemia 3:170−181

27. Kaplan SS, Penchansky L, Stolc V, Contis L, Krause JR (1989) Immunophenotyping in the classification of acute leukemia in adults. Cancer 63:1520−1527

28. Krishan A, Sauerteig A, Stein JH (1991) Comparison of three commercially available antibodies for flow cytometric monitoring of P-glycoprotein expression in tumor cells. Cytometry 12:731−742

29. Lal RB, Edison LJ, Chused TM (1988) Fixation and long-term storage of human lymphocytes for surface marker analysis by flow cytometry. Cytometry 9:213–219

30. Larsen JK (1993) Cell proliferation: analysis by flow cytometry. Nouv Rev Fr Hematol 34:317–335

31. Le Bien TW, Wörmann B, Villablanca JD, Law LM, Steinber LM, Shah VO, Loken MR (1990) Multiparameter flow cytometric analysis of human fetal bone marrow B cells. Leukemia 4:354

32. Lebman D, Trucco M, Bottero L, Lange B, Pessano S, Rovera G (1982) A monoclonal antibody that detects expression of transferin receptor in human erythroid precursor cells. Blood 59:671

33. Liu C, Muirhead KA, George SP, Landay AL (1989) Flow cytometric monitoring of human immunodeficiency virus-infected patients. Am J Clin Pathol 92:721–728

34. Loken MR, Civin CI, Shah VO, Fackler MJ, Segers-Nolten I, Terstappen LWMM (1992) Characterization of erythroid, lymphoid and monomyeloid lineages in normal human bone marrow. In: Laerum OD, Bjerknes R (eds) Flow cytometry in hematology. Hartcourt Brace Jovanovich, London, 31–42

35. Loken MR, Shah VO, Dattilio KL, Civin CI (1987) Flow cytometric analysis of human bone marrow: Normal erythroid development. Blood 69:255–263

36. Loken MR, Shah VO, Dattilio KL, Civin CI (1987) Flow cytometric analysis of human bone marrow: II. Normal B lymphocyte development. Blood 70:1316–1324

37. Ludescher C, Hilbe W, Eisterer W, Preuß E, Gottwald M, Hofmann J, Thaler J (1993) Activity of P-glycoprotein in B-cell chronic lymphocytic leukemia determined by a flow cytometric assay. J Natl Cancer Inst 85:1751–1758

38. Ludescher C, Hilbe W, Eisterer W, Preuß E, Hofmann J, Thaler J (1994) Funktionelle Erfassung MDR-exprimierender Zellen mittels Durchflußzytometrie. Wiener Klinische Wochenschrift 106/8:242–246

39. Ludescher C, Thaler J, Drach D, Drach J, Spitaler M, Gattringer C, Huber H, Hofmann J (1992) Detection of activity of P-glycoprotein in human tumour samples using rhodamine 123. Br J Haematol 82:161–168

40. Ludwig WD, Bartram CR, Garbott J, Köller U, Haas OA, Hansen-Hagge T, Heil G, Seibt-Jung H, Teichmann JV, Ritter J, Knapp W, Gadner H, Thiel E, Riehm H (1989) Phenotypic and genotypic heterogeneity in infant acute leukemia. I. Acute lymphoblastic leukemia. Leukemia 3:431–439

41. Mahoney JF, Urakaze M, Hall S, DeGasperi R, Chang H, Sugiyama E, Warren CD, Borowitz M, Nicholson-Weller A, Rosse WF, Yeh TH (1992) Defective glycosylphosphatidylinositol anchor synthesis in paroxysmal nocturnal hemoglobinuria granulocytes. Blood 79:1400–1403

42. Merkel D, Dressler L, McGuire W (1987) Flow cytometry, cellular DNA content, and prognosis in human malignancy. J Clin Oncol 5:1690–1703

43. Nadler LM, Korsmyer SJ, Anderson KC, Boyd AW, Slaughenhoupt B, Park E, Jensen J, Coral F, Mayer RJ, Sallen SE, Ritz J, Schlossman SF (1984) B cell origin of non-T cell acute lymphoblastic leukemia. J Clin Invest 74:332–340

44. Neame PB, Soamboonsrup P, Browman GP, Meyer RM, Benger A, Wilson WEC, Walker IR, Saeed N, McBride JA (1986) Classifying acute leukemia by immunophenotyping: a combined FAB-immunologic classification of AML. Blood 68:1355–1362

45. Pastan I, Gottesman M (1987) Multiple-drug resistance in human cancer. N Engl J Med 316:1388–1393

46. Picker L, Terstappen LWMM, Roth L, Streeter P, Butcher E (1990) Differential expression of homing-associated adhesion molecules by T-cell subsets in man. J Immunol 145:3247

47. Pollice AA, McCoy JP, Shackney SE, Smith CA, Agarwal J, Burholt DR, Janocko LE, Hornicek FJ, Singh SG, Hartsock RJ (1992) Sequential paraformaldehyde and methanol fixation for simultaneous flow cytometric analysis of DNA, cell surface proteins, and intracellular proteins. Cytometry 13:432–444

48. Powell BL, Olbrantz P, Bicket D, Bass DA (1986) Altered oxidative burst product formation in neutrophils of patients recovering from therapy for acute leukemia. Blood 6:1624–1630

49. Reddy MM, Grieco MH (1991) Quantitative changes in T helper inducer (CD^{4+} $CD45RA^-$), T suppressor inducer ($CD4^+$ $CD45RA^+$), T suppressor ($CD8^+$ $CD11b^+$), and T cytotoxic ($CD8^+$ $CD11b^-$) subsets in human immunodeficiency virus infection. J Clin Lab Anal 5:96–100

50. Robinson FJ, Sieff C, Deilia D, Edwards PAW, Greaves M (1981) Expression of cell surface HLA-DR, HLA-ABC and glycophorin during erythroid differentiation. Nature 289:68−71

51. Rothe G, Emmendörffer A, Oser A, Roesler J, Valet G (1991) Flow cytometric measurement of the respiratory burst activity of phagocytes using dihydrorhodamine 123. J Immunol Methods 138:133−135

52. Rothe G, Valet G (1988) Phagocytosis intracellular pH, and cell volume in the multifunctional analysis of granulocytes by flow cytometry. Cytometry 9:316−324

53. Rothe G, Valet G (1990) Flow cytometric analysis of respiratory burst activity in phagocytes with hydroethidine and 2′,7′-dichlorofluorescein. J Leukocyte Biol 47:440−448

54. Ryan D, Kossover S, Mitchel S, Frantz C, Hennessy L, Cohen H (1986) Subpopulations of common acute lymphoblastic leukemia antigen positive lymphoid cells in normal bone marrow identified by hematopoietic differentiation antigens. Blood 68:417−425

55. Said JW, Shintaku IP, Pinkus GS (1988) Immunohistochemical staining for terminal deoxynucleotidyl transferase (TDT). Am J Clin Pathol 89:649−652

56. Schubert J, Alvarado M, Uciechowski P, Zielinska-Skowronek M, Freund M, Vogt H, Schmidt RE (1991) Diagnosis of paroxysmal nocturnal haemoglobinuria using immunophenotyping of peripheral blood cells. Br J Haematol 79:487−492

57. Schwarting R, Gerdes J, Niehus J, Jaeschke L, Stein H (1986) Determination of the growth fraction in cell suspensions by flow cytometry using the monoclonal antibody Ki-67. J Immunol Methods 90:65−70

58. Schwarzinger I, Valent P, Köller U, Marosi C, Schneider B, Haas O, Lechner K, Bettelheim P (1990) Prognostic significance of surface marker expression on blast of patients with de novo AML. J Clin Oncol 8:423−430

59. Shackney SE (1986) The use of flow cytometry in the diagnosis and biological characterization of the non-Hodgkin's lymphomas. Ann NY Acad Sci 468:170−177

60. Shah VO, Safford MG, Terstappen LWMM, Loken MR (1990) Quantitative comparison of myeloid antigens on peripheral blood lymphocytes, monocytes, neutrophils, eosinophils, and basophils. In: Knapp W, Dorken B, Gilks WR, Riber EP, Schmidt RE, Stein H, von dem Borne AEGKr (eds) "Leucocyte Typing IV White Cell Differentiation Antigens". Oxford University Press, 855−858.

61. Slaper-Cortenbach ICM, Admiraal LG, Kerr JM, van Leeuwen EF, von dem Borne AEGKr, Tetteroo PAT (1988) Flow-cytometric detection of terminal deoxynucleotidyl transferase and other intracellular antigens in combination with membrane antigens in acute lymphatic leukemias. Blood 72:1639−1644

62. Smith RG, Kitchens RL (1989) Phenotypic heterogeneity of TDT+ cells in the blood and bone marrow: implications for surveillance of residual leukemia. Blood 74:312−319

63. Stewart CC (1992) Clinical application of flow cytometry. Cancer 69:1543−1552

64. Storr J, Dolan G, Coustan-Smith E, Barnett D, Reilly JT (1990) Value of monoclonal anti-myeloperoxidase (MP07) for diagnosing acute leukaemia. J Clin Pathol 43:847−849

65. Terstappen LWMM, Huang S, Picker LJ (1992) Flow cytometric assessment of human T-cell differentiation in thymus and bone marrow. Blood 79:666−677

66. Terstappen LWMM, Johnsen S, Segers-Nolten I, Loken MR (1990) Identification and characterization of normal human plasma cells by high resolution flow cytometry. Blood 76:1739−1747

67. Terstappen LWMM, Loken MR (1990) Myeloid cell differentiation in normal bone marrow and acute myeloid leukemia assessed by multidimensional flow cytometry. Anal Cell Pathol 2:229−240

68. Terstappen LWMM, Safford M, Koenemann S, Loken MR, Zurlutter K, Buechner T, Hiddemann W, Woermann B (1991) Flow cytometric characterization od acute myeloid leukemia. Part II. Phenotypic heterogeneity at diagnosis. Leukemia 5:757−767

69. Terstappen LWMM, Safford M, Loken MR (1990) Flow cytometric analysis of human bone marrow: III. Neutrophil development. Leukemia 4:657−663

70. Van der Schoot C, Daams GM, Pinkster J, Vet R, von dem Borne AEGKr (1990) Monoclonal antibodies against myeloperoxidase are valuable immunological reagents for the diagnosis of acute myeloid leukaemia. Br J Haematol 74:173−178

71. Van der Schoot CE, Daams GM, Pinkster J, Vet R, von dem Borne AEGK (1990) Monoclonal antibodies against myeloperoxidase are valuable immunological reagents for the diagnosis of acute myeloid leukaemia. Br J Haematol 74:173–178
72. Vindelov LL, Christensen IJ, Jensen G, et al (1983) Limits od detection of nuclear DNA abnormalities by flow cytometric DNA analysis. Cytometry 3:332–339
73. Vindelov LL, Christensen IJ, Nissen NI (1983) A detergent-trypsin method for the preparation of nuclei for flow cytometric DNA analysis. Cytometry 3:323–327
74. Wiersma SR, Ortega J, Sobel E, Weinberg KI (1991) Clinical importance of myeloid-antigen expression in acute lymphoblastic leukemia of childhood. N Engl J Med 324:800–808

R. GREIL

1 Einleitung

Die in situ-Hybridisierung (ISH) stellt eine Methode dar, die simultan den Nachweis spezifischer Genabschnitte der zellulären Desoxyribonucleinsäure (DNA) oder deren, auf Botenmessenger (m)-Ribonucleinsäure (RNA)-Niveau exprimierter Transkripte und die Beurteilung der Morphologie jener Zellen erlaubt, die über die entsprechenden Gensequenzen oder deren Transkripte verfügen. Aus dieser Definition resultieren die wesentlichen Vorteile und Indikationen dieser Technik (Tabelle 1), aber auch das Anforderungsprofil an die methodischen Details. Die üblichen Blotting-Verfahren von DNA (Southern) und RNA (Northern) liefern den Nachweis von spezifischen Genen oder ihrem Expressionsniveau an Gesamtextrakten von Geweben. Dies hat den Vorteil, daß die extrahierten, am Blot fixierten Nukleinsäuren extrem aggressiv behandelt werden, unspezifische Reaktionen der meist radioaktiv markierten Proben durch Abtrennung von Zellorganellen, ribosomaler (r)-RNA, Transfer (t)-RNA und Protein vermieden werden können. Im übrigen erlaubt die Bestimmung der jeweiligen Molekulargewichte der nachgewiesenen Reaktionspartner der Probe eine zuverlässige Bestimmung der Spezifität des Reaktionsprofils. Die Quantifizierung der Banden kann relativ einfach densitometrisch oder mittels Image-Analyse-Systemen erfolgen (s. u.). Folgende **Nachteile** dieser Methoden skizzieren zugleich Vorteile (Tabelle 1) und Einsatzspektrum (Tabelle 2) von in situ-Hybridisierungstechniken.

- Die Einsatzmöglichkeit von Blottingverfahren setzt voraus, daß keine quantitative Restriktion des zu analysierenden Zellpools bzw. des zu untersuchenden Zelltyps besteht. Der klinische Alltag konfrontiert aber aus technischen, wie ethischen Gründen regelhaft mit Situationen deutlicher Materialrestriktion, etwa wenn Liquor-, Pleura- oder winzige Gewebsbiopsate aus Leber, Gehirn, Myokard oder Niere mit meist mehreren Techniken routinemäßig aufgearbeitet werden müssen und gleichzeitig in Teilpopulationen wie reaktivem lympho/monozytärem Infiltrat Viren oder in kleinen leukämischen Blastenpopulationen Onkogene nachgewiesen werden sollen.
- Das Testgewebe muß aus *homogenen Zellpopulationen* bestehen, sofern eine Zuordnung des nachgewiesenen Genoms oder seiner Transkripte zu einem bestimmten Zelltyp erfolgen soll. Diese Situation wird bei Arbeiten an Zell-Linien häufig, bei Untersuchungen an klinisch nativem Material aber so gut wie nie gegeben sein. Besonders wichtige klinische Situationen wie die Zuordnung einer quantitativ kleinen myeloischen Blastenpopulation zu reaktiv verändertem Vorläuferpool des Remissionsmarkes oder Frührezidiv können mittels Genproben in situ sicher erfolgen, sofern etwa die Expression eines bestimmten Onkogens ein Charakteri-

Tabelle 1. Vergleich von Vor- und Nachteilen der in situ-Hybridisierung und der Blotting-Techniken

	ISH	Blotting Technik
Materialrestriktion	nein	ja
Zuordenbarkeit zu Zellpopulationen		
(a) in homogenem Gewebe	ja	ja
(b) in heterogenem Gewebe	ja	nein
Quantifizierbarkeit der Genexpression in Einzelzellpopulationen	ja	nein
Analysierbarkeit der Zellen im normalen Gewebskontext	ja	nein
Simultane immunologische Charakterisierung der Zellen	ja	nein
Simultane Molekulargewichtsbestimmung	nein	ja
Simultane Analyse von mRNA- und Proteinexpression in derselben Zelle	ja	nein
Kreuzreaktionsmöglichkeit[a] mit		
(a) DNA	ja	nein
(b) rRNA	ja	nein
(c) tRNA	ja	nein
(c) Protein	ja	nein
(e) „sticky" binding	ja	nein
Automatisierte Quantifizierbarkeit	ja	ja

[a] Geeignete Kontrollmöglichkeiten siehe Tabelle 7.

stikum der neoplastischen Primärpopulation dargestellt hatte. Die geringe Zahl der zu untersuchenden Zellen und die Möglichkeit der simultanen Expression von etwa c-fos in AML-M4-Blasten (Preisler et al. 1989; Greil et al. 1989a) und normalen monozytär differenzierten Zellen (Mitchell et al. 1986) macht dabei eine Untersuchung an Einzelzellen wünschenswert und vorteilhaft.

● Bei der Untersuchung der Genexpression am Blot werden die Expressionsstärken auf **alle** analysierten Zellen gemittelt. Damit entstehen Probleme für die Beurteilung der Sensitivität, weil etwa eine falsch negative Aussage beim Versuch des Virusnachweises im Knochenmark entstehen kann, wenn die Genomzahl pro infizierter Zelle mittelhoch bis gering ist, die Zahl der infizierten Zellen im Gesamtgewebe aber eine kritische Dichte unterschreitet. Klinisch kann die Blotting-Technik zwar hohe bzw. niedrige Gesamtexpressionsstärken der Proto-Onkogene c-myc, c-fos, c-fes und c-fms als ungünstige bzw. günstige Prognosefaktoren bei Patienten mit AML definieren (Preisler et al. 1989). Wenn die Heterogenität oder die maximale Expressionsstärke eines Onkogens in Tumorzellsubpopulationen klinisch prädiktiv ist, wie etwa die c-myc-Expression bei Patienten mit multiplem Myelom, wird diese Aussage ebenso bei Durchführung einer Analyse am Gesamtextrakt verloren gehen, wie die tatsächliche Zuordnung einer Gensequenz oder von mRNA-Transkripten zu spezifisch reaktiven oder Tumorzellen. In gleicher Weise würden Probleme in der Beurteilung der Kausalität nachgewiesener Virussequenzen in Myokardbiopsien entstehen, wenn etwa der Nachweis eines Virus nicht auf die Myokard- oder Lymphozytenpopulation präzisiert werden kann.

Wesentliche **Vorteile** der in situ-Hybridisierungstechnik lassen sich wie folgt charakterisieren (Tabelle 1):

- Analysierbarkeit von Einzelzellen.
- Zuordnungsmöglichkeit von Gensequenzen zu morphologisch oder immunologisch qualifizierbaren Zellen im normalen geweblichen Kontext.
- Beurteilbarkeit von genetischer bzw. biologischer Heterogenität von morphologisch oder immunologisch monomorph erscheinenden Populationen.
- Möglichkeit der Spezifitätskontrolle immunzytochemischer Untersuchungen in situ, und
- simultane Analysierbarkeit von mRNA- und Proteinexpression in derselben Zellpopulation mit Möglichkeit der Einsichtnahme in die Genregulation. Eine Exemplifizierung des breiten Einsatzspektrums der in situ-Hybridisierungstechnik in der Hämatologie/Onkologie ist in Tabelle 2 (S. 186, 187) gegeben.

Die Technik hat allerdings folgende relevante **Restriktionen** (siehe auch Tabelle 1):

- Die Anwendung der in situ-Hybridisierung ist nur sinnvoll, wenn gleichzeitig maximale Sensitivität und Spezifität mit optimaler Präservation morphologischen Details kombiniert werden können. Da jede Erhöhung der Stringenz der Hybridisierungsbedingungen (etwa mittels Temperaturerhöhung, RNAse-Nachverdau, Waschungen etc.) zur Minderung morphologischer Qualität führt, muß für jede spezifische Untersuchungsbedingung ein optimal bilanziertes und methodisch überprüftes bzw. definiertes Gleichgewicht zwischen diesen kontradiktiven Forderungen gefunden werden. Das Anforderungsprofil wird dabei stark von der Fragestellung abhängen. So kann etwa der Versuch des Nachweises von Virusgenomen für Routinezwecke rasch in die Routine übernommen werden, wenn nur ja/nein-Entscheidungen klinisch relevant sind und eine hohe Genomzahl des Virions zumindest in Einzelzellpopulationen vorliegt. Umgekehrt werden Untersuchungen, die Quantifikationen auf mRNA-Ebene vornehmen wollen, extreme Herausforderungen an die Übertragbarkeit und Vergleichbarkeit von Technik und Ergebnissen zwischen Zellen in verschiedenen Geweben sowie Reproduzierbarkeit der Analyse und der Auswertung stellen (Greil et al. 1991, 1992). Es wird daher in jedem Einzelfall zu prüfen sein, ob die entsprechende Fragestellung und der mit ihrer Beantwortbarkeit verbundene methodische Aufwand die Adaptierung der ISH-Technik rechtfertigen bzw. sinnvoll erscheinen lassen.
- Die obligate Auflage Zell- und/oder Kernmembran ausreichend permeabilisieren zu müssen, um den Zutritt markierter Proben zu zytoplasmatischer mRNA und/oder nukleärer DNA zu ermöglichen, kontrastiert mit ausreichender Präservation morphologischer Strukturen. Ebenso muß mit zunehmender Permeabilisierung der Zellen auch mit einem Verlust von target-RNA aus dem Zytoplasma gerechnet werden, wobei dieser Verlust schwer kontrollierbar und quantifizierbar und zwischen verschiedenen Zellen des selben Objektträgers, Präparaten desselben Gewebes aber verschiedener Versuche und verschiedenen Geweben nur schwer objektivierbar ist.
- Die erhaltene Präsenz von Zellorganellen und die Tatsache, daß eine gesuchte, in etwa 1−100 mRNA Kopien vorliegende Gensequenz in einem Überschuß von Gesamt mRNA „verdünnt" sowie in einem enormen Überschuß von t- und r-

Tabelle 2. Anwendungsmöglichkeiten von in situ-Hybridisierungen

Target	Gewebe	Krankheit	Target Subtypisierung	Gewinnung	Referenz
Viren	Hämatopoese	Transplantation[e]	CMV	Blutaspirat, KM[d]	m.I.[a]
	Hämatopoese	AIDS	HIV	Blutaspirat	Singer et al. 1989
	Hämatopoese	AIDS[f]	HIV	KM-Aspirat[d]	m.I.[a]
	Hämatopoese	T-Zell-NHL	HTLV-1	Blutaspirat	m.I.[a]
	Hämatopoese	Mb. Hodgkin	EBV	Lymphknoten	Anagnostopoulos et al. 1989, Weiss et al. 1989
	Hämatopoese	TX-assoziierte LAP[k]	EBV	Lymphknoten	m.I.[a]
	Hämatopoese	Haarzell-Leukämien	EBV	PBL?[c]	Wolf et al. 1989
	Hämatopoese	Polymorphe B Zell NHL nach Lebertransplantation	EBV	NHL-Gewebe	Strickler und Copenhaver 1990
	Hämatopoese	Aplastische Anämie	Parvoviren	KM[d]	Kurtzman et al. 1989
	Hämatopoese	Aplastische Anämie	Hepatitis-B, C	KM[a], PBL[c]	m.I.[a]
	Hämatopoese	B-Zell-NHL	HPV-Typ6	PBL[b], KM[d]	m.I.[a]
	Lunge	Interstitielle Pneumomie	CMV	BAL[b]	m.I.[a]
	Cervix uteri	Forensische Medizin	Papillomaviren	Abstrich	Vallejos et al. 1989
		Uteruscarcinome	Papillomaviren	Abstrich, Biopsie	Walboomers et al. 1988
		Uterus	Papillomaviren	Abstrich, Biopsie	Burns et al. 1987
	Myokard	Myokarditis[i]	Enteroviren	Myocardbiopsie	Kandolf et al. 1987
	ZNS	Latenzinfektion	Herpes simplex, -zoster	Biopsie	Croen et al. 1987
	Myokard/Lunge	Allotransplantation	CMV, Herpes-, Adenoviren	Biopsien	Weiss et al. 1990
Bakterien	Lunge	Pneumonie bei AIDS	Tuberkulöse und atypische Mycobakterien	Sputumzytologie BAL[b]	m.I.[a] Mittels in situ PCR?
Onkogene	Hämatopoese	Normale Differenzierung	fos	AML-M7	Greil et al., unpublizierte Beobachtung
	Hämatopoese	CML	ber/abl Translokation	PBL[b], KM[d]	Tkachuk et al. 1990 Nacheva et al. 1993
	Hämatopoese	Myelom	c-myc	KM[d]	Greil et al. 1991, 1992
	Hämatopoese	NHL	c-abl	PBL[c]	Greil et al. 1989, Greil et al. 1990
	Hämatopoese	NHL	fos, myc, myb, Ki-, HA-, N-ras	LK[l]	Hamatani et al. 1989
	Hämatopoese	Megakaryozyten	c-fos	KM[d]	Greil et al. 1989a, Panterne et al. 1992
	Hämatopoese	Erythroblasten	c-fos	KM[d]	Caubet et al. 1989
	Mammacarcinom	Carcinomzellen	c-myc	Exzisat	Mariani-Contantini et al 1988

Anti-Onkogene	Hämatopoese	B-Zell NHL	bcl-2	LK[l]-Biopsie	Chleq-Deschamps et al. 1993
	Hämatopoese	reaktive Lk	bcl-2	LK[l]-Biopsie	Chleq-Deschamps et al. 1993
Zytokine	Hämatopoese	Mb Hodgkin (SRZ)[j]	IL-5	LK[l]-Biopsie	Samoszuk und Nansen 1990
	Hämatopoese	Neoplastische B-Zellen	IL-6	B-Zell-NHL	
	Hämatopoese	Normale Hämatopoese	GM-CSF; IL-3	PBL[c]	Wimperis et al. 1989
	Hämatopoese	Normal, Cy-A-behandelt	IL-2, IL-2r	PBL[c]	Granelli-Piperno 1989
	Hämatopoese	Eosinophile	IL-6	PBL[c]	Hamid et al. 1992
	Gehirn	Normales Gewebe	IL-3	Biopsie, Schnitt	Farrar et al. 1989
Hormone	Niere/Erythropoese	Normale Hämatopoese Anämie	EPO	Niere, KM[d]	Koury et al. 1989
IgG-, TCR-Gene	Hämatopoese	Leukämien	TCR-, IgG-Gen mRNA Expression (quantitativ); Tumor-spezifisch	PBL[c]	Mar et al. 1989
	Hämatopoese	Leukämien, Myelome		PBL[c]	Seibel und Kirsch 1989
Y-Chromosom	Hämatopoese	Allogene Knochenmarks-transplantation	Y-Chromosom	KM[d]	Durnam et al. 1989
HLA-Gene	Hämatopoese mI[a] Trophoblasten	Hämatologie, Immunologie	Klasse I Gene	Trophoblasten	Hunt et al. 1988
Resistenzgene	Knochenmark, Blut	ALL	mdr-Genexpression	PBL[c], KM[d]	Rothenberg et al. 1989
Genregulation	Hämatopoese	B-Zell NHL	bcl-2	reaktive LK[l], B-NHL	Chleq-Deschamps et al. 1993
	Hämatopoese	B-Zell NHL	abl	PBL[c]	Greil et al. 1989
	Hämatopoese	Myelom	c-myc	KM[a]	Greil et al. 1991
	Hämatopoese	CML	bcr/abl Transloaktion	KM[d]	Tkachuk et al. 1990 Nacheva et al. 1993

[a] mI: mögliche Indikation.
[b] Bronchoalveoläre Lavage.
[c] Periphere Blut-Lymphozyten.
[d] Knochenmarksaspirat.
[e] Transplantation, Engraftment failure.
[f] Differenzierung: Megakaryozyteninfektion versus ITP bei AIDS.
[g] Transplantations-assoziierte Lymphadenopathie (Nieren-, Knochenmarks-, Lebertransplantationen).
[h] Bronchoalveoläre Lavage.
[i] Differentialdiagnose zur dilatativen Cardiomyopathie.
[j] SRZ: Sternberg Reed Zellen.
[k] LAP: Lymphadenopathie
[l] LK: Lymphknoten

RNA vorliegt, stellt besondere Herausforderungen an Versuche, die Spezifität eines erhaltenen Signals zu beweisen (s. u.). Im Gegensatz zu den Blotting-Untersuchungen bestehen Reaktionsmöglichkeiten nicht nur aufgrund von Sequenzhomologien mit verwandten DNA- oder RNA target-Sequenzen, sondern auch auf der Basis von elektrostatischen Bindungen mit Proteinen (Tecott et al. 1987) und unspezifischer Haftmöglichkeiten an Zellorganellen. Dieses breite Spektrum potentieller unerwünschter Reaktionen wird, in Abhängigkeit vom gewählten Detektionssystem (radioaktiv, Fluoreszenzsystem oder zytochemisch) noch durch photochemische Reaktionen (etwa von Sulphhydrylgruppen bei Verwendung von ^{35}S-markierten Proben) oder Kreuzreaktionen von Avidin mit endogenem Biotin bei Verwendung Biotin-gekoppelter Gensonden ergänzt. Es werden also besondere Herausforderungen an den Spezifitäts- und Sensitivitätsnachweis der Resultate gestellt. Potentielle Spezifitätskontrollen und ihre Wertung im Kontext mit dem Gesamtansatz der Versuche sind in Tabelle 7 dargestellt.

2 Arbeitsgrundlagen

- Zunächst muß vor Beginn der Materialgewinnung und Aufarbeitung Klarheit darüber bestehen, inwieweit später DNA, RNA oder RNA und Protein gleichzeitig nachgewiesen werden sollen. Die Halbwertszeiten der nachzuweisenden Gentranskripte sind von entscheidender Bedeutung, falls quantitative Transkriptionsanalysen (etwa von immediate early genes mit $t_{1/2}$ um 30 min) durchgeführt oder Zell- bzw. Gewebsbanken für später zu definierende targets angelegt werden sollen. Es empfiehlt sich, prinzipiell die Zeiten zwischen Materialgewinnung und Ende der Fixation möglichst kurz und protokollarisch festzuhalten, um später allfällige Korrekturen der tatsächlichen Expressionsniveaus vornehmen zu können. In Abhängigkeit vom thematischen Schwerpunkt, sollten vor Start von routinemäßigen Experimenten bzw. Start der theoretisch-experimentellen Versuche die Einflüsse folgender Parameter auf die Reproduzierbarkeit, Sensitivität und Spezifität von Ergebnissen sowie von morphologischen Details im eigenen Labor und für die interessierenden target-Sequenzen bestimmt werden:
- **Abnahmebedingungen** (Gewebsdifferenzen (z. B.: Blut, Knochenmark)). So werden Zeitdauer der Gewinnung und Aufarbeitungsmodus, Trennung der Zellpopulationen, Zeitdauer des Kontaktes mit Plastik, Heparinkonzentrationen, mechanische Einflüsse etc. zu testen sein.
- **Einfluß verschiedener Fixationen** (welche Fixantien, Zeitdauer, Alter des Fixans, Kombinationen mit Permeabilitätsfaktoren etc.).
- **Einfluß der Lagerung** (Temperaturbereich, Lagerdauer). Zumindest sollten Versuche unternommen werden, das Material etwa des selben Patienten einmal als Frischmaterial und danach nach unterschiedlichen Lagerzeiten und -Bedingungen zu testen.
- **Einfluß der Reagentien** (Hersteller, Chargen; Viele Hersteller bieten in zunehmendem Ausmaß kits an; leider wechseln etwa die zur Verfügung stehenden Proben bei Rückgriff auf kommerzielle Reagentien sehr rasch; eine Umstellung etwa

von anti-sense-Proben auf Oligonucleotide oder eine Änderung des Abschnittes eines nachgewiesenen Gens erfordern eine neue Eichung des Systems. Es empfiehlt sich, geeignete und gut charakterisierte „Eichzellen" in entsprechender Anzahl zu lagern oder zur Verfügung zu haben (beispielsweise Zell-Linien desselben Datums, die in Form gelagerter Zytopräparate aber auch als vital eingefrorene Populationen analysiert und mit Ergebnissen verglichen werden können, die mit der Methode vor Änderung eines Parameters erzielt wurden).

- Alle Arbeiten müssen mit Handschuhen durchgeführt werden, um Kontamination der slides mit RNAsen und Kontakt des Experimentators mit zum Teil toxischen Substanzen zu vermeiden.
- Die nachfolgend angeführten methodischen Details sind prinzipiell für einen Nachweis von mRNA, also für Genexpressionsanalysen ausgelegt, da dieser methodische Ansatz am häufigsten, etwa als Kontrolle der Spezifität von Immunzytochemie, aber auch zur Onkogen-Expressionsanalyse benötigt wird. Unterschiede im methodischen Ansatz zum Nachweis von DNA-Sequenzen im Interphasekern oder am Chromosom sind speziell angeführt.

3 Wahl der Probe

3.1 DNA- und RNA-Sonden

Prinzipiell können zum Nachweis von DNA-Sequenzen sowohl DNA/DNA-, selten auch RNA/DNA-Hybridisierungen und zum Nachweis von mRNA-Expression DNA- und RNA-Sonden verwendet werden. Vor- und Nachteile dieser Ansätze sind in Tabelle 3 zusammengefaßt. Gemeinsam mit später besprochenen Einflüssen der Probenlänge und des Markierungssystems, müssen vor allem die verschiedenen Schmelzpunkte (Tm) von DNA/DNA- und DNA/RNA-Hybriden (sowie deren differente Beeinflußbarkeit durch gegebene Formamidkonzentrationen und Hybridisierungsbedingungen, Tabelle 3; s. u.) berücksichtigt werden. Ebenso werden Unter-

Tabelle 3. Nachweismöglichkeiten der in situ-Hybridisierungstechnik

Probe				
Targetstruktur	Art	DNA	RNA	RNA/Protein
DNA	Oligonucleotide	a	a	a
	c-DNA	c	b	—
RNA	Oligonucleotide	—	b	a
	cDNA	—	a	—
	anti-sense RNA	—	c	—

Schmelzpunkt von DNA/DNA-Hybriden liegt 16 °C unter dem von RNA/RNA-Hybriden.
[a] möglich.
[b] gut geeignet.
[c] optimale Methode.

schiede in der Probenkonstruktion (Einzel- vs. Doppelstrang DNA bzw. RNA) und im Aufbau der target-Nukleinsäure Einfluß ausüben, indem etwa Doppelstrang-Proben und -targets jeweils eine, der Hybridisierung vorangehende, Denaturierung erfordern.

3.2 Radioaktive Nachweismöglichkeiten für DNA und RNA

Nach wie vor kann die Radioaktiv-Markierung als Goldstandard für Proben gelten, die bei in situ-Hybridisierungsverfahren Anwendung finden. Dafür sprechen die hohe erzielbare Sensitivität, die sowohl für Gennachweise am Interphasekern oder am Chromosom den Nachweis eines einzigen Gens gestatten kann (Harper und Saunders 1981), als auch das Faktum, daß mit den verschiedenen Markierungen (etwa ^{35}S- oder ^{3}H) bei hervorragender Auflösung < 10 mRNA-Transkripte/Zelle nachweisbar werden (Brahic und Haase 1978). Zudem können zwei verschiedene Strahler (z. B. ^{3}H und ^{35}S) nach Koppelung an verschiedenen Sonden zum simultanen Nachweis zweier Genprodukte an derselben Zelle verwendet werden (Haase et al. 1985). Die Verwendung radioaktiver Marker erlaubt überdies eine gute Quantifikation mittels Image Analyse-System sofern ^{3}H verwendet wird, oder mittels Cherenkow Scintillation Counter bei Verwendung ^{32}P-markierter Proben. Die wesentlichen Charakteristika der verschiedenen radioaktiven Reporter-Moleküle sind in Tabelle 4a zusammengefaßt.

3.3 Nicht-radioaktive Proben

Nicht-radioaktive Proben stellen aus den, in Tabelle 4b angeführten Gründen eine interessante und wünschenswerte Alternative zu radioaktiven Gensonden dar, zeigen derzeit aber noch einige wesentliche Nachteile. Die Sensitivität nicht radioaktiv markierter Proben hängt von der Verfügbarkeit der target-Sequenzen („unmasking"), dem Typ der verwendeten Probe und dem jeweiligen Reporter-Molekül, im Falle der am häufigsten verwendeten Biotin-Markierungssysteme der Affinität von Antikörpern bzw. Avidin-Molekülen etwa für den Biotin-Reporter, sowie dem Ausmaß der Amplifikation des Detektionssystems (s. u.) durch Antikörper/Avidin/Enzym-Komplex und der Enzym/Chromogen Kombination ab (Tabelle 4c). Doppelmarkierungen, etwa zum Nachweis simultaner Virusinfekte sind unter Verwendung Biotin- bzw. Digoxigenin-markierter Proben möglich (Gentilomi et al. 1992).

3.4 Labeling der Proben

Nick-Translation Die Nick-Translation (Rigby et al. 1977) kann prinzipiell für die Markierung jeder DNA-Sequenz verwendet werden. Bei der Verwendung von nick-translatierten doppelsträngigen DNA-Proben kann sich allerdings ein **Netzwerk-Effekt** ergeben, der auf der zufallsbedingten Fragmentierung von spezifischer Probe und Vektorsequenz beruht. Die entstehenden überhängenden Vektor- und Probensequenzen können durch unspezifische Bindungen und Hybridisierungen („annealing") mit dem je-

Tabelle 4a. Charakteristika der radioaktiven Nukleide, die zum Labeling von Proben verwendet werden können[k]

Label	Strahlung	$t_{1/2}$	Energie meV	Energie/Probe dcpm/µg	Eindring-tiefe (µm)		Detektionslimit dcp/cm^2	Auflösung	Expositions-zeit	Stabilität	Quantifizierung
					Gewebe	Film					
[125]J[f]	γ		0,035	–	36000	9000		schlecht (4 µm[j])	1 Tag	?	Counting (Baumann et al. 1981)
	β	60[d]	0,0035	$10^8 - 10^9$	20	5	100				Semiquant./ Image Analyse
	β		0,004	–	0,2	0,05		gut (wie ^{3}H)			Semiquant./ Image Analyse
[32]P	β	14.3[d]	1,71	$10^8 - 10^9$	8000	2000	50	mäßig	7 Tage	0,5 Wochen	Cerenkow Scintillation Counting
[33]P	β	28.0[d]	0,25	$10^8 - 10^9$	600	150	300	besser als ^{32}P	?		
[35]S[i]	β	87.4[d]	0,167	$10^8 - 10^9$	300	80	400	gut[a]	1 – 2 Wochen[b]	6 Wochen	Semiquant./ Image Analyse
^{3}H[g,h]	β	12.35[e]	0,018[e]	$10^7 - 10^8$	5	1	8000	sehr gut[a] (l µm)	2 – 3 Wochen[b]	>30 Wochen	Semiquant/ Image Analyse

[a] Abhängig von Expositionszeit.
[b] Abhängig von erwarteter Genkopienzahl.
[d] Tage.
[e] Jahre.
[f] Die höhere Energie im Vergleich zu ^{3}H ergibt eine schlechtere zytologische Lokalisation der grains und einen höheren Hintergrund.
[g] 1 – 10 Kopien/Zelle.
[h] 10 Kopien/Zelle (Brahic et al. 1984; 2×10^8 dpm/µg Probe, 12 gains>background, 3 Wochen Expositionszeit); 1 – 10 Kopien/Zelle bei 10 grains >background, 30 Tage Expositionszeit (Hasse et al. 1985, Brigati et al. 1983).
[i] ^{35}S produziert $5 \times$ mehr grains als ^{3}H und kann bis zu einer spezifischen Aktivität von 5×10^9 dpm/µg Probe gelabelt werden (Brahic et al. 1984).
[j] Prensky et al. 1973.
[k] Modifiziert nach Höfler et al. 1990 und Brady et al. 1990.

Tabelle 4b. Vor- und Nachteile nicht-radioaktiver Gensonden

Vorteile	Nachteile
<ul><li>Keine Gefährdung von Personal</li><li>Kostengünstigkeit</li><li>Hohe Stabilität der Probe</li><li>Gutes Auflösungsvermögen</li><li>Lokalisation auf dem Niveau der Elektronenmikroskopie möglich</li></ul>	<ul><li>schwierigerer Einbau von d(UTP) bzw. (d)CTP und (d)ATP in RNA bzw. DNA möglich</li><li>Interferenz der biotinylierten Proben mit Hybridisierungseffizienz Geringe Sensitivität der Signaldetektion</li><li>Schlechte Konterkarierbarkeit der jeweils typischen unspezifischen Reaktionsmuster (s. u. Tabelle 4c)</li></ul>

Tabelle 4c. Nicht-radioaktive Markierungssysteme für in situ-Hybridisierungen

Markierungs-System	Target (DNA, RNA)	Sensitivität	Labeling System	Bemerkung	Referenz
Biotin	DNA, RNA	mäßig	Alle[a]	*Nachteile:* ● Endogenes Biotin (nicht hemmbar) ● Hybride aus biotinylierter Probe und target-Sequenz haben niedrigeren Tm als native Korrelate ● Labeling-Effizienz abhängig von (a) Ausmaß inkorporierter Nucleotide (b) Fragmentlänge ● Optimales Gleichgewicht von Labeling Intensität und Hybridisierungseffizienz nötig	Langer et al. 1981
Photobiotin DNA	DNA, RNA	mäßig	Alle	● Reaktivität der photoaktiven Gruppe mit zahlreichen, schlecht definierten Molekülen (DNA, RNA, Proteine; Hintergrund!)	Forster et al. 1985, Childs et al. 1987

				• Kationische Gruppe des spacer arms induziert elektrostatische Bindung an negativ geladene Moleküle (z. B.: Nukleinsäuren) • Geringe Sensitivität (wegen geringer Inkorporation von biotinylierten Nucleotiden erfordert kompensatorisch große Mengen an Probe	
Digoxigenin	DNA (Digoxigenin-11-UTP)	sehr hoch	Random priming DNA-„tailing"	• Weniger unspezifische Kreuzreaktionen als Biotin-markierte Proben • Anti-Digoxigenin-Ak zeigen keine Gewebskreuzreaktion • Doppelmarkierungen möglich (Digoxigenin, Biotin)	Maggiano et al. 1991 De-Frutos et al. 1989 Crabb et al. 1992 Gentilomi et al. 1992
5-Bromodeoxyuridine	DNA, RNA	niedrig	Alle	Instabil wegen Lichtempfindlichkeit	Niedobitek et al. 1988
Fluorescin	DNA, RNA	niedrig	–	Chromosomale Aberrationen im Interphase-Kern Quantifizierung mittels FACS oder Mikroskop-Fluorometer	Bauman et al. 1985 Hopman et al. 1986 Bauman et al. 1981 Pachmann K 1987

[a]Nick-Translation, Random-Priming. End-Labeling, in vitro-Transkription von c-DNA in SP 6, T 3 oder T 7-Systemen. Selten verwendete Techniken: Allylaminobiotin-Markierung (DNA, RNA, Cook et al. 1988); Sulphonierung (ausschließlich DNA-Proben), trotz hoher Sensitivität selten verwendet (Morimoto et al. 1987); N2-Acetylaminofluoren (Landegent et al. 1984); Antikörper vs DNA/DNA- und RNA/RNA-Hybride Raap et al. 1984; Sulphydryl-Hapten-Liganden (Hopman et al. 1986); T-T-Dimere (Shroyer et al. 1983).

weils komplementären DNA (RNA)-Strang eine Signalamplifikation bis zu einem Faktor 10× bis 50× ergeben (Lawrence und Singer 1985). Dies kann zwar eine (erwünschte) Erhöhung der Sensitivität erwirken, die entstehenden Signale spiegeln aber die wahre target-Kopien-Zahl nicht wider, so daß die Methode für Ansätze, in denen eine vergleichende Quantifikation von Gensequenzen nötig ist, ungeeignet erscheint. Bei Verwendung doppelsträngiger DNA-Proben sollte daher die DNAse-Konzentration so gewählt werden, daß die Fragmentgröße unter 400 bp liegt (Lawrence und Singer 1985), die Inkubationszeit sollte kurz gehalten und Dextransulphat aus dem Hybridisierungsmix entfernt werden (zusammen bis 100× höhere Hybridisierungsrate, Anderson und Young 1986; siehe unten). Der Netzwerkeffekt tritt auch bei, durch random priming erzeugten Doppelstrang-Proben, nicht aber bei in vitro-transkribierten anti-sense RNA-Proben oder Oligonukleotiden auf.

Random Priming   Jede lineare DNA-Sequenz kann markiert werden, überspiralisierte DNA muß aber zunächst linearisiert werden. Random Priming (Feinberg und Vogelstein 1983) eignet sich für labeling Gel-extrahierter DNA mit kurzen Fragmenten, die üblicherweise unbefriedigende Resultate in der Nick-Translation ergibt.

In vitro-Transkription   In SP-6-, T3-, oder T7-Plasmide eingeschleuste DNA produziert bei Zusatz geeignet markierter Nukleotide mRNA-komplementäre RNA-Sequenzen. Das DNA-template wird anschließend mittels DNAse (z.B.: 20 µg/ml RNAse freie DNAse I (Sigma) für 1 h bei 37 °C) verdaut. Wesentliche Vorteile der in vitro-Transkription (Melton et al. 1984) liegen in hochgradiger Markierung der RNA-Proben, der Tatsache, daß jeder RNA-Strang markiert wird, so daß keine Kompetition zwischen markierten und unmarkierten RNA-Strängen erfolgt. Zudem wird durch diese Methode die Erzeugung von sense-Proben zur Spezifitätskontrolle ermöglicht, der Schmelzpunkt (Tm) der RNA/RNA-Hybride liegt über dem von DNA/RNA-Hybriden, was extrem stringente Reaktionsbedingungen zur Background-Reduktion erlaubt und letztlich kann eine weitere Reduktion des Hintergrundes durch den Einsatz von RNAse-Nachverdau zur Auflösung freier einzelsträngiger, markierter RNA-Proben erreicht werden. Im Unterschied zur Verwendung von Oligonucleotiden variiert diese extrem sensitive Methode nicht gewebsspezifisch in ihrer Permeabilisierungseffizienz. Sie kann als Methode der Wahl zum in situ-Nachweis von RNA angesehen werden.

End-Labeling   Der Tm der Hybride von target-DNA und den, durch 3′- oder 5′-labeling erzeugten Proben entspricht dem der nativen DNA/DNA-Hybride. Nachteile: Sterische Hemmungen lassen nur einen kleinen Teil des homopolymeren Schwanzes für die detektierenden Reaktionen zugängig, was eine geringe Sensitivität zur Folge hat. Der homopolymere Schwanz der Probe kann mit komplementären Sequenzen des zellulären Genoms dem poly-A-Segment der mRNA kreuzreagieren. Die Methode eignet sich nur für RNA-Fragmente von 100−200 Nukleotiden.

Oligonucleotide   Oligonucleotide sind gegen praktisch jede bekannte DNA- oder RNA-Sequenz einfach herstellbar. Sie sind hochspezifisch und können sogar zum Nachweis von Punktmutationen verwendet werden. Bei nicht radioaktiver Markierung eignen sich Oligonukleotide allerdings nur, wenn hoch-iterative Sequenzen nachgewiesen werden sollen, da pro Nukleotid lediglich zwei Biotin-Moleküle gebunden werden können, also pro mRNA-Molekül nur zwei Biotin-Moleküle als Reporter fungieren werden. Die minimale Probenlänge eines Oligonukleotids kann theoretisch mit 14 bis 17, in der

Praxis mit 16 bis 20 Nukleotiden angenommen werden (Lathe 1985). Die Markierung der Proben kann mittels Polynukleotidkinase (end-labeling) durch internes labeling mit Klenow-Polymerase oder durch template-unabhängige terminale Transferase stattfinden.

3.5 Determination der Probengröße und der Reinigung der Proben

Die Reinigung der Proben von nicht radioaktiv markierten oder nicht biotinilierten Nukleotiden kann über Sephadex G50 Säulen erfolgen. Alternativ kann eine Ethanolpräzipitation von nicht in der Probe inkorporierten Nukleotiden in Gegenwart von carrier DNA durchgeführt werden.

Die Kontrolle der (a) **Probenlänge** und (b) des **Inkorporationsgrades** von label ist bei radioaktiver Markierung einfach (s. u.). Bei nicht radioaktiver Markierung gilt, daß das Ausmaß des Biotinilierungsgrades bis zu einer 60% labeling-Rate linear mit der Sensitivität der Methode korreliert. Ab diesem Wert erfolgt keine weitere Steigerung der Sensitivität. Andererseits korrelieren der Tm und die Hybridisierungseffizienz von biotinilierten (d)-CTP-Proben-DNA/target-DNA- und biotinilierten (d) UTP RNA/RNA-Hybriden invers mit dem Ausmaß der Substitution der Probe mit biotinilierten Nukleotiden. Als ideal kann daher eine 25 – 32% Substitutionsrate angesehen werden (Chan et al. 1990). Die Bestimmung der Größe des Fragments (idealerweise bei in situ-Hybridisierung zwischen 200 und 300 Nukleotiden) kann an einem denaturierenden Gel erfolgen (10% Polyacrylamid-Gel in 8 M Harnstoff, 60 °C; Maniatis et al. 1975).

Während DNA-Proben durch kontrollierten Verdau mit DNAse-I (Sigma) auf eine gewünschte Länge eingestellt werden können, kann alkalische Hydrolyse (z. B. mit 40 mM $NaHCO_3$, 60 mM Na_2CO_3 (pH 10,2) bei 60 °C) nach folgender Formel zur geeigneten Längenkontrolle von RNA-Proben verwendet werden: Hydrolyse-Zeit $t = L_o - L_f/kL_oL_f$ (t = Zeit in min; L_o = initiale-, L_f = erwünschte Fragmentlänge in kb, k = 0,11 kb/min (Cox et al. 1984)). Neutralisierung der Proben erfolgt über Zusatz von Natriumacetat, pH 6,0, bis zu einer 0,1 M Endkonzentration von Eisessig 0,5% (vol/vol) (Pardue 1985). Nach Zusatz von 2,5 × Volumen Ethanol wird die Probe 1 h bei −20 °C präzipitiert.

3.6 Einfluß der Probenlänge auf die Hybridisierungseffizienz

Der Einfluß der Probenlänge auf das Resultat der in situ-Hybridisierung ist von zahlreichen Variablen abhängig, insbesondere von der Fixation und den damit erzielten Porengrößen in der Membran, Struktur der Probe, sowie der Zahl der vorhandenen target-Nukleotidsequenzen. Während Lawrence und Singer 1985 und andere Gruppen über bessere Resultate mit längeren Proben berichten, finden Jilbert et al. 1986 bei Probenlängen zwischen 40 und 400 bp bzw. zwischen 300 und 1000 bp keinen Unterschied. Im Gegensatz dazu berichten Brahic et al. 1978 über einen günstigen Einfluß bei der Verwendung kurzer Probenlängen.

4 Detektionssysteme für nicht radioaktive Methoden

Die Detektion des spezifischen targets erfolgt meist unter Verwendung einer immunzytochemischen Reaktion, im Falle der Anwendung von fluoreszierenden Proben unter Einsatz eines FACS oder eines Fluoreszenzmikroskopes. Werden Peroxidase-markierte Proben mit Diaminobenzidin als Chromogen verwendet, kann mit einem Amplifikationseffekt um den Faktor 100 gerechnet werden (Gallyas et al. 1982). Beim Nachweis biotinylierter Proben wird Avidin kaum mehr verwendet, da die positiv geladenen Kohlehydratgruppen zur unspezifischen Interaktion mit Nukleinsäuren und damit zu Hintergrundreaktionen führen. Dieser Effekt ist bei Anwendung von Streptavidin nicht zu befürchten. Folgende 3 Methoden können Anwendung finden:

- Streptavidin-Alkalische Phosphatase (Zweistufentechnik); Methode 1
- Präformierte Komplexe aus Streptavidin und biotinyliertem Enzym; Methode 2
- Konjugat durch chemisches cross-linking der Enzyme mit Streptavidin.

Trotz theoretischer Überlegenheit der Methode 2, bewährt sich in Praxis die Methode 1.

5 Präparation der Objektträger

Alle Objektträger müssen rein sein und nach entsprechender, nachführend angeführter Vorbehandlung staubfrei (etwa in abgeschlossener Plastikkassette) aufbewahrt werden. Da die Haftung von Zellen auf den Objektträgern meist schlecht ist und die Permeabilisierung des Lipidlayers, die partielle Destruktion der Membranproteine und die Behandlung der Zellen während Prähybridisierung, Hybridisierung und Post-Hybridisierung zu extremen Belastungen der Zellhaftung führen, dienen nachfolgende Präparationen nicht nur der Reinigung der sildes, sondern auch der Haftungsverbesserung. Die angegebene Reihenfolge entspricht der eigenen Erfahrung an Zytozentrifugenpräparationen von Blut und Knochenmark (Tabelle 5); sie kann für andere Gewebe auch differieren. Die nachfolgenden, im Detail angeführten Schritte sind für eine anti-sense/mRNA in situ-Hybridisierung mit radioaktiver Markierung der Probe ausgetestet und standardisiert, da die häufigste Anwendung im Genexpressionsnachweis liegt (Einsatzspektrum der in situ-Hybridisierungsverfahren s. a. Abb. 1). Prinzipiell ergibt sich folgender Ablauf von Einzelschritten (s. a. Abb. 2).

- Objektträgervorbereitung; Zell und Gewebeaufbereitung; Präparatherstellung; Fixierung; Lagerung; Praehybridisierung; Dehydrierung; Detergens; Proteinase K; Postfixation; Acetylierung; Hybridisierung; Waschen; Dehydrieren; Befilmen; Exponieren; Entwickeln; Gegenfärben; Eindecken.

Gelatinebeschichtung   Objektträger

- 10 min in Chromschwefelsäure (Natriumdichromat in rauchender Schwefelsäure) tauchen
- 30 min mit fließendem heißen Wasser spülen
- kurz mit aqua destillate spülen

Tabelle 5. Parameter, die das Ergebnis der in situ-Hybridisierung beeinflussen

Parameter	Spezifizierung	Morphologie	Sensitivität	Hintergrund	Referenz
Objektträgerpräparation	Generell[b,c]	#[b,c]	0-#[b,c]	0-# #[b,c]	Greil et al. 1989
	Gelatinebeschichtung	3[d]	Effekte nur indirekt	2[d]	Greil et al. 1989b
	Poly-L-Lysin	0[d]	über Einfluß auf	0[d]	Greil et al. 1989b
	Denhardt's Lösung	2[d]	Morphologie	3[d]	Greil et al. 1989b
Permeabilisierung	Generell[b]	# #[b,c]	# #[b,c]	0[b,c]	Greil et al. 1989b
	Proteinase K[g]	# #[b,c]	# #[b,c]	0[b,c]	Greil et al. 1989b
Fixans[j]	Generell[b,c]	#[b,c]	#[b,c]	0[b]	Greil et al. 1989b
	Paraformaldehyd	2[d]	3[d]	3[d]	Singer et al. 1989, 1986
	Ethanol/Eisessig (3:1)[h]	1[d]	0[d]	3[d]	Greil et al. 1989b Singer et al. 1986
	Bouillon	–	1[d]	3[d]	Tournier et al. 1987
	Formalin (gepuffert 4%)	3[d]	0[d]	3[d]	Singer et al. 1986
	Glutaraldehyd 4%[k]	–	0[d,i]	1[d]	Lawrence et al. 1985, Singer et al. 1986
	Glutaraldehyd 0,1%	0[d]	1[d,i]	keine Information	Jilbert et al. 1986
	Osmiumtetroxid (1%)	–	0[d]	3[d]	Singer et al. 1986
	Aceton 70%	0[d]	1[d]	keine Information	MacAllister et al. 1985

Tabelle 5 (Fortsetzung)

Parameter	Spezifizierung	Morphologie	Sensitivität	Hintergrund	Referenz
RNA-se Nachverdau	Generell[a,b,c]	0[b,c]	0[b,c]	0-#[b,c]	Greil et al. 1989b
Waschungen	Generell[b,c]	0[b,c]	0[b,c]	#[b,c]	
Hybridisierung	Generell[b,c]	#[b]	0[b,c]	0[b,c]	Greil et al. 1989b
	Dextransulphat	#[b,c] (Zell-haftung[a])	# #[b,c]	0[b,c]	Greil et al. 1989b
	Zeit	0[f]	0[f]	0[f]	Greil et al. 1989b

[a] Details siehe Text.
[b] Genereller Einfluß des Parameters auf das Gesamtresultat der in situ-Hybridisierung.
[c] 0. Kein Einfluß, #. Geringer Einfluß, # #. Wesentlicher Einfluß.
[d] Wertung der verschiedenen Methoden untereinander, 3: bestes Resultat, 2: gutes Resultat, 1: mäßig, 3: unbrauchbar.
[e] Unter Verwendung von nick-translatierten DNA-Proben (net-working-Effekt siehe Text).
[f] Zunahme des Signals während der ersten 10 – 16 Stunden, danach Plateau oder gar Abnahme der Signalstärke bei weiterer Verlängerung der Hybridisierungszeit.
[g] Proteinase K 5 µg/ml ohne Gewinn nach PFA-Fixation, die Kombination induziert aber bis zu 50% RNA-Verlust (Lawrence und Singer 1985).
[h] 75% Verlust an Gesamt mRNA ebenso wie Carnoy's Fixativ; Hybridisierungsverlust im selben Ausmaß (Lawrence und Singer 1985).
[i] relativ zu PFA 4%: 60% Signalreduktion, 3 – 4× höherer Hintergrund, S/N: 10:1 (Glutaraldehyd); 70:1 (PFA) (Lawrence und Singer 1985).
[j] Präzipitierende Fixantien Ethanol-Eisessig, Methanol, Aceton, Chromsäure. Quervernetzende Fixantien: Formaldehyd, Glutaraldehyd, PFA (Haase et al. 1984). Wird die RNA-Retentionskapazität von PFA gleich 100% gesetzt, so ergeben sich nach Singer et al. 1986 folgende Werte für die anderen genannten Fixantien: Glutaraldehyd 120%, Formalin 40%, Bouin's 77%, Osmium-Tetroxid 61%, Ethanol-Eisessig 38%. Dies hat Bedeutung für die Probenzugängigkeit in Abhängigkeit auch von der Probenlänge und der parallelen Proteinase K-Anwendung.
[k] Keine RNA-Verluste aufgrund der starken Quervernetzung der Membranproteine, aber schlechter Zugang der Probe.

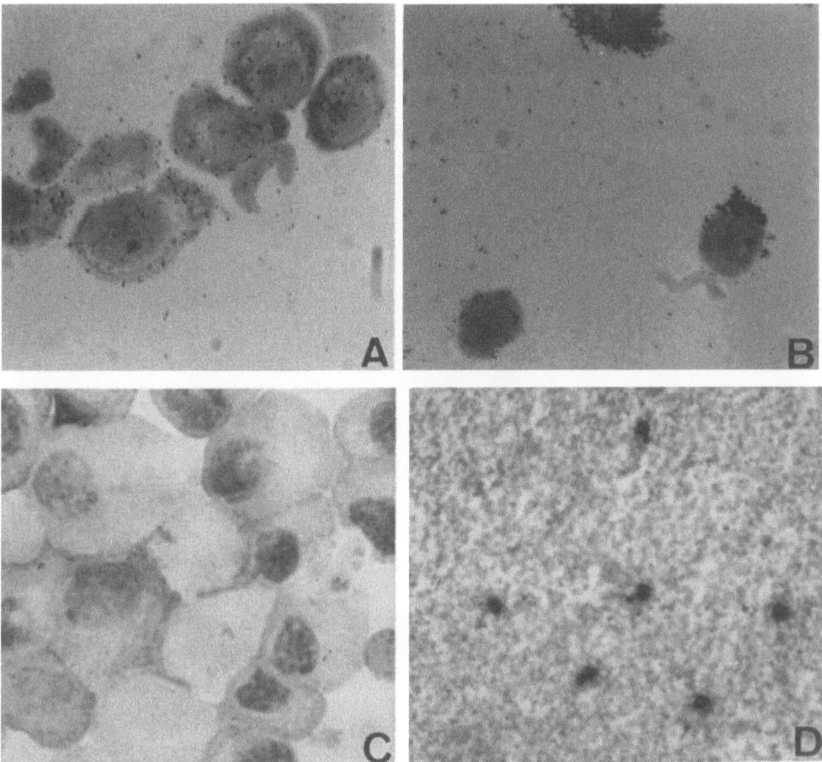

Abb. 1. Einsatzspektrum der in situ-Hybridisierungsverfahren: Nachweis der c-myc-Expression auf mRNA- (**A**) und Proteinebene (**C**) in Myelomzellen (unter Verwendung einer ^{3}H-markierten anti-sense-Probe). Die Untersuchung erlaubt die Feststellung der c-myc-Expression in den quantitativ gering vorhandenen Myelomzellen, während Zellen der normalen Hämatomyelopoese und kleine lymphozytäre Zellelemente negativ bleiben (**A**). Der Vergleich von mRNA- und Proteinexpression (**C**) ermöglicht sowohl Spezifitätskontrolle als auch Einblick in die Genregulation auf Einzelzellebene. (**B**) Deutliche quantitative Heterogenität der c-myc mRNA-Expression in zirkulierenden B-CLL-Zellen. (**D**) Expression einer, für den Primärtumor spezifischen Gensequenz in einer quantitativ minimalen Population eines Lymphknotens, der in der ersten kompletten Remission einer AML entfernt wurde. Der nachgewiesene Tumor entspricht somit einem zweiten Klon

- 30 min in 37 °C (Wasserbad) in Gelatinelösung (1 % Gelatine in 0,1 % Chromkaliumsulfat in aqua destillata)
- aufrecht trocknen
- 10 min Raumtemperatur (RT) mit Paraformaldehyd (1 % in aqua destillata) fixieren
- über Nacht bei 65 °C in Trockenschrank
- in geschlossenen Kassetten staubfrei mit Dissicans (Silika-Gel) lagern.

(Diese Beschichtung stellt in unserem Labor die Methode der Wahl dar).

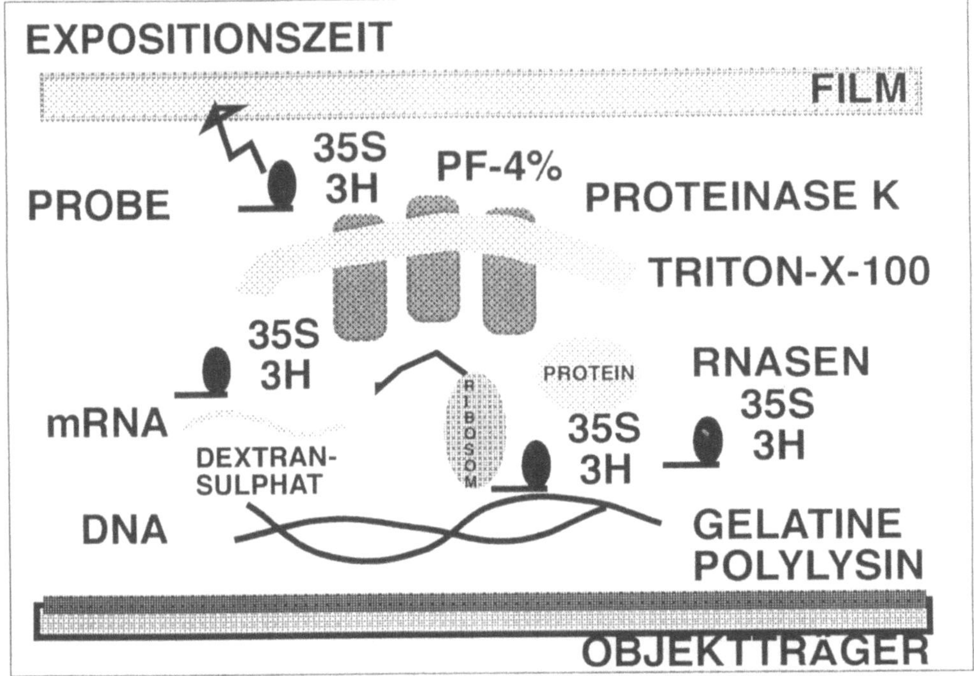

Abb. 2. Schematisierung der Einzelschritte der in situ-Hybridisierung mit Einfluß auf Sensitivität, Spezifität, Signal/Noise Ratio und morphologische Qualität (Details siehe Text)

Poly-L-Lysin-Beschichtung	Gereinigte Objektträger

- 30 min bei RT in 0,5 % Poly-L-Lysinlösung (Poly L Lysin MG, 389 000, Sigma) in aqua destillata inkubieren
- trocknen
- 10 min in Paraformaldehyd (1 % in aqua destillata) fixieren
- tocknen
- staubfrei mit Dissicans (Silika-Gel) lagern.

Alternative Methode — Objektträger

- über Nacht in Aceton: Ethanol (1 : 1, vol/vol) legen
- trocknen
- 1 h bei 100 °C im Trockenschrank aufbewahren.
- 3 h mit Denhardtlösung (Maniatis) bei 65 °C inkubieren
- in aqua destillate spülen
- 20 min bei Raumtemperatur mit Ethanol : Eisessig (3 : 1, vol/vol) fixieren
- staubfrei mit Dissicans (Silika-Gel) aufbewahren

Denhardt's Lösung (Literatur: Maniatis 1989)

Vorbereitung für Schnitte — Gelatinebeschichtete Objektträger wie oben beschrieben (S. 196 – 199) herstellen und den Kryostatschnitt (4 – 5 μm) aufbringen.

5.1 Anmerkungen

Die Objektträgerbeschichtung hat Einfluß auf die Morphologie der Zellen, deren Haftung auf den Objektträgern, das Ausmaß des Hintergrundes bei Verwendung radioaktiver Proben sowie indirekt über die Einflüsse auf die Morphologie auch auf Signalstärke und -Verteilung (Greil et al. 1989b, Tabelle 5).

Die Gelatine-Beschichtung ergibt bessere Ergebnisse als der Gebrauch der Denhardt-präparierten Objektträger. Die Poly-L-Lysin-Beschichtung und der Gebrauch unvorbereiteter slides erweisen sich als suboptimal. **Morphologie**

Gelatine- oder Poly-L-Lysin-Beschichtung ergeben deutlich bessere Resultate (Greil et al. 1989b, Pardue 1986). Unter optimalen sonstigen Reaktionsbedingungen lassen sich jedoch mit allen Methoden brauchbare und auswertbare Ergebnisse erzielen. **Zellhaftung**

Negative Einflüsse auf die Zellhaftung gehen von folgenden Punkten aus:

- Alter der Zellsuspension (etwa Aufbewahrung von Blut im Kühlschrank vor Beginn der Trennung)
- Zytozentrifugation bei 1000 rpm verschlechtert die Haftung im Vergleich zu 1500 rpm)
- Kryokonservierung (siehe unten)
- Zusammensetzung des Hybridisierungsmixes: Dextransulphat, das wegen Einengung des Probenvolumens die Hybridisierungseffizienz bis zum Faktor $10\times$ erhöhen kann (Wahl 1979), erhöht wegen erheblicher Viskosität den Zellverlust beim Ablösen des Deckglases nach der Hybridisierung.

    - Abdeckung der Präparate während der Hybridisierung. Die Verwendung von Deckgläsern führt zu stärkerer Ablösung von Zellen, als die Verwendung von Parafilm.

Hintergrund (bei Verwendung radioaktiv-markierter Proben): Die Induktion von Hintergrund verhält sich quantitativ wie folgt: Poly-L-Lysin > Gelatine > Denhardt's Lösung. **Radioaktive Proben**

Die Objektträgerbeschichtung hat selbst keinen direkten Einfluß auf die erzielte Signalstärke. Allerdings wird letztlich jeder Parameter, der eine Diminuierung morphologischen Details bewirkt, über Erhöhung von target-Verlusten aus dem Zytoplasma (im Falle von RNA/RNA-ISH) eine Reduktion der Signalstärke zur Folge haben. **Signalstärke**

6 Zellgewinnung von Zytopräparaten und Schnitten

6.1 Zell- und Gewebsaufbereitung von Blut bzw. Knochenmark

(Kresolfrei)-heparinisiertes peripheres Blut (10 E/ml) wird im Verhältnis 2:1 mit 0,9% NaCl-Lösung versetzt, auf Lymphoprepgradienten (Nycomed) geschichtet und 15 min bei 1800 rpm zentrifugiert. Heparinisiertes Knochenmark (100 E/ml) wird durch eine Subcutannadel vorsichtig direkt auf den Gradienten geschichtet und ansonsten analog verarbeitet. Die Interphase wird am Lymphoprep-Gradienten abgehoben, mit kalter Phosphat-gepufferter Kochsalzlösung (PBS; 4 °C) resuspendiert und 2×2 min bei 2000 rpm sedimentiert. Adhärent wachsende Zellinien werden durch leichtes Schütteln oder Trypsinisieren in Suspension gebracht, mit kaltem PBS (4 °C) versetzt und bei 2000 rpm sedimentiert, anschließend 2× gewaschen.

6.2 Präparateherstellung

6.2.1 Zytopsin von Zellsuspensionen

! **Wichtig.** Die Resuspension erfolgt in PBS ohne Beimengung von FCS oder Albumin (RNAsen-Kontamination!) **Linien:** Zellen auf eine Dichte von 150000/ml einstellen und 100 µl (i.e. 15000 Zellen pro Präparat) auftragen.

Peripheres Blut und Knochenmark. Zellen auf 300000 Zellen/ml einstellen (i.e. 30000 Zellen pro Präparat), 10 min bei 1500 rpm zentrifugieren.
Kryostatschnitte (4−5 µM) auf Gelatine-beschichteten Objektträger aufbringen.

7 Permeabilisierung der Zellen

Diese erfolgt durch eines der folgenden Fixantien (Unterschiede sind in Tabelle 5 detailliert):

- Präparate in Paraformaldehyd (4% in PBS) 5 min (Schnitte 10 min) bei 4 °C inkubieren, danach 2×5 min in PBS (4 °C) waschen, lufttrocknen und 2 h bei 43 °C im Trockenschrank backen.

! Präparation von Paraformaldehyd (PFA): Das pulverisierte PFA wird bei 60 °C in PBS (0,4 M) oder in aqua destillata (nicht zu lange) erhitzt. Es muß alle 2−4 Tage neu angesetzt werden.

- Ethanol-Eisessig (3:1, vol/vol) 20 min Inkubation bei RT.
- Aceton 10 min Inkubation bei RT.
- Methanol:Eisessig (3:1 vol/vol)

  Eignung der Fixantien: Fixation mit Paraformaldehyd 4% in PBS ≫ Ethanol:Eisessig (3:1) ≫ Aceton (Greil et al. 1989b; Tabelle 5).
  Danach können die Präparate idealerweise bei −70 °C, als mittelfristige Alternative bei −25 °C gelagert werden.

Zu Einfluß der Fixativa und Wechselwirkung mit Permeabilisatoren (Proteinase K, Pronase A): siehe Tabelle 5.

8 Prähybridisierung (RNA-Nachweis)

- Slides 15 min bei 37 °C in folgender Lösung inkubieren: 20 mL Tris pH 7,4, 2 ml CaCl2, 1 µg/ml Proteinase K

Proteinase K ist gegenüber Pronase A oder R (0,25 mg/ml in 50 mM TrisHCl,   **!**
pH 7,5, 1 mM EDTA, 10 min RT) vorzuziehen, da letztere zu drastisch wirkt (Tournier et al. 1987).

Danach werden die Präparate 2× kurz bei RT in aqua destillata getaucht, dehydriert und luftgetrocknet.

- PBS (pH 7,4), 5 min bei RT
  - 0,1 M Glycin in PBS, 2×5 min bei RT (Glycin ist ein Proteinasehemmer und beendet die Proteinasewirkung).
  - 0,3% Triton X 100 in PBS, 10 min bei RT (das Detergens verfügt über lipidlösende Eigenschaften und erhöht die Probenzugängigkeit).
  - PBS, 2×3 min bei RT.
  - Proteinase K in Tris (0,01 M)/EDTA (0,001 M)/Nacl (0,5 M), pH 8,0, 5 min bei 37 °C.
  - Paraformaldehyd 4% in PBS, 5 min bei RT (die Postfixation mit Paraformaldehyd hat eine Proteinase-hemmende Funktion, bewirkt aber auch eine Quervernetzung der durch Proteinase angedauten Zellstrukturen und eine RNA-Retention.
  - Waschen in PBS, 2×3 min bei RT.
  - Inkubation in 0,25% Essigsäure-Anhydrid/Triaethanolamin (0,1 M), pH 8,0 in aqua dest., 10 min bei RT (bewirkt Hintergrundreduktion durch Verhinderung unspezifischer elektrostatischer Bindung der negativen Probe an positiv geladene Proteine durch Acetylierung positiver Zellstrukturen (Hayashi et al. 1978).
  - Inkubation in 2× SSC/50% deionisiertem Formamid mindestens 15 min bei 37 °C.
  - Abrinnenlassen der Objektträger (*cave:* Präparate nicht austrocknen lassen).
  - Aufbringen der Hybridisierungsmischung.

Variationsbreite des Proteinase K-Einsatzes: (Zeit: 5 min – 30 min; Konzentration: **!**
0,1 µg/ml bis 10 µg ml. Entscheidend: Konzentrations/Zeitprodukt, bei 5 min Inkubationszeit kann mit allen Konzentrationen ein befriedigendes Ergebnis erzielt werden (Details siehe Tabelle 5; Greil et al. 1989b).

9 Denaturierung der Target DNA bei DNA/DNA in situ Hybridisierungen

Objektträger 2 min bei 80 °C oder 10 min bei 78 °C (Ambros et al. 1986) oder 5 s bei   **Hitze**
100 °C in 0,1×SSC (Singh et al. 1977, Floyd Smith et al. 1986) inkubieren.

Alkali   Objektträgerinkubation in 70 mM NaOH für 30 min inkubieren, dann 3× in 70%
Ethanol (je 10 min) und 2× in 90% Ethanol (je 5 min) waschen und anschließend
lufttrocknen. Die Alkali-Denaturierung liefert im Allgemeinen schlechte morphologische Qualität.

Säure   Objektträger in folgender Lösung inkubieren: 0,1 M HCl 20 °C, 10 min (Singer et al.
1982). Damit lassen sich hervorragende zytologische Qualität allerdings nur ein geringer Denaturierungsgrad erzielen.

10 Hybridisierung

!   **Denaturierung doppelsträngiger DNA- oder komplementärer RNA-Proben**: Probe
mit carrier E. coli DNA oder E. coli RNA in Wasser auf 90% des benötigten Endvo-
lumens bringen, bei 85 °C 3 – 15 min inkubieren, rasch abkühlen lassen, und auf
0,3 M NaCl, 20 mM TrisHCl (pH 8,6)-Lösung übertragen (Pardue 1985).

!   **Deionisierung von Formamid**: 100 ml Formamid mit 5 g Resin-Ionenaustauscher
(Biorad AG 501X5 Resin) mischen, bei RT für 30 min mixen bis die Farbe von Resin
sich verändert. Durch Whatman Filter-Papier laufen lassen um das Resin zu entfernen. Zweimal wiederholen. Aliquots können bei −70°C eingefroren werden (cave:
Bei Lagerung über 40 °C kann es zur Erhöhung unspezifischen Hintergrundes kommen).

!   Unterschiedliche Formamid-Chargen können zu starker Variation des Hintergrundes
und bis zu 20facher Veränderung der Signal/Noise Ratio führen (Lawrence und Singer 1985).

!   Einstrang-Proben (etwa nach in vitro-Transkription von anti-sense RNA Proben in
T3-, T7- oder SP6-Systemen) werden nicht denaturiert.

Die markierte Probe wird in folgender Lösung auf eine Konzentration von
3 – 10 ng/slide (Volumen 10 µl) verdünnt:

○ *Mix 1:*
10 mM Tris pH 7,5
1 mM EDTA
600 mM NaCl (4×SSC)
50% Deionisiertes Formamid (1% Formamid senkt Tm RNA um 0,35 °C, bei
DNA um 0,65 °C)
0,02% Ficoll 400 (Pharmacia)
0,02% PVP (Sigma)
1 mg/ml BSA
1 mg/ml tRNA (Sigma)-carrier („unspezifisches" Substrat für allfällig noch vorhandene RNAsen)
100 µg/ml Poly A (kompetiert um unspezifische Bindung der Probe mit Poly A
der mRNA)

+250 µg/ml Salmon sperm (SS)-DNA (Sigma) bzw. 250 µg/ml RNA E coli (Sigma; dienen als carrier, sollen unspezifische Bindungsstellen an DNA- bzw. RNA besetzen).
○ Mix 2:
50% deionisiertes Formamid
2×SSC
±10% Dextransulphat (Serva, Verzehnfachung der Hybridisierungseffizienz für Doppelstrangproben, für Einzelstrangproben Faktor 3−4 durch Einengung des Reaktionsvolumens (s. Pardue 1985, Wahl et al. 1979)
0,25% Bovines Serum Albumin (BSA)
0,25% Ficoll 400 (Pharmacia)
0,25% PVP
0,5% Natriumdodecylsulphat (SDS)
250 µg ml SS-DNA

Von Mix 1 oder 2, die jeweils 3−10 ng markierte Probe enthalten, werden 10 µl/Präparat aufgebracht. Der Objektträger wird mit silikonisiertem Deckglas (18×18 mm) bedeckt und mit rubber cement verschlossen. Als bessere Alternative bewährt sich der Verschluß des Objektträgers mit Parafilm. Die Hybridisierung erfolgt 16 h bei 47 °C (alternativ: 24 h bei 45 °C).

10.1 Anmerkungen

Einfluß der Zusammensetzung des Hybridisierungsmixes und der Hybridisierungsbedingungen auf das Gelingen.

Dextransulphat bewirkt, wie oben erwähnt, die Verzehnfachung der Hybridisierungseffizienz für Doppelstrangproben (für Einzelstrangproben Faktor 3−4) durch Einengung des Reaktionsvolumens bzw. Erhöhung der Hybridisierungsrate (Pardue 1985), reduziert allerdings bei nativen Materialien (weniger bei Zelllinien) die Zellhaftung, da die sehr visköse Substanz zur Abschilferung zellulärer Elemente beiträgt.   **Dextransulphat**

Steigende Temperatur (Getestete Bereiche: RT, 37 °C, 47 °C, Greil et al. 1989b) verschlechtert die morphologischen Ergebnisse und reduziert die Signalstärke, da mit der Annäherung an den Tm das % mismatching sinkt. An sich sollte die Hybridisierung bei einer Temperatur von Tm-25 °C, also geringer Stringenz erfolgen. Da RNA/RNA-Hybride stabiler als RNA/DNA- und DNA/DNA-Hybride sind, kann die Hybridisierungstemperatur bei Verwendung von cRNA-Proben um 10−15 °C angehoben werden (Cox et al. 1984), was zur Hintergrundreduktion beiträgt.   **Hybridisierungstemperatur**

16 h; eine weitere Steigerung der Hybridisierungsdauer ist ohne Auswirkung auf die Hybridisierungseffizienz (Greil et al. 1989b, Jilbert et al. 1986).   **Hybridisierungsdauer**

11 Posthybridisierung

11.1 Waschen der Präparate

Erfolgt mit
- 4×SSC 5 min RT
- 2×SSC/50% deionisiertes Formamid 30 min 37 °C*
- 0,1×SSC/50% deionisiertes Formamid 30 min bei 37 °C*

(*gilt für Zytopräparate; bei Schnitten und Agarhäutchen jeweils 60 min)

! Der Tm für RNA/RNA duplex liegt 16 °C über dem für entsprechende DNA-duplices (Pardue 1985).

11.2 RNAse-Nachverdau

Da RNA/RNA-duplices resistent gegen die Wirkung von RNAsen sind, kann diese Methode zum Verdau überzähliger, nicht hybridisierter, markierter Probe verwendet werden, die den unspezifischen Hintergrund erhöhen könnte.

- RNAse A 0,1 µg/ml bis 10 µg/ml (für Zytopräparate gemäß eigenen Erfahrungen ideal (Greil et al. 1989), an Schnitten werden bis zu 100 µg/ml in 2×SSC (Pardue 1985) empfohlen).
- 5 min bei 37 °C

! Eine Diminuierung der morphologischen Qualität tritt erst bei Einwirkung von Konzentrationen von ≥ 10 µg/ml über 30 min lang auf, eine Abschwächung des Signals (insbesondere im Kernbereich) kann bei 0,1 µg/ml über 5 min beginnen (Greil et al. 1989b). Höhere Konzentrationen bzw. längere Inkubationszeit können völligen Signalverlust bewirken.

11.3 Dehydrieren

- 5 min 70% Ethanol/300 mM Ammoniumacetat
- 5 min 85% Ethanol/300 mM Ammoniumacetat
- 5 min 95% Ethanol

11.4 Befilmen

Filmemulsionen: Ilford K 2, Kodak G 5 (grobkörniger). Filmemulsion in Wasserbad auf 43 °C erwärmen, 1:1 mit 600 mM Ammoniumacetat versetzen, unter Vermeidung von Luftblasen vorsichtig mischen, Präparate eintauchen und aufrecht stehend 1−2 h trocknen.

11.5 Exposition

Getrocknete, befilmte Präparate in lichtundurchlässige Kassetten (Alufolie) schichten und mit Dissicans (Kieselgel) bei 4 °C exponieren.

11.6 Entwicklung

Kassette mit Präparaten 1 – 2 h vor der Entwicklung aus dem Kühlschrank nehmen (Temperaturausgleich, ebenso müssen alle Lösungen gleiche Temperaturen (15 – 20 °C) haben, da andernfalls eine Faltenbildung im Film auftreten kann), weitere Inkubationen: 2,5 min Kodak D 19, 5 min Fixon Ultra Rapid (Firma Daniel), Spülung in aqua destillata, anschließend 15 min in fließendem Wasser, 1 – 2 h trocknen.

11.7 Gegenfärbung

In filtrierter, frisch bereiteter 10%iger Giemsa-Lösung (15 min, RT) in Färbepuffer, anschließend lufttrocknen.

11.8 Eindecken

Mit Eukitt mit 22 × 22 mm gereinigten Deckgläsern, die kurz in Silikonlösung (Serva 35 130) getaucht werden und 1 h bei 100 °C eingebrannt werden. Dies verhindert die Adhärenz von Zellmaterial an den Deckgläsern (Pardue 1985, p. 182).

12 Spezifitätskontrollen

Geeignete Spezifitätskontrollen, ihre kritische Wertung und Interpretationen von Testergebnissen sind in Tabelle 6 dargestellt. Darüber hinausgehende Hintergrund-

Tabelle 6. Kontrollen von in situ-Hybridisierungen (zur Genexpressionsanalyse)

Testung	Soll Ergebnis	Wertung[a]
(1) Kontrollparameter Spezifität		
● Biologische Positiv- und Negativkontrollen (z. B. Zell-Linien mit transfiziertem Gen und wild type)	pos.; neg.	3
● Sinnlos-Probe (gegen ein Gen, das nicht exprimiert werden sollte)	neg	2
● Northern blot (mit identer Probe); Resultat in situ positiv	pos[d]	3
Northern blot (mit identer Probe); Resultat in situ negativ	neg[d]	3
● sense-Probe (bei Verwendung von RNA-Proben)	neg	2 – 3
● DNAse-Vorverdau (RNA: target; Ergebnis positiv)	pos	2
DNAse-Vorverdau (RNA: target; Ergebnis negativ)	neg	2
DNAse-Vorverdau (DNA: target; Ergebnis positiv)	neg	2
DNAse-Vorverdau (DNA: target; Ergebnis negativ)	neg	2

Tabelle 6 (Fortsetzung)

Testung	Soll Ergebnis	Wertung[a]
● RNAse-Vorverdau (RNA: target; Ergebnis positiv)[g]	neg	2
RNAse-Vorverdau (RNA: target; Ergebnis negativ)[g]	neg	2
RNAse-Vorverdau (DNA: target; Ergebnis positiv)[g]	pos	2
RNAse-Vorverdau (DNA: target; Ergebnis negativ)[g]	neg	2
● Immunzytochemie (RNA-Ergebnis in situ positiv)	pos[e]	3[b]
Immunzytochemie (RNA-Ergebnis in situ negativ)	neg[e]	3[b]
● Simultane Immunzytochemie und ISH		
RNA-Ergebnis positiv	pos	3[b]
RNA-Ergebnis negativ	neg	3[b]
● Western blot (RNA-Ergebnis in situ positiv)	pos[f]	1
(RNA-Ergebnis in situ negativ)	neg[f]	1
● Mischung positiver mit negativer Zellen (nativ)	heterogen	1
● Verdünnung der positiven bzw. negativen Testzellen mit bekannt positiven oder negativen Kontrollzellen (in prädeterminiertem Prozentsatz)	heterogen	1
(2) Kontrollparameter Sensitivität		
● Zell-Linien mit definierter Gensequenz-Zahl	Serielle Zunahme von Positivität	3
● Selektive Geninduktion	Kontrollierte Zunahme der Positivität	3
● Verdünnung der pos. bzw. neg. Testzellen mit bekannt positiven oder negativen Kontrollzellen	heterogen (in prädeterm. Prozentsatz)	2
● Selektive Virusinfektion über kontrollierte Zeiträume (exakte Kopienzahl determinierbar)	Bei Markierung der Probe mit ^{32}P ist eine exakte Kalkulation möglich	2

[a] Wertungsskala: 3: unverzichtbar; 2: wesentliche Kontrolle; 1: gute Kontrollergänzung.

[b] Falls möglich.

[c] Optimal für den Fall von Genregulationsstudien.

[d] Cave: Dieser Test ist nur bei positiver Korrelation zum Ausschluß einer unspezifischen Kreuzreaktion zulässig. Die unterschiedlichen Testansätze (Analyse eines Gesamtextraktes vs Analyse von Einzelzellen) kann naturgemäß bei deutlicher quantitativer Heterogenität der Genexpression in Zielzellsubpopulationen, sowie bei geringer Zielzellzahl oder deren starker „Verdünnung" in anderen reaktiven Gewebszellelementen differente Testergebnisse induzieren, ohne daß diese Ergebnisse den Schluß auf fehlende Spezifität zuließen.

[e] Interpretationen: Konkordante Befunde: Spezifitätsbeweis naheliegend.
Diskrepante Befunde: *RNA pos. Protein neg.*: (a) unspezifische Reaktion auf mRNA-Ebene; (b) Der Untersuchungszeitpunkt ist früh in der Genexpressionsphase erfolgt, so daß die Proteinexpression noch fehlt; (c) Geringere Sensitivität des Antikörpers; (d) physiologischer oder pathologischer Translationsstop vorhanden. *RNA neg: Protein pos:* (a) RNA im Gewebe durch RNAsen während der Behandlung zerstört; (b) RNA-Menge unter kritischem Detektionsniveau, Protein (z.B. durch Akkumulation eines Proteins mit langer $t_{1/2}$, oder bei geringen mRNA-Mengen mit hoher Stabilität und großer Translationseffizienz(rate)) in hoher Konzentration vorhanden (c) unspezifische Antikörperreaktion.

[f] Interpretationen wie oben [e]; die Evidenz paralleler RNA- und Protein-Untersuchung in derselben Zelle ist an sich optimal (insbesondere wenn die Genregulation auf Einzelzellebene untersucht werden soll). Diese Untersuchungen sind jedoch technisch sehr schwierig, da die meisten Antikörper RNAsen-kontaminiert sind und umgekehrt die, der Immunzytochemie vorangestellten ISH aufgrund des nötigen Proteinaseverdaus, sowie der Fixation (Paraformaldehyd für ISH optimal, für Immunzytochemie sehr ungünstig) zu zweifelhaften Ergebnissen für die Immunzytochemie führt. Im übrigen erweist sich die parallele quantitative Analyse als schwierig, da bei Verwendung immunzytochemischer Verfahren die meisten Farben schwer differenzierbare Mischungen ergeben. Als Alternative bieten sich in diesem Fall Immunfluoreszenzmarkierungen und Untersuchungen mittels FACS an.

[g] 100 µg/ml – 1 mg/ml über 1 h (in PBS, 37 °C) (Tournier et al. 1987).

probleme bzw. Probleme mit unspezifischer Kreuzreaktion können aus der Austrocknung der Objektträger und der Interaktion von DNA-Proben mit eosinophilen Granulozyten resultieren. Letzteres kann durch Anwendung von 1.25% Carbol chromotrop 2R in 1% Phenol (30 min) in der Prähybridisierungsphase möglicherweise verhindert werden (Patterson et al. 1989).

13 Quantitative Analytik (semiquantitativ versus automatisiert)

Quantitative Untersuchungen der Signalstärke von Autoradiogrammen können mittels semiquantitativer Analytik (Greil et al. 1989 b, Tabelle 7), aber auch durch Image Analyse-Verfahren erfolgen, in denen mittels höchstauflösender Videokameras die Bildübertragung auf einen Schirm und die weitere Untersuchung auf 256 Graustufenunterschiede mittels software-Programm erfolgt (Davenport et al. 1988 a, b; Übersicht in Davenport et al. 1990). Die Quantifizierung erfolgt nach Standardisierung und Kalibrierung des Systems mit entsprechenden, in Parallele mitgeführten Kontrollen. Im Gegensatz zu ^{3}H- und ^{35}S-markierten Proben, kann die Quantifizierung von ^{32}P-mediierten Signalen auch durch Cerenkow Scintillation Counter-Analyse stattfinden (Lawrence and Singer 1985).

Tabelle 7. Semiquantitative Analyse der Onkogenexpression adaptiert an Tritium-markierte Genproben

0	# pos	# # pos	# # # pos
negativ	vzlt.[c] individuelle Silberkörnchen	Konfluenz von grains zu patches	maximales autoradiographisches Signal, morphologische Details unter der Signalplatte nicht mehr erkennbar
S/N Ratio[a]	S/N Ratio[a]	S/N Ratio[a]	
Mean: 1,76[b]	Mean: 5,34[b]	Mean: $>8,31$[b]	
Range 1,2 − 2,4[b]	Range 2,5 − 14,6[b]	Range: 4,24→13,6[b]	

[a] Die „Signal/Noise"-Ratio wird durch Auszählung individueller grains über dem Zytoplasma ≥ 20 Zellen einer semiquantitativen Evaluationskategorie und über dem maximalen interzellulären Hintergrund bestimmt. Ein cutpoint von $\geq 2,5$ wird als positiv gesehen (Greil et al. 1989, Cox et al. 1984, Crum et al. 1988, Mariani-Constantini et al. 1988). Die verwendete Probe induzierte bei 3 ng/slide $2,5 \times 10^5$ cpm/slide.

[b] Die angegebenen S/N-Werte entsprechen eigenen Analysen zur low-level-Expression des c-abl Proto-Onkogens in NHL, an denen dieses System geeicht wurde (Greil et al. 1989 b). Die Spezifitätskontrolle erfolgte immunzytochemisch und mittels Northern-Analyse (Greil et al. 1988, Greil et al. 1989 b).

[c] Vereinzelt.

Literatur

Ambros PF, Matzke MA, Matzke AJM (1986) Detection of a 17 kb unique sequence (T-DNA) in plant chromosomes by in situ hybridization. Chromosoma 94:11–18

Anagnostopoulos I, Herbst H, Niedobitek G, Stein H (1989) Demonstration of monoclonal EBV genomes in Hodgkin's disease and Ki-1-positive anaplastic large cell lymphoma by combined southern blot and in situ hybridization. Blood 74:810–816

Anderson MLM, Young BD (1985) Quantitative filter hybridization. In: Hames BD, Higgins SJ, Nucleic acid hybridisation. A practical approach. IRL Press 73:111

Baumann JGJ (1985) Fluorescence microscopical hybridcytochemistry. Acta histochemica 31: 9–18

Baumann JGJ, Wiegant J, van Dujin (1981) Cytochemical hybridization with fluorochrome-labeled RNA. J Histochem Cytochem 29:238–246

Brahic M, Haase AT (1978) Detection of viral sequence of low iteration frequency by in situ hybridization. Proc Natl Acad Sci USA 75:6125–6129

Brahic M, Haase AT, Cash E (1984) Simultaneous in situ detection of viral RNA and antigens. Proc Natl Acad Sci USA 81:5445–5448

Brady MAW, Finlan MF (1990) Radioactive labels: autoradiography and choice of emulsions for in situ hybridization. In: In situ hybridization. Principles and practice. Polak JM, McGee JO'D (eds) p 31–57. Oxford Science Publications. Oxford University Press

Brigati DJ, Myerson D, Leary JJ, Spalholz B, Travis SZ, Fong SZ, Hsiung GD, Ward DC (1983) Detection of viral genomes in cultured cells and paraffin-embedded tissue sections using biotin-labeled hybridization probes. Virology 126:32–50

Burns J, Graham AK, Frank C, Fleming KA, Evans MF, McGee JO'D (1987) Detection of low copy human papilloma virus DNA and mRNA in routine paraffin sections of cervix by non-isotopic in situ hybridization. J Clin Pathol 40:858–864

Chan VT-W, McGee JO'D (1990) Non-radioactive probes: preparation, characterization, and detection. In: In situ hybridization. Principles and practice. Polak JM, McGee JO'D (eds) p 59–80. Oxford Science Publications. Oxford University Press

Caubet JF, Mitjavila MT, Dubart A, Roten D, Weil SC, Vainchenker W (1989) Expression of the c-fos protooncogene by human and murine erythroblasts. Blood 74:947–951

Childs GV, Lloyd JM, Unabia G, Gharib SD, Wierman ME, Chin WW (1987) Detection of luteinizing hormone b mRNA in individual gonadotropes after castration: use of a new in situ hybridization method with a photobiotinylated cRNA probe. Mol Endocrinology 1:926–932

Chleq-Deschamps CM, LeBrun DP, Huie P, Besnier DP, Warnke RA, Sibley RK, Cleary ML (1993) Topographical dissociation of bcl-2 messenger RNA and protein expression in human lymphoid tumors. Blood 81:293–298

Cook AF, Voucolo E, Brakel CL (1988) Synthesis and hybridization of biotinylated oligonucleotides. Nucl Acids Res 16:4077–4095

Cox KH, De Leon DV, Angerer LM, Angerer RC (1984) Detection of mRNAs in sea urchin embryos by in situ hybridization using assymetric RNA probes. Developmental Biology 101: 485–502

Crabb ID, Hughes SS, Hicks DG, Puzas JE, Tsao GJY, Rosier RN (1992) Nonradioactive in situ hybridization using digoxiogenin-labeled oligonucleotides. Applications to musculoskeletal tissues. AJP 141:579–589

Croen KD, Ostrove JM, Dragovic LJ, Smialek JE, Strauss SE (1987) Latent herpes simplex virus in human trigeminal ganglia. Detection of an immediate early gene "anti-sense" transcript by in situ hybridization. New Engl J Med 317:1427–1432

Crum CP, Nuovo G, Friedman D, Silverstein SJ (1988) A comparison of biotin and isotope-labeled ribonucleic acid probes for in situ detection of HPV-16 ribonucleic acid in genital precancers. Laboratory Investigation 58:354–359

Davenport AP, Hall MD (1988) Comparison between brain paste and polymer (^{125}J) standards for quantitative receptor autoradiography. J Neurosci Methods 25:75–82

Davenport AP, Beresford IJM, Hall MD, Hill RG, Hughes J (1988) Quantitative autoradiography in neuroscience. In: Molecular Neuroanatomy Ed: Van Leeuwen FW, Buijs RM, Pool CW, Pach O. Elsevier, Amsterdam, pp 121–145

Davenport AP, Nunez DJ (1990) Quantification of radioactive mRNA in situ hybridization. In: In situ hybridization. Principles and practice. Ed.: Polak JM, McGee JO'D. Oxford University Press pp 95–111

DeFrutos R, Kimura K, Peterson RK (1989) In situ hybridization of Drosophila polytene chromosomes with digoxiygenin-dUTP-labeled probes. Trends in Genetics 5:366ff

Durnam DM, Anders KR, Fisher L, Quigley JO', Bryant EM, Thomas ED (1989) Analysis of the origin of marrow cells in bone marrow transplant recipients using a Y-chromosome-specific in situ hybridization assay. Blood 74:2220–2226

Farrar WL, Vinocour M, Hill JM (1989) In situ hybridization histochemistry localization of interleukin-3 mRNA in mouse brain. Blood 73:137–140

Feinberg AP, Vogelstein B (1983) A technique for radiolabelling DNA restriction endonuclease fragments to high specific activity. Analyt. Biochem. 132:6–13

Floyd-Smith G, Whitehead AS, Colten HR, Francke U (1986) The human C-reactive protein gene (CRP) and serum amyloid P component gene (APCS) are located on the proximal long arm of chromosome 1. Immunogenetics 24:171–176

Forster AC, McInnes JL, Skingle DC, Symons RH (1985) Non-radioactive hybridization probes prepared by the chemical labelling of DNA and RNA with a novel reagent, photobiotin. Nucl Acids Res 13:745–761

Gallyas F, Gorce T, Merchenthaler I (1982) High grade intensification of the end-product of the diaminobenzidine reaction for peroxidase histochemistry. J Histochem Cytochem 30: 183–184

Gentilomi G, Musiani M, Zerbini M, Gibellini D, Gallinella G, Venturolli S (1992) Double in situ hybridization for detection of Herpes Simplex virus and Cytomegalyvirus DNA using non-radioactive probes. J Histochem Cytochem 40:421–425

Granelli-Piperno A (1988) In situ hybridization for interleukin 2 and interleukin 2 receptor mRNA in T cells activated in the presence or absence of cyclosporin A. J Exp Med 168: 1649–1658

Greil R, Gattringer C, Fasching B, Cleveland J, Thaler J, Radaskiewicz T, Gastl G, Huber C, Rapp U, Huber H (1988) abl oncogene expression in Non-Hodgkin lymphomas: correlation to histological differentiation and clinical status. Internatl J Cancer 42:529–538

Greil R, Fasching B, Huber H (1989) Differences in the expression of cell cycle associated oncogenes c-myc and c-fos in cell lines and subtypes of human myelo- and lymphoproliferative disorders. Blut 59:286

Greil R, Fasching B, Huber H (1989) In situ hybridization for the detection of low copy numbers of c-abl oncogene mRNA in lymphoma cells. Technical approach and comparison with results with anti-oncoprotein antibodies. Methods in Laboratory Investigation. Laboratory Investigation 60:574–582

Greil R, Fasching B, Loidl P, Huber H (1991) Expression of the c-myc proto-oncogene in multiple myeloma and chronic lymphocytic leukemia: an in situ analysis. Blood 78:180–191

Greil R, Fasching B, Weger A, Loidl P (1992) Investigation of nuclear c-MYC oncoprotein expression in human hematopoiesis: suitability of a rapid and reliable semiquantitative evaluation system. Methods in Laboratory Investigation. Laboratory Investigation 62:251–260

Haase A, Brahic M, Stowring L, Blum H (1984) Detection of viral nucleic acids by in situ hybridization. Methods in Virology, Vol. VIII. Academic Press p 189ff

Haase AT, Walker D, Stowring L, Ventura P, Geballe A, Blum H, Brahic M, Goldberg R, O'Brien K (1985) Detection of two viral genomes in single cells by double-label hybridization in situ and color microautoradiography. Science 227:189–192

Hamatani K, Yoshida K, Kondo H, Toki H, Okabe K, Motoi M, Ikeda S, Mori S, Shimaoka K, Akiyama M, Nakayama E, Shiku H (1989) Histologic typing of Non-Hodgkin's lymphomas by in situ hybridization with DNA probes of oncogenes. Blood 74:423–429

Hamid Q, Barkans J, Meng Q, Ying S, Abrams JS, Kay AB, Moqbel R (1992) Human eosinophils synthesize and secrete interleukin-6, in vitro. Blood 80:1496–1501

Harper E, Saunders GF (1981) Localization of single copy DNA sequences in G-banded human chromosomes by in situ hybridization. Chromosoma 83:431–439

Hayashi S, Gillam IC, Delaney AD, Tener GM (1978) Acetylation of chromosomes squashes of Drosophila Melanogaster decreases the background in autoradiographs from hybridization with [125]J-labelled RNA. J Histochem Cytochem 26:677–679

Herrington CS, Burns J, Graham AK, Evans MF, McGee JO'D (1989) Interphase cytogenetics using biotin and digoxigenin labelled probes I: relative sensitivity of both reporters for detection of HPV 16 in CaSki cells. J Clin Pathol 42:592–600

Höfler H (1990) Principles of in situ hybridization. In: In situ hybridization. Principles and practice. Polak JM, McGee JO'D (eds) p 15–29. Oxford Science Publicatins. Oxford University Press

Hopman AHN, Wiegant J, van Duijn P (1986) A new hybridochemical method based on mercurated nucleic acid probes and sulphhydril-hapten ligands I. Stability of mercury-sulphhydril bond and influence of the ligand structure on immunochemical detection of the hapten. Histochemistry 84:169–178

Hunt JS, Fishback JL, Andrews GK, Wood GW (1988) Expression of class I HLA genes by trophoblast cells. Analysis by in situ hybridization. J Immunol 140:1293–1299

Hsu SM, Raine L, Finger H (1981) Use of avidin-biotin-peroxidase complex (ABC) in immunoperoxidase techniques. J Histochem Cytochem 29:577–580

Jilbert AR, Burrell CJ, Gowans EJ, Rowland R (1986) Histological aspects of in situ hybridization. Detection of poly (A) nucleotide sequences in mouse liver sections as a model system. Histochemistry 85:505–514

Kandolf R, Ameis D, Kirschner P, Canu A, Hofschneider PH (1987) In situ detection of enteroviral genomes in myocardial cells by nucleic acid hybridization: an approach to the diagnosis of viral heart disease. Proc Natl Acad Sci USA 84:6272–6276

Koury ST, Koury MJ, Bondurant MC, Caro J, Graber SE (1989) Quantitation of erythropoetin-producing cells in kidneys of mice by in situ hybridization: correlation with hematocrit, renal erythropoietin mRNA, and serum erythropoetin concentration. Blood 74:645–651

Kurtzman GJ, Platanias L, Lustig L, Frickhofen N, Young NS (1989) Feline parvovirus propagates in cat bone marrow cultures and inhibits hematpoetic colony formation in vitro. Blood 74:71–81

Landegent JE, Jansen in de Wal N, Baan RA, Hoeymakers JHJ, Van der Ploeg M (1984) 2-acetylaminofluorene-modified probes for the indirect hybridochemical detection of specific nucleic acid sequences. Exp Cell Res 153:61–73

Langer PR, Waldrop AA, Ward DC (1981) Enzymatic synthesis of biotin-labeled polynucleotides: Novel nucleic acid affinity probes. Proc Natl Acad Sci USA 78:6633–6637

Lathe R (1985) Synthetic oligonucleotide probes deducted from amino acid sequence data: theoretical and practical considerations. J Mol Biol 183:1–12

Lawrence JB, Singer RH (1985) Quantitative analysis of in situ hybridization methods for the detection of actin gene expression. Nucleic Acids Research 13:1777–1800

Maggiano N, Larocca LM, Piantelli M, Ranelletti FO, Lauriola L, Ricci R, Capelli A (1991) Detection of mRNA and hnRNA using a digoxigenin labeled cDNA probe by in situ hybridization on frozen tissue sections. Histochemical Journal 23:69–74

Maniatis T, Jeffrey A, van de Sande H (1975) Biochemistry 14:3787

MacAllister HA, Rock DL (1985) Comparative usefulness of tissue fixatives for in situ viral nucleic acid hybridization. J Histochem Cytochem 33:1026–1032

Mar P, Pachmann K, Reinecke K, Emmerich B, Thiel E (1989) Quantitative tracing of mRNAs for T- and B-lymphocyte receptor genes in individual cells by in situ hybridization with fluorochrome-labeled gene probes. I. Expression in malignancies carrying B-lineage associated antigens. Blood 74:638–644

Mariani-Constantini R, Escot C, Theillet C, Gentile A, Merlo G, Lidereau R, Callahan R (1988) In situ c-myc expression and genomic status of the c-myc locus in infiltrating ductal carcinoma of the breast. Cancer Research 48:199–205

Melton DA, Krieg PA, Rebagliati MR, Maniatis T, Zinn K (1984) Efficient in-vitro synthesis of biologically active RNA and RNA-hybridization probes from plasmids containing a bacteriophage SP 6 promoter. Nucleic Acid Res 12:7035–7056

Morimoto H, Monden T, Shimano T, Higashiyama M, Tomita N, Murotani M, Matsuura N, Okuda H, Mori T (1987) Use of sulfonated probes for in situ detection of amylase mRNA in formalin-fixed paraffin sections of human pancreas and submaxillary glands. Laboratory Investigation 57:737–741

Mitchell RL, Henning-Chubb C, Huberman E, Verma IM (1986) c-fos expression is neither sufficient nor obligatory for differentiation of monocytes to macrophages. Cell 45:497–504

Nacheva E, Holloway T, Brown K, Bloxhom D, Green AR (1993) Philadelphia-negative chronic myeloid leukemia: detection by fish of ber-abl fusion gene localized either to chromosome 9 or chromosome 22. Brit J Haematol 87:409−412

Niedopitek G, Finn T, Herbst H, Bornhöft G, Gerdes J, Stein H (1988) Detection of viral DNA by in situ hybridization using bromodeoxyuridine-labeled DNA probes. Am J Pathol 131:1−4

Pachmann K (1987) In situ hybridization with fluorochrome-labeled cloned DNA for quantitative determination of the homologous mRNA in individual cells. J Mol Cell Immunol 3:13−19

Panterne B, Hatzfeld J, Blanchard JM, Levesque JP, Berthier R, Ginsbourg M, Hatzfeld A: c-fos mRNA constitutive expression by mature human megakaryocytes. Oncogene 7:2341−2344

Pardue ML (1985) In situ hybridization. In: Nucleic acid hybridization. A practical approach. Hames BD, Higgins SJ (Eds) IRL Press, p 179−202

Patterson S, Gross J, Webster ADB: DNA probes bind non-specifically to eosinophils during in situ hybridization: carbol chromotrope blocks binding to eosinophils but does not inhibit hybridization to specific nucleotide sequences. J Virol Methods 23:105−109

Prensky W, Steffenser DM, Hughes WL (1973) The use of iodinated RNA for gene localization. Proc Natl Acad Sci USA 70:1860

Preisler HD, Raza A, Larson R, LeBeau M, Bowman G, Goldberg H, Vogler R, Verkh L, Singh P, Block AM, Sandberg A (1989) Protooncogene expression and the clinical characteristics of acute non-lymphocytic leukemia: A leukemia Intergroup pilot study. Blood 73:255−262

Raap AK, Marijnen JGJ, van der Ploeg M (1984) Anti-DNA RNA sera. Specificity test and application in quantitative in situ hybridization. Histochemistry 81:517−520

Rigby PWJ, Dieckmann M, Rhodes C, Berg P (1977) Labelling deoxyribonucleic acid to high specific activity in vitro by nick translation with DNA polymerase. J Mol Biol 113:237−251

Rothenberg ML, Mickley LA, Cole DE, Balis FM, Tsuruo T, Poplack DG, Fojo AT (1989) Expression of the mdr-1/P-170 gene in patients with acute lymphoblastic leukemia. Blood 74:1388−1395

Sassano H, Goukon Y, Nishihira T, Nagura H (1992) In situ hybridization and immunohistochemistry of p 53 tumor suppressor gene in human esophageal carcinoma. AJP 141:545−550

Samoszuk M, Nansen L (1990) Detection of interleukin-5 messenger RNA in Reed-Sternberg cells of Hodgkin's disease with eosinophilia. Blood 75:13−16

Seibel NL, Kirsch IR (1989) Tumor detection through the use of immunoglobulin gene rearrangements combined with tissue in situ hybridization. Blood 74:1791−1795

Singer RH, Word DC (1982) Actin gene expression visualized in chicken muscle tissue culture by using in situ hybridization with biotinated nucleotide analog. Proc Natl Acad Sci USA 79:7331−7335

Singer RH, Lawrence JB, Villnave C (1986) Optimization of in situ hybridization using isotopic and non-isotopic detection methods. BioFeature 4

Singer RH, Byron KS, Lawrence JB, Sullivan JL (1989) Detection of HIV-1-infected cells from patients using nonisotopic in situ hybridization. Blood 74:2295−2301

Singh L, Purdam IF, Jones KW (1977) Effect of different denaturing agents on the detectability of specific DNA sequences of various base compositions by in situ hybridization. Chromosoma 60:377−389

Strickler JG, Copenhaver CM (1990) In situ hybridization in hematopathology. Forefront epitomes. AJCP 93:Supplementum S44−S48

Shroyer KP, Nakane PKJ (1983) Use of DNP-labelled cDNA for in situ hybridization. J Cell Biol 97:377a

Tecott LH, Eberwine JH, Barchas JD, Valentino KL (1987) Methodological consideration in the utilization of in situ hybridization. In: In situ hybridization: application to neurobiology. Valentino KL, Eberwine JH Barchas JD (eds) Oxford University Press, New York

Tkachuk DC, Westbrook CA, Andreeff M, Donlon TA, Clearly ML, Suryonarayan K, Homge M, Redner A, Gray S, Pinkel D (1980) Detection of ber-abl fusion in chronic myelopenous leukemia by in situ hybridization. Science 250:559−562

Tournier I, Bernuau D, Poliard A, Schoevart D, Feldmann G (1987) Detection of albumin mRNAs in rat liver by in situ hybridization: usefulness of paraffin embedding and comparison of various fixation procedures. J Histochem Cytochem 35:453−459

Vallejos H, DelMistro A, Kleinhaus S, Braunstein JD, Halwer M, Koss LG (1987) Characterization of human papilloma virus types in condylomata acuminata in children by in situ hybridization. Laboratory Investigation 56:611–615

Walboomers JMM et al (1988) Sensitivity of in situ detection with biotinylated probes of human papilloma virus type 16 DNA in frozen tissue sections of squamous cell carcinomas of the cervix. Am J Pathol 131:587–594

Wahl GM, Stern M, Stark GR (1979) Efficient transfer of large fragments from agarose gels to diazobenzyloxymethyl-paper and rapid hybridization by using dextran sulfate. Proc Natl Acad Sci USA 76:3683–3687

Weiss LM, Movahed LA, Warnke RA, Sklar J (1989) Detection of Epstein-Barr viral genomes in Reed-Sternberg cells of Hodgkin's disease. New Engl J Med 320:502–506

Weiss LM, Movahed LA, Berry GJ, Billingham ME (1990) In situ hybridization studies for viral nucleic acids in heart and lung allograft biopsies. AJCP 93:675–679

Wetmur JG, Ruyechan WT, Doulhart RJ (1981) Denaturation and renaturation of Penicillum chrysogenum mycophage double-standed ribonucleic acid in tetraalkylammonium salt solutions. Biochemistry 20:2999–3002

Wimperis JZ, Niemeyer CM, Sieff CA, Mathey-Prevot B, Nathan DG, Arceci RJ (1989) Granulocyte-macrophage colony-stimulating factor and interleukin-3 mRNAs are produced by a small fraction of blood mononuclear cells. Blood 74:1525–1530

Wolf BC, Martin AW, Purdy S et al (1989) The detection of Epstein-Barr virus in hairy cell leukemia cells by filter and in situ-hybridization. Modern Pathology 2:106A

CHRISTINE MANNHALTER

1 Einleitung

Im wesentlichen basiert die molekularmedizinische Diagnostik auf dem Wissen, daß eine Änderung im Aufbau der DNA einer Zelle die in der DNA gespeicherten Erbinformationen verändern kann. Daraus resultierende genetische Defekte, sind entweder angeboren (Erbkrankheit) oder erworben (verschiedene Neoplasien). Im weiteren Sinn ist auch Krebs eine genetische Erkrankung, da eine Zelle eine genetische Veränderung (Mutation), die sie erfährt, an ihre Zellabkömmlinge weitergeben kann. Diese tragen nun ebenfalls die Mutation, können sich klonal entwickeln und eine Neoplasie bilden. Heute kennt man verschiedene Arten von Mutationen wie z. B. Deletionen, Insertionen, Duplikationen, Translokationen, Inversionen, aber auch Punktmutationen, die alle bei Neoplasien zu finden sind.

Manchmal ist es möglich, diese genetischen Veränderungen auf der Chromosomenebene (zytogenetisch) im Mikroskop zu erfassen. Manche der Veränderungen sind jedoch so subtil, daß mit zytogenetischen Untersuchungen eine Erkennung nicht gelingt. Molekularbiologische Techniken, wie Southern Blotting, DNA Sequenzierung, Restriktionsfragment Längenpolymorphismus Analysen, die im folgenden Kapitel genau beschrieben werden sollen, ermöglichen die rasche und sichere Identifikation auch solcher subtiler Mutationen.

Bevor die Methoden besprochen werden, wird kurz zusammengefaßt auf die Grundlagen der Molekularbiologie eingegangen.

2 Allgemeine Grundlagen der Molekularbiologie

Wie bereits erwähnt, findet sich in jeder Zelle einer gegebenen Spezies die Erbinformation in der Desoxyribonukleinsäure (DNA) und den von ihr kopierten Ribonukleinsäuren (RNA).

2.1 Chemischer Aufbau der Nukleinsäuren

Die Nukleinsäuren bestehen aus vier Grundbausteinen, den Nukleotiden. Diese sind aus drei Komponenten aufgebaut:

- einer Stickstoffbase
- einer Phosphatgruppe und
- einer Pentose (5-Kohlenstoffzucker).

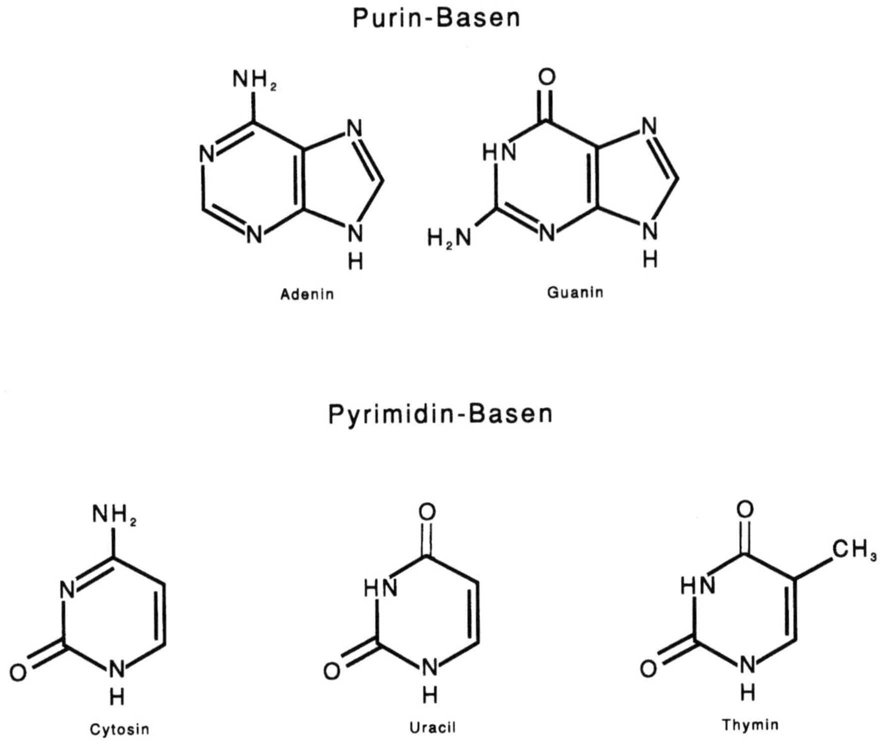

Purin-Basen

Adenin   Guanin

Pyrimidin-Basen

Cytosin   Uracil   Thymin

Abb. 1. Schematische Darstellung der verschiedenen Stickstoffbasen der Desoxy- bzw. der Ribonukleinsäure

Bei den **Stickstoffbasen** unterscheidet man die Purinbasen Adenin (A) und Guanin (G) von den Pyrimidinbasen Cytosin (C), Thymin (T) und Uracil (U) (Abb. 1). A, G, C, und T sind spezifisch für die DNA, in der RNA ist Thymin durch die Base Uracil ersetzt.

Die **Phosphatgruppen** sind einerseits verantwortlich für den saueren Charakter der Nukleinsäuren, andererseits stellen sie das Bindeglied zwischen zwei benachbarten Nukleotiden dar. Die Phosphatgruppe verbindet jeweils das 3. Kohlenstoffatom des einen mit dem 5. Kohlenstoffatom des nachfolgenden Zuckers. Bei der DNA bzw. RNA Synthese dienen die desoxy bzw. die Triphosphate der Nukleotide (dATP, dCTP, dGTP und dTTP für die DNA; ATP, CTP, GTP und UTP für die RNA) als Ausgangsbausteine. Durch Abspaltung von zwei Phosphatresten wird eine Phosphodiesterbindung zwischen zwei Nukleotiden gebildet und die DNA bzw. RNA Stränge vom 5′ zum 3′ Ende hin synthetisiert.

Die **Zuckerreste** bestimmen die Art der Nukleinsäure. Handelt es sich bei dem Zucker um eine Ribose, dann entsteht die Ribonukleinsäure (RNA), im Falle einer Desoxyribose entsteht die Desoxyribonukleinsäure (DNA). Ribonukleinsäuren sind immer aus Einzelsträngen aufgebaut, während Desoxyribonukleinsäuren aus zwei komplementären Strängen bestehen.

2.2 Basenpaarung und Komplementarität

Eine wichtige Grundlage für die in der Folge beschriebenen Techniken bildet die Tatsache, daß die Purin- und Pyrimidinbasen miteinander über Wasserstoffbrücken Paare bilden können. Dabei verbinden sich immer A mit T über zwei und G mit C über drei Wasserstoffbrücken (Abb. 2). A und T bzw. G und C sind komplementär zueinander. Daraus ergibt sich, daß die beiden Stränge der doppelsträngigen DNA zueinander komplementär sind. Dieses Komplementaritätsprinzip schafft die optimale Voraussetzung für die korrekte Verdopplung des genetischen Materials, da jeder Strang als Matrix für die Synthese eines neuen Stranges während der Replikation einer Zelle dienen kann. Außerdem gewährleistet die Ablesung eines DNA Stranges und seine Übersetzung in komplementäre RNA eine korrekte Dekodierung während der Transkription.

Die Fähigkeit der Basenpaarung und die Doppelsträngigkeit der DNA bilden außerdem die Grundlage für die später zu besprechenden Hybridisierungstechniken und die Polymerasekettenreaktion.

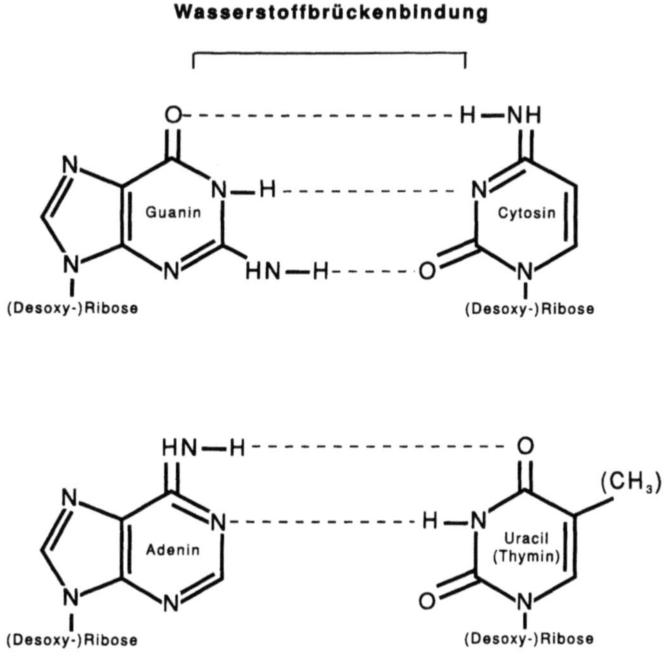

Abb. 2. Darstellung der Wasserstoffbrückenbindungen zwischen den komplementären Basen Adenin und Thymin bzw. Uracil (2 Wasserstoffbrücken) und Guanin und Cytosin (drei Wasserstoffbrücken) der DNA bzw. RNA

2.3 Spaltbarkeit der Nukleinsäuren

Eine wesentliche Voraussetzung für die Entwicklung molekularbiologischer Methoden zum Einsatz in der medizinischen Diagnostik war die Entdeckung der sogenannten

Restriktionsenzyme, enzymatischer Scheren, mit denen die DNA an spezifischen Stellen gespalten werden kann. Diese Enzyme kommen in Bakterien vor, wo sie als Abwehrsystem zum Aufbau von Fremd-DNA (z. B. viralen Ursprungs) fungieren. Sie können aus den Mikroorganismen isoliert werden, und werden meistens mit den drei Anfangsbuchstaben des Organismus, aus dem sie gewonnen wurden, bezeichnet. Die Restriktionsenzyme haben die Fähigkeit, spezifische Nukleotidsequenzen (meist 4 – 6 Basen lang) innerhalb der DNA zu detektieren und zu spalten. Das bedeutet, daß ein bestimmtes Enzym die DNA immer an den gleichen, genau definierten Stellen spaltet, die oftmals sogenannte Palindrome enthalten.

Palindrome sind Sequenzen, die gleich sind wenn man sie von einem Strang von rechts nach links und vom komplementären Strang von links nach rechts abliest z. B.

5′ ACCGGT 3′

3′ TGGCCA 5′

In der Mitte einer solchen Erkennungssequenz gibt es immer eine Symmetrieachse. Innerhalb dieser symmetrischen Sequenz spalten Restriktionsenzyme auf verschiedene Art

— unter Ausbildung „glatter" Enden, z. B.

$$5'GT \mid AC3' \rightarrow GT \quad AC$$
$$3'CA \mid TG5' \quad CA \quad TG$$

— unter Formation sogenannter 5′ oder 3′ „Überhänge" wie in den folgenden Beispielen illustriert

$$5'G \mid AATTC\ 3' \rightarrow G \quad AATTC$$
$$3'C \quad TTAA \mid 5' \quad CTTAA \quad G$$

$$5'CTGCA \mid G\ 3' \rightarrow CTGCA \quad G$$
$$3'G \mid ACGTC\ 5' \quad G \quad ACGTC$$

Ein Enzym, welches z. B. eine Sequenz von 6 Basen erkennt, wird statistisch alle 4^6 bp ≈ 4000 bp schneiden. Andere Enzyme, mit einer Erkennungssequenz von 4 bzw. 8 Basen werden entsprechend häufiger bzw. seltener spalten.

Die Zahl und Größe der Bruchstücke hängt vom Enzym ab. Die Wahl des Enzyms wird von der nachfolgenden Methode bzw. vom Untersuchungsmaterial bestimmt. Selten spaltende Enzyme, die große Fragmente bilden, werden z. B. für die Pulsfeld Gelelektrophorese verwendet. Häufig spaltende Enzyme werden zur Analyse von PCR Produkten eingesetzt.

Die Wahl des Enzymes wird weiters auch von der Nukleinsäuresequenz in der gesuchten Region abhängen. Ein geeignetes Enzym kann z. B. empirisch durch Austestung einer Reihe verschiedener Enzyme oder über Computerprogramme aufgrund vorhandener Vorkenntnisse (Sequenzdaten) gefunden werden.

Mit Hilfe von Restriktionsenzymen können Mutationen (Punktmutationen, Deletionen, Insertionen) in der DNA detektiert werden. Jede Mutation führt zu Änderungen im Spaltungsmuster der Enzyme und zur Entstehung unterschiedlich langer Restriktionsfragmente, die durch geeignete Methoden (Gelelektrophorese, Hybridisierungsverfahren) erfaßt werden können.

2.4 Aufbau der Gene

Als Gene kann man die kleinsten Einheiten der DNA bezeichnen, die Information für eine nachweisbare Funktion oder Struktur einer Zelle tragen. Die beiden Kopien eines Gens bzw. eines anonymen DNA Abschnitts am selben Locus eines homologen Chromosoms werden Allele genannt. Allele, die die „normale" Form aufweisen, werden als Wildtyp Allele bezeichnet zum Unterschied von den veränderten, mutierten Allelen. Von einer Reihe normaler Allele gibt es in einer Bevölkerung häufig viele verschiedene Varianten. Am bekanntesten ist sicher das HLA System.

Aufgrund unterschiedlicher Expressionsmechanismen unterscheidet man drei Gruppen von Genen:

- Protein-kodierende Strukturgene,
- Gene für die ribosomale RNA
- Gene für kleine Ribonukleinsäuren, wie Transfer RNA.

Für klinische Fragen sind zum überwiegenden Teil die Strukturgene interessant. Das haploide menschliche Genom, d. h. die DNA des einfachen Chromosomensatzes enthält in den ca. 3×10^9 Nukleotiden die genetische Information für etwa $5 - 10 \times 10^4$ verschiedene Proteine. Diese Information ist auf etwa 5% der menschlichen DNA untergebracht. Die restlichen 95% kodieren nicht für mRNA, sie enthalten aber wichtige regulatorische Elemente, Anheftungsstellen für das Chromatingerüst, Replikationsursprünge sowie Abschnitte ohne bisher bekannte Funktion. Ein Teil der nicht transkribierten DNA zwischen den Genen setzt sich aus sogenannten repetitiven Sequenzen, das sind DNA Elementen ähnlicher Sequenz, aber unterschiedlicher Länge, zusammen. Sie kommen an verschiedensten Stellen im Genom in bis zu zigtausenfacher Ausfertigung vor. Manche dieser Sequenzen sind speziesspezifisch und können als Gensonden z. B. zum Nachweis der DNA einer Spezies eingesetzt werden.

Die meisten Proteine werden jedoch von Genen kodiert, die im Genom nur einmal vorkommen, sogenannte „single copy" Gene.

Der Großteil der menschlichen Gene besteht aus kodierenden Abschnitten, den **Exons**, die von nichtkodierenden Abschnitten, den **Introns**, unterbrochen werden. Die Länge der Introns variiert von einem Minimum von 50 Nukleotiden bis zu über 200 000 Nukleotiden. Die Länge der Exons ist ebenfalls variabel und reicht im Durchschnitt von nur einigen Basen bis zu einigen tausend Basen. Obwohl die meisten Gene Introns enthalten, sind auch intronlose Gene bekannt (z. B. Interferon α and β). Bei der Transkription der DNA zur mRNA werden im sogenannten **Spleißvorgang** bereits im Zellkern die Intronregionen entfernt und die Exonregionen eines Genes miteinander verbunden. Sie werden als reife mRNA vom Zellkern in das Zytoplasma exportiert. Wesentlich ist, daß die Intronregionen mit höchster Präzision ausgeschnitten werden. Die Stelle an der das Spleißen erfolgen soll, wird durch Signalsequenzen von 5′ Exon/Intron Übergang, am 3′ Ende des Introns und innerhalb des Introns gekennzeichnet. Änderungen (Mutationen) in diesen Signalsequenzen können zu einem fehlerhaften Spleißen und zur Bildung einer inkorrekten mRNA führen. Diese mRNA initiiert nun ihrerseits die Synthese eines fehlerhaften Proteins.

Kurz zusammengefaßt läuft der Weg vom Gen zum Protein folgendermaßen ab: Die DNA dient in allen Zellen als permanenter Speicher der genetischen Information. Während der Transkription wid von der DNA die reife mRNA abgelesen. Von der mRNA erfolgt die Translation zum Protein.

3 Untersuchung von Nukleinsäuren

Dieser Beitrag befaßt sich ausschließlich mit der Beschreibung und Anwendung von Methoden zur Analyse von Nukleinsäuren.

Der erste Schritt, der jeder Nukleinsäureuntersuchung vorangehen muß, ist die Nukleinsäureisolierung aus dem entsprechenden Untersuchungsmaterial. Im humanmedizinischen Bereich werden neben Blutzellen auch Knochenmark, Gewebebiopsien, Haare, foetales Material (im Falle einer Pränataldiagnostik), sowie archiviertes Material in Form von Paraffinpräparaten zur Gewinnung von DNA bzw. RNA herangezogen. Während DNA normalerweise in allen Körperzellen in gleicher Konzentration und Struktur vorliegt, repräsentieren mRNAs die Gesamtheit aller in einer bestimmten Zelle zu einem gegebenen Zeitpunkt exprimierten Gene, die für Proteine kodieren. Die mRNA-Analyse ist deshalb für viele Fragestellungen von besonderem Interesse. Die mRNA-Population einer Zelle, die sich bei Säugetieren aus 10000 bis 30000 verschiedenen RNA-Molekülen zusammensetzt, enthält zum großen Teil mRNA-Spezies, die für universelle Haushaltsproteine kodieren. Zell- und gewebsspezifische mRNA-Moleküle finden sich in weitaus geringerer Menge und sind oft nur schwer zugänglich.

Für Untersuchungen der Erbmasse auf DNA-Ebene kann man jede kernhaltige Zelle zur Gewinnung der DNA heranziehen. Will man jedoch einen DNA-Defekt einer speziellen Zellpopulation oder eines bestimmten Gewebes identifizieren (z. B. in Tumoren), ist es notwendig, diese Zellen zur DNA-Isolierung zu verwenden.

RNA wird generell aus jenen Zellen isoliert, in denen eine Veränderung vermutet wird. Im Falle hämatologischer Erkrankungen werden Blutzellen eingesetzt, bei onkologischen Fragestellungen wird Tumorgewebe verwendet.

Im folgenden Kapitel sollen exemplarisch die Nukleinsäureisolierungstechniken beschrieben werden, die sich gut zur Materialgewinnung von hämatologischen und onkologischen Patienten eignen.

3.1 Isolierung der Nukleinsäuren

3.1.1 DNA-Isolierung

Mit Hilfe der im folgenden exemplarisch beschriebenen Methoden kann chromosomale DNA aus Geweben (z. B. Biopsiematerial, Chorionzotten), aus Zellkulturen (z. B. Amnionzellen), aus isolierten kernhaltigen Blutzellen (mononukleäre Zellen, Granulozyten etc.) sowie aus Vollblut und Knochenmark gewonnen werden.

- Zellysepuffer: 11% Sucrose, 10 mM Tris-HCl, 5 mM $MgCl_2$, 1% Triton X-100, pH 8,0
- Nuklei-Resuspensionspuffer: 75 mM NaCl, 25 mM Na_2EDTA, pH 8,0
- Kan & Dozi Puffer: 10 mM Tris, 1 mM EDTA, 150 mM NaCl, 0,5% SDS, pH 10,5
- Sodium Dodecyl Sulfat (SDS) Lösung: 20% SDS in aqua bidest.
- Proteinase K: 10 mg/ml aqua bidest.
- Phenol: gesättigt mit 0,1 M Tris-HCl, 0,2% β-mercaptoethanol und 0,1% Hydroxychinolin, pH 7,5
- Phenol/Chloroform/Isoamylalkohol: 25 Teile Phenol:24 Teile Chloroform: 1 Teil Isoamylalkohol
- Chloroform/Butanol: 4 Teile Chloroform:1 Teil Butanol
- Ethanol absolut
- TE Puffer: 10 mM Tris-HCl, 1 mM EDTA, pH 8,0

Reagentien

Alle verwendeten Lösungen und Geräte müssen steril sein.

Herstellung von Phenol. Der einfacheren Handhabung wegen wird empfohlen, käuflich erhältliches, bereits puffergesättigtes Phenol (Fa. USB) zu verwenden. Ein Liter dieser Lösung wird mit 1 g Hydroxychinolin versetzt, und mit 1 Liter eines 0,1 M Tris Puffers (pH 8,0) welchem 2 ml β-mercaptoethanol zugegeben wurden vermischt. Nach Einstellung der Phasentrennung werden 2/3 des wäßrigen Pufferüberstandes abgegossen. Das durch das Hydroxychinolin gelb gefärbte Phenol wird in dunklen Flaschen bei 4 °C aufbewahrt, es ist einige Wochen haltbar.

Die Menge des eingesetzten Gewebes richtet sich natürlich nach dem verfügbaren Material. Allerdings ist es notwendig, mindestens 20 mg Gewebe zur DNA-Gewinnung heranzuziehen, wenn ausreichend DNA für einige Southern Blot Analysen gewonnen werden soll.

Isolierung aus Gewebe

- Alle verwendeten Lösungen und Geräte müssen steril sein (durch Autoklavieren oder Sterilfiltrieren zu erreichen).
- Alle Zentrifugationsschritte bei der DNA-Isolierung werden in einer Mikrofuge (z. B. Eppendorf Zentrifuge Type 5415) bei 12 000 rpm durchgeführt.
- Das Gewebe wird mit steriler Kochsalzlösung versetzt (dieser Schritt dient der Entfernung anhaftenden Blutes), in ein vorher gewogenes Eppendorf-Röhrchen überführt und 2 min bei 3000 rpm zentrifugiert. Der Überstand wird vorsichtig vollständig entfernt, und das Eppendorf Röhrchen wird wieder gewogen. Aus der Differenz Vollgewicht – Leergewicht errechnet man das Gewicht des Gewebes. Die weiteren Angaben beziehen sich auf 20 mg Gewebe und müssen für andere Ausgangsmengen entsprechend umgerechnet werden.

- 20 mg Gewebe werden mit 200 µl Kan & Dozi Puffer versetzt, in einen Glashomogenisator (sein Volumen richtet sich nach der Menge des aufzuarbeitenden Gewebes; bei 20 mg wird ein 1 ml Homogenisator verwendet) übergeführt und durch 6- bis 10maliges Auf- und Abbewegen des Pistills homogenisiert. Häufigeres Homogenisieren ist zu vermeiden, da dadurch die DNA durch Scherwirkung mechanisch zerstört werden kann. Bei schwer homogenisierbaren Geweben (z. B. Haut) wird durch mehrstündiges Einwirken des Puffers (z. B. 4 °C über Nacht) eine leichtere Homogenisierbarkeit erreicht

- Nach dem Homogenisieren wird die Probe in ein Eppendorf-Gefäß transferiert und zur Verdauung der Proteine mit 30 – 60 µl Proteinase K versetzt und 1.5 bis 2 Stunden bei 55 °C inkubiert. Danach sollte die Probe eine opaleszierende homogene Lösung sein. Ist dies nicht der Fall, muß noch Proteinase K zugesetzt und weiter inkubiert werden.

- Ist die Probe homogen, werden 200 µl Phenol hinzugefügt. Es wird gut, aber vorsichtig gemischt und zur Trennung der organischen und wäßrigen Phase 2 min bei 12 000 rpm zentrifugiert.

- Der wäßrige Überstand, der die DNA enthält, wird sorgfältig abgehoben, mit 200 µl Phenol/Chloroform/Isoamylalkohol versetzt und gemischt.

- Nach neuerlicher Phasentrennung durch Zentrifugation (2 min) wird der wäßrige Überstand mit 200 µl Chloroform/Butanol extrahiert. Danach wird wieder 2 min zentrifugiert, die wäßrige Phase abgehoben und die darin enthaltene DNA durch Zusatz von 400 µl eisgekühltem absolutem Ethanol unter kreisender Bewegung gefällt. Die fadenförmige DNA wird mit einer Öse aus der Lösung gefischt, mit 75%igem Ethanol gewaschen und in einem Eppendorf-Röhrchen in TE Puffer gelöst (Lösungsvolumen z. B. 50 µl).

  Die Ausbeutebestimmung und die analytische Überprüfung der DNA erfolgt wie unter 3.2.1 beschrieben.

Isolierung aus Blut oder Knochenmark

- Als Ausgangsmaterial dient frisches oder tiefgefrorenes Zitratvollblut (2 – 5 ml) oder Knochenmark (2 – 3 ml, vorzugsweise antikoaguliert mit EDTA).

- Alle Zentrifugationen (außer der ersten) werden in einer Mikrofuge (z. B. Eppendorf Zentrifuge Type 5415) bei 12 000 rpm durchgeführt.

- Das tiefgefrorene Blut wird bei 37 °C im Wasserbad getaut.

- Zu 20 ml Zellysepuffer werden 2 bis 5 ml Blut (je nach Zellzahl) zugesetzt und 15 min im Eisbad inkubiert. Danach wird bei 7500 g, 4 °C, 10 min zentrifugiert (z. B. Sorvall RC 5C Zentrifuge). Da das Pellet oft nicht fest am Boden haftet, muß der Überstand *vorsichtig* abgehoben werden. Dann wird das Pellet mit 600 µl Nuklei-Resuspensionspuffer suspendiert, in ein Eppendorf Röhrchen übergeführt, mit 16 µl 20% SDS und 30 µl Proteinase K versetzt, gut gemischt und 1 – 2 Stunden im Wasserbad bei 55 °C inkubiert.

- Die nachfolgenden Extraktionen mit Phenol, Phenol/Chloroform/Isoamylalkohol und Chloroform/Butanol werden 1- bis 2mal mit je 400 µl (gleiches Volumen wie Probe) wie unter „Isolierung aus Gewebe" beschrieben durchgeführt. Im letzten Schritt wird die DNA durch Zugabe von 600 µl eisgekühltem, absolutem Alkohol gefällt. Dabei wird das Röhrchen mit kreisender Bewegung geschüttelt bis die Lösungen gut gemischt sind. Die ausgefällte DNA wird mit Hilfe einer Öse herausgefischt, mit 75%igem Ethanol gewaschen und in TE Puffer gelöst.

Die mit dieser Methode gewonnene DNA hat in der Regel eine Größe von ca. 50 – 100 kb.

- Das Lösen der DNA erfolgt durch Inkubation in einem Thermoschüttler bei 37 °C (1 – 2 Stunden). Danach wird die DNA bis zur Verwendung bei −20 °C aufbewahrt. Für eine Langzeitlagerung sind −70° empfehlenswert.
- Sollte sich die DNA in TE Puffer schlecht lösen, kann man dazu übergehen, zuerst in aqua bidest zu lösen und danach 1/10 Volumen 10fach konzentrierten TE Puffer zusetzen.
- Nach der Phenolextraktion muß das Abheben des oft sehr viskosen wäßrigen Überstandes vorsichtig, am besten mit einer Transferpipette, erfolgen. Man muß darauf achten, die Interphase nicht zu zerstören, da sich darin die Proteine befinden, die entfernt werden müssen.

Kommentare

3.1.2 RNA-Isolierung

Methodisch ist die RNA-Isolierung aufwendiger und störanfälliger als die DNA-Isolierung. Dies hat mehrere Ursachen. Zunächst ist die RNA besonders Nuklease-empfindlich, vor allem deshalb, weil die Integrität der einzelsträngigen RNA bereits durch eine einzige Hydrolyse einer Phosphodieesterbindung zerstört wird, während ein einzelsträngiger Bruch in der doppelsträngigen DNA durch den intakten gegenüberliegenden Komplementärstrang „geschient" wird. Außerdem sind Ribonukleasen (RNasen) besonders stabile, äußerst schwer zu inaktivierende Enzyme, während DNasen (Desoxyribonukleasen) sehr empfindlich und leicht zu inaktivieren sind. Die Hydrolyse der RNA durch RNasen, die aus jeder Zelle bei deren Zerstörung freigesetzt werden, kann durch besondere Sorgfalt bei der Gewinnung der Zellen und durch tiefe Temperaturen (4 °C bei Blutentnahmen, eventuell Flüssigstickstoff bei Gewebeproben) geringgehalten werden.

Die Isolierung von RNA aus verschiedenen Geweben bzw. aus Blutzellen und Zellkulturen kann anhand sehr verschiedener Methoden erfolgen. Die Wahl der Methode richtet sich nach dem Material aus dem die RNA isoliert werden soll. Eine für viele Fragestellungen einsetzbare Technik ist die **„Guanidinium/Phenol" Methode**, die in ihrer Originalvorschrift zeit- und arbeitsaufwendig war. Eine Modifikation der Methode unter Verwendung kommerzieller Reagentien wird in unserem Labor regelmäßig zur RNA Isolierung aus verschiedensten Ausgangsmaterialien (mononukleäre Zellen, Thrombozyten, verschiedene Gewebe) eingesetzt. Die Methode ist routinetauglich, gibt gute, reproduzierbare Ausbeuten und soll in der Folge vorgestellt werden.

- Mononukleäre Zellen: diese werden über einen Dichtegradienten isoliert (Ficoll Paque, Pharmacia oder Nycoprep, Immuno), gezählt und in Aliquote von 0,5 bis 1×10^7 Zellen aufgeteilt. Zu 1×10^7 Zellen werden 1,6 ml RNAzol zugesetzt und die Zellen werden bei −70 °C bis zur Verwendung aufbewahrt (zum Einfrieren müssen temperatur- und lösungsmittelresistente Kryoröhrchen verwendet werden).
- Gewebeproben werden entweder unmittelbar nach der Gewinnung in Flüssigstickstoff eingefroren und direkt vor Aufarbeitung mit RNAzol versetzt

Materialien

(10 µl/mg Gewebe), oder sofort nach Probengewinnung (Biopsie) mit RNAzol versetzt (10 µl/mg Gewebe) und bis zur Aufarbeitung bei $-70\,°C$ aufbewahrt.

- RNAzol B, Fa. Biotecx: Guanidinthiocyanat, β-mercaptoethanol, Phenol
- Chloroform
- Isopropanol
- Ethanol, 75%
- Diethylpyrocarbonat (DEPC) behandeltes Wasser

Herstellung von DEPC Wasser. Zu 1 l aqua bidest. wird 1 ml DEPC zugesetzt (im Abzug arbeiten). Das Wasser wird in autoklavierbaren Flaschen über Nacht im Wasserbad oder Wärmeschrank inkubiert (dabei werden RNAsen inaktiviert). Am nächsten Tag werden die leicht geöffneten Flaschen 45 min autoklaviert, wobei das flüchtige DEPC ausgetrieben wird.

! **Achtung.** sorgfältiges Autoklavieren ist essentiell, da residuelles DEPC in allen Folgeexperimenten inhibitorisch wirken würde.

Geräte
- Gekühlte Mikrofuge: z. B. Fa. Hettich. Die Zentrifuge muß eine Umdrehungsgeschwindigkeit von 12 000 rpm erreichen.
- Eisbad
- Vortex Mixer
- Vakuumzentrifuge: z. B. Fa. Savant bzw. Fa. Howe

Durchführung
- Das RNAzol-Zellgemisch wird vorsichtig auf Eis aufgetaut und 15 s mit einem Vortex Mixer gemischt. Danach wird 1/10 des Volumens Chloroform zugesetzt, neuerlich am Vortex Mixer gemischt und 5 min im Eisbad bei $4\,°C$ inkubiert. Dann wird in einer gekühlten Mikrofuge ($4\,°C$) 15 min bei 12 000 rpm zentrifugiert.
- Nach der Zentrifugation liegen im Röhrchen drei Phasen vor: die beiden unteren organischen Phasen enthalten DNA und Proteine und werden verworfen, die obere wäßrige Phase enthält die RNA und wird weiterverarbeitet. Sie wird sorgfältig abgehoben, in ein 2 ml Reaktionsgefäß übergeführt und mit einem gleichen Volumen Isopropanol versetzt.
- Nun wird die RNA 15 bis 30 min bei $-20\,°C$ (z. B. in einem Metallblock im Tiefkühlschrank) gefällt und anschließend durch Zentrifugation bei $4\,°C$, 12 000 rpm für 15 min pelletiert. Der Überstand wird vorsichtig, ohne das RNA-Pellet zu verletzen, abgehoben. Das Pellet wird zweimal am Vortex Mixer mit 800 µl 75%igem Ethanol gewaschen und nochmals zentrifugiert (12 000 rpm, $4\,°C$, 8 min).
- Das gewaschene RNA Pellet wird in der Vakuumzentrifuge zur Entfernung des Alkohols getrocknet und anschließend in 50 µl DEPC-Wasser 7 min bei $95\,°C$ gelöst. Die gelöste RNA wird analytisch durch Elektrophorese (siehe unter Polyacrylamid Gelelektrophorese (S. 225)) kontrolliert und bis zur weiteren Verwendung bei $-70\,°C$ aufbewahrt.

3.2 Ausbeutebestimmung und analytische Überprüfung der Nukleinsäuren

3.2.1 Messung der optischen Dichte

Das Verhältnis (Ratio) der optischen Dichte einer Nukleinsäurelösung bei 260 nm zu der gemessen bei 280 nm (OD_{260}/OD_{280}) ist ein Indikator für die Qualität der DNA bzw. RNA. Es soll größer als 1,8 sein.

Aus der OD_{260} kann man außerdem die Konzentration der DNA bzw. der RNA in der Lösung errechnen. Dabei gilt folgende Annahme:

- 50 µg DNA/ml geben eine OD_{260} von 1,0
- 40 µg RNA/ml geben eine OD_{260} von 1,0

Zur Messung von DNA geht man am besten von 25 µl der gelösten DNA aus und setzt diese zu 975 µl aqua bidest. zu. Bei Messung von RNA wird man meistens, um Material zu sparen, nur 5 µl zur Herstellung der Verdünnung verwenden. Nach gründlicher Durchmischung der verdünnten Probe wird die OD bei 260 nm und 280 nm gegen Wasser gemessen. **Durchführung**

Achtung. Bei einer Ratio unter 1,8 sind noch viele Proteine in der Nukleinsäurelösung. Diese kann man durch Nachreinigung entfernen. !

Bei DNA Proben geht man dabei so vor, daß man 20%iges SDS (Endkonzentration in der Probe 0,5%) und Proteinase K (Endkonzentration 0,5 mg/ml) zur DNA Lösung zusetzt, 1 Stunde bei 55 °C inkubiert und jeden der unter Isolierung aus Blut oder Knochenmark beschriebenen Extraktionsschritte nochmals durchführt.

In einer guten DNA Präparation sollte das Verhältnis OD_{260}/OD_{280} zwischen 1,7 und 2,0 liegen. Eine schlechte Qualität der DNA kann man durch Fällung mit Ethanol in Gegenwart von Na-Azetat (1/10 Volumen 3 M NaOAc, pH 5,2, 2,5faches Volumen Ethanol) verbessern.

Jede Nachreinigung geht auf Kosten der Ausbeute. Daher sollte es immer das oberste Ziel sein, im ersten Reinigungschritt möglichst sorgfältig zu arbeiten. !

3.2.2 Gelelektrophoresen

Für die Elektrophorese von Nukleinsäuren werden Agarose- und Polyacrylamidgelsysteme unter nativen oder denaturierenden Berdingungen verwendet. Beide Gelarten eignen sich gut zur Analyse von Nukleinsäuren, alledings zeichnen sich Polyacrylamidgele gegenüber Agarosegelen durch ein höheres Auflösungsvermögen aus. Für präparative Methoden ist es einfacher, Agarosegele einzusetzen, da die Elution der DNA aus Agarosegelen leichter durchführbar ist. Agarosegele erlauben auch eine Analyse viel größerer DNA-Fragmente.

Zwischen DNA und RNA Elektrophoreseverfahren gibt es keine grundsätzlichen Unterschiede.

Unter den generell angewandten Elektrophoresebedingungen (pH 8,0) sind die Nukleinsäuren negativ geladen und wandern von der Kathode zur Anode. Die zurückgelegte Wanderungsdistanz hängt weitgehend von der Moleküllänge ab. Um eine

Tabelle 1. Trennbereiche für lineare DNA-Fragmente in Agarosegelen

Agarosekonzentration (%)	Fragmentlänge (kb)
0,3	5 – 60
0,6	1 – 20
0,8	0,6 – 8
0,9	0,5 – 7
1,2	0,4 – 6
2	0,1 – 2

Größenbestimmung der Nukleinsäurefragmente vornehmen zu können, ist es erforderlich, DNA Längenstandards auf dem Elektrophoresegel mitlaufen zu lassen. Es gibt eine Reihe von Standards, die unterschiedliche Größenbereiche umspannen. Für Agarosegele eignet sich z. B. ein Hind III Digest des λ Phagen (Größenbereich von 125 bp bis 23 Kbp), für Polyacrylamidgele kann ein Msp I Digest von pBR 322 (Größenbereich von 15 bp bis 622 bp) eingesetzt werden.

Agarosegelelektrophorese. Agarosegelsysteme werden zur Trennung und Analyse helikaler DNA, von linearen DNA-Fragmenten und von RNA verwendet. Durch Variation der Agarosekonzentration können lineare DNA-Fragmente der Größe von 0,1 kb bis 60 kb separiert werden. Tabelle 1 gibt eine Übersicht über die, für bestimmte Trennbereiche optimale Agarosekonzentration.

Die Agarose Gelelektrophoresen werden in horizontalen Flachbettkammern unter Verwendung entsprechender Apparaturen durchgeführt. Doppelsträngige und Plasmid DNA werden in nativen Agarosegelen analysiert. Für die Analyse einzelsträngiger DNA und RNA werden denaturierende Agarosegele eingesetzt.

Untersuchung genomischer DNA. Die elektrophoretische Untersuchung der DNA dient der Überprüfung ihrer Integrität. Degradierte DNA (Einwirkung von Nukleasen, mechanische Spaltung durch Scherwirkung) ist für eine Reihe von Untersuchungen (z. B. Southern Blot) ungeeignet und muß vor Verwendung analytisch überprüft werden. Die beste Methode dafür ist eine Elektrophorese in einem 0,7 – 1 %igen Agarosegel.

Reagentien

- Agarose gelöst in Elektrophoresepuffer
- Elektrophoresepuffer: TBE-Puffer pH 8,0: 12,11 g Tris, 5,56 g Borsäure, 0,37 g Dinatrium-EDTA. 2H$_2$O werden mit Wasser auf 1 l aufgefüllt. Der Puffer wird meistens als 10× Stammlösung hergestellt, und vor Verwendung 1 : 10 verdünnt. TBE Pufferkonzentrate sind mittlerweile auch von verschiedenen Firmen käuflich erhältlich, was die Anwendung in der Routine vereinfacht.
- Probenauftragspuffer: 25 mg Bromphenolblau in 10 ml 50% Glycerin
- Ethidiumbromid: Stammlösung 10 mg/ml

Durchführung

Die herzustellende Menge der Agaroselösung richtet sich nach der Gelkammergröße, die Konzentration richtet sich nach der Länge der zu fraktionierenden Fragmente. *Herstellung des Gels* (die Angaben beziehen sich auf 100 ml Gel):

- 0,8 g Agarose (DNA Qualität) werden in 100 ml 1× TBE Puffer suspendiert und durch Kochen (Mikrowellenherd, Heizplatte) in Lösung gebracht. Nach Abkühlen des Gels auf 56 °C werden 10 µl Ethidiumbromid zugesetzt und das Gel wird gegossen.
- Eine Probetaschen-Schablone wird in das flüssige Gel eingesetzt. Nach dem Erstarren wird das Gel in die DNA Elektrophoresekammer transferiert und mit Puffer überschichtet.
- Danach wird die Schablone entfernt und die mit Auftragspuffer versetzten Proben werden unterschichtend in die Probetaschen einpipettiert.
  Probenvorbereitung. Zu einem entsprechenden Aliquot der zu untersuchenden DNA Probe werden 1/3 bis 1/5 Volumen Auftragspuffer zugesetzt, und die Probe wird auf das Gel aufgetragen.

Elektrophoresebedingungen. Das Gel wird mit konstanter Spannung von ca. 90 Volt etwa 45 min bei Zimmertemperatur laufen gelassen. Die Spannung soll 100 V auf keinen Fall überschreiten, da die DNA sonst zum Start hin schmiert.

Nach der Elektrophorese wird die DNA auf einem UV Transilluminator bei 302 nm durch das in die DNA eingebaute Ethidiumbromid (der Fluoreszenzfarbstoff bindet sich in die DNA Doppelhelix und ermöglicht nach Anregung im UV Licht bei 302 nm die Sichtbarmachung der DNA) dargestellt und fotografiert (Abb. 3). Mittels Ethidiumbromidfärbung können Mengen von etwa 100 ng chromosomaler DNA sichtbar gemacht werden.

Auf Agarosegelen wandert intakte DNA als eine Bande, im Gegensatz dazu schmiert degradierte DNA über die gesamte Auftragsspur.   **Bewertung**

Untersuchung von RNA. Analog zur DNA kann man RNA entsprechend ihrer Größe fraktionieren, indem man sie in denaturierenden Agarosegelen elektrophoretisch wandern läßt. Verschiedene denaturierende Gelsysteme wurden beschrieben. Wir verwenden in unserem Labor Formaldehydgele, die sich sehr gut zur Analyse der RNA eignen.

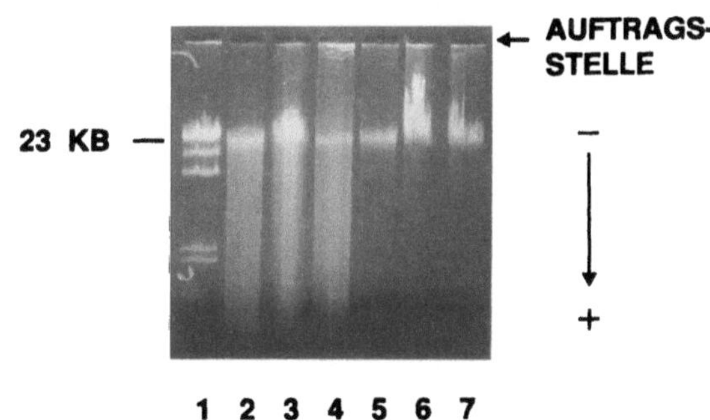

Abb. 3. Darstellung einer elektrophoretischen Separation humaner genomischer DNA auf einem 0,8%igen Agarosegel nach Ethidiumbromidfärbung. Die Probenauftragsstelle und die Wanderrichtung am Gel sind gekennzeichnet. Bahnen 5−7: hochmolekulare humane DNA: Bahn 5: 1 µg Bahn 6: 5 µg Bahn 7: 2 µg. Bahnen 2−4: unterschiedliche Mengen teilweise degradierter DNA. Bahn 1: λ Hind III DNA Marker

Reagentien

- 5×MOPS (pH 7,0): 20,6 g MOPS (3-[N-Morpholino]-propansulfonsäure, 5,44 g Natriumacetat, 10 ml 0,5 M EDTA (pH 8,0), ad 1 Liter mit DEPC-Wasser
- Gelauftragspuffer:
  5×MOPS   400 µl
  37% Formaldehyd   700 µl
  Formamid   2000 µl
  BPHB-Glycerin   400 µl
- BPHB-Glycerin: 25 mg Bromphenolblau in 10 ml 50% Glycerin
- Ethidiumbromidverdünnung: konzentriertes Ethidiumbromid (10 mg/ml) wird mit DEPC-Wasser 1:150 verdünnt
- RNase freie Agarose
- 1% SDS in aqua bidest.
- RNA Standard (0,4 µg/µl, z. B. Boehringer Mannheim).

Durchführung

!

Wie bereits erwähnt ist RNA sehr empfindlich und wird durch RNase leicht zerstört. Um dies zu verhindern, müssen alle für die Elektrophorese verwendeten Gegenstände (Elektrophoresekammern, Probenauftragskämme, Erlenmeyerkolben, Mensuren) zur Inaktivierung der RNasen mit 1% SDS behandelt und danach gründlich mit DEPC Wasser gespült werden.

Das für RNA Elektrophorese verwendete **1%ige Agarosegel** wird folgendermaßen hergestellt (die Angaben beziehen sich auf 100 ml Gel und müssen für die jeweils benötigte Gelmenge entsprechend umgerechnet werden):

- 1 g Agarose wird in 62 ml DEPC-Wasser suspendiert und durch Kochen gelöst (Mikrowellenherd, Heizplatte). Zu dem auf 56 °C gekühlten Gel werden 20 ml 5×MOPS und 18 ml Formaldehyd zugesetzt. Nach gründlichem Mischen wir das Gel gegossen, die Probetaschen-Schablone in das flüssige Gel eingesetzt und das Gel erstarren gelassen. Das Gel wird in die Elektrophoresekammer transferiert, die Proben werden in die Auftragstaschen unterschichtend einpipettiert und die Elektrophorese wird gestartet.

Probenvorbereitung. Je 3 µl der zu kontrollierenden RNA Probe werden mit 5 µl Gelauftragspuffer gemischt, 15 min bei 65 °C behandelt und nach raschem Abkühlen auf Eis und Zusatz von 2 µl Ethidiumbromidlösung auf das Gel aufgetragen.

Elektrophorese. Laufpuffer: 1×MOPS; Laufbedingungen: konstante Spannung von ca. 100 Volt; Laufzeit: ca. 30 min (die BPHB Bande soll etwa 3 cm gewandert sein).

Nach abgeschlossenem Lauf wird die RNA durch das eingebaute Ethidiumbromid auf einem UV Transilluminator sichtbar gemacht und fotografiert (Abb. 4).

Bewertung

Intakte zelluläre RNA wandert in Form von drei Banden, wovon sich die 28 S/26 S bzw. 18 S/16 S Bande deutlich darstellen lassen. Bei degradierten RNA Proben sind die drei Banden nicht mehr eindeutig diskriminierbar.

Durch Vergleich mit RNA-Mengenstandards kann neben der Größe auch die Konzentration der RNA in den unbekannten Proben abgeschätzt werden.

Polyacrylamidgelelektrophorese. Wie aus Tabelle 1 ersichtlich, eignen sich Agarosegele nicht sehr gut zur Auftrennung kleiner DNA Fragmente (unter 1000 bp). Zur

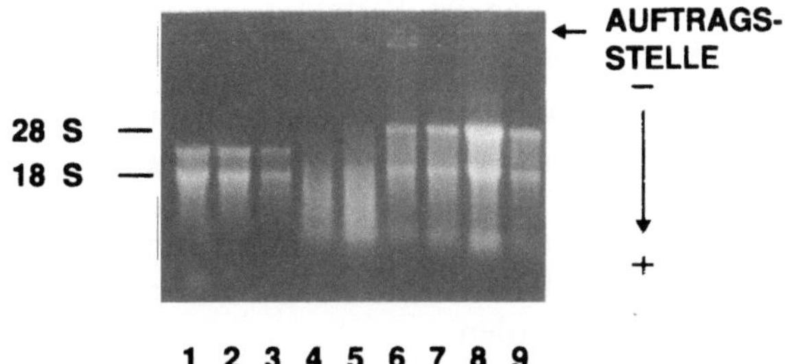

Abb. 4. Elektrophoretische Überprüfung humaner Gesamt-RNA isoliert nach der RNazol B Methode. Die RNA wurde nach dem Denaturieren auf einem Formaldehydgel getrennt und durch Einbau von Ethidiumbromid sichtbar gemacht. Die Probenauftragsstelle, die Wanderrichtung und die prominenten Banden für die 28 S und die 18 S rRNA sind gekennzeichnet. Bahnen 1–3: 23 S und 16 S E. coli RNA: Pos. 1: 2 µg, Pos. 2: 1,2 µg, Pos. 3: 0,4 µg RNA. Bahnen 6–9: unterschiedliche Mengen humaner RNA aus mononukleären Zellen (MNC). Bahnen 4 und 5: leicht degradierte humane RNA, isoliert aus MNCs, die aus ungekühltem Zitratblut gewonnen wurden (das Ergebnis dokumentiert deutlich die Bedeutung der Kühllagerung unmittelbar nach der Blutabnahme bis zur Zellisolierung im Labor)

Tabelle 2. Optimale Trennbereiche für DNA Fragmente in Polyacrylamidgelen

Acrylamid Konzentration % (w/v)	Fragmentlänge (bp)
3,5	300 – 2000
5,0	80 – 500
8,0	60 – 400
12,0	40 – 200

Untersuchung solcher Fragmente (kleine PCR Produkte sehr ähnlicher Länge, Oligonukleotide), bietet sich die hochauflösende Polyacrylamidgelelektrophorese an. Ebenso wie bei den Agarosegelen kann durch Variation der Acrylamidkonzentration der Trennbereich für die unterschiedlichen Fragmentlängen optimiert werden (Tabelle 2). Die Elektrophorese in Polyacrylamidgelen erfolgt in der Regel in vertikaler Richtung, wobei die Anode am Boden der Gelkammer angebracht ist.

Die Herstellung von Polyacrylamiden ist aufwendiger als die von Agarosegelen. Polyacrylamide müssen zwischen zwei Glasplatten, die durch einen Abstandhalter, der die Geldicke bestimmt, getrennt sind, gegossen werden. Die Polyacrylamidlösung muß unter Luftabschluß durch Zugabe eines Katalysators zur Polymerisation gebracht werden. Erst die luftblasenfrei polymerisierten Gele sind verwendbar. Das aufwendige Herstellungsverfahren der Gele sowie die Toxizität des Acrylamids hat dazu geführt, daß die Polyacrylamidgelelektrophorese nur selten zur Analyse von DNA Fragmenten eingesetzt wird.

Das viel höhere Auflösungsvermögen, die größere Auftragskapazität und die tiefere Nachweisgrenze machen die Untersuchung für gewisse Fragestellungen (z. B. Single Strand Conformation Polymorphism, Analyse von VNTR [„variable number of tandem repeats"] Regionen) jedoch unerläßlich. Daher soll im nächsten Kapitel ein gängiges Verfahren zur Herstellung von **nichtdenaturierenden Polyacrylamid-gelen** (zur Analyse doppelsträngiger DNA) besprochen werden.

Reagentien
- Acrylamid-Bis Stammlösung: 29 g Acrylamid und 1 g N,N′ methylenbisacrylamid einwiegen und mit destilliertem Wasser auf 100 ml auffüllen
- 1× TBE Puffer: siehe Agarosegelelektrophorese (S. 226)
- 10% Ammonium Persulfat: 1 g Ammonpersulfat mit destilliertem Wasser auf 10 ml auffüllen. Bei 4 °C lagern. Die Lösung sollte 1× pro Woche frisch bereitet werden
- TEMED: N,N,N′,N′-tetramethylenediamin

Geräte
Vertikale Elektrophoreseapparatur mit Zubehör: z. B. Fa. Hoefer
Power Supply: z. B. Pharmacia Modell EPS 500/400

Durchführung
- Zunächst müssen zwei Glasplatten, die durch zwei Abstandhalter getrennt sind, zu einem Sandwich zusammengebaut werden. Am besten folgt man dazu genau den Anleitungen des Herstellers der verwendeten Elektrophoreseapparatur. Die Glasplatten und Abstandhalter müssen zwischen jeder Verwendung sorgfältig gereinigt werden.
- Dann wird die erforderliche Menge (s. Tabelle 3) der Gellösung (die Zusammensetzung und der Acrylamidgehalt der Gellösung richtet sich nach der Größe der zu trennenden DNA Fragmente. Richtwerte für die Wahl eines geeigneten Gels finden sich in Tabelle 2) eventuell in einer Saugflasche entgast (das Entgasen ist nicht obligatorisch).
- Nach Zusatz von Ammonpersulfat und Temed wird die Gellösung luftblasenfrei zwischen die vorbereiteten, gut gesäuberten Glasplatten gegossen. Sofort danach wird die Probetaschenschablone eingesteckt und das Gel bei Zimmertemperatur 1–2 Stunden polymerisieren gelassen. Wenn die Polymerisation abgeschlossen ist (erkennbar an der Schlierenbildung unterhalb des Probenkammes) wird die Schablone sorgfältig aus dem Gel gezogen und die Probetaschen mit 1× TBE Puffer ausgespült.
- Nach dem Transfer des Geles in die Elektrophoresekammer werden die Gele mit dem Laufpuffer (1× TBE Puffer) überschichtet, danach können die Proben aufgetragen werden.
    Probenvorbereitung:
- Zu der DNA Probe werden 1/3 bis 1/5 Volumen Probenauftragspuffer (BPHB-Glycerin, siehe Agarose Gelelektrophorese) zugemischt und die Proben werden

Tabelle 3. Gelzusammensetzung für Gele unterschiedlicher Acrylamidkonzentration

Gelzusammensetzung (ml)	Acrylamidkonzentration		
	5%	8%	10%
10× TBE Puffer	10,0	10,0	10,0
30% Acrylamid	16,7	26,4	33,4
10% Ammoniumpersulfat	0,5	0,5	0,5
TEMED	0,04	0,04	0,04
Wasser	72,75	63,05	56,05

unterschichtend unter Benützung einer lang ausgezogenen Pipettenspitze (Gilson Pipetman Pipette) auf das Gel aufgetragen.

Elektrophoresebedingungen. Die Elektrophorese wird mit ca. 5 V/cm konstanter Spannung bzw. 1,5 mA/cm konstanter Stromstärke durchgeführt.

Laufzeit: bis der Farbmarker Bromphenolblau das Gel bis 1 cm vor dem unteren Rand durchlaufen hat. In der Regel wird die Laufzeit, je nach Länge des Gels 1–4 Stunden betragen.

Nach Beendigung des Laufs wird das Gel aus der Elektrophoresekammer genommen, die beiden Platten werden vorsichtig, ohne das Gel zu verletzen, getrennt. Das Gel wird abgehoben und in einer Schale mit Ethidiumbromid angefärbt.

Färbelösung: 200 µl Ethidiumbromid (10 mg/ml) mit 200 ml Wasser vermischen. Das Gel wird 10 Minuten gefärbt, kurz mit Wasser abgespült und auf einem Transilluminator, wie unter Agarosegelelektrophorese beschrieben, betrachtet und fotografiert.

Neuerdings sind vorgegossene Polyacrylamidgele in verschiedenen Konzentrationen (6%, 10%, 4–20%) im Handel erhältlich (Fa. Novex).

Verwendung von Fertiggelen

Die Verfügbarkeit von Fertiggelen erleichtert die Anwendung der Polyacrylamid Gelelektrophorese beträchtlich, da man sich das aufwendige Gelgießen erspart. Wir verwenden in unserem Labor zur Analyse kleiner PCR Fragmente routinemäßig diese Fertiggele, da die Nachweisgrenze und das Auflösungsvermögen gegenüber Agarosegelen besser ist.

Die Gele besitzen 10 Probetaschen mit einem Fassungsvolumen von 25 µl. Die einzeln verpackten, sofort verwendbaren Gele werden, wie vom Hersteller empfohlen eingesetzt. Die Gele werden in der passenden Gelkammer (Fa. Novex) montiert und mit 1× TBE Puffer überschichtet. Die mit dem Probenauftragspuffer gemischten Proben werden durch Unterschichten auf das Gel aufgetragen und der Elektrophorese unterworfen. Elektrophoresebedingungen: bei etwa 100 V konstanter Spannung dauert ein Lauf ca. 1 Stunde.

Das Auseinandernehmen des Gelsandwiches erfolgt mit Hilfe einer breiten Spatel (Zubehör zur Elektrophoresekammer). Die Gele werden danach wie oben beschrieben mit Ethidiumbromid gefärbt und fotografiert.

Pulsfeld Gelelektrophorese. In den vorangehenden Abschnitten wurden Methoden zur Untersuchung von DNA-Segmenten bis zu etwa 50 kb (Agarose Gelelektrophorese) bzw. zur Analyse kleiner DNA-Segmente von einigen 100 Basenpaaren Länge (Polyacrylamid Gelelektrophorese) besprochen. Für manche Fragestellungen ist es jedoch erforderlich DNA-Regionen einer Größe von etwa 20 Kilobasen bis zu 2000 Kilobasen zu untersuchen. Für derartige Anwendungen ist es nötig, eine spezielle Technik einzusetzen. Es ist bekannt, daß DNA-Moleküle einer bestimmten Größe (>100 kb) in einem Agarosegel alle mit der selben Geschwindigkeit wandern und normalerweise nicht zu trennen sind. Erst die Entwicklung der Pulsfeld-Gelelektrophorese schaffte die Voraussetzung zur Auftrennung derart großer DNA-Moleküle.

Das Prinzip der Methode beruht darauf, daß an ein Gel pulsierende, alternierende orthogonale elektrische Felder angelegt werden. Unter diesen Bedingungen wandern

Prinzip

auch sehr große DNA Moleküle entsprechend ihrer Größe und können fraktioniert werden.

Die Methode wird eingebettet in ein Verfahren ähnlich dem Southern Blot verwendet. Chromosomale DNA wird isoliert und einem Verdau durch spezielle, sehr selten schneidende Restriktionsenzyme unterworfen, um große DNA Fragmente zu erhalten. Die entstehenden Bruchstücke werden mittels Pulsfeld Gelelektrophorese getrennt, auf eine Blotmembran übertragen und mit der geeigneten Gensonde hybridisiert.

Der wesentliche Unterschied zum Southern Blotting besteht in den verwendeten Restriktionsenzymen und in der Gelelektrophoresetechnik.

Da die Pulsfeld Gelelektrophorese vor allem sehr speziellen Fragestellungen dient, und heute in der Diagnostik nur selten zum Einsatz kommt, wird sie hier nicht weiter besprochen.

3.3 Blotverfahren

Alle Blotverfahren dienen der Übertragung und Bindung von DNA oder RNA auf mechanisch stabile Membranen, auf denen die Detektion der interessierenden Nukleinsäureabschnitte erfolgt. Den selektiven Nachweis spezifischer DNA bzw. RNA Sequenzen ermöglichen Hybridisierungsverfahren, auf die unter Punkt 3.4 näher eingegangen wird.

3.3.1 Dot oder Slot Blot

Die Methode, die dem Nachweis gesuchter DNA oder RNA Sequenzen in einem Probenmaterial dient, wird heute häufig in Kombination mit der Polymerasekettenreaktion (PCR) verwendet.

Prinzip Bei dieser, auch als Filterhybridisierungstechnik bezeichneten Methode werden gereinigte, isolierte Nukleinsäureproben (DNA oder RNA) an ein Filter gebunden, daran fixiert und, wie unter 3.4 beschrieben, mit einer markierten Sonde hybridisiert. Der Slot bzw. Dot Blot liefert schnelle und oft quantifizierbare Ergebnisse.

Die Bindung der Probe erfolgt meistens mit Hilfe einer Vakuumblotapparatur, die vorgeformte punkt- oder schlitzförmige Öffnungen für jede Probe hat. Dies ermöglicht ein schnelles gleichmäßiges Auftragen der Proben. Detaillierte Vorschriften liefern die Hersteller der Apparaturen.

Materialien
- Probenmaterial: DNA oder RNA (10 ng bis 10 µg in 5 – 10 µl TE Puffer)
- Denaturierlösung: 1,5 M NaCl und 0,5 M NaOH
- Neutralisierlösung: 1,5 M NaCl, 0,5 M Tris/HCl (pH 7,2) und 1 mM EDTA (pH 8,0)
- Whatman 3 MM Filterpapier
- Nitrozellulose oder Nylonmembran
- Wärmeschrank oder UV-Transilluminator

- Die zu analysierende Probe wird denaturiert (z. B. 5 min bei 95 °C erhitzen und danach sofort in Eis kühlen).
- Die gewünschte Probemenge wird mit Hilfe der Vakuumapparatur auf die Blotmembran aufgebracht.
- Die Membran wird danach 1 min mit Denaturierlösung und anschließend 1 min mit Neutralisierlösung behandelt.
- Dann wird die getrocknete Membran fixiert (abhängig von der Membran wird UV oder Hitzefixierung – z. B. 30 Minuten Backen des Blots bei 80 °C – verwendet).
- Das fixierte Filter wird mit der geeigneten Gensonde, die komplementär zur gesuchten Probensequenz sein muß, hybridisiert. Eine Beschreibung des Hybridisierungsvorganges, sowie Hybridisierungsprotokolle folgen unter Punkt 3.4.2.

Durchführung

3.3.2 Southern Blot

Bei dieser nach ihrem Erfinder, E. Southern, benannten Technik, werden DNA Fragmente, die entweder durch Verdau mit Restriktionsenzymen oder mit Hilfe der Polymerasekettenreaktion (PCR) (eine genaue Beschreibung der Methode folgt unter Punkt 3.5) gebildet wurden, zunächst nach ihrem Molekulargewicht in Agarosegelen elektrophoretisch aufgetrennt. Nach Anfärbung des Gels mit Ethidiumbromid beginnt das eigentliche Southern Blotting.

Prinzip

Die im Gel befindliche DNA wird durch Behandlung mit Natronlauge einzelsträngig gemacht, und danach durch Vakuum oder kapillare Saugwirkung als exakte Replika auf eine geeignete, chemisch stabile Filtermembran (Nitrozellulose, Nylon) übertragen. Im nächsten, wesentlichsten Schritt des Southern Blottings, erfolgt die Detektion des gesuchten DNA Abschnitts auf der Filtermembran durch Hybridisierung mit einer markierten (Radioaktivität, Fluoreszenz, Chemiluminiszenz) Nukleinsäure Sonde (häufig auch als „probe" bezeichnet).

Die Southern Blot Analyse ist prinzipiell ein qualitatives Verfahren, kann jedoch durch spezielle Modifikation auch für semiquantitative Auswertungen eingesetzt werden. Mit der Southern Blot Analyse lassen sich Restriktionsfragmente bestimmter Größe feststellen, die mit dem Restriktionsenzym X entstehen und zu einer Sonde Y komplementär sind.

Das Ergebnis einer Southern Blot Analyse hängt vom verwendeten Restriktionsenzym und der Gensonde ab.

Restriktionsenzymverdau und elektrophoretische Trennung der DNA Fragmente.
Restriktionsenzyme, die wie in der Einführung beschrieben, zu den wichtigsten Werkzeugen der Molekularbiologie gehören, spalten die DNA immer an den gleichen spezifischen Sequenzen. Daher kommt es beim Verdau genomischer DNA mit einem bestimmten Enzym zur Bildung einer Anzahl von genau definierten Bruchstücken. Alle Restriktionsenzyme haben genau definierte Temperatur, pH und Salzkonzentrationsoptima, unter denen sie optimale Aktivität entwickeln. Trotzdem empfehlen unterschiedliche Hersteller oft unterschiedliche Verdaubedingungen. Der Grund dafür liegt vor allem darin, daß die meisten Hersteller ihre Verdaubedingungen genau auf ihre Enzympräparationen abgestimmt haben. Es empfiehlt sich daher,

den Instruktionen des jeweiligen Produzenten zu folgen und die empfohlenen Reagentien zu verwenden, vor allem, da die meisten Firmen die Enzyme heute mit beigepackten Puffern liefern.

Wenn es notwendig ist, DNA mit zwei Enzymen zu spalten, dann können diese, wenn sie dieselben Pufferbedingungen brauchen, gleichzeitig zugesetzt werden. Wenn die Enzyme unterschiedliche Bedürfnisse haben, dann sind zwei Vorgangsweisen möglich:

- Man verdaut zuerst mit dem Enzym, welches bei niedriger Salzkonzentration am besten funktioniert und setzt dann Salz zu, um die Bedingungen für das zweite Enzym zu optimieren.
- Man verwendet einen Puffer, in dem beide Enzyme akzeptabel funktionieren. Die Pufferbedingungen und Temperaturoptima für die einzelnen Enzyme kann man den Pufferkarten der einzelnen Hersteller entnehmen.

Im folgenden Abschnitt werden die nötigen Reagentien und die Durchführung einer typischen Enzymspaltung für 8–10 µg DNA beschrieben. Sollen größere Ansätze durchgeführt werden, dann müssen die Reaktionsvolumina entsprechend erhöht werden.

Materialien
- Restriktionsenzyme (4–6 Units/µg genomischer DNA)
- Spezifischer Enzympuffer
- genomische DNA (8–10 µg/Ansatz)
- bidestilliertes Wasser

! Alle Reagentien, Pipettenspitzen und Reaktionsgefäße müssen steril sein (durch Sterilfiltrieren oder Autoklavieren).

Geräte
- Thermoblock oder Wasserbad
- Mikrofuge
- Eisbad oder Kühlblock

Durchführung Für den Verdau der DNA werden zu 8–10 µg genomischer DNA 40–60 Units Enzym zugemischt. In Gegenwart des für das jeweilige Enzym optimalen Puffers wird bei der entsprechenden Temperatur (für viele Enzyme 37 °C) inkubiert. Das Volumen eines Ansatzes beträgt meistens 40 µl, ist aber natürlich variabel.

! Es ist ganz wesentlich, daß für jeden Verdauansatz eine neue sterile Pipettenspitze verwendet wird, und die Digests in sterilen Eppendorfgefäßen angesetzt werden. Jeder Kontakt mit einer unspezifischen Nuklease muß vermieden werden.

- Ein praktisches Beispiel eines Verdauansatzes für das Enzym **Bam HI** sieht z. B. folgendermaßen aus:
  4 µl Puffer (Puffer B, Boehringer Mannheim)
  20 µl DNA Lösung (ca. 8–10 µg)
  1 µl Enzym (conc. Bam HI, 60 U/µl, Boehringer Mannheim)
  15 µl aqua bidest

Alle Komponenten werden in einem Reaktionsgefäß gemischt, kurz abzentrifugiert (10000 rpm, 5 Sekunden) und bei der erforderlichen Temperatur (37 °C) über Nacht inkubiert (Wasserbad, Thermoblock).

Bei der Vorbereitung der Verdauansätze muß darauf geachtet werden, daß die Restriktionsenzyme immer bei $-20\,°C$ gehalten werden. Dies kann man durch Aufbewahrung in sogenannten „Bench Top Coolern" (Stratagene) gewährleisten. Die Enzyme sind aufgrund ihres Glyceringehalts auch bei $-20\,°C$ flüssig und pipettierbar. Das Volumen des zugesetzten Enzyms soll 1/10 des gesamten Ansatzvolumens nicht übersteigen, da sonst die Enzymaktivität durch eine zu hohe Glycerinkonzentration gehemmt wird. **!**

Werden gleichzeitig mehrere gleichartige Verdaue angesetzt, was normalerweise der Fall sein wird, so ist es empfehlenswert, sich einen „Mastermix", bestehend aus Puffer, Enzym und Wasser vorzubereiten, und diesen anteilsmäßig in Eppendorf Reaktionsgefäßen vorzulegen (das Volumen des „Mastermix" pro Ansatz beträgt normalerweise 20 μl). Dazu werden die DNA Proben unter Verwendung je einer neuen sterilen Pipettenspitze zugegeben. Nach kurzem Mixen am Vortex Mischer werden die Ansätze über Nacht inkubiert.

Wenn die verdaute DNA einer Southern Blot Analyse zugeführt werden soll, ist es erforderlich, vor der eigentlichen elektrophoretischen Auftrennung die Vollständigkeit des Enzymverdaus zu überprüfen. Dieser wesentliche Schritt erfolgt elektrophoretisch in einem Agarosegel. Eine genaue Beschreibung der für die Herstellung des Agarosegels notwendigen Reagentien, die Pufferzusammensetzung sowie die Gelzubereitung findet sich auf S. 226. Auf das fertige 0,8%ige Agarosegel trägt man ein 2 μl Aliquot des Verdauansatzes, welches mit 2 μl Probenauftragspuffer gemischt wurde, unterschichtend auf. Die elektrophoretische Auftrennung erfolgt bei ca. 90 Volt und Zimmertemperatur über eine Laufzeit von 45 min. Das Gel wird auf einem UV Transilluminator bei 302 nm betrachtet und das Ergebnis fotografisch festgehalten. **Kontrolle der Vollständigkeit des Verdaus**

Anmerkung: das Kontrollgel muß zeigen, daß die eingesetzte genomische DNA in allen Ansätzen komplett verdaut wurde. Dies ist erkennbar an einer über die gesamte Wanderstrecke schmierenden mit Ethidiumbromid gefärbten DNA. Der Schmier wird durch das Vorhandensein einer Vielzahl unterschiedlich großer DNA-Fragmente gebildet, die aus der genomischen DNA durch Enzymspaltung entstanden sind. Auf dem Gel dürfen keine residuellen großen DNA-Fragmente sichtbar sein. Ein kompletter Verdau ist eine **essentielle** Voraussetzung für jede Southern Blot Analyse. **!**

Durch einen inkompletten Verdau entstehen inkorrekte Restriktionsfragmente, die eine Interpretation der Ergebnisse am Southern Blot extrem schwierig bzw. unmöglich machen!

Erst wenn der vollständige Verdau garantiert ist, kann zur eigentlichen elektrophoretischen Auftrennung geschritten werden.

Wenn das Kontrollgel einen **unvollständigen Verdau** aufgrund einer zu hohen DNA Konzentration in der Probe annehmen läßt, kann man „Nachverdauen". Am besten geht man dabei so vor, daß man aus der teilverdauten Probe einen Anteil entnimmt, durch Wasser und Puffer ersetzt, frisches Enzym zugibt und nochmals mindestens 2 Stunden bei der entsprechenden Temperatur verdaut. Läßt sich der inkomplette Verdau nicht durch eine zu hohe Konzentration erklären, muß ein neuer Verdauansatz, eventuell mit nachgereinigter DNA angesetzt werden.

Elektrophoretische Auftrennung der verdauten Proben. Ein wichtiger Teilschritt mit einer Southern Blot Analyse ist die elektrophoretische Fraktionierung der durch

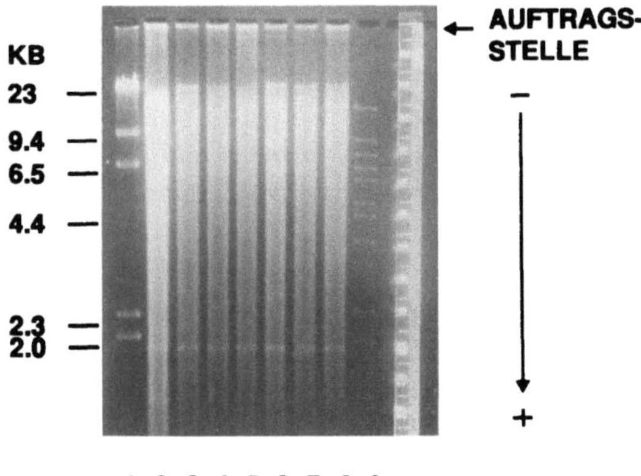

Abb. 5. Ethidiumbromid gefärbtes Agarosegel von elektrophoretisch getrennten DNA Proben nach einem Verdau humaner genomischer DNA mit Hind III. Bahn 1: λ Hind III DNA Marker. Bahn 9: Bst E II DNA Marker. Bahnen 2–8: verschiedene verdaute DNA Proben: die Vielzahl der beim Verdau genomischer DNA mit einem Restriktionsenzym entstehenden Fragmente reihen sich bei der elektrophoretischen Auftrennung sehr dicht aneinander und verschmelzen zu einer homogen erscheinenden Spur. Einzelne, größenmäßig gleiche Fragmente konzentrieren sich an einer Stelle und erscheinen als Bande. Eine derartige Bande ist bei 1,9 kb zu sehen

Restriktionsenzyme verdauten DNA auf Agarosegelen. Die Konzentration der Agarose im Gel richtet sich nach der Größe der erwarteten linearen DNA Fragmente (Tabelle 1 S. 226 zeigt die optimalen Trennbereiche verschiedener Agarosegele).

Die kontrollierten verdauten DNA Proben (in der Regel 40 µl) werden nach Zusatz von 1/10 Volumen Gelauftragspuffer z. B. mit einem 15×15 cm großen Agarosegel aufgetrennt.

Elektrophoresebedingungen. Konstante Spannung, ca. 2 V/cm, Zimmertemperatur; Laufzeit: durchschnittlich 18–20 Stunden, wenn eng beieinander liegende DNA Fragmente getrennt werden sollen, auch länger. Das mit Ethidiumbromid angefärbte Gel wird auf einem UV-Transilluminator betrachtet und neben einem Lineal fotografiert, um die elektrophoretische Wanderung und Trennung der Proben zu überprüfen und zu dokumentieren. Das Ergebnis einer elektrophoretischen Auftrennung von DNA Proben nach einem Verdau mit dem Enzym Hind III ist in Abb. 5 dargestellt. Auf dem Gel sollen immer DNA Längenstandards mit aufgetrennt werden. Damit läßt sich einerseits die Gelkonzentration überprüfen, andererseits können dadurch die nach der Hybridisierung in der unbekannten Probe nachweisbaren Banden größenmäßig zugeordnet werden. Die beste Größenzuordnung der Banden erreicht man, wenn man z. B. bei Anwendung der radioaktiven Detektionsverfahren radioaktiv markierte DNA Längenstandards einsetzt.

Blotten / Beschreibung eines alkalischen Vakuumblots. Diese Blotmethode wird heute vielfach angewandt. Sie ergibt scharfe Banden und beansprucht verhältnismäßig wenig Zeit. Da sich diese Technik auch für eine routinemäßige Anwendung gut eignet, soll sie genauer beschrieben werden.

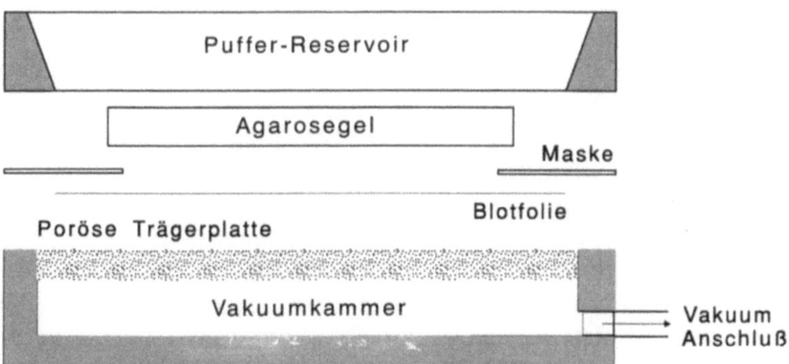

Abb. 6. Schematische Darstellung des Aufbaus eines Vakuumblots

- Agarosegele mit fraktionierter DNA
- Nylonmembran (z. B. Bio Trace, Fa. Gelman; Hybond N, Fa. Amersham))
- 0,25 N HCl (Depurinierlösung)
- 0,4 N NaOH (Denaturierlösung)

Materialien

- UV Transilluminator
- Vakuumblotapparatur (z. B. Vacugene, Pharmacia)
- Wärmeschrank zum Backen der Membranen

Geräte

Das gefärbte, fotografierte Agarosegel wird auf die Vakuumblotapparatur aufgelegt. Der Blotaufbau ist in Abb. 6 schematisch dargestellt und im Folgenden kurz erklärt. Auf eine luftdurchlässige Trägermatrix wird die entsprechend zugeschnittene und vorbehandelte Blotmembran luftblasenfrei aufgelegt. Die Vorbehandlung der Membran richtet sich nach der Art der Membran und wird vom Hersteller angegeben. Sie ist unbedingt zu befolgen!

Durchführung

Auf die aufgelegte Membran kommt ein Nylonrahmen, der ein freies Fenster besitzt, welches der Größe des zu blottenden Gels entspricht (bei einem 15×15 cm großen Gel wird das ausgeschnittene Fenster 13×13 cm groß sein). Im nächsten Schritt wird das Gel luftblasenfrei auf die Membran aufgelegt, und zwar so, daß der Gelrand auf allen Seiten am Nylonrahmen aufliegt, da sonst kein Vakuum zustande kommt. Nach Anlegen des Vakuums wird zunächst die Depurinierlösung (0,25 N HCl) und dann die Denaturierlösung (0,4 N NaOH) auf das Gel aufgebracht und der Blotvorgang durchgeführt.

Depurinieren: 1 Stunde
Denaturieren und Blotten: 2 Stunden

Die angegebenen Zeiten sind Erfahrungswerte mit der angegebenen Blotapparatur und der Bio Trace Membran. Sie müssen bei Verwendung anderer Geräte und Materialien eventuell abgeändert werden.

Kommentar

Am Ende des Blotvorganges wird der Blot getrocknet und 30 Minuten bei 80 °C im Wärmeschrank hitzefixiert.

3.3.3 Northern Blot

Prinzip   Analog zum Southern Blot kann man auch gelelektrophoretisch getrennte RNA auf ein Filter transferieren und immobilisieren (Northern Blot). Das Ziel der Methode ist die Bestimmung der Größe und Menge einer bestimmten RNA Population, die komplementär zu einer definierten Gensonde ist.

Methodisch geht man dabei so vor, daß eine auf ihre Integrität überprüfte RNA auf denaturierenden Agarosegelen (z. B. Formamid Gelen, Glyoxal-DMSO Gelen) nach ihrer Größe elektrophoretisch aufgetrennt wird und dann analog zum Southern Blot auf eine mechanisch stabile Membran übertragen wird. Wichtig ist, daß das Gel vor dem Blottransfer nicht mit Ethidiumbromid angefärbt werden darf. Um trotzdem eine Kontrolle über den Verlauf der Gelelektrophorese sowie über die Position der beiden Banden für die ribosomalen rRNAs (16S/18S rRNA bzw. 26S/28S rRNA) zu haben, empfiehlt es sich, in den randständigen Geltaschen eine extra RNA Probe aufzutragen. Nach dem elektrophoretischen Lauf können diese Referenzspuren abgetrennt, angefärbt und neben einem Lineal fotografiert werden.

Analog zum Southern Blot wird die geblottete RNA auf der Membran fixiert (z. B. 2 Stunden Backen bei 80 °C) und mit einer markierten Gensonde hybridisiert (siehe 3.4).

3.4 Hybridisierungsverfahren

Während der Hybridisierung soll es zur Ausbildung basengepaarter Doppelstränge zwischen der geblotteten Nukleinsäure und der gewählten Gensonde („probe") im Bereich komplementärer Regionen kommen. Als „Probes" werden meist isolierte, rekombinante DNA-Fragmente bekannter Sequenz benutzt. Diese Sonden sind in der Regel spezifisch für einen einzigen Genlocus und werden daher auch als „single locus" Sonden bezeichnet.

Für manche Untersuchungen (z. B. Fingerprinting in der forensischen Medizin) ist es wünschenswert, in einer Untersuchung nicht nur einen einzigen spezifischen Genabschnitt zu erfassen, sondern ein Genmuster darzustellen. Daher werden für diese Fragestellungen häufig sogenannte „multi locus" Sonden eingesetzt. Diese Sonden erkennen Sequenzen, die sich verstreut über das Genom oft in vielfachen Kopien wiederholen (repetitive Sequenzen). Viele dieser repetitiven Sequenzen können aufgrund der Sequenzhomologien in Familien eingeteilt werden. Ein bekanntes Beispiel ist die Familie der Alu-Sequenzen, die im humanen Genom etwa 500 000mal vorkommen. In neuerer Zeit werden zunehmend auch Oligonukleotidsonden zur Detektion sehr kleiner DNA Fragmente (PCR Produkte) verwendet.

Für den Hybridisierungsvorgang müssen Reaktionsbedingungen (Temperatur, Salzkonzentration in den Lösungen) gewählt werden, die die Bindung der Sonde an ihre komplementären Sequenzen besonders begünstigen und unspezifische Bindungen hintanhalten. Zur Ermittlung der jeweiligen optimalen Hybridisierungstemperatur und Salzkonzentration für eine bestimmte Gensonde können Formeln zur Berechnung herangezogen werden. Die Erfahrung zeigt jedoch, daß es meist notwendig ist, die Hybridisierungstemperatur, die ein optimales Signal-Hintergrundverhältnis liefert, empirisch zu ermitteln.

Da es jedoch trotz Wahl geeigneter Bedingungen auch zu weniger spezifischen, unstabileren Anlagerungen der Sonde an die DNA kommt, müssen an das Hybridisieren Waschvorgänge angeschlossen werden, um diese unspezifischen Bindungen aufzubrechen. Man bedient sich dabei sogenannter „stringenter" Bedingungen (hohe Temperatur, niedrige Salzkonzentration). Sie erlauben nur das Bestehen der Wasserstoffbrücken zwischen den über lange Strecken komplementären Doppelsträngen, während nicht vollständig übereinstimmende Doppelstränge voneinander dissoziiert werden, da die Stabilität des Doppelstranges von der Länge der komplementären Strecke zweier Nukleinsäurestränge direkt abhängt. Nicht passende Basenpaare — Mismatches — in nicht perfekt komplementären DNA Strängen reduzieren die Stabilität der DNA Duplex Moleküle.

Als Hybridisiersonden können im Wesentlichen DNA-Sonden (je nach Länge Oligonukleotidsonden bzw. genomische Sonden) oder RNA-Sonden eingesetzt werden. Je nach Sondenlänge müssen nicht nur die Hybridisierbedingungen sondern auch die Markierungsmethoden entsprechend unterschiedlich gewählt werden.

3.4.1 Markierung von Gensonden

Herstellung einer markierten genomischen Gensonde durch „Random Primed Labelling". Verschiedene Firmen bieten heute Kits zur radioaktiven Markierung bzw. Farbmarkierung (z. B. Digoxigeninmarkierung) von Gensonden mit Hilfe der „Random Prime Methode" an. Für diese Markierungen eignen sich sowohl gereinigte Gensonden als auch Agarosepräparate, die die zu markierende DNA enthalten. Probes von etwa 250 bp Länge bis zu einigen Kilobasenpaaren Länge können nach dieser Methode markiert werden.

Es ist wesentlich, daß man dem vom Hersteller des verwendeten Markierungskits angegebenen Protokoll genau folgt. Grundsätzlich beruht die „Random primed" Markierungsmethode darauf, daß durch die Bindung von Random Hexanukleotiden bzw. neuerdings auch Nonanukleotiden an denaturierten Matrizen DNA die DNA Synthese durch das Klenow Fragment der DNA Polymerase I initiiert wird. Unter Verwendung einer radioaktiv- oder farbmarkierten und dreier unmarkierten Nukleotidbasen synthetisiert das Klenow Enzym markierte DNA, die als Gensonde einsetzbar ist. Mit dieser Markierungsmethode ist es möglich ausgehend von sehr kleinen DNA Mengen Sonden mit hoher spezifischer Aktivität herzustellen.

Abbildung 7 zeigt schematisch den Ablauf der „Random primed" Markierung.

- 20 ng – 50 ng denaturierte, linearisierte DNA Sonde **Reagentien**
- Hexa- oder Nonanukleotidmischung (Konzentration und Volumen wie vom Hersteller empfohlen)
- dNTP Mischung (manche Kits enthalten die Nukleotidbasen — dTTP, dATP, dGTP nicht als Gemisch, sondern als Einzelkomponenten. In diesem Fall ist es vorteilhaft, die nicht markierten Nukleotidbasen vor Verwendung zu mischen und die Gemische in kleinen Aliquoten eingefroren aufzubewahren)
- Klenow Enzym
- Steriles, bidestilliertes Wasser
- α-^{32}P dCTP: spezifische Aktivität > 3000 Ci/mmol. In der Regel werden 50 µCi pro Markierungsansatz verwendet.

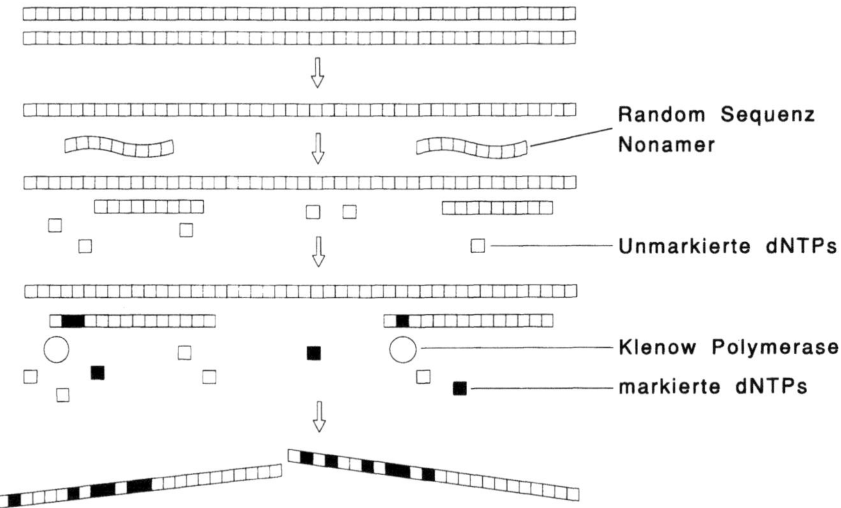

Abb. 7. Darstellung der Reaktionsabläufe bei Verwendung des „Random primed" DNA Markierungssystems. Random Nonamere lagern sich an die denaturierte, einzelsträngige DNA an und „primen" die zugesetzte Klenow Polymerase, die in der Folge aus den markierten und unmarkierten dNTPs markierte Gensonden synthetisiert

Sämtliche für die Markierung notwendigen Reagentien (außer Sonde und Isotop) sind in der erforderlichen Konzentration in den Kits vorhanden.

Durchführung   Exemplarisch wird die Durchführung der Markierung mit dem Amersham Megaprime Labeling Kit besprochen.

- Die zu markierende, doppelsträngige DNA (5 – 25 ng) wird 5 min bei 95° gemeinsam mit 5 µl Random Nonameren in einem Gesamtvolumen von 15 µl gekocht.
- Nach Abkühlen auf Eis und kurzer Zentrifugation wird der Reaktionspuffer, die dNTP Mischung (10 µl), das ^{32}P-dCTP (5 µl) und das Klenow Enzym (2 µl) zugesetzt, mit Wasser auf 50 µl ergänzt und 30 – 45 min bei 37 °C inkubiert. Die angegebene Inkubationszeit ist für die meisten Fragestellungen ausreichend, um einen maximalen Einbau an Radioaktivität zu erreichen.
- Die Markierungsreaktion wird durch 5minütiges Kochen bei 95 – 100 °C gefolgt von sofortiger Abkühlung auf Eis gestoppt.

Freies ^{32}P-dCTP wird durch Chromatographie über Nick Säulchen (Pharmacia) entfernt. Die Benützung der Säulchen erfolgt genau nach Protokoll des Herstellers. Die markierte Probe wird mit Heringssperma DNA gemischt und aufgekocht. Danach wird sie zu 10 ml Hybridisierlösung zugesetzt und wie unter 3.4.2 beschrieben für die Hybridisierung verwendet.

Herstellung einer markierten Oligonukleotidsonde. Oligonukleotidsonden werden meistens endmarkiert. Dabei wird in einer durch das Enzym T4-Polynukleotid-Kinase katalysierten Reaktion die γ-Phosphatgruppe von [γ-^{32}P] ATP auf die 5′-terminale Hydroxylgruppe des Oligonukleotids übertragen.

- 5′-dephosphoryliertes Oligonukleotid in Wasser. Der terminale 5′ Phosphatrest kann z. B. durch Behandlung mit alkalischer Phosphatase entfernt werden. Dazu wird das gereinigte Nukleotid in einem geeigneten Puffer für 30 min bei 37 °C inkubiert (für Details siehe Sambrook et al.)
- [γ-^{32}P] ATP (spezifische Aktivität > 5000 Ci/mmol, 10 mCi/ml)
- T4-Polynukleotid-Kinase
- 10fach Polynukleotidkinase Puffer (0,5 M Tris/HCl [pH 9,5], 0,1 M MgCl$_2$, 50 mM DTT)
- Materialien zur Extraktion und Fällung der DNA:
  0,5 M EDTA, Phenol gesättigt mit 1×TE (Tris-EDTA Puffer), Chloroform/Isoamylalkohol (24 Teile Chloroform, 1 Teil Isoamylalkohol), 3 M Na-Azetat (pH 4,8) und 70% Ethanol

$\qquad$ **Reagentien**

- In einem sterilen Eppendorfgefäß werden das Oligonukleotid (10 – 30 pmol), 50 µCi [γ-^{32}P] ATP und 10 – 20 U T4-Polynukleotid Kinase gemischt und mit bidestilliertem Wasser auf 30 µl ergänzt.
- Der Ansatz wird 30 min bei 37 °C inkubiert.
- Danach wird das Enzym durch Inkubation für 2 min bei 80 °C inaktiviert. Das nicht in das Oligonukleotid eingebaute Isotop wird durch Alkoholfällung oder durch Chromatographie über ein Sephadex G 50 Säulchen entfernt.
- Alkoholfällung: die Probe wird 1mal mit gleichem Volumen Phenol und 1mal mit Chloroform/Isoamylalkohol extrahiert.
- Danach wird das markierte Oligonukleotid durch Zusatz von 1/10 Volumen 3 M Na-Azetat und einem 2fachen Volumen Ethanol gefällt.
- Die markierte Probe wird durch Zentrifugation bei 12000 rpm gewonnen.

$\qquad$ **Durchführung**

3.4.2 Durchführung von Hybridisierungen

Die beiden Einzelstränge der DNA Doppelhelix, die durch Hitze, UV oder Alkalibehandlung gelöst wurden, werden während der Hybridisierung durch Zugabe eines Überschusses an einzelsträngiger, markierter DNA der gesuchten Sequenz renaturiert. Dabei paart sich die markierte DNA mit ihren homologen Sequenzen und hebt diese dadurch aus einer komplexen Population verschiedener DNA Fragmente heraus. Die Bedingungen der Hybridisierung werden durch Wahl der entsprechenden Temperatur so spezifiziert, daß nur solche Sequenzen der DNA mit der Gensonde paaren, die eine Homologie von > 90% aufweisen.

- markierte Gensonde
- Prähybridisierlösung und Hybridisierlösung: 6× SSC, 5× Denhardt's, 0,5% (0,5 g/100 ml) SDS
- 100× Denhardt's: 2 g Ficoll, 2 g Polyvinyl-pyrrolidon und 2 g BSA werden mit aq. bidest. auf 100 ml aufgefüllt
- 20× SSC: 175,3 g NaCl und 88.2 g Na-Zitrat werden in 800 ml aqua bidest gelöst. Nach Einstellung des pH auf 7,0 mit NaOH wird auf 1 Liter aufgefüllt
- 100 – 200 µg/ml denaturierte, gescherte Heringssperma DNA (heterologe DNA wird dem Hybridisiermix zur Sättigung unspezifischer Bindungsstellen auf der

$\qquad$ **Materialien**

Membran zugegeben. Vor Gebrauch muß diese DNA Lösung 5 min bei 95 °C denaturiert werden und anschließend auf Eis gekühlt werden)
- Blotmembran mit denaturierter, einzelsträngiger DNA

Geräte
- Hybridisierofen (z. B. Techne) oder Schüttelwasserbad

Durchführung
- Zunächst wird die Blotmembran in einem geeigneten Behälter (z. B. Hybridisierzylinder) mit 10 ml Prähybridisierlösung, die noch keine spezifische Sonde enthält, mindestens drei Stunden bei 65 °C behandelt. Dabei werden alle freien Bindungsstellen auf der Membran abgesättigt.
- Danach wird die Prähybridisierlösung abgegossen, und durch die Hybridisierlösung, die die spezifische markierte Sonde enthält (20–50 ng/Blot) ersetzt. Empfohlenes Volumen der Hybridisierung: 7–10 ml pro 15×15 cm Blot.
  Die Hybridisierung erfolgt über Nacht (18–22 Stunden).
- Im nächsten wesentlichen Teil des Hybridisierungsexperiments wird die unspezifisch anhaftende Sonde durch geeignete Waschvorgänge entfernt. Die Zusammensetzung der Waschlösung und die Temperatur beim Waschen richten sich nach der Länge und der Sequenz der Gensonde.
  Für genomische Sonden eignet sich folgendes Waschprotokoll:
  1mal 15 min mit 2× SSC
  2mal 15 min mit 2× SSC/0,1% SDS
  1–2mal 15 min mit 0,1× SSC
  Für jeden Waschvorgang werden 50 ml Lösung verwendet.
  Die Waschtemperatur beträgt 65 °C.

Die Detektion der spezifisch angelagerten Sonde erfolgt abhängig vom verwendeten Markierungsverfahren entweder mittels Autoradiographie, Chemilumineszenz oder Farbreaktion.

3.5 Polymerasekettenreaktion (PCR)

In den letzten Jahren hat sich die PCR als eine der am häufigsten verwendeten Techniken der Molekularbiologie etabliert. Dies ist nicht verwunderlich, da die Methode es ermöglicht ausgehend von kleinsten Probemengen sehr rasch, relativ einfach und verhältnismäßig billig große Quantitäten an DNA zu synthetisieren. Aus diesem Grund sind seit der Erstpublikation der Methode im Jahr 1985 eine Vielzahl von Veröffentlichungen erschienen, die sich alle mit der Technik oder ihrer Anwendung auseinandersetzen. Es würde weit über diesen Beitrag hinausgehen, auf alle in den letzten Jahren gewonnenen Erkenntnisse einzugehen. Dieses Kapitel soll den Leser nur mit den Grundsätzen vertraut machen (weiterführende Literatur s. Rolfs et al. 1992).

Man kann PCRs mit genomischer DNA oder RNA, aus frischen Proben oder archivierten Spezimen durchführen. Auch klonierte DNA oder PCR-Amplifikate sind verwendbar. Die Einführung der PCR hatte einen enormen Impakt auf die Diagnostik von Erbkrankheiten, auf die Untersuchung von Tumoren, auf die Detektion minimaler Resterkrankung bei Leukämien, auf die HLA Typisierung, auf den Nachweis langsam wachsender Mikroorganismen und Viren, sowie auf forensische

Untersuchungen. Die hohe Sensitivität der Methode birgt aber auch Gefahren in sich, wobei vor allem das Kontaminationsrisiko zu nennen ist.

3.5.1 Prinzip der PCR

Die PCR dient der in vitro Amplifikation spezifischer DNA Sequenzen. Mit Hilfe hitzestabiler DNA Polymerasen werden ausgehend von einzelsträngiger DNA komplementäre DNA Sequenzen synthetisiert. Der Start der Synthese erfolgt an einer doppelsträngigen Startregion, die durch Anlagerung sogenannter Primer (Oligonukleotide) entsteht (Abb. 8). Durch Verwendung zweier Primer, die komplementär zu je einem der beiden DNA Stränge und zueinander gerichtet sind, ist es möglich, eine de novo Synthese der DNA Region, die von den beiden Primern flankiert ist, zu erzielen.

Die PCR ist ein sich wiederholender Dreischrittprozeß. Im ersten Schritt wird die DNA durch Hitze einzelsträngig gemacht (*Denaturierung*). Im zweiten Schritt läßt man im Überschuß vorliegende Oligonukleotidprimer durch Temperatursenkung an ihre komplementären Sequenzen hybridisieren (*Annealing*), so daß die DNA an die-

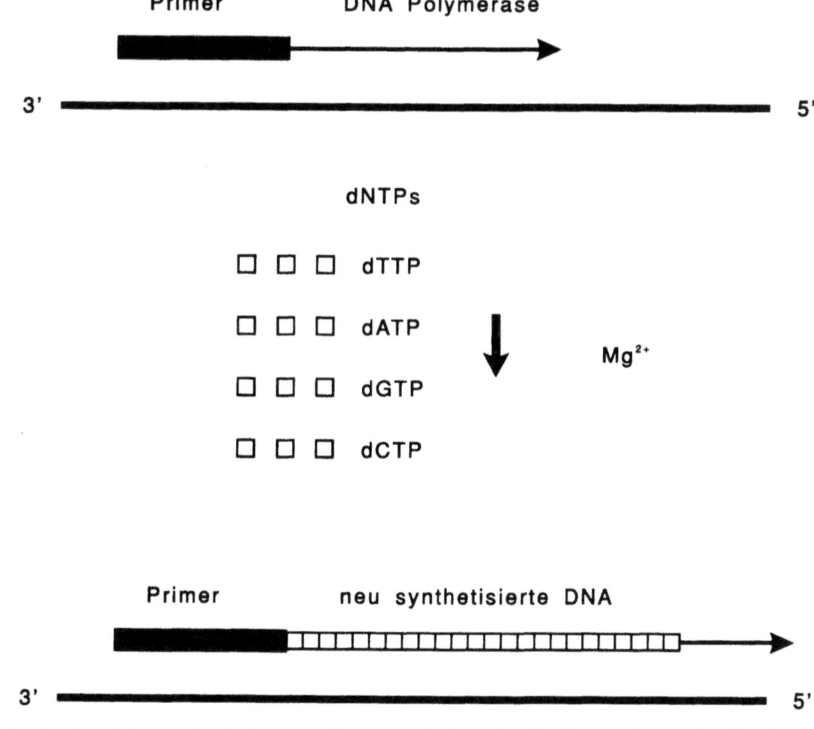

Abb. 8. Schematische Darstellung der Polymerasekettenreaktion. An die denaturierte, einzelsträngige DNA lagert sich beim Abkühlen der komplementäre Primer an und initiiert dadurch die DNA Polymeraseaktivität. Unter Verwendung der einzelnen dNTPs kommt es zur Bildung neu synthetisierter DNA

sen Stellen nun doppelsträngig vorliegt. Im dritten Schritt beginnt die Polymerase, ausgehend von diesen kurzen doppelsträngigen Elementen, die sie als Startsignal erkennt, die benachbarte einzelsträngige DNA komplementär in der 5′→3′ Richtung zum Doppelstrang zu ergänzen (*Extension*). Am Ende des dritten Schrittes ist ein Stück DNA verdoppelt worden. Durch Wiederholung der drei, als Zyklus bezeichneten Schritte, erreicht man eine exponentielle Amplifikation der DNA Region zwischen den beiden Oligonukleotiden (Abb. 9). Die Anzahl der Zyklen, die zur optimalen Amplifikation erforderlich ist, hängt von der Menge des Ausgangsmaterials und der Effizienz jedes einzelnen Amplifikationsschrittes ab.

! Um eine *spezifische* Amplifikation *einer* Zielregion in der DNA zu erreichen, ist es notwendig, daß die Primer, die die zu amplifizierenden Targetsequenzen flankieren ausreichend lang sind (mindestens 20 Basen), damit ihre Sequenz sich möglichst nur einmal im Genom findet.

Trotzdem es computerunterstützte Suchprogramme zur optimalen Primerwahl für die Amplifikation bestimmter Zielsequenzen gibt, bleibt die Auswahl der Primer immer noch bis zu einem gewissen Grad ein empirisches Austesten. Durch Wahl der geeigneten Reaktionsbedingungen ist es für fast jedes Primerpaar möglich, das PCR System zum Funktionieren zu bringen.

Die **Spezifität** einer PCR Reaktion hängt sehr stark von der Salzkonzentration im Puffer und der Reaktionstemperatur ab. Es gibt einen Standardpuffer, der für viele PCR Reaktionen adequat ist (50 mM KCl, 10 mM Tris-HCl, 1,5 mM $MgCl_2$, pH 8,4), doch sind die optimalen Bedingungen für jedes Primerpaar und jede Zielsequenz unterschiedlich und müssen jeweils empirisch ermittelt werden. In manchen PCR Systemen hat die im Puffer vorhandene $MgCl_2$ Konzentration einen signifikanten Einfluß auf Spezifität und Ausbeute und muß sorgfältig ausgetestet werden.

! Besonders wichtig ist es, während des „Annealing" Schrittes die Temperatur so hoch zu wählen, daß maximale Spezifität gewährleistet ist. Sie darf jedoch nicht zu hoch liegen, damit es noch zu einer ausreichend effizienten Anlagerung der Primer kommt.

3.5.2 Durchführung einer PCR

Wie bereits erwähnt, sind die optimalen Bedingungen für jede PCR unterschiedlich. Eine Reihe von Protokollen sind bisher publiziert worden, und der Leser muß auf die entsprechenden Veröffentlichungen für die spezielle Anwendung verwiesen werden. Exemplarisch soll jedoch im folgenden Beispiel ein in unserem Labor zur Amplifikation einer hochvariablen DNA Region (VNTR Region im humanen von Willebrand Gen am p-Arm des Chromosoms 12) eingesetztes PCR System beschrieben werden. In dieser PCR Reaktion wird ein bestimmter hochvariabler DNA Abschnitt im von Willebrand Gen vervielfältigt. Das DNA Segment enthält eine 4 bp lange repetitive Sequenz, die im Gen 6–14mal wiederholt vorliegen kann. Das Amplifikationsprodukt ist zwischen 90 bp und 122 bp lang. Als Ausgangsmaterial für die Vervielfältigung kann gereinigte DNA, aber auch durch Kochen lysiertes Vollblut eingesetzt werden.

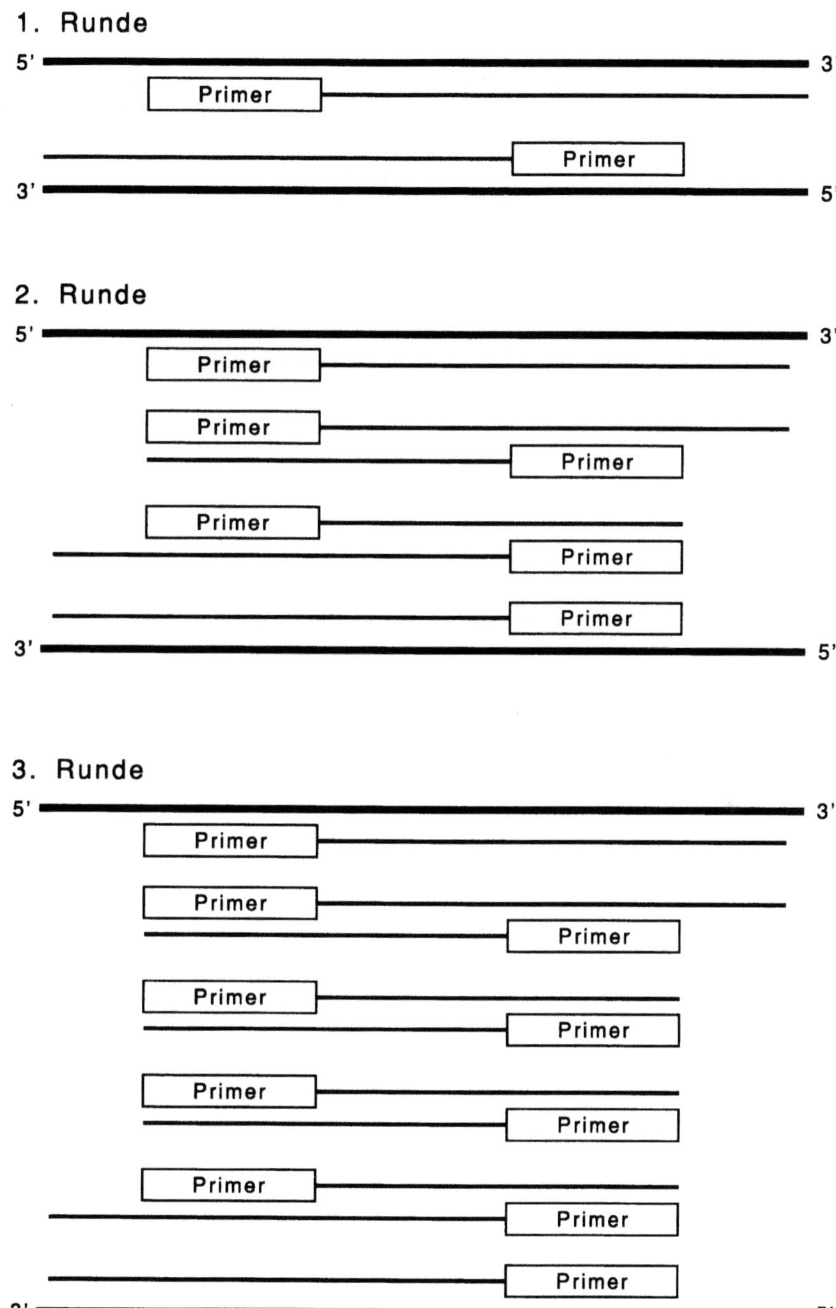

Abb. 9. Amplifikation des gewünschten DNA Segments in der PCR. Jeder Zyklus resultiert in einer Verdopplung der zwischen den beiden Primern liegenden DNA Sequenz, so daß theoretisch eine 2^nfache Amplifikation des gewünschten DNA Segmentes (n entspricht der Zyklenzahl) erreicht werden kann

Verbrauchs-material Pipettenspitzen mit Filtereinsatz: Aerosol Resistant Tips (ART), die heute von verschiedenen Firmen angeboten werden.

PCR-Gefäße: Bei Verwendung der speziellen PCR-Gefäße der Fa. Sarstedt, bestehend aus Unterteil und Stempeleinsatz, kann die PCR ohne Überschichtung mit Mineralöl durchgeführt werden, da der Stempel in den Gefäßen bis an die Flüssigkeitsoberfläche reicht, dicht schließt und das Verdampfen der Reagentien während der Reaktion verhindert. Wenn gewöhnliche Reaktionsgefäße verwendet werden, muß mit Mineralöl überschichtet werden, um das Verdampfen der Lösungen zu verhindern.

Geräte
- PCR Prozessor: Perkin Elmer Cetus
- Mikrofuge: z. B. Eppendorf, Modell 5415
- Laminar Air Flow: Ehret Type RRT 143
- Eisbad, Vortex Mixer

Reagentien
- Isolierte DNA oder durch Kochen lysiertes Blut

Lysieren des Blutes durch Kochen. 200–300 µl Zitratvollblut werden auf Trockeneis schockgefroren, 10 Minuten auf 95 °C erhitzt und 10 Minuten bei 12 000 rpm in einer Mikrofuge zentrifugiert. Der bräunliche Überstand wird als Stammlösung eingefroren. Für die PCR Amplifikation wird er 1 : 10 bis 1 : 20 verdünnt eingesetzt.

Ansatz
- 50–100 ng gereinigte DNA bzw. 2–5 µl verdünntes, lysiertes Blut
- 5 µl 10× PCR Puffer (Perkin Elmer Cetus Gene Amp Kit: 500 mM KCl, 100 mM Tris-HCl, 15 mM $MgCl_2$, pH 8,4)
- 4 µl dNTP Mix (Stammlösung: gleiche Teile 10 mM dATP, dCTP, dGTP und dTTP)
- 50 pmol jedes der beiden Primer
- 0,25 µl Amplitaq (2,5 Units, Perkin Elmer Cetus)
- aqua bidest zur Ergänzung auf 50 µl Gesamtvolumen

Durchführung Die Vorbereitung der PCR-Ansätze erfolgt in unserem Labor immer in einem Laminar Air Flow, der regelmäßig über Nacht UV behandelt wird.

Alle Reagentien, mit Ausnahme der DNA, werden im Eisbad in der erforderlichen Menge gemischt (Mastermix). Der Mastermix wird in PCR Gefäße der Fa. Sarstedt vorgelegt. Nach sorgfältigem Zusatz der DNA Probe (langsames Pipettieren unter Vermeidung von Aerosolbildung) bei 4 °C werden die PCR Reaktionsgefäße in den vorgeheizten PCR Prozessor transferiert.

PCR Protokoll. Ausgearbeitet für den PCR Prozessor der Fa. Perkin Elmer

1. Schritt: 10 min Denaturierung bei 94 °C
2. Schritt: 1 min 94 °
            1 min 45 °
            1 min 72 °
Der zweite Schritt wird 35mal wiederholt
3. Schritt: 7 min 72 °
4. Die Proben werden bis zur Analyse bei 4 °C aufbewahrt.

Ich möchte nochmal betonen, daß es sich bei dem oben zitierten Protokoll um ein Spezialprotokoll zur Amplifikation der VNTR Region im von Willebrand Gen handelt. Allerdings kann die Vorschrift durchaus zur grundsätzlichen Orientierung herangezogen werden.

Bei Verwendung von 20 Nukleotidbasen langen Primern mit einem Guanin/Cytosin Gehalt von 50% sollte der Denaturierschritt 45–60 s bei 93–95 °C, das Annealing 30–60 s bei 55–60 °C und die Extension 60 s bei 72 °C betragen, wenn man eine etwa 500 Basenpaare lange Targetsequenz amplifizieren möchte. Für längere Targetsequenzen (etwa 2000 bp) kann man die Extension auf 2 Minuten verlängern.   **Kommentar**

Nochmals möchte ich erwähnen, daß die Magnesium-Konzentration des PCR Puffers besonders wichtig ist, und für jedes PCR Sytem empirisch ermittelt werden muß. Allerdings kann man in vielen Fällen mit einer Endkonzentration von 1,5 mM $MgCl_2$ im Puffer gute Amplifikationsergebnisse erreichen.   **!**

Die Anzahl der Zyklen, mit der man beste Resultate erhält, hängt vor allem von der Konzentration des zu amplifizierenden Targets in der Probe, sowie von der Amplifikationseffizienz der PCR ab. Mit 30 Zyklen wird man jedoch häufig zufriedenstellende Ergebnisse erzielen können.

3.5.3 PCR-Amplifikation von RNA nach reverser Transkription (RT PCR)

Die PCR-Amplifikation ermöglicht die Verstärkung spezifischer *DNA* Segmente. Doch sind gerade sensitive Methoden zur Detektion und Analyse von RNA Molekülen von äußerster Bedeutung für zell- und molekularbiologische Untersuchungen. Wie bereits erwähnt, gibt es zur Untersuchung von RNA zwar eine Reihe von Methoden, wie z.B. den Northern Blot, Dot bzw. Slot Blots oder die In-situ-Hybridisierung. Auch andere Methoden, wie der S-1 Nuklease Tests sowie RNase Protektionsanalysen sind möglich, werden aber in diesem Beitrag nicht näher erläutert. Alle diese Methoden sind technisch anspruchsvoll und erreichen oft nicht die gewünschte Nachweisgrenze.

Durch die Kombination der reversen Transkription von RNA zu cDNA durch das Enzym „Reverse Transkriptase" mit einer anschließenden Amplifikation der cDNA in einer PCR-Reaktion (RT-PCR) gelang es, auch RNA in der PCR zu amplifizieren. Dies war ein bemerkenswerter Durchbruch auf dem Gebiet sensitiver RNA-Analysen.

Die Technik wurde 1987 erstmals publiziert und hat seither große Verbreitung vor allem zum Nachweis verschiedener Translokationen bei hämatologischen Erkrankungen gefunden.

Im folgenden Abschnitt soll die Vorgangsweise, wie sie in unserem Labor verwendet wird, vorgestellt werden. Sie hat sich für eine Reihe von Anwendungen gut bewährt und kann anderen Anwendern als Grundlage dienen.

Isolierung der RNA. Die Isolierung der RNA und die Kontrolle der isolierten RNA erfolgt wie unter Punkt 3.1.2 beschrieben. Aus der RNA wird in einem nächsten Schritt mit Hilfe der reversen Transkriptase cDNA hergestellt.

cDNA Synthese

Materialien
- Isolierte, kontrollierte RNA: 1 – 3 µg in 3 – 5 µl aqua bidest. Liegen verdünntere Lösungen von RNA als Ausgangsmaterial vor, so müssen diese vor Verwendung in einer Vakuumzentrifuge konzentriert werden
- 10× PCR Puffer: 500 mM KCl, 200 mM Tris-HCl (pH 8,4) und 25 mM $MgCl_2$
- Nukleasefreies bovines Serumalbumin (BSA) 1 mg/ml
- 100 mM Dithiothreitol (DTT)
- Deoxynukleotidtriphosphate: neutralisierte 100 mM Lösung von Pharmacia. Die vier dNTPs werden zu gleichen Teilen gemischt und auf eine Endkonzentration von 10 mM mit DEPC behandeltem 10 mM Tris-HCl (pH 7,5) verdünnt. Diese Lösung wird in kleinen Aliquoten eingefroren.
- RNasin: RNase Inhibitor, Pharmacia, verwendet in einer Konzentration von 24 – 40 Units/µl
- Random Hexamer Oligonukleotide (Pharmacia): 100 pmol/µl in 1× TE Puffer: 10 mM Tris-HCl, 1 mM EDTA (pH 8,0)
- Reverse Transcriptase: Moloney murine leukemia virus (M-MLV) von Bethesda Research Laboratories (BRL) in einer Konzentration von 200 Units/µl

Geräte
- Thermoblock z. B. Eppendorf
- Vortex Mixer
- Vakuumzentrifuge z. B. Savant oder Howe

Durchführung
- Von jeder RNA Probe werden Aliquote, die 1 – 3 µg zytoplasmatische RNA enthalten, in einer Vakuumzentrifuge eingedampft. Nach unserer Erfahrung ist es nicht notwendig, gereinigte mRNA zur cDNA Synthese zu verwenden. Man kann sich diesen relativ aufwendigen Arbeitsschritt sparen.
- Die eingedampfte RNA wird mit den zu einem „Mastermix" gemischten Reagentien versetzt und inkubiert.
  Der *Mastermix* setzt sich wie folgt zusammen:
  2 µl 10× Puffer, 2 µl 100 mM DTT, 8 µl dNTP Lösung, 1 µl Random Hexamere, 2 µl BSA, 1 µl RNasin, 1 µl M-MLV Reverse Transkriptase, 2 µl aqua bidest. RNA und Mastermix werden 1 Stunde in einem Heizblock bei 37 °C inkubiert. Danach wird 5 min bei 95 °C erhitzt, um die reverse Transkriptase zu inaktivieren und die RNA-DNA Komplexe zu denaturieren. Nach raschem Abkühlen auf Eis werden die cDNA Proben bis zur Verwendung (Einsatz in einer PCR-Amplifikation) bei −70 °C aufbewahrt. Üblicherweise werden 1 – 3 µl cDNA für eine PCR-Amplifikation eingesetzt.

PCR-Amplifikation der cDNA. Die hitzebehandelte cDNA wird, wie unter 3.5.2 beschrieben, zur PCR-Amplifikation herangezogen. Meistens verwenden wir 1 µl der cDNA in einem PCR-Ansatz. Auch für die RT-PCR gelten dieselben Grundsätze wie für die DNA Amplifikation. Die optimalen Bedingungen müssen ebenfalls für jedes System empirisch ermittelt werden.

Nach unserer Erfahrung bewährt es sich gut, die cDNA Synthese mit Random Hexameren zu initiieren, da die auf diese Weise hergestellte cDNA ein Gemisch aller möglichen cDNAs darstellt, und für jede PCR-Amplifikation eingesetzt werden kann. Weiters finden wir es vorteilhaft, einen 20 µl cDNA Ansatz zu bereiten, da damit ein größeres Volumen eines identen cDNA Ausgangsmaterials für unterschiedliche PCR Amplifikationen zur Verfügung steht.

Wir verwenden in unserem Labor die potente Methode der RT-PCR zur Untersuchung chromosomaler Translokationen, zum Nachweis spezifischer RNAs sowie zur Analyse z. B. von RNA Mutationen bzw. Mutationen in „Splice Site" Regionen verschiedener Gene.

Vermeidung von Kontaminationen in einem PCR Labor

Wie bereits eingangs erwähnt, ist die PCR eine sehr potente Methode, die eine millionenfache Vervielfältigung einer bestimmten Zielsequenz ermöglicht. Diese Amplifikation eines DNA Segments in einem Experiment kann zur Kontamination von Proben des Folgeexperiments führen. Daher ist es essentiell, daß bei der Durchführung von PCR Experimenten alle möglichen **Vorsichtsmaßnahmen zur Vermeidung von Kontaminationen** getroffen werden.

Als wichtigste Maßnahmen sind zu nennen:

- Trennung des Laborraums, in dem die PCRs angesetzt werden von dem Labor, in dem die PCR Produkte analysiert werden
- Vermeidung von Aerosolbildung
- Verwendung fix zugeordneter Pipetten (jede Pipette soll nur für das Pipettieren bestimmter Materialien verwendet werden)
- Verwendung PCR-tauglicher Pipettenspitzen (mit Filtereinsatz, ART)
- Aliquotierung aller Reagentien in kleine Portionen in einem Laminar Air Flow
- Regelmäßige Behandlung von Arbeitsflächen mit Hypochloritlauge
- UV Behandlung der Reaktionsgefäße und Pipettenspitzen vor ihrer Verwendung
- Einsatz der Nukleotidbase dUTP anstelle von dTTP (auf diese sehr effiziente Methode der Kontaminationsvermeidung, kann im Detail nicht eingegangen werden). Prinzipiell geht man so vor, daß die PCR Amplifikationen jeweils mit dUTP durchgeführt werden. Vor Beginn eines neuen PCR Experimentes werden alle Reagentien mit Uracilglykosylase behandelt, wobei etwa vorhandene Kontaminationen durch das Enzym zerstört werden. Danach wird die Uracilglykosylase durch Hitze inaktiviert und die Reagentien können für eine neue PCR verwendet werden.

4 Diagnostische Anwendungsmöglichkeiten

4.1 Anwendung des Southern Blots

4.1.1 Erkennung von Punktmutationen

Wenn Veränderungen (Mutationen) der Nukleotidsequenz die Spaltregion eines Restriktionsenzyms betreffen, führt dies zu Veränderungen im Restriktionsmuster, die im Southern Blot erfaßt werden können. Die Sichelzellmutation ist ein gutes Beispiel für diese Anwendungsmöglichkeit der Southern Blot Analyse. Durch die Mutation im Codon 6 des β-Globingens (5'-CCT GAG GAG-3' zu 5'-CCT GTG GAG-3') kommt es zum Verlust des Erkennungssignals für das Enzym Sau I. Dadurch entsteht beim Verdau der DNA von homozygoten Patienten mit Sichelzellanämie ein größeres Sau I Fragment als beim Verdau der DNA von Gesunden. Heterozygote Träger der Erkrankung fallen durch das Vorhandensein des abnormalen, größeren und des normalen, kleineren Sau I Fragments auf. Das Vorhandensein des pathologischen DNA Fragments weist auf die Mutation hin und kann zur Diagnose der Sichelzellerkrankung und zur Identifikation von heterozygoten Überträgern der Erkrankung eingesetzt werden.

4.1.2 Nachweis von DNA Polymorphismen

Veränderungen in der Nukleotidsequenz müssen nicht immer funktionelle Auswirkungen haben. Es ist bekannt, daß individuelle Sequenzvariationen zwar mit einer Frequenz von 1 in 200 bis 300 Basen vorkommen, daß sie sich aber eher selten funktionell äußern. Übereinkunftsgemäß bezeichnet man solche neutralen Veränderungen als Polymorphismen. Wenn diese Polymorphismen das Restriktionsmuster der DNA beeinflussen, dann spricht man von Restriktionsfragment Längenpolymorphismen (RFLP).

RFLPs, die sich innerhalb oder in unmittelbarer Nähe eines Gens befinden, können als Marker für dieses Gen herangezogen werden. Bei Erkrankungen, bei denen der pathologisch relevante Gendefekt nicht bekannt oder so komplex ist, daß nicht in jedem individuellen Fall die exakte Mutation bestimmt werden kann, ist es möglich, RFLPs im Sinne einer **Kopplungsanalyse** zur Markierung eines Gens bzw. zur Verfolgung der Vererbung des mutierten Gens innerhalb einer Familie einzusetzen.

Eine Voraussetzung für die Anwendbarkeit ist die gesicherte klinische Diagnose mindestens eines homozygoten Patienten sowie der gesicherte Überträgerstatus der Eltern. RFLP Analysen sind heute eine hilfreiche Methode zur Erhebung des Überträger(innen)status bei verschiedenen Erbkrankheiten, so z. B. bei der Hämophilie A. Auf die Anwendung der RFLP Analyse bei der Hämophilie A wird in der Folge exemplarisch etwas detaillierter eingegangen.

Für *jede* Familie mit Hämophilie A, einer erblichen Gerinnungsstörung, die durch eine Vielzahl verschiedener Gendefekte im Gerinnungsfaktor VIII Gen verursacht wird, muß zuallererst das an die Erbkrankheit gekoppelte Markerallel ermittelt werden. Dazu wird die DNA eines an Hämophilie A erkrankten Familienmitglieds isoliert und einer Southern Blot Analyse unterworfen. Nach Verdau mit verschiedenen Restriktionsenzymen (bei der Hämophilie A Konduktorinnendiagnostik werden meistens 3–4 Enzyme eingesetzt) wird mit intragenischen und extragenischen Gensonden hybridisiert. Intragenische Gensonden erfassen Polymorphismen innerhalb eines Gens, die immer mit der Erkrankung vererbt werden, d.h. zu 100% an die Erkrankung gekoppelt sind. Bei Vorhandensein eines intragenischen Polymorphismus ist der Nachweis der Vererbung des Gendefekts mit 100%iger Sicherheit möglich. Aufgrund der geringen Variabilität innerhalb eines Gens besteht für intragenische Polymorphismen jedoch nur eine geringe Heterozygosität, und sie sind daher nur in einer kleinen Zahl von Familien aussagekräftig („informativ"). Extragenische Polymorphismen weisen höhere Heterozygositätsraten auf, doch muß für diese Polymorphismen eine wichtige Einschränkung der diagnostischen Sicherheit berücksichtigt werden. Während der Meiose kann es zum sogenannten „Crossing over" zwischen dem Genlocus und dem Markerlocus kommen, wobei vorher auf homologen Chromosomen getrennte väterliche und mütterliche Allele zusammengefügt werden. Diesen Austausch genetischer Information bezeichnet man als Rekombination. Die Wahrscheinlichkeit einer Rekombination liegt innerhalb von 1000 kb bei etwa 1%. Je größer die Entfernung zwischen polymorpher Enzymschnittstelle (Markerlocus) und Genlocus, desto häufiger kann der Markerlocus mit dem Genlocus rekombinieren. Diese Rekombination kann zu Problemen bei diagnostischen Kopplungsanalysen führen und muß bei der Diagnoseerstellung berücksichtigt werden. Liegt der Markerlocus 5000 kb vom Genlocus entfernt, so beträgt die diagnostische Sicherheit nur 95% (5% wahrscheinliche Rekombinationsrate).

Um Kopplungsanalysen sinnvoll und sicher einsetzen zu können, müssen außerdem noch bestimmte andere Voraussetzungen erfüllt sein.

- In der zu untersuchenden Familie müssen gesunde und kranke Familienmitglieder für die Genanalyse zur Verfügung stehen, um die mit der Erkrankung assoziierten Markerallele identifizieren zu können.
- Der Elternteil, von dem die Erkrankung vererbt wurde, muß für die Markerallele heterozygot sein, um zwischen normalem und defektem Gen unterscheiden zu können.
- Die Vaterschaft muß gesichert sein.
- Bei Neumutationen sind Kopplungsanalysen nur sehr eingeschränkt anwendbar.

Sind alle Voraussetzungen erfüllt, dann kann die Vererbung z.B. der Hämophilie A untersucht und der Überträgerinnenstatus mit weitaus größerer Sicherheit als mit konventionellen Verfahren bestimmt werden.

Abbildung 10 illustriert eine RFLP Analyse in einer Familie mit Hämophilie A. Manche der Polymorphismen, die für die Konduktorinnendiagnostik in Familien mit Hämophilie A eingesetzt werden können, sind heute durch PCR Amplifikation sehr viel rascher zu analysieren als durch Southern Blot Analyse.

Man wendet dabei folgende Vorgangsweise an: die Region rund um die polymorphe Enzymspaltstelle wird in einer PCR Reaktion mit geeigneten Primern amplifiziert. Das PCR Produkt wird dann mit dem entsprechenden Restriktionsenzym gemischt und inkubiert. Das verdaute PCR Produkt wird auf einem PAA oder Agarosegel analysiert. Diese Analysentechnik ermöglicht es, innerhalb von längstens zwei Tagen einen Befund zu erstellen. Im Gegensatz dazu benötigt man für eine Southern

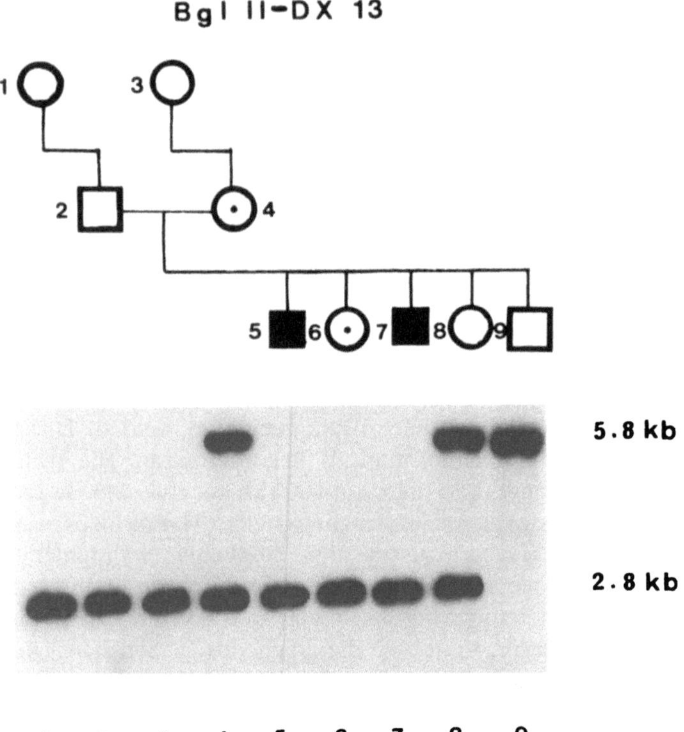

Abb. 10. Darstellung einer RFLP Analyse (Enzym Bgl II, Gensonde DX 13) in einer Familie mit Hämophilie A. In dieser Familie findet man bei beiden Hämophilen (im Stammbaum gekennzeichnet durch die schwarzen Quadrate) ein 2,8 kb großes Bgl II Fragment, während der gesunde Sohn (im Stammbaum gekennzeichnet durch das offene Quadrat) das 5,8 kb Allel besitzt. Daraus läßt sich schließen, daß in dieser Familie das 2,8 kb Allel mit der Erkrankung assoziiert ist. Die Mutter (Pos. 4) ist eine Überträgerin der Erkrankung (im Stammbaum gekennzeichnet durch Kreis mit Punkt). Sie ist heterozygot, das defekte und das intakte F VIII Gen können unterschieden, und deren Vererbung verfolgt werden. Eine Tochter (Pos. 6) erbte von der Mutter das defektassoziierte Allel, sie ist daher Konduktorin (im Stammbaum gekennzeichnet durch Kreis mit Punkt). Die zweite Tochter (Pos. 8) erbte von der Mutter das intakte Allel, sie ist daher keine Konduktorin (im Stammbaum gekennzeichnet als offener Kreis)

Blot Analyse 7 bis 10 Tage. Der Vorteil der RFLP Analyse nach PCR Amplifikation liegt weiters in der Vermeidung von Radioaktivität und in einem viel geringeren Bedarf an Probenmaterial. Letzterer Punkt kann speziell bei der Durchführung einer pränatalen Diagnostik unter Verwendung von Chorionzotten oder Amnionzellen von Bedeutung sein.

4.1.3 Untersuchung von Translokationen und Rearrangements

Translokationen. Southern Blot Analysen finden nicht nur bei der Diagnostik von vererbten Gendefekten Anwendung. Sie werden vielmehr auch zum Nachweis von

Translokationen und Rearrangements bei hämatologischen und onkologischen Erkrankungen eingesetzt. Besonders gut untersucht ist die Translokation t(9;22) (q34;q11) bei der chronisch myeloischen Leukämie (CML).

Bei der CML, bei der erstmals ein spezifischer Chromosomendefekt nachgewiesen wurde, wird ein Teil des langen Arms des Chromosoms 9 auf das Chromosom 22 transferiert. Dabei entsteht ein verkürztes, nach dem Ort seiner Entdeckung als Philadelphia Chromosom bezeichnetes, Chromosom 22. Vom Chromosom 22 wechselt im Austausch ein Teil auf das Chromosom 9. Mit Hilfe molekularbiologischer Techniken konnte man nachweisen, daß es sich um eine verlustlose reziproke Translokation handelt, die auf molekularem Niveau einer Rekombination von zwei Genen, dem c-abl Gen des Chromosoms 9q34 und dem BCR Gen des Chromosoms 22q11 entspricht. Das neue Fusionsgen enthält die BCR Sequenz am 5′ Ende und die abl Sequenz am 3′ Ende. Das BCR-ABL Gen bildet eine chimäre mRNA, welche zu einem chimären Protein translatiert wird.

Die exakte Lage der Bruchpunkte auf beiden Chromosomen variiert von Patient zu Patient. Brüche am Chromosom 9 treten über einen Bereich von mehr als 180 kb verteilt auf. Im Gegensatz dazu liegen alle Bruchpunkte auf dem Chromosom 22 in einem relativ begrenzten Areal von nur 5,8 kb, der sogenannten „major breakpoint cluster Region" (Mbcr) beisammen. Diese Region liegt in der Mitte des BCR Gens und enthält 5 kleine, durch Introns getrennte Exons. Bei einem großen Teil der Patienten mit CML treten die Chromosomenbrüche in den Intronsequenzen zwischen Exon 2 und 3 bzw. zwischen Exon 3 und 4 auf.

Mit Hilfe molekularbiologischer Methoden ist es möglich, die Translokation t(9;22) (q34;q11) sehr zuverlässig z. B. auf DNA Ebene mit der Southern Blot Technik bzw. auf RNA Ebene mit Hilfe der RT-PCR zu diagnostizieren. Die Southern Blot Analyse erlaubt schon mit wenigen Gensonden und Restriktionsenzymen die Detektion der Translokation durch Nachweis neuer Banden mit abnormaler Größe und findet heute bereits breite diagnostische Anwendung.

Ich möchte nicht verabsäumen, darauf hinzuweisen, daß die Southern Blot Analyse in Einzelfällen **falsch positive** Resultate geben kann. Diese können durch gelegentlich vorkommende Polymorphismen in der bcr Region entstehen. Eine Fehlinterpretation dieser Polymorphismen kann durch Verwendung mehrerer Enzyme vermieden werden. Manchmal sind auch **falsch negative** Resultate möglich, die durch Deletionen in der bcr Region im Bereich der Sequenz der Hybridisiersonde verursacht sein können. Durch Verwendung zweier Gensonden mit unterschiedlichen Erkennungsregionen lassen sich falsch negative Resultate vermeiden.

Wir setzen in unserem Labor routinemäßig drei verschiedene Restriktionsenzyme (Bgl II, Hind III, Bam HI) und zwei Gensonden (lokalisiert in der 5′ und 3′ Region der breakpoint cluster region) zur Untersuchung von Patientenproben ein, wodurch wir falsch positive und falsch negative Ergebnisse praktisch ausschließen können.

Der Vorteil der Southern Blot Methode liegt vor allem darin, daß die Leukämiezellen jedes Patienten aufgrund der individuellen Bruchpunktlage durch ein spezielles Genrearrangement gekennzeichnet sind, und daß eine im Vergleich zur Zytogenetik viel größere Anzahl von Zellen, die nicht proliferieren müssen, untersucht werden kann. Die Sensitivität der Southern Blot Methode liegt routinemäßig in der Größenordnung von 1 – 5 % und unterscheidet sich somit nicht wesentlich von der morphologischer, immunologischer und zytogenetischer Methoden. Durch Einsatz von PCR

Techniken, auf die in der Folge noch kurz eingegangen werden wird, konnte allerdings eine neue Dimension in der Erkennung minimaler residueller Tumorzellen eröffnet werden. Diese Methoden eignen sich aufgrund ihrer hohen Empfindlichkeit besonders gut zur Therapieüberwachung und Verlaufskontrolle.

Untersuchung von Genrearrangements. Maligne Lymphome, lymphatische Leukämien sowie nicht neoplastische lymphoproliferative Prozesse sind häufige Erkrankungen, für die eine frühzeitige genaue Diagnose essentiell für die Wahl der richtigen, potentiell kurativen Therapie ist. Allerdings macht es die komplexe histologische Morphologie manchmal für den Pathologen schwer, eine konklusive Diagnose zu stellen.

Besonders im Fall lymphoproliferativer Erkrankungen können molekulargenetische Analysen einen signifikanten Beitrag zur Detektion und Klassifikation leisten. Im Falle von B- oder T-Zellneoplasien kann man dazu Marker einsetzen, die nicht direkt mit der Onkogenese zu tun haben, sondern vielmehr normale physiologische Prozesse der Lymphozyten erfassen.

Um ihrer Aufgabe, eine Vielzahl qualitativ unterschiedlicher Genprodukte synthetisieren zu können, gerecht zu werden, führen Lymphozyten sogenannten Genrearrangements durch, wobei unterschiedliche Regionen des Immunglobulin (Ig) bzw. T-Zellrezeptor (TCR) Locus zu einer individuellen Information zusammengesetzt werden. Aus einer Palette voneinander getrennter Genelemente, sogenannter „variabler" V, „diversity" D, „joining" J und „constanter" C Regionen wird je eine ausgewählt. Durch Verknüpfung eines V mit einem J Element entsteht die variable Region des Antigen Rezeptor Proteins. Da eine Vielzahl unterschiedlicher V und J Segmente am Chromosom vorhanden sind, sind viele Kombinationen und viele verschiedene Aminosäuresequenzen möglich. In der schweren Kette der Immunglobuline (Abb. 11) und der T-Zellrezeptor β und δ Ketten erhöhen D Elemente noch die Vielfalt. Jeder Lymphozyt und seine Nachkommen weisen *ein* individuelles Ig- bzw. TCR Rearrangement auf. Der Rearrangement-Prozeß erfolgt sehr früh im Leben eines Lymphozyten und passiert meistens vor der klonalen Expansion einer lymphatischen Neoplasie. Folglich sind die rearrangierten Gene als idente Kopien in allen Abkömmlingen einer malignen Stammzelle vorhanden und geben einen einzigartigen Tumormarker ab.

Individuelle Immunglobulin bzw. T-Zellrezeptor Rearrangements können vorzüglich mit Hilfe der Southern Blot Untersuchung detektiert werden. Nach Spaltung der DNA mit geeigneten Restriktionsenzymen, elektrophoretischer Trennung und Southern Blot Transfer resultiert die Hybridisierung mit einer Gensonde für die Ig Schwerkette oder den T-Zellrezeptor β oder γ in der Darstellung spezifischer Restriktionsfragmente, die die klonale Lymphozytenpopulation repräsentieren. Die Erfassung dieser klonalen Rearrangements sind nicht nur hilfreich für die Differenzierung maligner und benigner Erkrankungen, sondern können auch zur Verlaufskontrolle und zur Früherkennung eines Rezidivs eingesetzt werden.

Bei der Southern Blot Analyse von Blutzellen eines Gesunden wird keines der vielen rearrangierten Genfragmente sichtbar, weil jede einzelne Lymphozytenpopulation zahlenmäßig viel zu gering repräsentiert ist. Die Nachweisgrenze der Southern Blot Analyse liegt bei ca. 3% klonal verwandter Zellen. Beim Gesunden addieren sich nur die Keimbahnfragmente der nicht rearrangierten Allele zu einem auf der

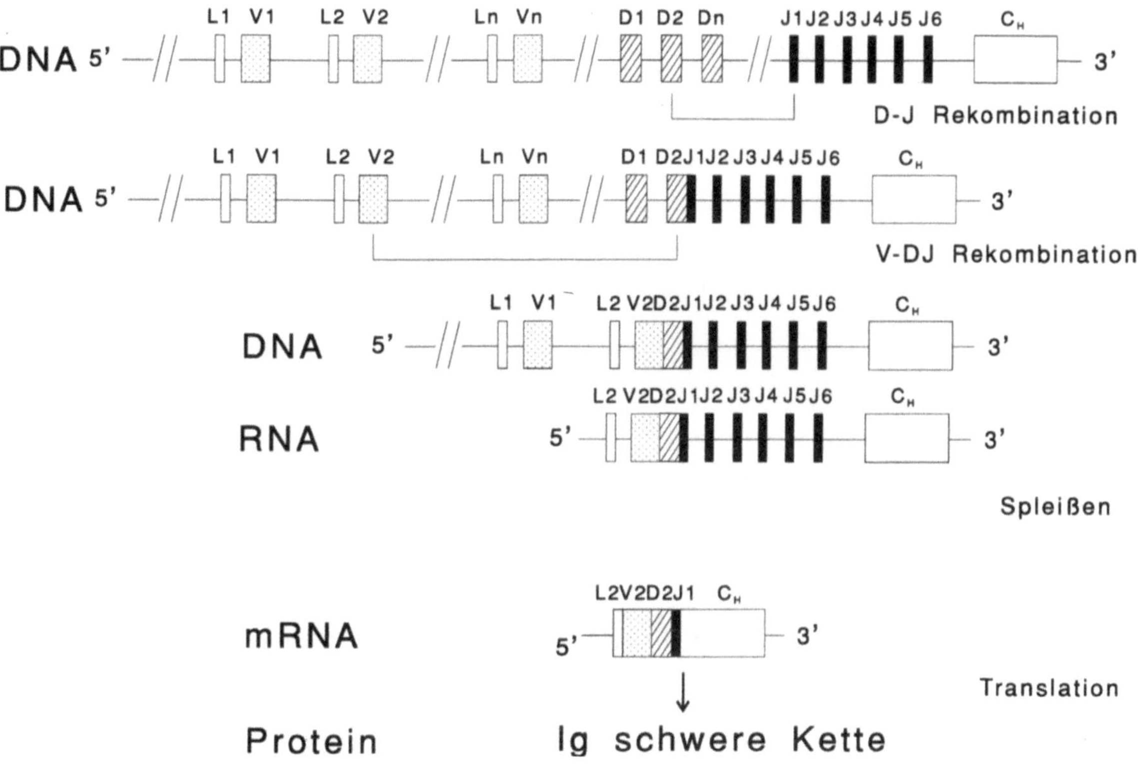

Abb. 11. Schematische Darstellung der verschiedenen, voneinander getrennten Genelemente der schweren Kette des Immunglobulins. In der Zeichnung sind die 6 J Elemente, einige V und D Segmente und, vereinfachend ein Segment für die konstante Region abgebildet (CH). Die Abbildung zeigt den Ablauf des Rearrangements bis zur Synthese einer schweren Kette eines Immunglobulins

Autoradiographie sichtbaren Signal. Abbildung 12 zeigt einen Southern Blot der DNA des peripheren Blutes von Gesunden und Leukämiepatienten nach Spaltung mit den Restriktionsenzymen Bam HI und Hind III und Hybridisierung mit der Sonde JH für die Joining Region der Ig Schwerkette. Während die DNA der Gesunden nur Keimbahnfragmente (Germline) zeigt, sind bei allen Leukämiepatienten zusätzliche rearrangierte Fragmente sichtbar.

Wie bereits für die Untersuchung von Translokationen erwähnt, müssen auch beim Nachweis spezifischer Rearrangements falsch positive oder falsch negative Ergebnisse durch Einsatz mehrerer Restriktionsenzyme vermieden werden. Wir setzen in unserem Labor routinemäßig die Enzyme Bam HI, Hind III und Eco RI für TCR β und Bam HI/Hind III für Ig Rearrangement ein.

Bei Durchführung dieser Analysen muß man aber immer bedenken, daß der Nachweis eines klonalen Ig oder TCR Rearrangements per se nicht mit der Diagnose eines Malignoms gleichzusetzen ist. Klonale Zellproliferationen finden sich passager auch bei viralen Infekten, bei immunsupprimierten Patienten oder etwa auch in den Gelenkpunktaten von Patienten mit rheumatoider Arthritis. In diesen Fällen können Verlaufskontrollen zur Sicherstellung des Ergebnisses beitragen.

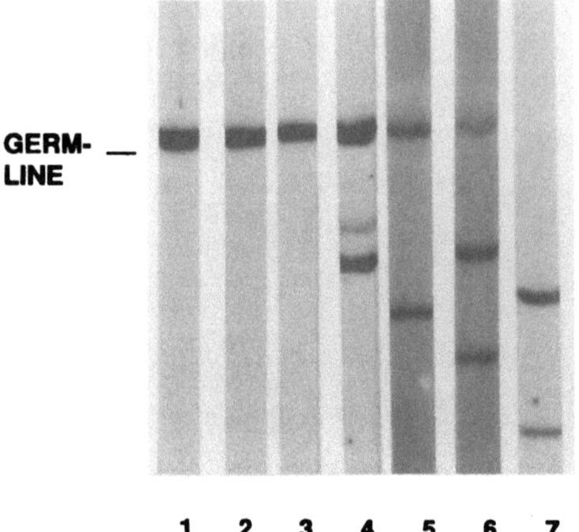

Abb. 12. Southern Blot Analyse des IgH Genlocus von 7 Personen. Die DNA wurde mit den Enzymen Bam HI und Hind III verdaut, geblottet und mit einer für die JH Region des Ig spezifischen Sonde hybridisiert. Bahn 1–3: DNA aus dem peripheren Blut (PB) von drei gesunden Kontrollen. Bei allen drei Personen ist erwartungsgemäß im PB nur das Keimbahnfragment (germline) der nicht rearrangierten Zellen als Bande nachweisbar. Bahn 4–6: DNA aus dem PB dreier Patienten mit ALL: neben dem Keimbahnfragment (germline) sind zusätzliche klonale Banden sichtbar. Bahn 7: DNA aus dem PB eines Patienten mit CLL. Bei diesem Patienten ist kein Keimbahnfragment mehr nachweisbar. Es finden sich nur Fragmente, die klonale Banden repräsentieren

4.2 Anwendungsbeispiele der PCR

Die Amplifikation spezifischer DNA oder RNA Sequenzen mit Hilfe der PCR eröffnete ein weites Einsatzgebiet für diese Methode und ist besonders hilfreich für die Diagnostik verschiedenster Erkrankungen. In diesem Kapitel sollen einige speziell für hämatologische und onkologische Fragestellungen wichtige, gut etablierte Anwendungen vorgestellt werden.

4.2.1 Identifikation von Mutationen

Viele Erkrankungen sind das Resultat einer Mutation in einem einzelnen Gen und die Identifikation der Mutation ist daher oft von großem Interesse. Bis vor relativ kurzer Zeit waren der Southern bzw. der Northern Blot sowie die Sequenzierung klonierter cDNAs die einzigen geeigneten Nachweismethoden für Mutationen. Heute hingegen wird die Detektion von Mutationen überwiegend mit Hilfe der PCR durchgeführt. Spezifische DNA Sequenzen werden amplifiziert und der Mutationsanalyse, meist durch direkte Sequenzierung des PCR Produkts, unterworfen. Dadurch geht es nicht nur einfacher und schneller, Proben, die vermutlich eine Mutation tragen, zu analysieren, es können auch Untersuchungen vorgenommen werden, die früher aufgrund des Arbeitsaufwandes unmöglich waren.

Für die Analyse wird die DNA Region bzw. sukzessive das gesamte Gen, in dem die Mutation vermutet wird, mittels einer oder mehrerer PCR Reaktionen amplifiziert. Jedes PCR Produkt kann danach mit Hilfe einer Reihe von Methoden auf das

Vorhandensein einer Mutation getestet werden. Neben einer Restriktionsenzymspaltung, die die Detektion der Mutation analog zum Southern Blot ermöglicht, kann das PCR Produkt auch direkt sequenziert werden. Diesem genauesten, aber aufwendigsten Mutationsnachweis können Screening Verfahren, wie

- denaturierende Gradientengel Elektrophorese (DGGE)
- Single Strand Conformation Polymorphismus Analyse (SSCP)
- oder Temperatur Gradientengel Elektrophorese (TGGE)
  vorgeschaltet sein.

Auf eine detaillierte Beschreibung dieser Techniken wird in diesem Artikel verzichtet. Der interessierte Leser wird auf die entsprechende Fachliteratur verwiesen. Prinzipiell beruhen die Verfahren auf einer Änderung des elektrophoretischen Wanderungsverhaltens eines DNA Segments (etwa um 400 bp lang) beim Vorliegen einer Mutation. Durch direkten Vergleich der PCR-Amplifikate unbekannter Proben mit dem PCR Produkt einer Referenzprobe kann man jene Proben, die Mutationen enthalten an ihrer unterschiedlichen elektrophoretischen Wanderung erkennen. Nur diese Proben unterwirft man in der Folge einer Mutationsidentifikation durch Sequenzierung.

Punktmutationen in Onkogenen. Es ist bekannt, daß spezifische Punktmutationen bzw. daraus resultierende Aminosäuresubstitutionen zu stereochemischen Konfigurationsänderungen im Protein führen können. Manche Proteine, z. B. das ras Protein, sind danach keiner Regulation mehr zugänglich. Sie können sozusagen nicht mehr abgeschaltet werden und senden ein anhaltendes Proliferationssignal aus.

Es besteht daher großes Interesse am Nachweis von Punktmutationen in solchen Genen in menschlichen Tumoren. Im *ras* Gen wurden in einer Reihe von Tumoren Mutationen in verschiedenen Regionen des Gens gefunden, z. B. in Codon 12, 13, oder 61. Am häufigsten wurden Mutationen beim Pankras Karzinom beobachtet. Allerdings scheint nach derzeitigem Wissensstand eine prognostische Bedeutung von *ras* Mutationen unwahrscheinlich. Mutationsnachweise im *ras* Gen können jedoch als wertvolle Klonalitätsmarker eingesetzt werden.

Zum Nachweis von Mutationen im *ras* Gen eignen sich mehrere Methoden. Am besten bewährt sich die PCR-Amplifikation der Regionen rund um die mutierten Codons mit anschließender direkter Sequenzierung der amplifizierten DNA Fragmente. Ähnliche Untersuchungen wie für das *ras* Gen können auch für das *p53* Gen durchgeführt werden. Im Detail kann jedoch auf diese Analysen nicht eingegangen werden.

Nachweis von Punktmutationen in „single copy" Genen. Wie eingangs erwähnt, vereinfacht die PCR-Amplifikation den Nachweis von Punktmutationen in „single copy" Genen. Durch indirekte Sequenzierung von PCR-Amplifikaten ist es möglich, den direkten Nachweis der Mutation beim Patienten zu erbringen. Anschließend kann dann eine Überträgerdiagnostik bzw. Pränataldiagnostik für Angehörige des Patienten sehr rasch und sicher durchgeführt werden.

In unserem Labor werden Punktmutationen in Gerinnungsfaktorgenen z. B. im Gen des Gerinnungsinhibitors Protein S bzw. im Gen des Gerinnungsfaktors IX durch direkte Sequenzierung analysiert. Derzeit sind die Methoden noch recht aufwendig, allerdings lassen automatisierte Sequenziergeräte für die Zukunft auf eine vereinfachte Durchführung der Analysen hoffen.

4.2.2 Detektion von Translokationen

Nachweis der Philadelphia Translokation. Der Southern Blot erlaubt zwar einen sicheren Nachweis der Philadelphia Translokation, doch ist die Nachweisgrenze nicht wesentlich höher als mit zytogenetischen Methoden. Im Gegensatz dazu ist es mit Hilfe der PCR Technologie möglich, eine weit höhere Sensitivität zu erreichen.

Die Methode beruht auf der PCR Amplifikation der rekombinierten BCR-ABL Region des Ph-Chromosoms durch Verwendung von BCR- und ABL Oligonukleotiden als 5′ und 3′ Primer. Bei dieser Analyse kann man nicht von DNA ausgehen, da die Bruchpunkte auf DNA Niveau bei den meisten Patienten viele Kilobasen auseinanderliegen. Die DNA Polymerase kann derartige Distanzen nicht überbrücken. Verwendet man jedoch RNA als Ausgangsmaterial, so finden sich darin die relevanten Exonsequenzen des BCR und ABL Gens durch Elimination der Intronregionen während des Spleißvorganges innerhalb eines relativ kurzen Bereichs miteinander verknüpft. Für die PCR Untersuchung der BCR-ABL Translokation ist es erforderlich aus mononukleären Zellen zunächst RNA zu präparieren, diese in cDNA umzuschreiben und die cDNA dann in der PCR Reaktion zu amplifizieren. Mit Hilfe dieser Vorgangsweise kann man *eine* Leukämiezelle in 10000 normalen Zellen detektieren. Um die Sensitivität und Spezifität der Reaktion weiter zu erhöhen kann man zwei PCR Amplifikationen hintereinanderschalten. Man wählt dabei für die zweite Reaktion Primersequenzen, die innerhalb des Amplifikationsproduktes der ersten PCR liegen. Nur ein Produkt, welches diese Sequenzen enthält, kann in der zweiten PCR Reaktion verstärkt werden. Mit Hilfe dieser sogenannten „nested primer" PCR kann man die Spezifität und die Sensitivität der PCR erhöhen. Man kann *eine* Leukämiezelle in 100000 bis 1000000 Normalzellen detektieren. Diese enorme Sensitivität ist vor allem deshalb interessant, weil bei Ph-positiven CML Patienten Knochenmarkstransplantation oder Interferontherapie als kurative Methoden eingesetzt werden. Beide Therapien streben eine vollständige Eliminierung der leukämischen Zellen an, und daher sind hochsensitive Nachweisverfahren zur Detektion des Krankheitsmarkers erstrebenswert.

In mehreren Veröffentlichungen konnte allerdings gezeigt werden, daß bei einigen Patienten, die sich z. B. nach Knochenmarkstransplantationen über längere Zeit in vollständiger hämatologischer und zytogenetischer Remission befanden und bei denen auch im Southern Blot keine Leukämiemarker nachweisbar waren, in der nested Primer PCR residuelle CML Marker identifizierbar waren. Die klinische Relevanz dieser Beobachtungen ist bis jetzt nicht eindeutig geklärt.

Der Nachweis der Philadelphia Translokation mit der RT-PCR Methode wird seit mehreren Jahren auch klinisch diagnostisch angewandt, und in unserem Labor regelmäßig durchgeführt.

Nachweis anderer Translokationen. In letzter Zeit werden zunehmend auch noch andere Translokationen mit derselben Technik untersucht, z. B. die für die Promyelozytenleukämie charakteristische reziproke Translokation zwischen Chromosom 15 und

17, die zur Ausbildung einer chimären RNA zwischen dem *PML* Gen und dem *RARα* Gen, und der Entstehung eines chimären Proteins führt. Während man den genauen Wirkungsmechanismus und die Funktion des chimären Proteins noch nicht kennt, kann man den Nachweis der Translokation für diagnostische Zwecke und zur Therapieüberwachung bereits sehr effizient einsetzen. Neben den oben beschriebenen Translokationen sind vor allem noch Translokationen zu erwähnen, die das lymphatische System betreffen. Diese Translokationen involvieren in der Regel Chromosomenregionen im Bereich der Immunglobulin oder der T-Zellrezeptor Loci, und sind häufig mit der Aktivierung von Onkogenen verbunden, die dadurch hervorgerufen werden, daß diese Onkogene durch die Chromosomenaberration in die Nähe des Ig oder TCR Locus verschoben werden. Sehr gut charakterisiert sind die bei Burkitt Lymphomen auftretende t(8;14)(q24;q32) und die bei follikulären Lymphomen häufige t(14;18)(q32;q21).

Durch die Translokation 14;18 wird das *bcl*-2 Gen, welches für ein membranassoziiertes Protein kodiert, mit Sequenzen der *Ig* Gene verbunden. In mehr als der Hälfte der Fälle ist der Bruchpunkt am Chromosom 18 in einer nur 150 bp langen Region lokalisiert. Das Chromosom 18 Fragment wird an einer der 6 J Regionen der schweren Kette des Ig angelagert. Daher ist es in den meisten Patienten möglich, mit der PCR ein für die Translokation spezifisches Produkt zu amplifizieren, welches auch für die malignen Zellen spezifisch ist.

Zum Nachweis der 14;18 Translokation kann man DNA verwenden, welche grundsätzlich jedem Untersuchungsmaterial entstammen kann. Unter Verwendung eines bcl-2 spezifischen Primers und eines Primers, der eine allen sechs J Segmenten des Ig gemeinsame Sequenz (Consensus Sequenz) enthält, wird eine Amplifikation eines spezifischen PCR Fragments nur von einer DNA, die aus Zellen, die die Translokation tragen, isoliert wurde, erfolgen. Die Nachweisgrenze der Methode liegt bei *einer* malignen in 1 000 000 normalen Zellen, und ist sehr bedeutsam für die Diagnostik und Behandlung (autologe Knochenmarkstransplantation) dieser Gruppe von Lymphomen.

4.2.3 Amplifikation hochvariabler Regionen in humanen Genen

In den letzten zwei Jahren wurde eine Reihe hochvariabler Regionen im menschlichen Genom beschrieben. Die Variabilität dieser Regionen beruht auf einer tandemartigen Hintereinanderschaltung einer unterschiedlichen Anzahl kleiner DNA Segmente (2 bp bis einige bp lang).

Eine solche VNTR Region (variable number tandem repeats), die im *von Willebrand Faktor* (*vWF*) Gen lokalisiert ist, wird in unserem Labor zum Nachweis von Spenderzellen in knochenmarktransplantierten Patienten verwendet.

Der Nachweis von Spenderzellen in transplantierten Patienten wurde bisher mit immunologischen Methoden bzw. zytogenetischen Verfahren durchgeführt. Der Nachteil dieser Methoden liegt vor allem darin, daß während der ersten Wochen nach der Transplantation oft nicht ausreichend Testmaterial für die Analysen zur Verfügung steht. Durch die PCR Amplifikation einer Genregion wird die Sensitivität zigfach erhöht, so daß schon nach ca. einer Woche erfolgreiche Untersuchungen durchgeführt werden können. Für die Analyse wird vor der Transplantation das periphere

Blut des Knochenmarkspenders und des Empfängers einer PCR Analyse unter Verwendung vWF spezifischer Primer unterzogen. In 80% aller Spender — Empfängerpaare ist eine Unterscheidung des Spender- und Empfänger-Genotyps nach Analyse der PCR Amplifikationsprodukte auf einem Polyacrylamidgel möglich. Durch Kombination der VNTR Region im *vWF* Gen mit einer zweiten am q-Arm des Chromosom 12 gelegenen VNTR Region ist nach unserer Erfahrung eine Unterscheidung in 95 – 98% aller Transplantations-Patienten zu erreichen.

Da für diese Analyse nur 300 µl Blut und Zellzahlen von etwa 100 Zellen pro µl erforderlich sind, eignet sich die Methode hervorragend zur frühzeitigen Feststellung des Engraftments von Spenderzellen. Zuverlässige Ergebnisse sind in der Regel schon nach 8 – 10 Tagen zu erreichen.

4.2.4 Amplifikationen von DNA in intakten Zellen

Trotz der in den vorhergehenden Abschnitten ausführlich betonten Bedeutung der PCR gibt es eine wesentliche Grenze der Methode. Die Reaktion findet üblicherweise an isolierter DNA bzw. RNA statt, so daß eine direkte Korrelation der PCR Resultate mit den pathologischen Charakteristika des Untersuchungsmaterials nicht erfolgen kann. Sicherlich ist dies nicht für alle Fragestellungen wichtig, doch manchmal wäre es von großem Informationswert, zu wissen, welche Zellen die DNA oder RNA Templates enthalten, welche in der PCR amplifiziert werden.

Die Entwicklung der PCR in situ Hybridisierungstechnik, die sicher in der Zukunft noch Verbesserungen erfahren wird, liefert einen wesentlichen Beitrag zur Lösung dieses Problems und soll daher kurz angesprochen werden.

Die Methode beruht auf der Amplifikation von DNA in intakten Zellen, wobei man ein Vorgehen wählt, welches die Morphologie der Zelle nicht zerstört.

Schon die in situ Hybridisierung bedient sich molekularbiologischer Techniken zum Nachweis von DNA bzw. RNA in Zellen, wobei die Morphologie der Zellen intakt bleibt und beurteilt werden kann. Der Nachteil der konventionellen in situ Hybridisierung liegt in ihrer für viele Fragestellungen zu geringen Sensitivität. Man benötigt etwa 20 Kopien eines Gens pro Zelle zum in situ Nachweis (im Vergleich dazu: im Southern Blot benötigt man nur 1 Kopie eines Gens pro 100 Zellen zur Detektion, in der PCR kann man 1 Kopie pro 100000 – 1000000 Zellen identifizieren).

Bei der in situ PCR Technik wird die Targetsequenz in der Zelle amplifiziert und damit die Sensitivität der in situ Hybridisierung enorm erhöht.

Prinzipiell werden heute zwei unterschiedliche Strategien verwendet.

- PCR-In-situ-Hybridisierung
  Bei dieser Methode wird zunächst nicht markierte DNA amplifiziert, die anschließend durch markierte Sonden detektiert wird.
- In-situ-PCR

Diese Strategie verwendet markierte Nukleotide, die während der PCR in die amplifizierte DNA eingebaut werden.

Der wesentlichste Schritt bei beiden Methoden ist die optimale Vorbereitung des Untersuchungsmaterials. Besondere Bedeutung haben die Formalinfixierung und die Proteasebehandlung des Gewebes. Sie müssen sorgfältig und gründlich erfolgen. Die

PCR-Reaktion wird direkt am Objektträger durchgeführt, indem man zu dem fixierten Gewebe die PCR-Reagentien (etwa 10 µl) zugibt, mit einem Deckglas abschließt und den Objektträger auf das PCR-Gerät auflegt. Natürlich muß man für einen sehr guten Temperaturkontakt zwischen den Beiden sorgen. Dies kann man folgendermaßen erreichen: der Objektträger wird in eine kleine Wanne aus Alufolie, in welche etwas Öl eingefüllt wird, eingelegt, und dann auf einen PCR-Prozessor aufgelegt. Interessanterweise kommt es zu einer Amplifikation der Targetsequenz innerhalb der Zellen. Bei Wahl eines geeigneten Primerpaares verbleibt das amplifizierte Produkt in den Zellen und kann dort mikroskopisch nach Durchführung der entsprechenden Färbereaktion detektiert werden.

Bisher sind einige Publikationen über Virusnachweis mittels In-situ-PCR (z. B. human papillomavirus, human immundeficiency virus) erschienen. Erste erfolgversprechende Berichte gibt es auch über in situ RT-PCR zum Nachweis von mRNA in bestimmten Zellen (z. B. Masernvirus in einer infizierten Zellinie).

Die In-situ-PCR-Methode wird sicher in allernächster Zeit große Bedeutung für die Diagnostik bekommen. Eine rasche Weiterentwicklung der derzeit noch recht anspruchsvollen und arbeitsaufwendigen Methode ist daher zu erwarten. Eine detaillierte Beschreibung der in Entwicklung befindlichen Techniken erscheint allerdings im Augenblick in diesem Kapitel nicht sinnvoll. Der interessierte Leser wird auf die Fachliteratur verwiesen.

Literatur

Arnheim N, Ehrlich H (1992) Polymerase chain reaction strategy. Annu Rev Biochem 61:131–156

Bertram SS, Gassen HG (1991) Gentechnische Methoden. Gustav Fischer Verlag, Stuttgart Jena New York

Cossman J (1990) Molecular genetics in cancer diagnosis. Elsevier, New York Amsterdam London

Davis LG, Dibner MD, Battey JD (1986) Basic methods in molecular biology. Elsevier Science Publishers BV, Amsterdam

Hentze MW, Kulozik AE, Bartram CR (1990) Einführung in die medizinische Molekularbiologie. Grundlagen, Klinik, Perspektiven. Springer Verlag, Berlin Heidelberg New York

Higuchi R, Kwok S (1989) Avoiding false positives with PCR. Nature 339:237–238

Innis AM, Gelfand DH, Sninsky JJ, White TJ (1990) PCR Protocols. A guide to methods and applications. Academic Press Inc., San Diego, California

Mullis K, Faloona F, Scharf S, Saiki R, Horn G, Ehrlich H (1986) Specific enzymatic amplification of DNA in vitro: The polymerase chain reaction. Cold Spring Harbor Symp 51:263–273

Nuovo GJ (1992) PCR in situ Hybridization. Raven Press, New York

McPherson MJ, Quirke P, Taylor GR (1991) PCR: a practical approach. Oxford University Press, Oxford

Rolfs A, Schuller I, Finckh U, Weber-Rolfs I (1992) PCR: Clinical Diagnostics and Research, Springer Laboratory. Springer Verlag, Berlin Heidelberg New York

Sambrook J, Fritsch EF, Maniatis T (1989) Molecular cloning: a laboratory manual (2nd ed). Cold Spring Harbor Laboratory press, New York

Saiki RK, Gelfand DH, Stoffel S, Scharf SJ, Higuchi R, Horn GT, Mullis KB, Ehrlich HA (1988) Primer directed enzymatic amplification of DNA with a thermostable DNA polymerase. Science 239:487–491

G. GASTL

1 Einleitung

Durch die epidemische Ausbreitung der HIV Infektion waren Maßnahmen zur Diagnose und Verlaufskontrolle dieser Infektionserkrankung dringend erforderlich. Kenntnis der molekularen Struktur des HIV, sowie neue virologische und immunologische Methoden zum Virusnachweis und zur Beurteilung des Krankheitsverlaufes ermöglichen heute eine sichere und frühzeitige Diagnose und Verlaufskontrolle der HIV-1 Infektion. Neue Methoden zum direkten Virusnachweis wie DNA Amplifikation mittels Polymerase-Kettenreaktion (PCR) oder die quantitative Plasmakultur werden in Zukunft die bisher verwendeten, serologischen Testverfahren ergänzen.

2 Primäre Untersuchungen zur Feststellung der Seropositivität

Der konventionelle, serologische Nachweis einer HIV Infektion umfaßt einen Suchtest und einen Bestätigungstest. Der Erfolg der serologischen Diagnostik beruht auf der Beobachtung, daß die überwiegende Mehrzahl der HIV Infizierten innerhalb von 3 – 6 Monaten nach Virusexposition HIV spezifische Antikörper im Serum aufweist. Als Suchtests stehen verschiedene kommerzielle HIV-spezifische ELISA (enzyme linked immunsorbent assay) zur Verfügung. Ein positives Ergebnis im HIV-Suchtest muß in jedem Fall durch einen Bestätigungstest abgesichert werden (Abb. 1).

2.1 Herstellung der Antigene

Die erste Generation von serologischen Tests basierte auf der Verwendung von Viruslysaten aus HIV infizierten, lymphatischen Zellinien (z. B. humane Leukämiezellinien H9 oder CEM). Zur Verbesserung der Sensitivität und Spezifität von ELISA und Westernblots werden die Viruslysate aus Zellkulturen zunehmend durch rekombinante Virusproteine als Antigene ersetzt. Trotz unterschiedlicher Glykosilierung rekombinanter Antigene werden diese von HIV spezifischen Serumantikörpern gebunden. Dies ermöglichte die Entwicklung von sensitiven, serologischen Tests zum Nachweis spezifischer HIV Antikörper z. B. von gp160-spezifischen Antikörpern zum Nachweis einer Immunisierung mit gp160 Vakzine. Eine weitere Entwicklung stellen HIV-spezifische, synthetische Peptide dar. Damit stehen antigene Epitope in maximaler Konzentration für immunologische Testverfahren zur Verfügung. Da je-

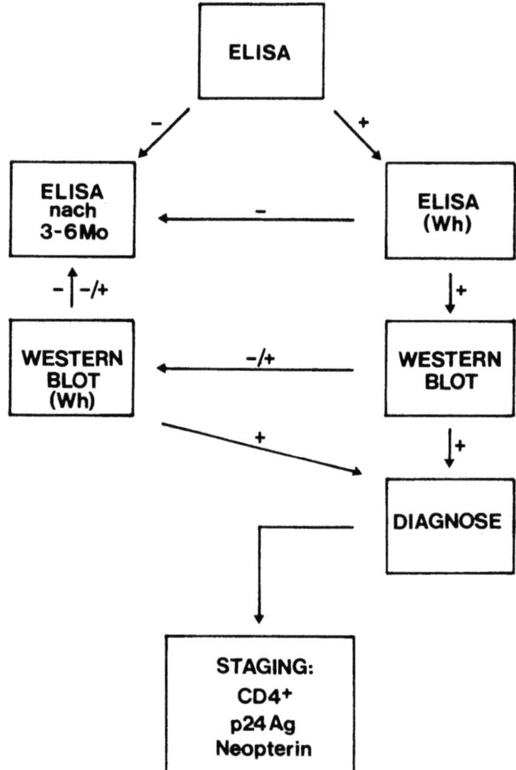

Abb. 1. Abfolge serologischer Tests zur Diagnose einer HIV-Infektion (± = nicht interpretierbarer Befund; siehe Text)

doch synthetische Peptide bevorzugt gegen lineare Epitope gerichtete Antikörper erfassen, können Antikörper mit Spezifität für konformationelle Epitope unerkannt bleiben.

2.2 HIV ELISA

Seit 1984 wurden in Europa und den USA mehrere HIV-1-spezifischen Suchtests entwickelt. Die meisten dieser Assays verwenden ein indirektes Antikörperbindungsverfahren mit Antigenfixierung an Mikrotiterplatten oder Polystyrol- bzw. Latexpartikel (solide Phase). Kommerziell erhältliche Antigenpräparationen von Viruslysaten sind unterschiedlich zusammengesetzt, schließen jedoch immer beide externen Glykoproteine der Virushülle, gp160 und gp120, sowie die von gag kodierten Proteine p24 und p17 mit ein (Tabelle 1).

Prinzip Testserum wird für eine vom Hersteller des ELISA empfohlenen Zeitdauer mit der antigenhaltigen, soliden Phase inkubiert. Nicht gebundene Serumantikörper werden durch einen Waschprozeß entfernt. Um den Anteil falsch positiver Testergebnisse zu vermindern, wird bei einigen kommerziellen ELISA Kits von der Verwendung hitzeinaktivierter Serumproben abgeraten. HIV-1 spezifische oder mit HIV-1 Protein kreuzreagierenden Serumantikörper bleiben an die solide Phase gebunden und werden mit Hilfe eines enzymmarkierten antihuman-Immunglobulin Antikörpers nachgewiesen. Die meisten Assays verwenden als Markierungsenzym entweder alkalische Phosphatase oder Peroxidase. Der Nachweis von gebundenem, enzymmarkiertem Immunglobulin erfolgt schließlich durch eine Farbstoffreaktion nach Zugabe einer adäquaten Substratlösung. Die Geschwindigkeit und Intensität der Farbstoffreaktion ist direkt proportional der gebundenen Enzymmenge bzw. der Konzentration von gebundenen anti-HIV Antikörpern. Die Intensität der Farbreaktion, gemessen an der optischen Dichte (OD), wird spektrophotometrisch bestimmt. Durch Miteinschluß von positiven und negativen Kontrollseren wird eine Standardkurve erstellt und diese mit den OD Werten von Kontrollseren verglichen.

- Der Abbot HIV ELISA Diagnostic Kit (Abott ELISA Kit) enthält   **Reagenzien**
  - HIV Antigen-beladene Plastikkügelchen ("beads")
  - antihuman IgG (Ziege) – Peroxidase-konjugiert
  - HIV-positives humanes Kontrollplasma (vorverdünnt)
  - HIV-negatives humanes Kontrollplasma (vorverdünnt)
  - Verdünnungslösung für Humanplasma
  - o-Phenyldiamin-2 HCl (OPD) (Tabletten)
  - Verdünnungsmittel für OPD (Zitratphosphat + 0,02 % H_2O_2)
  - 1 N H_2SO_4
- Abott Quantum II Analyzer (Photometer) und Abott Pentawash II Bead Washer
- Wasserbad (40 °C)
- Aqua dest.

- Die Kontrollplasmen werden in Triplikaten getestet. Einem Röhrchen mit verdünntem Testplasma (10 µl Plasma + 200 µl Diluent) wird jeweils ein Antigen-„bead" zugefügt und für 1 h bei 40 °C inkubiert.   **Durchführung**
- 3× Waschen der „beads" mit Aqua dest.
- Zugabe von 200 µl Konjugat (antihuman IgG) und Inkubation für 2 h bei 40 °C.
- Aspiration der Konjugatlösung und 3× Waschen der „beads" mit Aqua dest.
- 300 µl frisch zubereitete OPD Lösung (5 ml auf Diluent/1 OPD Tablette) wird dem „bead" in einem Teströhrchen zugegeben.
- Nach 30 min Inkubation bei Raumtemperatur wird die Farbreaktion mit 1 ml H_2SO_4 gestoppt und die Absorption der Testlösung bei 492 nm photometrisch bestimmt. Als unterer positiver Grenzwert („cut off") gilt der Absorbtionswert der negativen Kontrolle + 0,1 × Mittelwert der positiven Kontrolle. Die Differenz der Mittelwerte von Positiv- und Negativkontrollen sollte > 0,4 liegen.

In Studien von Personen mit hohem HIV Infektionsrisiko zeigen die meisten dieser **Bewertung** kommerziellen Suchtests eine Sensitivität von zumindest 99,5 % und eine Spezifität von über 99,8 % (CDC, 1988). In Populationen mit niedrigem Infektionsrisiko kann jedoch die Rate falsch-positiver Suchtestergebnisse bedeutend höher liegen. Die Rate falsch-negativer Testergebnisse in HIV-1 Suchtests wird derzeit mit ca. < 1/40 000 angegeben (Ward et al. 1988). Die Ursachen für falsch-positive Testergebnisse sind neben technischen Fehlern meist kreuzreagierende Antikörper gegen HLA-Antigene der Klasse II, welche an zellulären Kontaminanten in Viruslysaten binden. Die Verwendung der CEM Zellinie zur Viruskultur beseitigt diese Ursache von Kreuzreakti-

vität im HIV-1 ELISA (Schwartz et al. 1988). Andere Ursachen für falsch-positive
Testergebnisse im HIV-1 Suchtest sind Autoantikörper (z. B. antimitochondriale oder
antinukleäre Antikörper), hitzeinaktivierte Serumproben, schwere Lebererkrankungen, Neoplasien und die Gabe von Immunglobulinen. Falsch negative Suchtestergebnisse wurden vor Eintritt der Serumkonversion und bei Patienten mit B-Zell-Dys-
funktionen (z. B. Hypogammaglobulinämie) beobachtet.

2.3 Bestätigungstestverfahren

2.3.1 HIV-Westernblot

Prinzip   Der HIV-Westernblot (Immunoblot) ist gegenwärtig der zuverlässigste Bestätigungstest in der HIV Diagnostik. Er ist angezeigt, wenn der Suchtest ein positives oder
grenzwertiges Ergebnis zeigt (Abb. 1). Der HIV-1 Westernblot stellt eine Methode
dar, bei welcher partiell gereinigte oder rekombinante Virusproteine, entsprechend
ihrem Molekulargewicht mittels Gelelektrophorese aufgetrennt und auf eine Nitro-
zellosemembran transferiert werden (Immunoblotting). Eine Reaktion HIV-spezifischer Antikörper des Patientenserums mit diesen Proteinen wird durch eine nachfolgende Farbreaktion mit Hilfe eines enzymmarkierten antihuman-IgG Antikörpers
sichtbar gemacht (Abb. 2). Positive und negative Kontrollseren sollten zur Beurteilung von Testergebnissen im HIV-1 Westernblot mitgeführt werden (Consortium for
Retrovirus Serology Standardization, 1988; CDC, 1989).

Durchführung   Mit Hilfe kommerzieller Testkits

- Auftrennung der HIV-Proteinpräparation (HIV-1 oder HIV-2) inklusive gefärbter
  Molekulargewichtsstandards mittels SDS-PAGE (Garfin 1990).
- Elektrotransfer der Proteinfraktionen auf eine Nitrozellulosemembran und
  Schneiden der Membran in einzelne Teststreifen.
- Waschen der Membran (10 min) in TBS (0,02 M Tris-HCl, 0,5 M NaCl, pH 7,5).
- Blockierung der Membran mit 3% Gelatine (3 g Gelatine in 100 ml TBS) oder al-
  ternativ mit 3% fötalem Kälberserum (FCS) bzw. Rinder-Serumalbumin (BSA).
- 2× Waschen (jeweils 5 min) der Membran in TBS mit 0,05% Tween 20 (TTBS).
- Inkubation von Membranstreifen mit Testserum (1−2 h) bei Raumtemperatur.
- Waschen mit TTBS (3×5 min).
- Inkubation mit verdünntem, Enzym-konjugiertem antihuman-IgG Antikörper
  (Verdünnung in TTBS+1% Gelatine oder FCS bzw. BSA) für 1−2 h bei Raum-
  temperatur.
- Waschen (2×5 min) mit TTBS
- Waschen mit TBS zur Entfernung von Tween 20.
- Inkubation der Membran mit Substratlösung.
- Spülen mit Aqua dest. zur Beendigung der Farbreaktion und Trocknen der Im-
  munoblotstreifen.

Bewertung   Diese Methode zeigt, gegen welche der HIV-Proteine Serumantikörper gebildet wurden (Tabelle 1, Abb. 2). Der HIV-Westernblot weist grundsätzlich Antikörper gegen
die drei Hauptfamilien von Virusproteinen nach: die Produkte des env, gag und pol

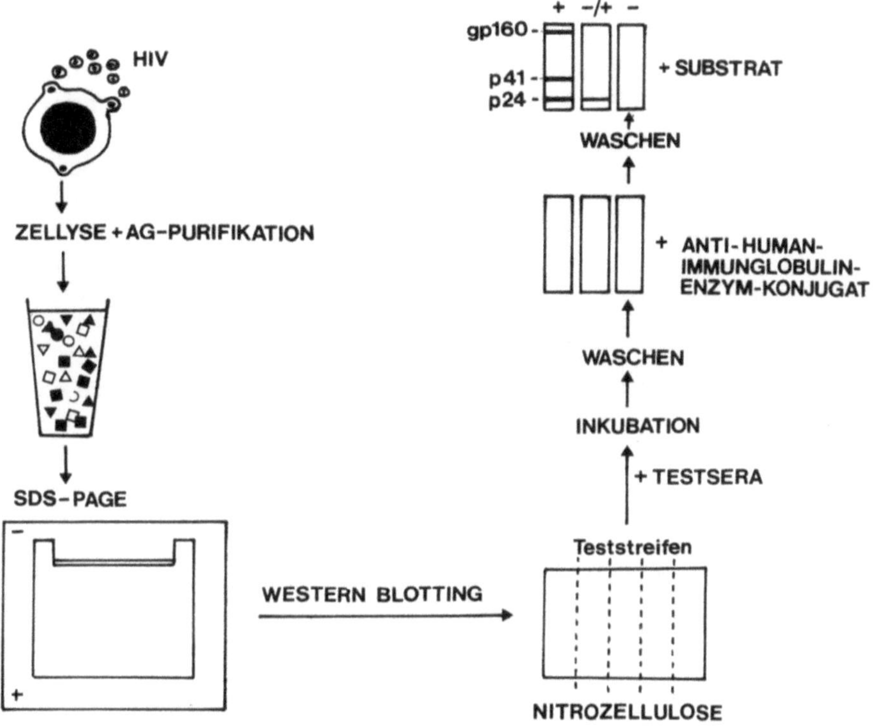

Abb. 2. HIV-spezifischer Westernblot (HIV-1)

Tabelle 1. HIV-Genprodukte (Habermehl et al. 1992)

Gen	HIV-1	HIV-2	Beschreibung
	gp160[a]	gp140	Vorläufer der Hüll-Glykoproteine
env	gp120	gp125	Äußeres Hüll-Glykoprotein
	gp41	gp36/41	Transmembran-Glykoprotein
	p55[b]	p56	Vorläufer der Core-Proteine
gag	p24	p26	Inneres Core-Protein
	p17	p16	Äußeres Core-Protein
	p66	p68	Reverse Transkriptase + RNase H
pol	p51	p53	Reverse Transkriptase
	p32	p34	Endonuklease/Integrase

[a] gp = Glykoprotein; [b] p = Protein; Molekulargewichte in Kilodalton.

Genbereichs. Die meisten Antigenpräparationen für Westernblots sind besonders zur Erfassung von anti-p24 Antikörpern geeignet, welche bereits relativ früh nach Serokonversion nachweisbar sind. Antikörper gegen Produkte anderer Virusgene wie z. B. nef sind durch konventionelle Westernblots nicht nachweisbar.

Die Beurteilung von Ergebnissen im Westernblot kann dadurch erschwert werden, daß die Patienten ein unterschiedliches Reaktionsmuster gegen verschiedene Virusproteine aufweisen oder daß während des Krankheitsverlaufes Veränderungen im Spektrum der nachweisbaren Antikörper auftreten. Weiterhin können unspezifische Reaktionsmuster die Interpretation des Westernblots erschweren.

Ein positives Testergebnis im Immunoblot liegt entsprechend den Kriterien der Deutschen Vereinigung zur Bekämpfung der Viruskrankheiten vor, wenn mindestens zwei HIV Proteine gleichzeitig erkannt werden (Habermehl et al. 1992). Dabei muß eine Reaktion mit mindestens einem env-kodierten Glykoprotein und einem anderen Protein des gag oder pol Bereichs vorliegen. Wegen der gelegentlichen Probleme bei der Differenzierung zwischen gp120 und gp160 von HIV-1 werden diese beiden Glykoproteine bezüglich der Blot-Interpretation wie ein Protein behandelt. Entsprechendes gilt für die Differenzierung zwischen gp125 und gp140 von HIV-2.

Werden diese Kriterien nicht erfüllt, weil lediglich die Hüll-Glykoproteine erkannt werden, nur ein oder mehrere Nicht-Hüll Proteine erkannt werden, die Banden im Glykoproteinbereich uncharakteristisch sind oder nicht eindeutig zuordenbare Banden auftreten, so ist der Befund als „nicht interpretierbar" zu werten. In der Regel ist nach vier Wochen eine Wiederholung mit einer neuen Serumprobe angezeigt (Abb. 1). Wenn nach 6 Monaten kein eindeutig positives Testergebnis vorliegt, kann die Untersuchung als negativ abgeschlossen werden. Diese Beurteilung gilt nicht für die Freigabe von Blut, Blutprodukten, Organ- und Gewebespenden. Hier besteht generell die Empfehlung, bei unklaren Befunden, gleich welcher Art, diese Materialien von der medizinischen Verwendung auszuschließen.

Weist das Patientenserum im HIV-1 Immunoblot eine oder mehrere Banden im gag und/oder pol-Bereich auf ohne im env-Bereich zu reagieren, so ist an das Vorliegen einer HIV-2 Infektion zu denken und eine HIV-2 Immunoblot anzuschließen, für die im Prinzip die gleichen Kriterien gelten wie für HIV-1 (Habermehl et al. 1992).

Ein negativer Befund kann nur erhoben werden, wenn im Westernblot weder virus-spezifische Banden vorhanden sind, noch uncharakteristische oder nicht eindeutig zuordenbare Banden vorliegen. Gegebenenfalls ist aus Sicherheitsgründen nach vier Wochen ein weiterer Immunoblot durchzuführen.

Die meisten kommerziellen HIV-Immunoblots erreichen eine Sensitivität von zumindest 96% (Schwartz et al. 1988). In Kombination mit einem geeigneten Suchtest (HIV-ELISA) sollte unabhängig von der untersuchten Population ein prädiktiver Wert von über 99% erreicht werden.

2.3.2 Immunfluoreszenz

Als weiterer serologischer Bestätigungstest ist der indirekte Immunfluoreszenztest zugelassen. Dieser Test basiert auf einer Objektträgertechnik, bei welcher die Bindung von Testseren an einen fixierten Monolayer von HIV-1 infizierten Zellen (H9, CEM) durch Färbung mit einem Fluoreszin-markierten antihuman-IgG quantifiziert wird. Es hat sich gezeigt, daß diese Methode besondere Erfahrung bezüglich der Technik und der Interpretation erfordert. Vereinzelt wurde eine geringere Sensitivität dieses Tests im Vergleich zum Immunoblot beobachtet. Allgemein gilt die Regel, daß bei negativen oder grenzwertigen Ergebnissen im Immunfluoreszenztest der Immunoblot als Bestätigungstest angeschlossen werden soll.

2.3.3 Radioimmunpräzipitationsassay (RIPA)

Bei diesem Testverfahren werden HIV-infizierte Zellinien (H9, CEM) metabolisch oder an der Zelloberfläche radioaktiv markiert, lysiert und mit Testseren immunpräzipitiert. Die präzipitierten Virusproteine werden anschließend gelelektrophoretisch aufgetrennt. Der Vorteil dieser Methode liegt im Vergleich zum Westernblot in der höheren Sensitivität und Spezifität vor allem im Nachweis von Virusproteinen mit höherem Molekulargewicht z.B. von Hüll-Glykoproteinen.

3 Immunologisches Monitoring bei HIV-Infektion

3.1 p24 Antigentest

Dieser Test erfaßt die Konzentration von freiem oder Immunkomplex-gebundenem p24-Antigen in Serum oder anderen Körperflüssigkeiten und dient der Stadien- und Prognosebeurteilung von HIV-Infizierten.

Mittels eines Antigen-Capture-ELISA wird die Konzentration von viralem p24 Antigen in Serum oder anderen Körperflüssigkeiten bestimmt. Virales p24 Antigen zirkuliert im Blut entweder in freier Form oder in Form von Immunkomplexen. Im konventionellen p24 Antigen Assay wird ausschließlich frei zirkulierendes p24 Antigen nachgewiesen.
Prinzip

- Immunkomplex-gebundenes p24 Antigen wird zuerst von Antikörpern dissoziiert (Miles et al. 1993). Dazu werden 70 µl Plasma oder Serum mit 70 µl Dissoziierungslösung (1,5 M Glycin-HCl, pH 1,8) in 96-well Mikrotiterplatten gemischt und bei 37 °C 90 min lang inkubiert. Dann wird dieses Gemisch mit 70 µl 1,5 M Tris-HCl (pH 7,4) für 2 h neutralisiert und anschließend in einem kommerziellen HIV p24 Antigen-Assay (z.B. Coulter) analysiert.
- frei zirkulierendes p24 Antigen wird parallel mit einer Standardpräparation von p24 Antigen in einem kommerziellen Antigen-Capture-ELISA entsprechend den Anleitungen des Herstellers getestet.

Durchführung

Die Konzentration von freiem p24 Antigen im Serum ist bei HIV Infizierten sehr variabel, weist jedoch individuell Stadien-assoziierte Schwankungen auf. Das p24 Antigen ist häufig bereits Wochen vor Serumkonversion im Blut nachweisbar, eignet sich jedoch wegen des variablen zeitlichen Auftretens und unterschiedlicher Nachweisbarkeit nicht als Screeningmarker (Alter et al. 1990; Busch et al. 1990). Nach Serokonversion ist in der asymptomatischen Phase der HIV Infektion nur bei 20–30% der HIV Infizierten freies p24 Antigen im Serum meßbar. Bei klinischer Manifestation der HIV-induzierten Immundefizienz wird durch Absinken des anti-p24 Antikörpertiters bzw. durch Zunahme der p24 Antigenproduktion häufig freies p24 Antigen im
Bewertung

Serum nachweisbar. Damit erfaßt dieser Test in erster Linie das Ausmaß der Virus-
replikation und erleichtert bei wiederholter Anwendung die Prognosebeurteilung.
Die Gruppe von Patienten mit freiem p24 Antigen im Blut neigt im Gegensatz zur
Gruppe der p24 negativen Infizierten zu einer signifikant rascheren Entwicklung von
AIDS (Moss et al. 1988). Die Behandlung von HIV Infizierten mit antiretroviralen
Therapeutika wie z. B. Zidovudin führt in der Regel zu einem temporären Abfall des
p24 Antigens im Serum.

3.2 Neopterin

Neopterin, ein niedermolekulares Produkt des GTP-Stoffwechsels aus Makrophagen, gilt als sensitiver Marker für die Aktivierung des humanen Monozyten-Makro-
phagensystems. Erhöhte Neopterinwerte werden vor allem bei Virusinfektionen, entzündlichen Erkrankungen, Neoplasien, Allograftabstoßung und bei Immunthera-
pien beobachtet (Fuchs et al. 1988). Die Mehrzahl von seropositiven HIV-Infizierten
zeigt bereits im asymptomatischen Stadium deutlich erhöhte Neopterinwerte in
Serum und Urin. Trotz der geringen Spezifität dieses Befundes bietet sich Neopterin
vor allem als wertvoller Parameter zur Verlaufskontrolle der HIV-Infektion an. Persi-
stierende Neopterinanstiege kündigen eine Progression des Krankheitsbildes an
(Fuchs et al. 1989). Bei AIDS-Patienten im Finalstadium wurden exzessiv erhöhte
Neopterinwerte in Serum und Urin gefunden.

Prinzip   Die Neopterinbestimmung in Serum oder Urinproben erfolgt mittels Radioimmuno-
assay (RIA) bzw. HPLC.

Durchführung
- RIA: Die Durchführung des Neopterin-RIA erfolgt entsprechend den Anleitungen des Herstellers (z. B. Henning, Berlin; IBL, Hamburg). Der häufig verwendete IMMUtest Neopterin (Henning) verwendet ^{125}I-markiertes Neopterin als Tracer und einen polyklonalen anti-Neopterin Antikörper (Schaf). Tracer, Antiserum, Neopterin-Standards und Kontrollseren sind im Kit inkludiert. Serum oder
  Plasma können bei 4 °C für einen Tag, oder bei −20 °C für Monate gelagert werden (Schutz vor Tageslicht). Zur Neopterinbestimmung werden 100 µl der Tracer-
  lösung mit 20 µl Neopterinstandard oder Testserum bzw. Plasma und 100 µl vor-
  präzipitiertem Antiserum gemischt. Dieses Gemisch wird für 1 h lichtgeschützt
  inkubiert, anschließend mit 1 ml Waschlösung gewaschen und bei 2000×g zentrifugiert. Der Überstand wird vorsichtig dekantiert und die Radioaktivität im Präzipitat mittels Gammacounter gemessen.
- HPLC: Diese Methode ermöglicht mit einem HPLC Gerät bis zu 15 000 Analysen
  jährlich und ist vor allem für Neopterinmessungen im Urin geeignet. Fuchs und
  Mitarbeiter berichteten im Detail über die Ausstattung eines geeigneten HPLC
  Systems, Reagenzien und Testdurchführung (Fuchs et al. 1990).

4 Methoden zum direkten Virusnachweis

4.1 Viruskultur

Der Virusnachweis erfolgt üblicherweise aus peripherem Blut. Sowohl mononukleäre Blutzellen als auch Plasma sind zur in vitro Viruskultur verwendbar (Coobs et al. 1988; Ho et al. 1989). Der Virusgehalt in Plasma ist durch Titrierung des Probenmaterials einfach quantifizierbar und deshalb besonders für Verlaufskontrollen geeignet.

Kokultur von Patienten- und normalen Spenderlymphozyten in Gegenwart von IL-2 und PHA zum Nachweis der Virusreplikation in vitro. Der Nachweis der Virusreplikation erfolgt zytopathologisch oder durch Bestimmung der Aktivität von reverser Transkriptase (RT) bzw. der Konzentration von p24 Antigen im Kulturmedium. **Prinzip**

- Ficoll-Hypaque Lösung zur Dichtezentrifugation und Isolierung mononukleärer Blutzellen **Reagenzien**
- RM: RPMI-1640 Zellkulturmedium mit HEPES-Buffer, L-Glutamin, 50 µg/ml Gentamycin
- RC 10: RM + 10% hitzeinaktiviertes FCS
- RC 10/IL-2: RC 10 + 5% Interleukin-2
- Friermedium: RM + 20% FCS + 7,5% Dimethylsulfoxid (DMSO)
- PHA-stimulierte mononukleäre Blutzellen eines HIV-seronegativen Spenders
- Heparinisiertes Blut eines HIV-Infizierten
- RC 10/PHA: RC 10 + 3 µg/ml PHA-P

Mit mononukleären Blutzellen (Dewar et al. 1991) **Durchführung**

- Isolierung von mononukleären Blutzellen aus heparinisiertem Venenblut mittels Dichtezentrifugation (Ficoll-Hypaque), 3× Waschen der isolierten Zellen in jeweils 10 ml RM, Resuspension des Zellpellets in RC 10/IL-2 und Bestimmung der Zellkonzentration.
- Präparation von Spenderzellen: Mononukleäre Blutzellen werden aus heparinisiertem Blut HIV-seronegativer Spender durch Dichtezentrifugation (Ficoll-Hypaque) separiert und 2× in RM gewaschen. $1-2 \times 10^6$ Zellen/ml werden in RC 10/IL-2/PHA-P 72 h lang kultiviert. Anschließend wird die Zellviabilität mittels Trypanblau-Färbung geprüft. Nach 2× Waschen zur Entfernung von PHA-P werden 1×10^6 Zellen/ml in RC 10/IL-2 resuspendiert. PHA-stimulierte Spenderzellen können auch tiefgefroren und bei Bedarf später verwendet werden (Ulrich et al. 1988).
- Kokultur von Patienten- und Spenderzellen mit RC 10/IL-2 in T-25 Zellkulturflaschen im Verhältnis 1:1 und in einer Konzentration von 1×10^6 Zellen/ml (Gesamtvolumen: 10 ml). Frische Spenderzellen sind für die Kokultur zu bevorzugen. Parallele Kulturen von nichtinfizierten Spenderzellen dienen als negative Kontrolle. Als positive Kontrolle sollten positive Patientenblutproben inkludiert werden.
- Die Inkubation der Zellen erfolgt in einem Zellinkubator bei 37 °C, 100% Luftfeuchte und 5% CO_2. Die Hälfte des Kulturmediums (RC 10/IL-2) wird wö-

chentlich dreimal durch frisches Medium ersetzt. Wöchentlich werden einmal frische PHA-stimulierte Spenderlymphozyten zugefügt ($0,5 \times 10^6$ ml). Die Kultur wird längstens 28 Tage fortgeführt. Bei Verwendung des p24 Antigentests kann die Viruskultur nach wiederholtem Nachweis einer Antigenkonzentration von > 125 pg/ml Kulturmedium beendet werden.

- Der Nachweis der Virusreplikation in vitro erfolgt durch zytopathologische Auswertung oder durch Nachweis von RT (Hoffmann et al. 1985) bzw. p24 Antigen (Alter et al. 1990; Busch et al. 1990) in Kulturüberständen. Nach einwöchiger Kulturdauer wird die Zellkultur wöchentlich mehrmals mikroskopisch hinsichtlich Synzytiumbildung und Zelltod als Zeichen der in vitro-Virusreplikation untersucht. Bei extensiver Synzytiumbildung sind hohe RT-Aktivität und p24-Antigenkonzentrationen zu erwarten. Ist dies nicht der Fall, ist an eine Kontamination mit Mykoplasma zu denken (Vasudevachari et al. 1990). Der RT- und p24 Antigen-Assay werden gleichzeitig mit der mikroskopischen Untersuchung durchgeführt. RT-Aktivitätswerte im Kulturmedium über 1×10^5 cpm/ml ($> 2,5 \times$ Negativkontrolle) gelten als positiv.

Durchführung   **Mit Plasma**

- Plasma wird durch Zentrifugation von heparinisiertem Blut ($500 \times$ g, 10 min) gewonnen.
- Ein Pellet von 5×10^6 PHA-stimulierten, normalen Spenderlymphozyten wird zur Infektion mit 1 ml unverdünntem bzw. verdünntem Testplasma resuspendiert und unter wiederholtem Schütteln in einem Brutschrank (37 °C, 5% CO_2) 90 min inkubiert. Dann wird die Zellkultur nach Zugabe von 10 ml RC 10/IL-2 in einer T-25 Kulturflasche in gleicher Weise wie Kokulturen von mononuklearen Blutzellen fortgesetzt und ausgewertet. Dabei ist der p24 Antigenassay wegen seiner ausgeprägten Sensitivität dem RT-Assay vorzuziehen.

4.2 Polymerase chain reaction (PCR)

Die PCR erlaubt den Nachweis eines einzigen HIV Moleküls in 100 000 Zellen (Psallidopoulos et al. 1990). Damit wird der HIV-Nachweis bereits während der Latenzperiode möglich (Ou et al. 1990; Psallidopoulos et al. 1990). Weiters können durch die PCR unklare Befunde im Westernblot bei seropositiven Patienten oder bei Neugeborenen seropositiver Mütter weiter abgeklärt werden. Eine Weiterentwicklung dieser Methode besteht in der Anwendung der quantitativen PCR zur Analyse der Zahl HIV-spezifischer DNA-Kopien (Lefrere et al. 1992). Nachteile dieses Testverfahrens sind der relativ große technische Aufwand und die Möglichkeit falsch-positiver Ergebnisse durch DNA Kontamination (Burke et al. 1988).

Prinzip   DNA des HIV in peripheren Blutzellen wird mit Hilfe HIV-spezifischer Primer und einer thermostabilen DNA Polymerase (Taq) in multiplen Reaktionszyklen amplifiziert. Das Reaktionsprodukt wird anschließend gelelektrophoretisch aufgetrennt. Die Analyse spezifisch amplifizierter DNA-Fragmente erfolgt entweder durch deren Größenbestimmung nach Anfärbung im Agarosegel oder durch Hybridisierung mit HIV-spezifischen Oligonukleotidproben.

- 10× TBE Buffer: In 700 ml destilliertem Wasser werden 84,6 g Tris-Base, 14,9 g Na_2EDTA und 205,4 g Borsäure gelöst. Dann wird das Volumen auf 1 l aufgefüllt und der pH auf 8,0 eingestellt.
- Lysebuffer: Zugabe von 100 µl 0,1% Triton X-100 und 10 µl 0,1% SDS, zu 10 ml TE Buffer (TE Buffer enthält: 10 mM Tris HCl, pH 7,6; 1 mM EDTA, pH 8,0)
- 10× PCR Buffer: 500 µl 1 M KCl, 67 µl 1,5 M Tris HCl (pH 8,3), 25 µl 1 M $MgCl_2$, 100 µl Gelatine (20 mg/ml) und 308 µl H_2O. Lagerung bei −20 °C
- 10× Kinase-Buffer: 250 µl 2 M Tris HCl (pH 8,0), 70 µl 1 M $MgCl_2$, 10 µl 1 M Dithiothreitol und 670 µl H_2O. Lagerung bei −20 °C
- 1,1× Hybridisierungsbuffer: 667 µl 5 M NaCl, 888 µl 0,5 M EDTA und 8,445 ml H_2O. Lagerung bei −20 °C
- 10% Polyacrylamid-Gelelektrophorese (PAGE)-Buffer: 6,25 ml 40% Acrylamid/Bisacrylamid (19:1), 2,5 ml 10× TBE (pH 8,0), 16,2 ml H_2O, 100 µl 10% Ammoniumpersulfat. Nach Zugabe von 20 µl N,N,N′,N′-Tetramethylendiamin wird das Gel in eine vertikale Gelkammer gegossen und ist nach einstündiger Polymerisierung verwendbar.

Reagenzien

Nach Dewar et al. 1991

Durchführung

- Vorbehandlung mononukleärer Blutzellen: Kryopreservierte mononukleäre Blutzellen werden nach dem Auftauen zweimal in RPMI1640/10% FCS gewaschen. 5×10^6 Zellen werden in 10 ml PBS resuspendiert, 2× mit PBS gewaschen (500×g; 5 min), in 1 ml kalter PBS-Lösung resuspendiert, in ein 1,5 ml Eppendorf-Röhrchen gefüllt, bei maximaler Geschwindigkeit in der Mikrozentrifuge 2 min zentrifugiert und nach Entfernung des zellfreien Überstandes bei −70 °C tiefgefroren.
- 5×10^6 frische, Ficoll-separierte mononukleäre Blutzellen werden sofort nach Dichtezentrifugation mit 10 ml kaltem PBS gewaschen und anschließend in der gleichen Weise wie oben beschrieben behandelt.
- Zell-Lyse: Lysebuffer (10 ml) wird unmittelbar vor Anwendung mit 300 µl Proteinase K (20 mg/ml in TE-Buffer) gemischt. Gewaschene mononukleäre Blutzellen (5×10^6) werden in 0,5 ml Lysebuffer resuspendiert und in einem 56 °C Wasserbad für 60 min inkubiert. Dann wird Proteinase K durch Erhitzen des Lysates auf 95 °C (10 min) inaktiviert. Das Zellysat kann kurzfristig bei 4 °C bzw. über Monate bei −20 °C gelagert werden.
- PCR: Für die Zubereitung des Reaktionsgemisches werden folgende Komponenten in der angegebenen Reihenfolge in einem autoklavierten Eppendorf-Röhrchen gemischt: 10 µl 10× PCR-Buffer, 10 µl 2 mM Deoxynukleosidtriphosphat (enthält je 2 mM dATP, dCTP, cGTP und dTTP), 10 µl Primer (je 50 pmol), 0,4 µl Taq Polymerase (= 2 U) und 19,6 µl H_2O. Für multiple Testansätze werden die Volumina der einzelnen Gemischbestandteile entsprechend erhöht. 50 µl dieses Gemisches werden in 0,5 ml Eppendorf-Röhrchen transferiert und mit 50 µl Zellysat (= 1 µg DNA) vermischt. Zusätzlich werden negative Kontrollen (Lysebuffer ohne Zellysat), sowie positive und negative DNA-Kontrollen mitgeführt. Nach kurzem Abzentrifugieren des Reaktionsgemisches wird dieses mit 50 µl Mineralöl abgedeckt. Die Probe wird anschließend in einem Thermal-Cycler (z. B. Perkin-Elmer Cetus) inkubiert. Folgendes Programm empfiehlt sich für die PCR Reaktion − *Zyklus 1:* 3 min bei 94 °C, 2 min bei 55 °C, und 2 min bei 72 °C;

Zyklus 2–31: 1 min bei 94 °C, 2 min bei 55 °C und 2 min bei 72 °C. Nach Abschluß der PCR-Reaktion wird jede Probe mit 50 µl Chloroform vermischt, 30 s zentrifugiert und bei 4 °C gelagert.

- Gelelektrophorese: Die Analyse des PCR Produkts erfolgt durch Elektrophorese in Agarosegel: 1 g Agarose und 3 g Nusieve™-Agarose werden in 100 ml 1× TBE-Buffer sorgfältig vermischt, bis zum Kochen erhitzt und in einem 65 °C Wasserbad abgekühlt. Nach Zugabe von 10 µl Ethidiumbromid (Stocklösung: 10 mg/ml) wird das Gel in eine horizontale Gelkammer gegossen und ist nach ca. 30 min gebrauchsfertig. Zur Elektrophoresekammer wird Laufbuffer (1×TBE) zugegeben, welcher 100 µl Ethidiumbromid/l (kanzerogen!) enthält. Das PCR-Reaktionsgemisch (20 µl pro Testansatz) wird in einer 96-Well Mikrotiterplatte mit 2 µl 10× Bromphenolblau-Lösung gefärbt und im Gel aufgetragen. Molekulargewichtsmarker dienen der Größenbestimmung des Produkts. Zur Elektrophorese wird für ca. 15–20 min eine konstante Spannung von 200 V angelegt. Im UV-Licht sichtbare Banden werden mit Hilfe einer Polaroidkamera fotografiert.
- Neben der Größenbestimmung von HIV-spezifischen PCR-Produkten im Agarosegel kann die amplifizierte DNA auch mit HIV spezifischen Oligonukleotidprobe hybridisiert und gelelektrophoretisch analysiert werden.
- Endmarkierung der Oligonukleotidprobe mit [gamma-^{32}P]ATP: 1 µg Oligonukleotidprobe wird in einem sterilen 1,5 ml Eppendorf-Röhrchen mit 2 ml 10× Kinasebuffer, 5 µl [gamma-^{32}P]ATP (10 mCi/mmol) und 1 µl T4-Polynukleotid-Kinase vermischt. Das Volumen des Reaktionsgemisches wird mit Wasser auf 20 µl aufgefüllt. Dieses Gemisch wird 60 min lang bei 37 °C inkubiert und anschließend zur Enzyminaktivierung für 10 min auf 65 °C erhitzt. Dann werden dem Gemisch 80 µl Tris-EDTA zugegeben und nicht-inkorporierte Isotope säulenchromatographisch (z. B. NenSorb™) abgetrennt.
- Flüssigkeitshybridisierung: Die Hybridisierungslösung enthält 10 µl eines 1,1× Oligomer-Hybridisierungsbuffers und 1 µl radioaktivmarkierte Probe. 10 µl dieser Lösung werden mit 30 µl PCR Produkt gemischt, zentrifugiert, mit 25 µl Mineralöl abgedeckt, und zur Denaturierung der DNA 5 min lang auf 95 °C erhitzt. Dann erfolgt die Hybridisierung für 10 min bei 55 °C. Nach Abkühlung des Reaktionsgemischs auf Raumtemperatur werden 25 µl Chloroform und 4 µl 10× Bromophenolblau-Lösung zugemischt. Das Hybridisierungsprodukt wird in einem 10% Polyacrylamidgel analysiert. Dazu werden 10 µl der Hybridisierungsmischung bei 200 V ca. 30 min lang gelelektrophoretisch aufgetrennt. Als Laufbuffer wird 1× TBE (pH 8,0) verwendet. Das Gel wird anschließend mit Zellophanfolie umhüllt und bei −70 °C autoradiographisch ausgewertet.

Literatur

1. Alter HJ, Epstein JS, Swenson SG, van Raden MJ, Ward JW, Kaslow RA, Menitove JE, Klein HG, Sandler SG, Sayers MH, Hewlett IK, Chernoff AI, and the HIV-Antigen Study Group (1990) Prevalence of human immunodeficiency virus type 1 p24 antigen in U.S. blood donors — an assessment of the efficacy of testing in donor screening. N Engl J Med 323:1312–1317
2. Burke DS, Brundage JF, Redfield RR, Damato JJ, Schable CA, Putman P, Visintine R, Kim HI (1988) Measurements of the false positive rate in a screening program for human immunodeficiency virus infections. N Engl J Med 321:961–1012

3. Busch MP, Taylor PE, Lenes BA, Kleinman SH, Stuart M, Stevens CE, Tomasulo PA, Allain JP, Hollingsworth CG, Mosley JW, and the Transfusion Safety Study Group (1990) Screening of selected male blood donors for p24 antigen of human immunodeficiency virus type 1. N Engl J Med 323:1308–1312

4. Centers for Disease Control (1988) Interpretation and use of the Western blot assay for serodiagnosis of human immunodeficiency virus type 1 infections. Morbid Mortal Weekly Rep 38:1–7

5. Consortium for Retrovirus Serology Standardization (1988) Serologic diagnosis of human immunodeficiency virus infection by Western blot testing. JAMA 260:674–679

6. Coombs RW, Collier AC, Allain JP, Nikopra B, Leuther M, Gjerset GF, Corey L (1989) Plasma viremia in human immunodeficiency virus infections. N Engl J Med 321:1626–1631

7. Dewar RL, Psallidopoulos MC, Salzman NP (1992) Isolation and detection of human immunodeficiency virus. In: Manual of Clinical Laboratory Immunology (4th Edition). Rose NR, De Macario EC, Fahey JL, Friedman H, Penn GM (eds) American Society for Microbiology, p 371–376

8. Fuchs D, Hausen A, Reibnegger G, Werner ER, Dierich MP, Wachter H (1988) Neopterin as a marker for activated cell-mediated immunity: Application in HIV infection. Immunology Today 9:150–155

9. Fuchs D, Werner ER, Wachter H (1992) Soluble products of immune activation: Neopterin. In: Manual of Clinical Laboratory Immunology (4th Edition). Rose NR, De Macario EC, Fahey JL, Friedman H, Penn GM (eds) American Society for Microbiology, p 251–255

10. Fuchs D, Spira TJ, Hausen A, Reibnegger G, Werner ER, Werner-Felmayer G, Wachter H (1989) Neopterin as a marker for disease progression in human immunodeficiency virus type I infection. Clin Chem 35:1746–1749

11. Garfin DE (1990) One-dimensional gel electrophoresis. Methods Enzymol 182:425–441

12. Habermehl KO, Maass G (1992) Interpretation der Immunoblots zum Nachweis von Antikörpern gegen HIV-1 und HIV-2. Dt. Aerzteblatt 89:1556–1557

13. Ho D, Moudgil T, Alam M (1989) Quantitation of human immunodeficiency virus type I in the blood of infected persons. N Engl J Med 321:1621–1625

14. Lefrere JJ, Mariotti M, Wattel E, Lefrere F, Inchauspe G, Costagliola D, Prince A (1992) Towards a new predictor of AIDS progression through the quantitation of HIV-1 copies by PCR in HIV-infected individuals. Brit J Haematol 82:467–471

15. Miles SA, Balden E, Magpantay L, Wei L, Leiblein A, Hofheinz D, Toedter G, Stiehm ER, Bryson Y, and the Southern California Pediatric AIDS Consortium (1993) Rapid serologic testing with immune-complex-dissociated HIV p24 antigen for early detection fo HIV infection in neonates. N Engl J Med 328:297–302

16. Moss AR, Bacchetti P, Osmand D, Krampf W, Chaisson RE, Stites D, Wilber J, Allain JP, Carlson J (1988) Seropositivity for HIV and the development of AIDS or AIDS related condition: Three year follow up of the San Francisco General Hospital cohort. Br Med J 296:745–750

17. Ou CY, Kwok S, Mitchell SW, Mack DH, Sninsky JJ, Krebs JW, Feorino P, Warfield D, Schochetman G (1988) DNA amplification for direct detection of HIV-1 in DNA of peripheral blood mononuclear cells. Sience 239:295–297

18. Psallidopoulos MC, Schnittman SM, Thompson LM, Baseler M, Fauci AS, Lane HC, Salzman NP (1990) Integrated proviral human immunodeficiency virus type 1 is present in CD4+ peripheral blood lymphocytes in healthy seropositive individuals. J Virol 63:4626–4631

19. Schwartz JS, Dans PE, Kinosian BP (1988) Human immunodeficiency virus test evaluation, performance, and use: Proposals to make good tests better. JAMA 259:2574–2579

20. Ulrich PP, Busch MP, El-Beik T, Shiota J, Vennari J, Shriver K, Vyas GN (1988) Assessment of human immunodeficiency virus expression in cocultures of peripheral blood mononuclear cells from healthy seropositive subjects. J Med Virol 25:1–10

21. Vasudevachari MB, Mast TC, Salzman NP (1990) Suppression of HIV-1 reverse transcriptase activity by Mycoplasma contamination of cell cultures. AIDS Res Hum Retroviruses 6:411–416

Sachverzeichnis

AET-Erythrozyten   10
Agglutinationsreaktion in LISS   58, 59
AGS (antihumanes Globulinserum)   52, 53
– monospezifische   53
– polyspezifische   53
AIDS
– Methoden zum Nachweis einer HIV-Infektion
  (s. HIV-Infektion) 263 ff.
– Monitoring, Durchflußzytometrie   175
AIHA (autoimmune hämolytische Anämie)   51 ff.
– Immunkomplexmechanismen   80
– Kälteagglutininsyndrom (s. auch dort)   65–68
– Klassifikation   52
– Kombination von Wärme- und Kälteautoantikör-
  per   72
– Nachweis   51 ff.
– Medikamentenhämolyse, Rolle von Metaboliten   82
– Medikamenten-abhängige Antikörper   82
– medikamentös induzierte   73–78
– – Antikörpernachweis   77
– – Cephalosporinantikörper   79
– – Laborbefunde   73
– – Mechanismen   74
– – Penicillinantikörpernachweis   77, 78
– – Ursachen   75
– negativer Antiglobulintest   69
– spezifische Tests   63
– Testergebnisse   63
– typische Serologie   65
– Wärmeautoantikörper   63, 64
– – Rhesus-Spezifität   65
Alkalidenaturierung, Hämoglobin F   44, 45
alkalische Phosphatase   131
– APAAP-(alkalische Phosphatase-antialkalische Phos-
  phatase)-Färbung   141
Anämie, hämolytische (s. auch AIHA)   51 ff.
Aneuploidie   163
Ankyrin-Quantifizierung, Defekte der Erythrozyten-
  membran   32
– – Strukturuntersuchung   33
Antiglobintest, negativer, Autoimmunhämolyse   69
Antiglobulin-(Coombs)-Test (s. DAT)   51 ff.
Antikörpernachweis / -Charakterisierung   55 ff.
– Agglutinationsreaktion in LISS   58, 59
– enzymbehandelte Erythrozyten   56
– medikamentös induzierte AIHA   77
– Screening-Untersuchungen, Serumantikörper   61

APAAP-(alkalische Phosphatase-antialkalische Phosphatase)-Färbung   141
Autohämolyse, Defekte der Erythrozytenmembran   27

Basenpaarung, Molekularbiologie   217
Blotverfahren   232
– Blotting-Techniken / In-situ-Hybridisierung,
  Vergleich   184
– Dot Blot (s. auch dort)   156, 232
– Northern Blot   238
– Slot Blot   232
– Southern Blot (s. auch dort)   233, 250
– Western Blot, HIV Western Blot   266
Brillant-Kresylblau-Test   42
Bronchiallavagen, Durchflußzytometrie   158

CAF (Zelluloseacetatfolie)   87
– CAF-Elektrophorese   87
cDNA-Amplifikation, PCR   248
Cephalosporinantikörper, medikamentös induzierte
  AIHA   79
Chloracetat-Esterase   133
chromatographische Hämoglobin A2-Messung   46
Chromosomenanomalien, Tumorzytogenetik   112–115
– numerische   112, 113
– strukturelle   113, 114
Coombs-Test (Antiglobulin-(Coombs)-Test / s.
  DAT)   51 ff.
Cytidinmonophosphat, ^{14}C-markiertes   22

DAP-IV-(Dipeptidylaminopeptidase IV)-Methode   134
– Fixierung   135
DAT (Antiglobulin-(Coombs)-Test)   51 ff.
– anti-IgG   54
– Auswertung   54
– anti-C3   54
DEPC-Wasser, Herstellung   224
DHR (Dihydrorhodamine)   167
Digitonin-Lösung   15
DMF (Dimethylformamid)   167
DNA- und RNA-Sonden, In-situ-Hybridisierung   189
DNA-Analyse, Durchflußzytometrie   162–165
– cDNA-Amplifikation, PCR   248
– DNA-Amplifikation   259–261
– DNA-Messung   165
– DNA-Denaturierung, In-situ-Hybridisierung   203
– genomische DNA-Untersuchung   226

DNA-Analyse (Forts.)
– Polymorphismen-Nachweis 250
– Präparation von Zellen, Durchflußzytometrie 164
Donath-Landsteiner-Test 68
Dot Blot 156, 232
– Durchflußzytometer 156
Durchflußzytometrie 153 ff.
– AIDS-Monitoring 175
– Aufbau des Durchflußzytometers 153
– Bronchiallavagen 158
– DNA-Analyse (s. auch dort) 162–165
– Dot Blot 156
– Erfassung intrazellulärer Antigene 161
– Erfassung von Oberflächenantigenen 159
– Farbstoffe 155
– Fixationsmethoden 160
– Fluoreszenzmessung 154
– Histogramm 156
– Knochenmark (s. auch dort) 157, 158, 170
– Leukämiediagnostik 174, 175
– Lichtstreuungsmessung 153, 154
– Lymphknoten 158
– lymphoide Zellen 169
– Lymphome 175
– Messung 155
– Möglichkeiten der Datenverarbeitung 156
– myelomonozytäre Zelldifferenzierung 172
– myeloproliferative Erkrankung 175
– peripheres Blut 157, 158, 173, 174
– – Charakterisierung des peripheren Blutbildes 173
– POX-Nachweis 162
– Präparationsmethoden 157
– Probenzuführung 153
– Punktate 158
– „respiratory burst" / Phagozytenaktivität 167
– Rhodamin Efflux-Messung 165
– Signalverarbeitung 155
– TdT-Nachweis 161
– Zweifachfluoreszenz 177
– Zytostatikaresistenz (s. auch dort) 165

Eisen, zytochemische Substanznachweismethoden 126
Elektrophorese
– CAF-Elektrophorese 87
– Gelelektrophorese (s. auch dort) 87
– Hämoglobinelektrophorese (s. auch dort) 37–41
– M-Gradienten im Serum und Harn (s. auch dort) 89–91
– Puffersysteme für die Membranprotein-Elektrophorese 31
– Stärkegel-Elektrophorese 40
– Zellulose-Azetat-Elektrophorese 38
ELISA
– Ankyrin-Quantifizierung 32
– HIV-ELISA 264
– Spektrin-Quantifizierung 32
Eluatgewinnung aus Patientenerythrozyten 59

Enzymaktivitätsbestimmung mit optischen Tests, Meßansätze 16–20
Enzymnachweismethoden 130 ff.
– Hydrolasen 130, 131
– POX (Peroxidase-Reaktion) 130
Erythrozyten
– AET-Erythrozyten 10
– Autohämolyse 27
– Eluatgewinnung aus Patientenerythrozyten 59
– enzymbehandelte, Immunhämolyse 56
– Hämolysatherstellung 15, 21
– intraerythrozytäre Kalium- und Natrium-Konzentrationen 34
– osmotische Resistenz 1, 2, 27
– PNH-Erythrozyten 10
– Reinigung / Blutprobengewinnung 15, 29
Erythrozytenantikörper
– Immunhämolyse 56
– Nachweis geringer Mengen 69
– Polyäthylen-Glycol-Methode (PEG) 69, 71
– Polybrenetest 69, 70
Erythrozyten-Enzymaktivitäten, Normalwerte 14
Erythrozyten-Enzymdefekte 13 ff.
– als Ursache angeborener hämolytischer Anämien 19
Erythrozytenmorphologie 27
Erythrozytenmembran, Defekte 27 ff.
– Ankyrin-Quantifizierung mittels ELISA 32
– Diagnostik bei Erkrankungen der Erythrozytenmembran 29
– Gelelektrophorese 30
– Membranproteine des Erythrozyten 28
– Puffersysteme für die Membranprotein-Elektrophorese 31
– Spektrin-Quantifizierung mittels ELISA 32
– als Ursache angeborener hämolytischer Anämien 27
Esterasen 132, 133
– Chloracetat-Esterase 133
– saure Esterase-Reaktion (Sest) 133
Exons 219

Färbungen, Immunzytologie 139 ff.
– APAAP-(alkalische Phosphatase-antialkalische Phosphatase)-Färbung 141
– Doppelfärbung 142
– Immunperoxidase-Färbung 140
FISH (Fluoreszenz-in-situ-Hybridisierung) 119 ff.
– in der Onkologie 122, 123
Fluoreszenzmessung, Durchflußzytometrie 154

Gammopathien, monoklonale (s. dort) 85 ff., 99
Gelelektrophorese
– Defekte der Erythrozytenmembran 30
– Natriumdodecylsulfat-Polyacrylamid 30
– Nukleinsäure 225
– Polyacrylamid-Gelelektrophorese 228, 229
– Pulsfeld-Gelelektrophorese 231
– Zitrat-Agar-Gelelektrophorese 41

Gene 219, 220
– Aufbau 219
– Exons 219
– Introns 219
– r-RNA (ribosomale RNA) 219
– Spleißvorgang 219
– Strukturgene 219
– t-RNA (Transfer-RNA) 219
genomische DNA, Untersuchung 226
Genrearrangement, Untersuchung 254
Gensonden
– In-situ-Hybridisierung 192
– Markierung 239
– Oligonukleotidsonde 240
Guanidinium/Phenol, RNA-Isolierungsmethode 223

Haarzelleukämie, Knochenmarkpathologie 147
Ham-Test (Säure-Serum-Test) 9, 10
Hämatologie, International Committee for Standardization in Haematology 13
Hämoglobin
– Plasmahämoglobin (s. dort) 4 ff.
– freies Hämoglobin in Heparinplasma und Serum 5
Hämoglobin A2 46, 47
– chromatographische Methode 46
– Säulenchromatographie, Hämoglobinanalyse 44
Hämoglobin F 44–46
– Alkalidenaturierung 44, 45
– Säure-Elution 44, 45
Hämoglobin S 47–49
– Löslichkeitstest 47, 48
– Sichelzelltest 48, 49
Hämoglobinelektrophorese 37–41
– Stärkeegel-Elektrophorese 40
– Wanderungsmuster 39
– Zellulose-Azetat-Elektrophorese 38
– Zitrat-Agar-Gelelektrophorese 41
Hämoglobinopathien 37 ff.
– diagnostisches Vorgehen 37
– Hämoglobinelektrophorese (s. auch dort) 37–41
Hämoglobinstabilitäts-Teste 41–44
– Brillant-Kresylblau-Test 42
– Hitzestabilitäts-Test 43
– Isopropanol-Test 43
– Methyl-Violett-Test 42
Hämoglobinsynthese und -Struktur 37 ff.
Hämoglobinurie, paroxysmale nächtliche (PNH) 7
Hämolysatherstellung 15, 21
Hämolyse durch Immunmechanismen (s. auch Immunhämolyse) 51 ff.
hämolytische Anämie (s. auch AIHA) 51 ff.
– allgemeine Methoden 1 ff.
– angeborene, Erythrozyten-Enzymdefekte als Ursache (s. auch dort) 13 ff.
Heinz-Körper-Test 6, 7
Hitzestabilitäts-Test 43
HIV-Infektion, Methoden zum Nachweis 263 ff.

– Antigenherstellung 263
– Bestätigungstestverfahren 266–268
– direkter Virusnachweis
– – PCR 272
– – Viruskultur 271
– Feststellung der Seropositivität 263
– HIV-Western Blot 266
– HIV-ELISA 264
– HIV-1 Suchtest 265
– Immunfluoreszenz 268
– Monitoring bei HIV-Infektion (s. auch dort) 269
– Neopterin 270
– p24 Antigentest 269
Hybridisierung (s. auch In-situ-Hybridisierung) 204 ff.
– Durchführung 241 ff.
– Verfahren 238 ff.
Hydrolasen 130, 131

Immunfluoreszenz
– HIV-Infektion 268
– Immunfluoreszenztechnik 135
Immunglobuline, biologische Bedeutung 85 ff.
Immunhämolyse (s. auch AIHA / autoimmune hämolytische Anämie) 51 ff.
– Antikörpercharakterisierung (s. auch dort) 55 ff.
– Diagnose 51 ff.
– Eluatgewinnung 59
– Erythrozytenantikörper 56
– Kälteagglutininsyndrom 65, 66
– Klassifikation 52
– Kombination von Wärme- und Kälteautoantikörper bei AIHA 72
– typische Serologie 65
immunhämolytische Anämien (s. AIHA) 51 ff.
immunologische Defektzustände 85 ff.
Immunperoxidase-Färbung 140
Immunzytologie 137 ff.
– Färbungen (s. auch dort) 139 ff.
– Knochenmark 138
– Untersuchungsmaterial 138
– Zytopräparate 139
In-situ-Hybridisierung 183 ff.
– Anwendungsmöglichkeiten 186
– Arbeitsgrundlagen 188
– Blotting-Techniken / In-situ-Hybridisierung, Vergleich 184
– DNA-Denaturierung 203
– DNA- und RNA-Sonden 189
– Durchführung 241 ff.
– Einsatzspektren 183
– Einzelschritte 200
– Fluoreszenz-In-situ-Hybridisierung (s. auch FISH) 119 ff.
– Gensonden 192
– Materialgewinnung 188
– Nachweismöglichkeit 190
– – nicht-radioaktive 190, 196

In-situ-Hybridisierung (Forts.)
– – radioaktive 190
– Nick-Translation 190
– Objektträgerpräparation 196 ff.
– Onkogennachweis 186
– in der Onkologie 122, 123
– Posthybridisierung 206
– Prähybridisierung 203
– Probenreinigung 195
– Probenwahl 189
– quantitative Analytik 209
– Restriktionen 185
– Spezifikationskontrollen 207
– Verfahren 238 ff.
– Verwendung radioaktiver Nukleide 191
– Virusnachweis 186
– Vorteile der Technik 185
– Zellgewinnung 201
– Zellpermeabilisierung 202
International Committee for Standardization in Haematology 13
Interphasen-Zytogenetik 119 ff.
– Anwendung 122
– Fluoreszenz-in-situ-Hybridisierung (FISH) 119 ff.
– Methodik 120
Introns 219
Isopropanol-Test 43

Kaliumkonzentration, intraerythrozytäre 34
Kälteagglutininsyndrom, autoimmunhämolytische Anämie 65–68
– Diagnose 67
– Donath-Landsteiner-Test 68
– paroxysmale Kältehämoglobinurie 68
– Serologie 66
Knochenmark, Durchfußzytometrie 157, 170
– normales 168
– T-Lymphozyten 170
Knochenmarkbiopsie, immunhistologische 142, 143
– Antikörpermuster 144
– Fibrose und Sklerose 143, 144
– Infiltrationsmuster 143
– Zellularität 142
Knochenmarkimmunhistologie 137 ff.
Knochenmarkpathologie 145
– akute Leukämie 149
– Haarzelleukämie 147
– Karzinominfiltration 149
– Lymphome 145
– Markerprofile 148
– Proliferationsaktivität 149

Leukämie
– akute, Knochenmarkpathologie 149
– Diagnostik, Durchflußzytometrie 175
LISS (Lösungen mit niedrieger NaCl-Ionen-Konzentration) 58

– Agglutinationsreaktion 58
– Herstellung 58, 59
Löslichkeitstest, Hämoglobin S 47, 48
Lymphknoten, Durchflußzytometrie 158
lymphoide Zellen, Durchflußzytometrie 169
Lymphome
– Durchflußzytometrie 175
– Knochenmarkpathologie 145

M-Gradienten im Serum und Harn 89
– Berechnung 96
– Differenzierung 98
– Immunelektrophorese 91
– Immunfixation 95
– Kryoglobuline 98
– monoklonale Gammopathien 99
– Nachweis 89, 98
– Probenvorbereitung 89
– Proteinelektrophorese 89
– unbekannte Signifikanz 99
MCV-Wert 14
MDR (multidrug resistance / pleiotrope Zytostatikaresistenz) 165
Medikamenten-abhängige Antikörper, AIHA 82
Medikamentenhämolyse, Rolle von Metaboliten, AIHA 82
medikamentös induzierte AIHA (s. AIHA) 73–78
Metachromasie-Nachweis mit Toluidinblau 129
Methoden zum Nachweis einer HIV-Infektion (s. HIV-Infektion) 263 ff.
Methyl-Violett-Test 42
MGUS (monoklonale Gammopathie unbekannter Signifikanz) 87, 99
Molekularbiologie, medizinische Diagnostik 215 ff.
– Basenpaarung 217
– Gene (s. auch dort) 219 ff.
– Grundlagen 215
– Nukleinsäuren 215
– Restriktionsenzyme 218
Molybdän-Farbstoff-Methode 21
Monitoring bei HIV-Infektion, p24 Antigentest 269
monoklonale Gammopathien 85 ff.
– M-Gradient im Serum und Harn 99
– MGUS (monoklonale Gammopathie unbekannter Signifikanz) 87, 99
myelomonozytäre Zelldifferenzierung, Durchflußzytometrie 172
myeloproliferative Erkrankung, Durchflußzytometrie 175

NADH 13
NADPH 13
Natiumkonzentration, intraerythrozytäre 34
Natriumdodecylsulfat-Polyacrylamid-Gelelektrophorese 30
Neopterin, Monitoring bei HIV-Infektion 270
NHL (Non-Hodgkin-Lymphome) 137

Nick-Translation, In-situ-Hybridisierung 190
Northern Blot 238
Nukleinsäuren 220 ff.
– Analyse 220
– Analytik 225
– Gelelektrophoresen 225
– Isolierungstechniken 220–223
– Molekularbiologie 215

Oligonukleotidsonde 240
Onkogene
– Nachweis, In-situ-Hybridisierung 186
– PCR 257
osmotische Resistenz 1 ff.
– Defekte der Erythrozytenmembran 27
– Erythrozyten 1, 2
– Inkubation, 24 Stunden 3
– Normalbereiche 2, 3

p24 Antigentest, Monitoring bei HIV-Infektion 269
Pararosanilinlösung 136
paroxysmale Kältehämoglobinurie 68
PAS-(Periodic Acid-Schiff)-Reaktion 127
– in normalen Leukozyten 128
PCR („polymerase-chain-reaction") 242 ff.
– Amplification der cDNA 248
– Anwendungsbeispiele 256
– Artefakte 253
– Durchführung 244
– HIV-Infektion, direkter Virusnachweis 272
– Onkogene 257
– PCR-Analyse von RNA-Molekülen 247
– PCR-Labor, Vermeidung von Kontaminationen 249
– Prinzip 243
– Protokoll 246
– Punktmutationen 257
– Spezifität 244
– SSCP („single strand conformation Polymorphismus-Analyse") 257
Penicillinantikörpernachweis, medikamentös induzierte AIHA 77, 78
Phagozytenaktivität / „respiratory burst", Durchflußzytometrie 167
Plasmahämoglobinbestimmung 4 ff.
– Benzidinmethode 5
– freies Hämoglobin in Heparinplasma und Serum 5
– Spektralfotometer 4
PNH (paroxysmale nächtliche Hämoglobinurie) 7, 8
– Erythrozyten 10
– Screening-Teste 7
– Sucrose-Hämolyse-Test 7, 8
Polyacrylamid Gelelektrophorese 228, 229
Polyäthylen-Glycol-Methode (PEG), Erythrozytenantikörper 69, 71
Polybrenetest, Erythrozytenantikörpter 69, 70
Polymerasekettenreaktion (s. PCR) 242 ff.
POX (Peroxidase-Reaktion) 130, 162

– Durchflußzytometrie 162
– Enzymnachweismethoden 130
Puffersysteme für die Membranprotein-Elektrophorese 31
Pulsfeld Gelelektrophorese 231
Punktmutationen, PCR 257
Pyridinnukleotide 13
– NADH 13
– NADPH 13
Pyrimidin-5'-Nukleotidase 20–22

r-RNA (ribosomale RNA) 219
radioaktive Nachweismöglichkeit, In-situ-Hybridisierung 190
radioaktive Nukleide, In-situ-Hybridisierung 191
Rearrangement, Untersuchung 252
„respiratory burst" / Phagozytenaktivität, Durchflußzytometrie 167
Restriktionsenzyme
– Molekularbiologie 218
– Restriktionsenzym, Verdau 233
RFLP (Restriktionsfragment-Längenpolymorphismen) 250
Rhodamin-Efflux-Messung (MDR), Durchflußzytometrie 165
RNA
– Guanidinium/Phenol-Methode 223
– Isolierung 223
– PCR-Analyse von RNA-Molekülen 247
– RNA- und DNA-Sonden, In-situ-Hybridisierung 189
– r-RNA (ribosomale RNA) 219
– t-RNA (Transfer-RNA) 219, 247
– Untersuchung 227

Säulenchromatographie zur Hämoglobinanalyse 44
saure Phosphatase 131
– Fixierung 135
– mit Tartrat-Hemmung 132
Säure-Elution, Hämoglobin F 44, 45
Säure-Serum-Test (Ham-Test) 9, 10
Screening-Untersuchungen, Serumantikörper 59
serologische Methoden 51 ff.
Sichelzelltest, Hämoglobin S 48, 49
Slot Blot 232
Sodan-Schwarz-B-Färbung 129
Southern Blot 233, 250
– Anwendung 250
Spektralfotometer, Plasmahämoglobinbestimmung 4
Spektrin-Quantifizierung
– Defekte der Erythrozytenmembran 32
– Strukturuntersuchung 33
Spezifikationskontrollen, In-situ-Hybridisierung 207
Spleißvorgang, Gene 219
SSCP („single strand conformation Polymorphismus-Analyse"), PCR 257
Stärkegel-Elektrophorese 40

Sucrose-Hämolyse-Test   7, 8

t-RNA (Transfer-RNA)   219, 247
TdT (terminale Deoxynucleotidyltransferase)   135, 161, 162
 – Durchflußzytometrie   161, 162
 – zytochemische Methoden   135
Toluidinblau, Metachromasie-Nachweis   129
Translokation
 – Detektion   258
 – Untersuchung   252
Tumorzytogenetik   103–113
 – Auswertung   110
 – Chromosomenanomalien (s. auch dort)   112–115
 – Chromosomenfärbung   108
 – Chromosomenpräparate   105
 – Direktpräparation   105
 – Kurzzeitkultivierung   106
 – Langzeitkultivierung   107
 – Zellkulitivierung   105
 – zytogenetische Terminologie   110

Verdau, Restriktionsenzym   233
Virusnachweis, In-situ-Hybridisierung   186

Wärmeautoantikörper, autoimmunhämolytische Anämie   63
 – Rhesus-Spezifität   64
Western Blot, HIV Western Blot   266

Zellgewinnung, In-situ-Hybridisierung   201
Zellpermeabilisierung, In-situ-Hybridisierung   202
Zellulose-Azetat-Elektrophorese   38
Zitrat-Agar-Gelelektrophorese   41
zytochemische Methoden   125 ff.
 – alkalische Phosphatase   131
 – Dipeptidylaminopeptidase IV (DAP-IV)-Methode   134
 – Eisen (Berliner Blau-Reaktion)   126
 – Enzymnachweismethoden (s. auch dort)   130 ff.
 – Esterasen (s. auch dort)   132, 133, 135
 – Immunfluoreszenztechnik   135
 – Metachromasie-Nachweis mit Toluidinblau   129
 – Pararosanilinlösung   136
 – PAS-(Periodic Acid-Schiff)-Reaktion (s. auch dort)   127, 128
 – saure Phosphatase (s. auch dort)   131, 132, 135
 – Sodan-Schwarz-B-Färbung   129
 – Substanznachweismethoden   126
 – TdT (terminale Deoxynucleotidyltransferase)   135
zytogenetische Diagnostik   103 ff.
 – Interphasen-Zytogenetik (s. auch dort)   119 ff.
 – Probenmaterial   104, 105
 – Tumorzytogenetik (s. auch dort)   103–113
Zytometrie, Durchflußzytometrie (s. dort)   153 ff.
Zytostatikaresistenz, Durchflußzytometrie   165
 – MDR (multidrug resistance / pleiotrope Zytostatikaresistenz)   165

MIX
Papier aus verantwortungsvollen Quellen
Paper from responsible sources
FSC® C105338

If you have any concerns about our products,
you can contact us on
ProductSafety@springernature.com

In case Publisher is established outside the EU,
the EU authorized representative is:
**Springer Nature Customer Service Center GmbH
Europaplatz 3, 69115 Heidelberg, Germany**

Printed by Libri Plureos GmbH
in Hamburg, Germany